软件开发方法学精选系列

Unified Modeling Language User Guide, Second Edition

[美] Grady Booch James Rumbaugh Ivar Jacobson 著

邵维忠 麻志毅 马浩海 刘辉 译

UML用户指南

（第2版·修订版）

人 民 邮 电 出 版 社

北 京

图书在版编目（CIP）数据

UML用户指南 ：第2版 / （美）布奇（Booch,G.），（美）兰宝（Rumbaugh,J.），（美）雅各布（Jacobson,I.）著 ；邵维忠等译. -- 北京 ：人民邮电出版社，2013.1（2022.8重印）
（软件开发方法学精选系列）
书名原文：Unified Modeling Language User Guide,Second Edition
ISBN 978-7-115-29644-3

Ⅰ. ①U… Ⅱ. ①布… ②兰… ③雅… ④邵… Ⅲ. ①面向对象语言－程序设计 Ⅳ. ①TP312

中国版本图书馆CIP数据核字(2012)第242102号

内 容 提 要

本书是 UML 方面的一部权威著作，3 位作者是面向对象方法最早的倡导者、UML 的创始人。本版涵盖了 UML2.0。书中为 UML 具体特征的使用提供了指南，描述了使用 UML 进行开发的过程，旨在让读者掌握 UML 的术语、规则和惯用法，以及如何有效地使用这种语言，知道如何应用 UML 去解决一些常见的建模问题。本书由 7 个部分共 33 章组成，每章都对一组 UML 特征及其具体用法进行了详细阐述，其中大部分按入门、术语和概念、常用建模技术、提示和技巧的方式组织。本书还为高级开发人员提供了在高级建模问题中应用 UML 的一条非常实用的线索。

本书适合作为高等院校计算机及相关专业本科生或研究生“统一建模语言（UML）”课程的教材，也适合从事软件开发的工程技术人员和软件工程领域的研究人员参考。

◆ 著　[美] Grady Booch　James Rumbaugh　Ivar Jacobson
译　邵维忠　麻志毅　马浩海　刘　辉
责任编辑　杨海玲
◆ 人民邮电出版社出版发行　北京市丰台区成寿寺路 11 号
邮编　100164　电子邮件　315@ptpress.com.cn
网址　https://www.ptpress.com.cn
固安县铭成印刷有限公司印刷
◆ 开本：800×1000　1/16
印张：24.25　　2013 年 1 月第 1 版
字数：535 千字　　2022 年 8 月河北第 17 次印刷
著作权合同登记号　图字：01-2012-7097 号

定价：99.90 元

读者服务热线：(010)81055410　印装质量热线：(010)81055316
反盗版热线：(010)81055315
广告经营许可证：京东市监广登字 20170147 号

版权声明

译 者 序

开发一个复杂的软件系统和编写一个简单的程序大不一样。其间的差别，借用 G. Booch 的比喻，如同建造一座大厦和搭建一个狗窝的差别。大型的、复杂的软件系统开发是一项系统工程，必须按工程学的方法来组织软件生产，需要经过一系列的软件生命周期阶段。这是人们从软件危机中获得的最重要的教益。这一认识促使了软件工程学的诞生。编程仍然是重要的，但是更具有决定意义的是系统建模。只有在分析和设计阶段建立了良好的系统模型，才有可能保证工程的正确实施。由于这一原因，在编程领域出现的许多新方法和新技术，总是很快地拓展到软件生命周期的分析与设计阶段。

面向对象方法正是经历了这样的发展过程，它首先在编程领域兴起，作为一种崭新的程序设计范型引起世人瞩目。继 Smalltalk-80 之后，20 世纪 80 年代有一大批面向对象编程语言问世，标志着面向对象方法走向成熟和实用。此时，面向对象方法开始向系统设计阶段延伸，出现了一批早期的面向对象设计（OOD）方法。到 80 年代末期，面向对象方法的研究重点转向面向对象的分析（OOA），并将 OOA 与 OOD 密切地联系在一起，出现了一大批面向对象的分析与设计（OOA&D）方法。至 1994 年，公开发表并具有一定影响的 OOA&D 方法已达 50 余种。这种繁荣的局面表明面向对象方法已经深入到分析与设计领域。此后，大多数比较成熟的软件开发组织已经从分析、设计到编程、测试全面地采用面向对象方法，使面向对象无可置疑地成为软件领域的主流技术。

各种 OOA&D 方法都为面向对象理论与技术的发展做出了贡献。这些方法的主导思想以及所采用的主要概念与原则大体上是一致的，但是也存在不少差异。这些差异所带来的问题是：不利于 OO 方法的发展，妨碍了技术交流，也给用户的选择带来困惑。在这种形势下，统一建模语言（Unified Modeling Language，UML）应运而生。

UML 是在多种面向对象分析与设计方法相互融合的基础上形成的，其发展历史可以大致概括为 4 个阶段。最初的阶段是面向对象方法学家的联合行动，由 G. Booch、J. Rumbaugh 和 I. Jacobson 将他们各自的方法结合起来，形成了 UML0.9。第二阶段是公司的联合行动，由十多家公司组成 UML 伙伴组织，共同提出了 UML1.0 和 1.1，于 1997 年被对象管理组织（OMG）正式采纳作为建模语言规范。第三阶段是在 OMG 控制下对 UML 规范进行修订和改进，产生了 UML1.2、1.3、1.4 和 1.5 等版本。第四阶段是从 1999 年开始酝酿，并于本世纪初实施的一次重大的修订，推出了 UML2.0，继而进行了多次修订，产生了 UML2.1 到 UML2.4

一系列版本，提交到国际标准化组织ISO作为建模语言标准的提案，其中各个部分已陆续进入ISO的标准化日程。

UML用于对软件密集型系统进行详述、可视化、构造和文档化，也可以用于业务建模以及其他非软件系统的建模。UML定义了系统建模所需的概念并给出其可视化表示法，但是它并不涉及如何进行系统建模。因此它只是一种建模语言，而不是一种建模方法。UML是独立于过程的，就是说，它可以适应不同的建模过程。UML的出现使面向对象建模概念和表示法趋于统一和标准化。目前UML已成为被广泛公认的工业标准，拥有越来越多的用户。现今大部分面向对象系统的建模均采用UML。

G. Booch、J. Rumbaugh和I. Jacobson是UML的3位主要奠基人，被称为“三友”，他们为UML的形成和发展做出了卓越贡献。在广大读者的殷切期待中，“三友”联名撰写的3本介绍UML以及Rational统一软件开发过程的著作（*The Unified Modeling Language User Guide*、*The Unified Modeling Language Reference Manual*和*The Unified Software Development Process*）于1999年由Addison-Wesley出版，深受广大读者的欢迎，被视为UML方面的权威性著作。在UML2.0问世之后，“三友”对他们的上述3本著作进行了再创作，以适应UML2.0的新内容，作为第2版，于2005年陆续出版。

现在我们翻译的《UML用户指南》第2版（*The Unified Modeling Language User Guide, Second Edition*）是“三友”上述3本著作中的一本，是阅读另外两本著作的基础。书中为如何使用UML提供了指南，旨在让读者掌握UML的术语、规则和惯用法，学会如何有效地使用UML进行开发，如何应用UML去解决常见的建模问题。实际上，这不仅仅是一部深入介绍UML的技术文献，而且处处闪烁着作者在方法学方面的真知灼见，凝结了作者在软件工程、面向对象方法、构件技术等诸多领域的经验和智慧。该书语言生动、深入浅出、实例丰富、图文并茂。对于想学习和使用UML的广大读者，这是一本难得的好书。该书的宗旨并不是全面地介绍UML，也不是完整地介绍软件开发过程，这些内容属于“三友”的另外两本著作。

承担这样一本好书的翻译工作是1项愉快而又严肃的任务。尽管我们对UML进行过多年的研究，并且翻译过该书的第1版，但是在新版的翻译中仍不敢有驾轻就熟的心理。对翻译中遇到的一些疑难问题，往往要经过反复讨论，并通过对UML的进一步研究，才能获得比较准确的译法。忠实于原文是我们始终遵循的宗旨，但是原著中存在着个别前后不一致或者与UML规范不一致的现象，译文中采用了两种处理方式：对比较明显的错误在译文中做了订正，并通过译者注加以说明；对不太明显的错误按原文翻译，并在译者注中指出疑点。

本书的第一个译本于2006年6月由人民邮电出版社出版。承蒙广大读者的厚爱，先后9次印刷，累计印数达15 000册。在此期间，UML2的版本升级并未影响本书的适用性，因为本书的宗旨并不是全面地介绍UML某个版本的具体细节，而是引导读者学习和使用UML。人民邮电出版社为满足广大读者的迫切需求，决定再次出版这本书，趁此机会我们对2006年的译稿进行了全面的审核和修订。修订范围涉及全书各章，以及前言、术语表、附录和译者注，对一些翻译不太准确或前后不一致的地方逐一做了订正，对文字上不够通顺的地方也进行了修改。

书中的科技术语译法以国标GB/T11457《信息技术 软件工程术语》[①]和我国计算机界权威性工具书《计算机科学技术百科全书》[②]为基准。其中有几个比较关键的术语（例如 use case 和 classifier 等），一些曾经流行的不同译法使读者对这些术语的含义产生了截然不同的理解。关于这些术语的译法问题，我们在《中国计算机学会通讯》2010 年第 1 期上刊登的一篇短文曾对此专门加以论述，我们也将这篇短文附在本书最后，供读者参考。

本书的翻译和相关研究得到了高可信软件技术教育部重点实验室和北京大学信息科学技术学院的大力支持。北京大学软件研究所建模研究小组所开展的研究工作对本书的翻译提供了可靠的依据。在此，谨向上述单位和相关个人致以衷心感谢。同时，我们诚恳地希望广大读者对书中可能存在的疏漏和错误之处给予批评和指正。

译者

2012 年 10 月于北京

① 国家技术监督局．信息技术 软件工程术语 GB/T 11457—2006．北京：中国标准出版社，2006

② 张效祥主编，计算机科学技术百科全书（第二版）．北京：清华大学出版社，2005

译者简介

邵维忠 北京大学信息科学技术学院教授、博士生导师。1970 年毕业于北京大学数学力学系，1979 至 1983 年在计算机科学技术系任教并攻读硕士学位。早期主要从事操作系统和软件工程领域的研究。自 1991 年起注重面向对象建模方法的研究与教学，撰写和翻译了多部关于面向对象方法的学术著作。在软件工程环境、面向对象方法、建模语言、软件复用、构件技术和中间件技术等领域承担了多项国家高技术研究发展计划（863）项目、国家重大基础研究（973）项目和国家自然科学基金项目。曾获国家科技进步二等奖及多项国家部委级奖励。

麻志毅 博士，北京大学信息科学技术学院副教授，国家软件工程协会软件工程分会秘书长。主要研究领域为软件建模技术、模型驱动开发技术和软件工程支撑环境等。发表学术论文 80 余篇，出版著（译）作 11 部。曾获国家科技进步二等奖和国家科技攻关优秀成果奖等多项国家部委奖励。

马浩海 博士、教授、IBM 资深软件工程师。2006 年在北京大学信息学院获得计算机软件与理论专业理学博士学位。先后就职于内蒙古大学、Platform Computing 和 IBM Canada。已发表学术论文 30 余篇。主要研究领域为分布式计算和大规模数据处理、软件工程、面向对象技术、软件建模语言和模型驱动的软件开发技术。

刘辉 博士、副教授。2008 年毕业于北京大学信息科学技术学院计算机软件与理论专业，获理学博士学位。同年进入北京理工大学计算机学院从事教学科研工作，入选校优秀青年教师资助计划。目前主要从事软件重构、软件演化、软件维护、软件测试等方面的研究和教学工作。现主持国家自然科学基金两项、教育部博士点基金一项、其他纵向科研项目 4 项。以第一作者在 IEEE Transactions on Software Engineering 等期刊及 ESEC\FSE、ASE 等国际会议发表学术论文十余篇。

前　言

统一建模语言（Unified Modeling Language，UML）是一种用于对软件密集型系统的制品进行可视化、详述、构造和文档化的图形语言。UML 给出了一种描绘系统蓝图的标准方法，其中既包括概念性的事物（如业务过程和系统功能），也包括具体的事物（如用特定的编程语言编写的类、数据库模式和可复用的软件构件）。

本书旨在教会读者如何有效地使用 UML。

本书涵盖了 UML 2.0①。

目标

在本书中，读者将获益于以下几点。

- 明白 UML 是什么，不是什么，以及为什么 UML 对于开发软件密集型系统的过程非常重要。
- 掌握 UML 的术语、规则和惯用法，一般说来，还将学会如何有效地使用这种语言。
- 知道如何应用 UML 去解决许多常见的建模问题。

本书为 UML 具体特征的使用提供了参考资料，但它不是一本全面的 UML 参考手册。全面的参考请参阅我们编写的 *The Unified Modeling Language Reference Manual* 第 2 版（Rumbaugh、Jacobson、Booch 合著，Addison-Wesley 出版公司 2005 年出版）②。

本书描述了使用 UML 进行开发的过程，但并没有提供对于开发过程的完整参考资料。开发过程是 *The Unified Software Development Process*（Jacobson、Booch、Rumbaugh 合著，Addison-Wesley 出版公司 1999 年出版）③一书的重点。

最后，本书提供了如何运用 UML 去解决许多常见建模问题的提示和技巧，但没有讲述如何去建模。本书类似于一本编程语言的用户指南，它教用户如何使用语言，而不教用户如何编程。

读者对象

进行软件开发、部署和维护的人员均可使用 UML。本书主要针对用 UML 进行建模的开发

---

① UML2.0 发布之后版本已多次更新，各个版本统称为 UML2，目前最新的版本是 UML2.4。本书绝大部分内容对 UML2.0 之后的各个版本仍然适应。——译者注

② 中文版已由机械工业出版社出版，中文书名《UML 参考手册》。——编者注

③ 中文版已由机械工业出版社出版，中文书名《统一软件开发过程》。——编者注

组成员，但它也适用于为了理解、建造、测试和发布一个软件密集型系统而一起工作的人员，他们要阅读这些模型。虽然这几乎包含了软件开发组织中的所有角色，但本书特别适合下述人员阅读：分析员和最终客户（他们要详细说明系统应该具有的结构和行为）、体系结构设计人员（他们设计满足上述需求的系统）、开发人员（他们把体系结构转换为可执行的代码）、质量保证人员（他们检验并确认系统的结构和行为）、库管理人员（他们创建构件并对构件进行编目）、项目及程序管理者（他们一般是把握方向的领导者，要进行有序的管理，并合理地分配资源，以保证系统的成功交付）。

使用本书的人员应该具有面向对象概念的基本知识。如果读者具有面向对象编程的经验或懂得面向对象的方法，就能更容易掌握本书内容，但这并不是必需的。

怎样使用本书

初次接触 UML 的开发人员最好按顺序阅读本书。第 2 章提出了 UML 的概念模型，读者应特别予以注意。所有的章节都是这样组织的——每一章建立在前面各章的内容之上，循序渐进。

至于正在寻求用 UML 解决常见建模问题的有经验的开发人员，可以按任意顺序阅读本书。读者应该特别注意在各章中提到的常见建模问题。

本书的组织及特点

本书主要由 7 个部分组成：

- ❑ 第一部分　入门
- ❑ 第二部分　对基本结构建模
- ❑ 第三部分　对高级结构建模
- ❑ 第四部分　对基本行为建模
- ❑ 第五部分　对高级行为建模
- ❑ 第六部分　对体系结构建模
- ❑ 第七部分　结束语

本书还包含两个附录：UML 表示法概要和 Rational 统一过程概要。在附录后，提供了一个常见术语表和一个索引。

每章都描述了针对 UML 具体特征的用法，其中的大部分按下述 4 节的方式组织：

（1）入门；

（2）术语和概念；

（3）常用建模技术；

（4）提示和技巧。

第 3 节“常用建模技术”提出一组常见建模问题并予以解决。为了便于读者浏览本书找到这些 UML 的应用场合，每一个问题都标有一个明显的标题，如下例所示。

对体系结构模式建模

每一章都从它所涵盖的特征概要开始，如下例所示。

本章内容

- ❑ 主动对象、进程和线程
- ❑ 对多控制流建模
- ❑ 对进程间通信建模
- ❑ 建立线程安全的抽象

类似地，把附加的解释和一般性的指导分离出来作为注解，如下例所示。

注解 UML 中的抽象操作对应于 C++中的纯虚操作；叶子操作对应于 C++的非虚操作。

UML 的语义是非常丰富的，因此对一个特征的描述自然会涉及另一个特征。在这种情况下，在自然段的最后部分标注交叉引用，正如本段这样。 【第 25 章讨论构件。】

在图中使用灰色字[①]是为了表明这些文字不是模型本身的一部分，只是用于解释模型。程序代码用 Courier 字体表示以示区别，如 `this example`。

致谢

作者向 Bruce Douglass、Per Krol 和 Joaquin Miller 表示感谢，谢谢他们帮助审阅了第 2 版的书稿。

UML 简史

通常公认的第一种面向对象语言是 1967 年由 Dahl 和 Nygaard 在挪威开发的 Simula-67。虽然该语言从来没有得到大量拥护者，但是它的概念给后来的语言以很大启发。Smalltalk 在 20 世纪 80 年代早期得到了广泛的使用，到 20 世纪 80 年代晚期跟着出现了其他的面向对象语言，如 Objective C、C++和 Eiffel 等。方法学家面对新型面向对象编程语言的涌现和不断增长的应用系统复杂性，开始试验用不同的方法来进行分析和设计，由此在 20 世纪 80 年代出现了面向对象建模语言。在 1989 年到 1994 年之间，面向对象的方法从不足 10 种增加到 50 多种。面对这么多的方法，很多用户很难找到一种完全满足他们要求的建模语言，于是就加剧了所谓的“方法战”。一些杰出的方法脱颖而出，其中包括 Booch 方法、Jacobson 的 OOSE（面向对象的软件工程）和 Rumbaugh 的 OMT（对象建模技术）。其他的重要方法还有 Fusion 方法、Shlaer-Mellor 方法和

---

① 本书中用灰色字代替原版中的蓝字表示这种区别。——编者注

Coad-Yourdon 方法。这些方法中的每一种方法都是完整的，但是每一种方法又都被认为各有优点和缺点。简单来说，Booch 方法在项目的设计和构造阶段的表达力特别强，OOSE 对以用况作为一种途径来驱动需求获取、分析和高层设计提供了极好的支持，而 OMT 对于分析和数据密集型信息系统最为有用。

到 20 世纪 90 年代中期，一个关键的想法开始形成。当时 Grady Booch（Rational 软件公司）、James Rumbaugh（通用电气公司）、Ivar Jacobson（Objectory 公司）和其他一些人开始从彼此的方法中取长补短，他们的共同成果开始在全球范围内被公认为是领导性的面向对象方法。作为 Booch 方法、OOSE 方法和 OMT 方法的主要作者，促使我们 3 个人创建统一建模语言的原因有 3 个。第一，我们的方法已经在朝着相互独立的方向演化，而我们希望它朝着一个方向演化，这样可以消除任何不必要的和不合理的潜在差别，因为这样的差别会加重用户的疑惑。第二，通过统一我们的方法，能够给面向对象的市场带来一定的稳定，能够让人们使用一种成熟的建模语言去设计项目，使工具开发人员把焦点集中于最有用的特征。第三，希望我们的合作能够改进早期的 3 种方法，帮助我们吸取教训，解决以前的方法不能妥善处理的问题。

统一工作之始，我们确立了 3 个工作目标。

（1）运用面向对象技术对系统进行从概念到可执行制品的建模。

（2）解决复杂系统和关键任务系统中固有的规模问题。

（3）创造一种人和机器都可以使用的建模语言。

设计一种用于面向对象分析和设计的语言与设计一种编程语言不同。首先，必须缩小问题范围：这种语言是否应包含需求描述？这种语言是否应支持可视化编程？其次，必须在表达能力和表达的简洁性之间做好平衡。太简单的语言会限制能够解决问题的范围，而太复杂的语言会使开发人员无所适从。在统一现有方法的情况下，也必须小心从事。若对语言进行太多的改进，会给已有用户造成混乱；若不对语言进行改进，则会失去赢得更广大的用户群和使语言得到简化的时机。UML 的定义力争在这些方面做出最好的选择。

1994 年 10 月，Rumbaugh 加入 Booch 所在的 Rational 公司，自此正式开始了 UML 的统一工作。我们的计划最初注重于联合 Booch 方法和 OMT 方法。“统一方法”（当时的名称）0.8 版本（草案）在 1995 年 10 月发布。差不多就在那时，Jacobson 也加入了 Rational 公司，于是 UML 项目的范围又做了扩充，把 OOSE 也结合进来。经过我们的努力，在 1996 年 6 月发布了 UML 0.9 版本。1996 年全年，我们都在软件工程界征求和收集反馈意见。在此期间，明显地有很多软件组织把 UML 作为商业战略来考虑。我们与几个愿意致力于定义一个强大而完善的 UML 的组织一起成立了一个 UML 伙伴组织。对 UML 1.0 版本做出贡献的合作伙伴有 DEC、HP、I-Logix、Intellicorp、IBM、ICON Computing、MCI Systemhouse、Microsoft、Oracle、Rational、TI 和 Unisys。这些合作伙伴协作产生的 UML 1.0 版本是一个定义明确、富有表现力、强大、可应用于广泛问题域的建模语言。Mary Loomis 帮助说服 OMG（对象管理组织）发布了一个标准建模语言的提案需求（RFP）。在 1997 年 1 月，作为对该提案的响应，UML 1.0 作为标准化的建模语言提交给 OMG。

在 1997 年 1 月至 7 月之间，合作伙伴的队伍不断扩大，实际上包括了所有对最初 OMG 的提议做出贡献的公司，它们是 Andersen Consulting、Ericsson、ObjecTime Limited、Platinum Technology、PTech、Reich Technologies、Softeam、Sterling Software 和 Taskon。为了制定 UML 规范，并把 UML 与其他的标准化成果结合起来，成立了一支由 MCI Systemhouse 公司的 Cris Kobryn 领导并由 Rational 公司的 Ed Eykholt 管理的语义任务组。在 1997 年 7 月，把 UML 的修改版（1.1 版本）提交给 OMG，申请进行标准化审查。1997 年 9 月，OMG 的分析与设计任务组（Analysis and Design Task Force，ADTF）和 OMG 的体系结构部接受了该版本，并把它提交给 OMG 的全体成员进行表决。1997 年 11 月 14 日，UML 1.1 版本被 OMG 采纳。

几年来，UML 一直由 OMG 的修订任务组（Revision Task Force，RTF）维护，陆续研发了 UML 的 1.3、1.4 和 1.5 版本。从 2000 年到 2003 年，一个经过扩充了的新的伙伴组织制定了一个升级的 UML 规范，即 UML 2.0。由 IBM 的 Bran Selic 领导的定案任务组（Finalization Task Force，FTF）对这个版本进行了为期一年的评审，UML 2.0 的正式版本于 2005 年初被 OMG 采纳。UML 2.0 是对 UML 1 的重大修订，包括了大量的新增特性。此外，基于先前版本的经验，UML 2.0 对先前版本的构造物做了很多的修改。可以在 OMG 的网站上获得当前的 UML 规范文档。

UML 是很多人的工作成果，它的思想来自于大量的先前工作。重新构造一个贡献者的完整列表将是一项很大的历史性研究工程，根据对 UML 影响大小来识别那么多的先驱者就更为困难了。同所有的科学研究和工程实践一样，UML 只是站在巨人肩上而已。

目　　录

第一部分　入门

第二部分　对基本结构建模

第三部分 对高级结构建模

第四部分 对基本行为建模

第五部分 对高级行为建模

第六部分 对体系结构建模

第七部分 结束语

第一部分 入　　门

第1章

为什么要建模

本章内容

- 建模的重要性
- 建模的4项原理
- 软件系统的基本蓝图
- 面向对象建模

成功的软件组织应该总是能够交付满足其用户需要的软件。如果一个软件组织能够及时并可预测地开发出这样的软件，并能够有效地利用人力和物力资源，那么这个软件组织就是可持续发展的。

在上段话里有一个重要的含义：一个开发队伍的主要产品不应该是一堆漂亮的文档、世界级的会议、伟大的口号或者几行获得普利策奖金的源代码，而应该是满足不断发展的用户及其业务需要的优秀软件。其他的一切事情都是次要的。

不幸的是，很多软件组织把“次要的”和“不重要的”的含义搞混了。为了得到满足预期功能的软件，必须到用户中去，以一种训练有素的方式访问用户，去揭示系统的真实需求。为了开发出具有持久质量的软件，必须打好能适应变化的、坚实的体系结构基础。为了能快速、有效地开发软件，尽量减少软件废品和重复工作，必须有合适的人员和合适的工具以及合适的工作重点。为了能一贯地、可预测地做到这些，并使得在整个系统的生命期内花费合理，必须有一个能适应业务和技术变化的合理的开发过程。

3

建模是开发优秀软件的所有活动中的核心部分，其目的是为了把想要得到的系统结构和行为沟通起来，为了对系统的体系结构进行可视化和控制，为了更好地理解正在构造的系统，并经常揭示简化和复用的机会，同时也是为了管理风险。

1.1 建模的重要性

如果想搭一个狗窝，备好木料、钉子和一些基本工具（如锤子、锯和卷尺）之后，就可以开始工作了。从制订一点初步计划到完成一个满足适当功能的狗窝，可能不用别人帮助，在几个小时内就能够实现。只要狗窝够大且不太漏水，狗就可以安居。如果未能达到希望的效果，返工总是可以的，无非是让狗受点委屈。

如果想为家庭建造一所房子，备好木料、钉子和一些基本工具之后，也能开始工作，但这将需要较长的时间，并且家庭对于房子的需求肯定比狗对于狗窝的需求要多。在这种情况下，除非曾经多次建造过房子，否则就需要事先制定出一些详细的计划，再开始动工，才能够成功。至少应该绘制一些表明房子是什么样子的简图。如果想建造一所能满足家庭的需要并符合当地建筑规范的合格房屋，就需要画一些建筑图，以便能想清楚房间的使用目的以及照明、取暖和水管装置的实际细节问题。做出这些计划后，就能对这项工作所需的时间和物料做出合理的估计。尽管自己也可能建造出这样的房屋，但若有其他人协作，并将工程中的许多关键部分转包出去或购买预制的材料，效率就会高得多。只要按计划行事，不超出时间和财务的预算，家庭多半会对这新房感到满意。如果不制定计划，新房就不会完全令人满意。因此，最好在早期就制定计划，并谨慎地处理好所发生的变化。

如果你要建造一座高层办公大厦，若还是先备好木料、钉子和一些基本工具就开始工作，那将是非常愚蠢的。因为你所使用的资金可能是别人的，他们会对建筑物的规模、形状和风格做出要求。同时，他们经常会改变想法，甚至是在工程已经开工之后。由于失败的代价太高了，因此必须要做详尽的计划。负责建筑物设计和施工的是一个庞大的组织机构，你只是其中的一部分。这个组织将需要各种各样的设计图和模型，以供各方相互沟通。只要得到了合适的人员和工具，并对把建筑概念转换为实际建筑的过程进行积极的管理，将会建成这座满足使用要求的大厦。如果想继续从事建筑工作，那么一定要在使用要求和实际的建筑技术之间做好平衡，并且处理好建筑团队成员们的休息问题，既不能把他们置于风险之中，也不能驱使他们过分辛苦地工作以至于精疲力尽。

4

奇怪的是，很多软件开发组织开始想建造一座大厦式的软件，而在动手处理时却好像他们正在仓促地造一个狗窝。

有时你是幸运的。如果在恰当的时间有足够的合适人员，并且其他一切事情都很如意，你的团队有可能（仅是可能）推出一个令用户眼花缭乱的软件产品。然而，一般的情况下，不可能所有人员都合适（合适的人员经常供不应求），时间并不总是恰当的（昨天总是更好），其他的事情也并不尽如人意（常常由不得自己）。现在对软件开发的要求正在日益增加，而开发团队却还是经常单纯地依靠他们唯一真正知道如何做好的一件事——编写程序代码。英雄式的编程工作成为这一行业的传奇，人们似乎经常认为更努力地工作是面对开发中出现的各种危机的正常反应。然而，这未必能产生正确的程序代码，而且一些项目是非常巨大的，无论怎样延长工作时间，也不足以完成所需的工作。

如果真正想建造一个相当于房子或大厦类的软件系统，问题可不是仅仅编写许多软件。事实上，关键是要编出正确的软件，并考虑如何少写软件。要生产合格的软件就要有一套关于体系结构、过程和工具的规范。即使如此，很多项目开始看起来像狗窝，但随后发展得像大厦，原因很简单，它们是自己成就的牺牲品。如果对体系结构、过程或工具的规范没有作任何考虑，总有一天狗窝会膨胀成大厦，并会由于其自身的重量而倒塌。狗窝的倒塌可能使你的狗恼怒；同理，不成功的大厦则将对大厦的租户造成严重的影响。

不成功的软件项目失败的原因各不相同，而所有成功的项目在很多方面都是相似的。成功的软件组织有很多成功的因素，其中共同的一点就是对建模的采用。

5

建模是一项经过检验并被广为接受的工程技术。建立房屋和大厦的建筑模型，能帮助用户得到实际建筑物的印象，甚至可以建立数学模型来分析大风或地震对建筑物造成的影响。

建模不只适用于建筑业。如果不首先构造模型（从计算机模型到物理风洞模型，再到与实物大小一样的原型），就装配新型的飞机或汽车，那简直是难以想象的。新型的电气设备（从微处理器到电话交换系统）需要一定程度的建模，以便更好地理解系统并与他人交流思想。在电影业，情节串联板是产品的核心，这也是建模的一种形式。在社会学、经济学和商业管理领域也需要建模，以证实人们的理论或用最小限度的风险和代价试验新的理论。

那么，模型是什么？简单地说：

模型是对现实的简化。

模型提供了系统的蓝图。模型既可以包括详细的计划，也可以包括从很高的层次考虑系统的总体计划。一个好的模型包括那些有广泛影响的主要元素，而忽略那些与给定的抽象水平不相关的次要元素。每个系统都可以从不同的方面用不同的模型来描述，因而每个模型都是一个在语义上闭合的系统抽象。模型可以是结构性的，强调系统的组织。它也可以是行为性的，强调系统的动态方面。

为什么要建模？一个基本理由是：

建模是为了能够更好地理解正在开发的系统。

通过建模，要达到以下 4 个目的。

（1）模型有助于按照实际情况或按照所需要的样式对系统进行可视化。

（2）模型能够规约系统的结构或行为。

（3）模型给出了指导构造系统的模板。

（4）模型对做出的决策进行文档化。　　　　【第 2 章讨论 UML 如何完成这 4 件事情。】

建模并不只是针对大的系统。甚至像狗窝那样的软件也能从一些建模中受益。然而，可以明确地讲，系统越大、越复杂，建模的重要性就越大，一个很简单的原因是：

6

因为不能完整地理解一个复杂的系统，所以要对它建模。

人对复杂问题的理解能力是有限的。通过建模，缩小所研究问题的范围，一次只着重研究它的一个方面，这就是 Edsger Dijkstra 几年前讲的“分而治之”的基本方法，即把一个困难问题划分成一系列能够解决的小问题；解决了这些小问题也就解决了这个难题。此外，通过建模可以增强人的智力。一个适当选择的模型可以使建模人员在较高的抽象层次上工作。

任何情况下都应该建模的说法并没有落到实处。事实上，一些研究指出，大多数软件组织没有做正规的建模，即使做了也很少。按项目的复杂性划分一下建模的使用情况，将会发现：项目越简单，采用正规建模的就越少。

这里强调的是“正规”这个词。实际上，开发者甚至对非常简单的项目也要做一些建模工作，虽然很不正规。开发者可能在一块黑板上或一小片纸上勾画出他的想法，以对部分系统进行可视化表示，或者开发组可能使用 CRC 卡片描述一个场景或某种机制的设计。使用任何一种这样的模型都没有什么错。如果它能行得通，就可以使用。然而，这些非正规的模型经常是太随意了，它没有提供一种容易让他人理解的共同语言。建筑业、电机工程业和数学建模都有通用的建模语言，在软件开发中使用一种共同的建模语言进行软件建模同样能使开发组织获益匪浅。

每个项目都能从一些建模中受益。即使在一次性的软件开发中——由于可视化编程语言的支持，可以轻而易举地扔掉不适合的软件。建模也能帮助开发组更好地对系统计划进行可视化，并帮助他们正确地进行构造，使开发工作进展得更快。如果根本不去建模，项目越复杂，就越有可能失败或者构造出错误的东西。所有实用系统都有一个自然趋势：随着时间的推移变得越来越复杂。虽然今天可能认为不需要建模，但随着系统的演化，终将会对这个决定感到后悔，但那时为时已晚。

7

1.2　建模原理

各种工程学科都有其丰富的建模运用历史。这些经验形成了建模的四项基本原理，现分别叙述如下。

第一，选择要创建什么模型，对如何动手解决问题和如何形成解决方案有着意义深远的影响。

换句话说，就是要好好地选择模型。正确的模型将清楚地表明最棘手的开发问题，提供不能轻易地从别处获得的洞察力；错误的模型将使人误入歧途，把精力花在不相关的问题上。

暂时先把软件问题放在一边，假设现在正试图解决量子物理学上的一个问题。诸如光子在时空中的相互作用问题，其中充满了令人惊奇的难解的数学问题。选择一个不同的模型，所有的复杂问题一下子就变得可行了（虽然不容易解决）。在这个领域中，这恰恰是费曼图的价值，它提供了对非常复杂问题的图形表示。类似地，在一个完全不同的领域里，假设正在建造一座新建筑，将会关心疾风对它的影响。如果建立了一个物理模型，并拿到风洞中去实验，虽然小模型没有精确地反映出大的实物，但也可以从中找出一些有趣的东西。因此，如果正在建立一个数学模型，然后去模拟，将知道一些不同的东西；与使用物理模型相比，也可能获得更多新的场景。通过对模型进行严格的持续的实验，将更信任已经建模的系统，事实上，它在现实世界中将像期望的那样工作得很好。

对于软件而言，所选择的模型将在很大程度上影响对领域的看法。如果以数据库开发者的观点建造一个系统，可能会注意实体-联系模型，该模型把行为放入触发器和存储过程中。如果以结构化开发者的观点建造一个系统，可能得到以算法为中心的模型，其中包含从处理到处理的数据流。如果以面向对象开发者的观点建造一个系统，将可能得到这样一个系统：它的体系结构以一组类和交互模式（指出这些类如何一起工作）为中心。可执行的模型对测试有很大帮助。上述的任何一种方法对于给定的应用系统和开发文化都可能是正确的，然而经验表明，在构建有弹性的体系结构中面向对象的方法表现得更为出众，即使对使用大型数据库或计算单元的系统也是如此。尽管如此，但要强调一点，不同的方法将导致不同种类的系统，并且代价和收益也是不同的。

8

第二，可以在不同的精度级别上表示每一种模型。

如果正在建造一座大厦，有时需要从宏观上让投资者看到大厦的样子，感觉到大厦的总体效果。而有时又需要认真考虑细节问题，例如，对复杂棘手的管道的铺设，或对罕见的结构件的安装等。

对于软件模型也是如此。有时一个快速简洁且是可执行的用户界面模型正是所需要的，而有时必须耐着性子对付比特，例如，描述跨系统接口或解决网络瓶颈问题就是如此。在任何情况下，最好的模型应该是这样的：它可以让你根据谁在进行观察以及为什么要观察选择它的详细程度。分析人员或最终用户主要考虑“做什么”的问题，开发人员主要考虑“怎样做”的问题。这些人员都要在不同的时间以不同的详细程度对系统进行可视化。

第三，最好的模型是与现实相联系的。

如果一个建筑物的物理模型不能反映真实的建筑物，则它的价值是很有限的；飞机的数学模型，如果只是假定了理想条件和完美制造，则可能掩盖真实飞机的一些潜在的、致命的现实特征。最好是拥有能够清晰地联系实际的模型，而当联系很薄弱时能够精确地知道这些模型如何与现实脱节。所有的模型都对现实进行了简化；诀窍是，确保这种简化不要掩盖掉任何重要的细节。

软件领域中结构化分析的致命弱点是在分析模型和系统设计模型之间没有基本的联系。随着时间的推移，这个不可填充的裂缝会使系统构思阶段和实施阶段出现不一致。在面向对象的系统中，可以把各个几乎独立的系统视图连结成一个完整的语义整体。

第四，单个模型或视图是不充分的。对每个重要的系统最好用一小组几乎独立的模型从多个视角去逼近。

9

如果正在建造一所建筑物，会发现没有任何一套单项设计图能够描述该建筑的所有细节。至少需要楼层平面图、立面图、电气设计图、采暖设计图和管道设计图。并且，在任何种类的模型中都需要从多视角来把握系统的范围（例如不同楼层的蓝图）。

在这里的重要短语是“几乎独立的”。在这个语境中，它意味着各种模型能够被分别进行研究和构造，但它们仍然是相互联系的。如同建造建筑物一样，既能够单独地研究电气设计图，但也能看到它如何映射到楼层平面图中，以及它与管道设计图中的管子排布的相互影响。

面向对象的软件系统也如此。为了理解系统的体系结构，需要几个互补和连锁的视图：用况视图（揭示系统的需求）、设计视图（捕获问题空间和解空间里的词汇）、交互视图[①]（展示系统各部分之间以及系统与环境之间的联系）、实现视图（描述系统的物理实现）和部署视图（着眼于系统的工程问题）。每一种视图都可能有结构方面和行为方面。这些视图一起从整体上描绘了软件蓝图。　　　　【第 2 章讨论这 5 种视图。】

根据系统的性质，一些模型可能比另一些模型要重要。例如，对于数据密集型系统，表达静态设计视图的模型将占主导地位；对于图形用户界面密集型系统，静态和动态的用况视图就显得相当重要；在硬实时系统中，动态进程视图尤为重要；最后，在分布式系统中，例如 Web 密集型的应用，实现模型和部署模型是最重要的。

1.3　面向对象建模

土木工程师构造了很多种模型。通常这些模型能帮助人们可视化并说明系统的各部分以及这些部分之间的相互关系。根据业务或工程中所着重关心的内容（例如为了帮助研究一个结构在地震时的反应）工程师也可以建立动态模型。各种模型的组织是不同的，各有自己的侧重点。对于软件，有好几种建模的方法。最普通的两种方法是从算法的角度建模和从面向对象的角度建模。

10

传统的软件开发是从算法的角度进行建模。按照这种方法，所有的软件都用过程或函数作为其主要构造块。这种观点导致开发人员把精力集中于控制流程和对大的算法进行分解。这种观点除了常常产生脆弱的系统之外没有其他本质上的害处。当需求发生变化（总会变化的）以及系统增长（总会增长的）时，用这种方法建造的系统就会变得很难维护。

现代的软件开发采用面向对象的观点进行建模。按照这种方法，所有软件系统都用对象或类作为其主要构造块。简单地讲，对象通常是从问题空间或解空间的词汇中抽取出来的东西；类是对具有共同性质的一组对象（从建模者的视角）的描述。每一个对象都有标识（能够对它命名，以区别于其他对象）、状态（通常有一些数据与它相联系）和行为（能对该对象做某些事，它也能为其他对象做某些事）。

例如，可考虑把一个简单的计账系统的体系结构分成 3 层：用户界面层、业务服务层和数据库层。在用户界面层，将找出一些具体的对象，如按钮、菜单和对话框。在数据库层，将找出一些具体的对象，例如描述来自问题域实体的表，包括顾客、产品和订单等。在中间层，将找出诸如交易、业务规则等对象，以及顾客、产品和订单等问题实体的高层视图。

可以肯定地说，面向对象方法是软件开发方法的主流部分，其原因很简单，因为事实已经证明，它适合于在各种问题域中建造各种规模和复杂度的系统。此外，当前的大多数程序语言、操

---

① 作者在本版中将第 1 版中所称的“进程视图”修改为“交互视图”（见本书第 2 章），但是在后面个别章节的叙述中没有彻底按照新的提法进行修改。这属于技术上的疏漏，译文进行了订正。——译者注

作系统和工具在一定程度上都是面向对象的，并给出更多按对象来观察世界的理由。面向对象的开发为使用构件技术（如 J2EE 或.NET）装配系统提供了概念基础。

选择以面向对象的方式观察世界，会产生一系列的问题：什么是好的面向对象的体系结构？项目会创造出什么样的制品？谁创造它们？怎样度量它们？　　　　【第 2 章讨论这些问题。】

11

对面向对象系统进行可视化、详述、构造和文档化正是统一建模语言（UML）的目的。

第 2 章

UML 介绍

本章内容

- ❑ UML 概述
- ❑ 理解 UML 的 3 个步骤
- ❑ 软件体系结构
- ❑ 软件开发过程

统一建模语言（Unified Modeling Language，UML）是一种绘制软件蓝图的标准语言。可以用 UML 对软件密集型系统的制品进行可视化、详述、构造和文档化。

从企业信息系统到基于 Web 的分布式应用，乃至硬实时嵌入式系统，都适合用 UML 来建模。UML 是一种富有表达力的语言，可以描述开发所需要的各种视图，然后以此为基础来部署系统。虽然 UML 的表达力很丰富，但理解和使用它并不困难。要学习使用 UML，一个有效的出发点是形成该语言的概念模型，这要求学习 3 个要素：UML 的基本构造块、支配这些构造块如何放置在一起的规则以及运用于整个语言的一些公共机制。

UML 仅仅是一种语言，因此仅仅是软件开发方法的一部分。UML 是独立于过程的，但最好把它用于以用况为驱动、以体系结构为中心、迭代和增量的过程。 [13]

2.1 UML 概述

UML 是一种对软件密集型系统的制品进行下述工作的语言：

- ❑ 可视化；
- ❑ 详述；
- ❑ 构造；
- ❑ 文档化。

2.1.1 UML 是一种语言

语言提供了用于交流的词汇表和在词汇表中组合词汇的规则，而建模语言的词汇表和规则注重于对系统进行概念上和物理上的描述，因而像 UML 这样的建模语言是用于软件蓝图的标准语言。

建模是为了产生对系统的理解。只用一个模型是不够的，相反，为了理解系统（除非是非常微小的系统）中的各种事物，经常需要多个相互联系的模型。对于软件密集型系统，就需要这样一种语言，它贯穿于软件开发的生命期，表达系统体系结构的各种不同视图。

【第 1 章讨论建模的基本原理。】

像 UML 这样的语言的词汇表和规则可以告诉你如何创建或理解形式良好的模型，但它没有说明应该在什么时候创建什么样的模型，因为这是软件开发过程的工作。一个定义良好的过程将指导你决定生产什么制品，由什么样的活动和人员来创建与管理这些制品，怎样采用这些制品从整体上去度量和控制项目。

2.1.2 UML 是一种用于可视化的语言

对于很多程序员来说，从考虑实现到产生程序代码，其间没有什么距离可言，就是思考和编码。事实上，对有些事情的处理最好就是直接编码。使用文本是既省事又直接的书写表达式和算法的方式。

14

在这种情况下，程序员仍然要做一些建模，虽然只是在内心里这样做。他们甚至可以在白板或餐巾纸上草拟出一些想法。然而，这样做存在几个问题。第一，别人对这些概念模型容易产生错误的理解，因为并不是每个人都使用相同的语言。一种典型的情况是，假设项目开发单位建立了自己的语言，如果你是外来者或是加入项目组的新人，就难以理解该单位在做什么事。第二，除非建立了模型（不仅仅是文字的编程语言），否则就不能够理解软件系统中的某些事情。例如，阅读一个类层次的所有代码，虽可推断出它的含义，但不能直接领会它。类似地，在基于 Web 的系统中研究系统的代码，虽可推断出对象的物理分布和可能迁移，但也不能直接领会它。第三，如果一个开发者删节了代码而没有写下他头脑中的模型，一旦他另谋高就，那么这些信息就会永远丢失，最好的情况也只能是通过实现而部分地重建。

用 UML 建模可解决第三个问题：清晰的模型有利于交流。

对有些事物最好是用文字建模，而对有些事物又最好是用图形建模。的确，在所有引人关注的系统中都有一些用编程语言难以描绘的结构。UML 正是这样的图形化语言。这一点针对前面谈到的第二个问题。

UML 不仅只是一组图形符号。确切地讲，UML 表示法中的每个符号都有明确语义。这样，一个开发者可以用 UML 绘制一个模型，而另一个开发者（甚至工具）可以无歧义地解释这个模型。这一点针对前面谈到的第一个问题。

【UML 的完整语义在 *The Unified Modeling Language Reference* 一书中讨论。】

2.1.3　UML 是一种可用于详细描述的语言

在此处，详细描述意味着所建的模型是精确的、无歧义的和完整的。特别是，UML 适于对所有重要的分析、设计和实现决策进行详细描述，这些是软件密集型系统在开发和部署时所必需的。

2.1.4　UML 是一种用于构造的语言

UML 不是一种可视化的编程语言，但用 UML 描述的模型可与各种编程语言直接相关联。这意味着一种可能性，即可把用 UML 描述的模型映射成编程语言，如 Java、C++和 Visual Basic 等，甚至映射成关系数据库的表或面向对象数据库的持久存储。对一个事物，如果表示为图形方式最为恰当，则用 UML，而如果表示为文字方式最为恰当，则用编程语言。

15

这种映射允许进行正向工程——从 UML 模型到编程语言的代码生成，也可以进行逆向工程——由编程语言代码重新构造 UML 模型。逆向工程并不是魔术。除非对实现中的信息编码，否则从模型到代码生成将会丢失信息。逆向工程需要工具支持和人的干预。把正向代码生成和逆向工程这两种方式结合起来就可以产生双向工程，这意味着既能在图形视图下工作，又能在文字视图下工作，只要用工具来保持二者的一致性即可。

【本书的第二部分和第三部分讨论对系统的结构建模。】

除了直接映射以外，UML 具有丰富的表达力，而且无歧义性，这允许直接执行模型、模拟系统以及对运行系统进行操纵。　【本书的第四部分和第五部分讨论对系统的行为建模。】

2.1.5　UML 是一种用于文档化的语言

一个健康的软件组织除了生产可执行代码之外，还要给出各种制品。这些制品包括（但不限于）：

- 需求；
- 体系结构；
- 设计；
- 源代码；
- 项目计划；
- 测试；
- 原型；
- 发布。

依赖于开发文化，一些制品做得或多或少地比另一些制品要正规些。这些制品不但是项目交付时所要求的，而且无论是在开发期间还是在交付使用后对控制、度量和理解系统也是关键的。

UML 适于建立系统体系结构及其所有细节的文档。UML 还提供了用于表达需求和用于测试的语言。此外，UML 提供了对项目计划活动和发布管理活动进行建模的语言。

16

2.1.6　在何处能使用 UML

UML 主要用于软件密集型系统。在下列领域中已经有效地应用了 UML：

- 企业信息系统；
- 银行与金融服务；
- 电信；
- 运输；
- 国防/航天；
- 零售；
- 医疗电子；
- 科学；
- 基于 Web 的分布式服务。

UML 不限于对软件建模。事实上，它的表达能力对非软件系统建模也是足够的。例如，法律系统的工作流程、病人保健系统的结构和行为、飞机战斗系统中的软件工程以及硬件设计等。

2.2　UML 的概念模型

为了理解 UML，需要形成该语言的概念模型，这要求学习建模的 3 个要素：UML 的基本构造块、支配这些构造块如何放在一起的规则和一些运用于整个 UML 的公共机制。如果掌握了这些思想，就能够读懂 UML 模型，并能建立一些基本模型。当有了较丰富的应用 UML 的经验时，就能够在这些概念模型之上使用更高深的语言特征进行构造。

2.2.1　UML 的构造块

UML 的词汇表包含下面 3 种构造块：

（1）事物；

（2）关系；

（3）图。

17

事物是对模型中首要成分的抽象；关系把事物结合在一起；图聚集了相关的事物。

1．UML 中的事物

在 UML 中有 4 种事物：

（1）结构事物；

（2）行为事物；

（3）分组事物；

（4）注释事物。

这些事物是 UML 中基本的面向对象的构造块，用它们可以写出形式良好的模型。

2．结构事物

结构事物（structural thing）是 UML 模型中的名词。它们通常是模型的静态部分，描述概念元素或物理元素。结构事物总称为类目（classifier）。

第一，类（class）是对一组具有相同属性、相同操作、相同关系和相同语义的对象的描述。类实现一个或多个接口。在图形上，把类画成一个矩形，矩形中通常包括类的名称、属性和操作，如图 2-1 所示。【第 4 章和第 9 章讨论类。】

第二，接口（interface）是一组操作的集合，其中的每个操作描述了类或构件的一个服务。因此，接口描述了元素的外部可见行为。一个接口可以描述一个类或构件的全部行为或部分行为。接口定义了一组操作规约（即操作的特征标记），而不是操作的实现。接口的声明看上去像一个类，在名称的上方标注着关键字«interface»；除非有时用来表示常量，否则不需要属性。然而，接口很少单独出现。如图 2-2 所示，把由类提供的对外接口表示成用线连接到类框的一个小圆圈，把类向其他类请求的接口表示成用线连接到类框的半个小圆圈。

【第 11 章讨论接口。】 18

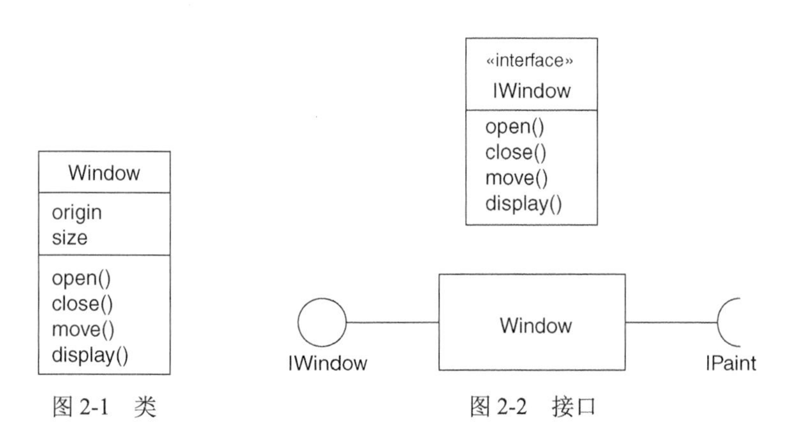

图 2-1　类　　图 2-2　接口

第三，协作（collaboration）定义了一个交互，它是由一组共同工作以提供某种协作行为的角色和其他元素构成的一个群体，这些协作行为大于所有元素的各自行为的总和。协作具有结构、行为和维度。一个给定的类或对象可以参与几个协作。这些协作因而表现了系统构成模式的实现。在图形上，把协作画成虚线椭圆，有时仅包含它的名称，如图 2-3 所示。

【第 28 章讨论协作。】

第四，用况（use case）是对一组动作序列的描述，系统执行这些动作将产生对特定的参与者有价值而且可观察的结果。用况用于构造模型中的行为事物。用况是通过协作实现的。在图形上，把用况画成实线椭圆，通常仅包含它的名称，如图 2-4 所示。【第 17 章讨论用况。】

图 2-3　协作　　图 2-4　用况

剩余的 3 种事物——主动类、构件和结点，都和类相似，就是说它们也描述了一组具有相同属性、操作、关系和语义的实体。然而，这 3 种事物与类的不同点也不少，而且对面向对象系统的某些方面的建模是必要的，因此对这几个术语需要单独处理。

19

第五，主动类（active class）是这样的类，其对象至少拥有一个进程或线程，因此它能够启动控制活动。主动类的对象所表现的元素的行为与其他元素的行为并发，除了这一点之外，它和类是一样的。在图形上，把主动类绘制成类图符，只是它的左右外框是双线，通常它包含名称、属性和操作，如图 2-5 所示。【第 23 章讨论主动类。】

第六，构件（component）是系统设计的模块化部件，将实现隐藏在一组外部接口背后。在一个系统中，共享相同接口的构件可以相互替换，只要保持相同的逻辑行为即可。可以通过把部件和连接件接合在一起表示构件的实现；部件可以包括更小的构件。在图形上，构件的表示很像类，只是在其右上角有一个特殊的图标，如图 2-6 所示。

【第 15 章讨论构件和内部结构。】

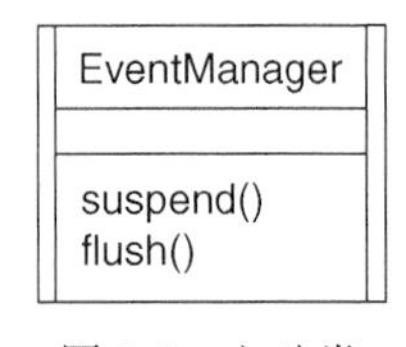

图 2-5　主动类

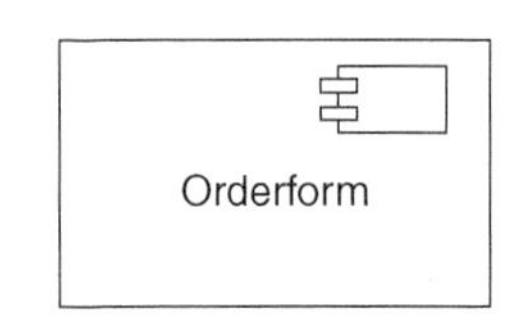

图 2-6　构件

剩下的两种元素是制品和结点，它们也是不同的。它们表示物理事物，而前 6 种元素表示概念或逻辑事物。

第七，制品（artifact）是系统中物理的而且可替换的部件，它包括物理信息（“比特”）。在一个系统中，会遇到不同类型的部署制品，如源代码文件、可执行程序和脚本。制品通常代表对源码信息或运行时信息的物理打包。在图形上，把制品画成一个矩形，在其名称的上方标注着关键字«artifact»，如图 2-7 所示。【第 26 章讨论制品。】

20

第八，结点（node）是在运行时存在的物理元素，它表示一个计算机资源，通常至少有一些记忆能力，还经常具有处理能力。一组构件可以驻留在一个结点内，也可以从一个结点迁移到另一个结点。在图形上，把结点画成一个立方体，通常在立方体中只写它的名称，如图 2-8 所示。

【第 27 章讨论结点。】

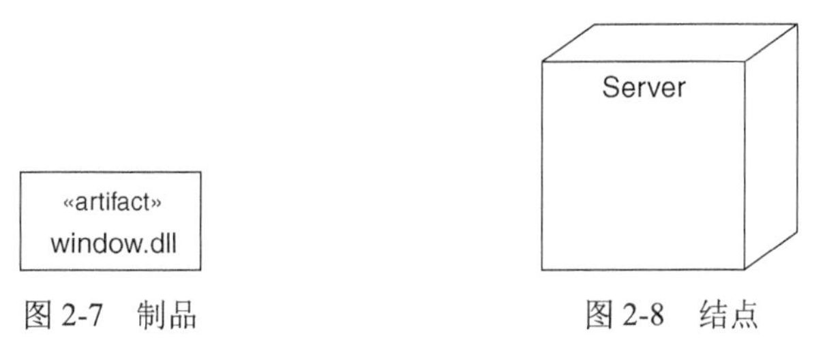

图 2-7　制品　　　　图 2-8　结点

这些元素——类、接口、协作、用况、主动类、构件、制品和结点，是 UML 模型中可以包含的基本结构事物。它们也有变体，如参与者、信号、实用程序（几种类）、进程和线程（两种主动类）、应用、文档、文件、库、页和表（几种制品）等。

3．行为事物

行为事物（behavioral thing）是 UML 模型的动态部分。它们是模型中的动词，代表了跨越时间和空间的行为。共有 3 类主要的行为事物。

第一，*交互*（interaction）是这样一种行为，它由在特定语境中共同完成一定任务的一组对象或角色之间交换的消息组成。一个对象群体的行为或者单个操作的行为可以用一个交互来描述。交互涉及一些其他元素，包括消息、动作和连接件（对象间的连接）。在图形上，把消息画成一条有方向的直线，通常在其上总是带有操作名，如图 2-9 所示。

图 2-9　消息

21

【第 17 章讨论用于模型中构造行为事物的用况，在第 16 章讨论交互。】

第二，*状态机*（state machine）是这样一种行为，它描述了一个对象或一个交互在生命期内响应事件所经历的状态序列以及它对这些事件做出的响应。单个类或一组类之间协作的行为可以用一个状态机来描述。状态机涉及到一些其他元素，包括状态、转移（从一个状态到另一个状态的流）、事件（触发转换的事物）和活动（对一个转移的响应）。在图形上，把状态画成一个圆角矩形，通常在其中含有状态的名字及其子状态（如果有的话），如图 2-10 所示。

【第 22 章讨论状态机。】

第三，*活动*（activity）是这样一种行为，它描述了计算过程执行的步骤序列。交互所注重的是一组进行交互的对象，状态机所注重的是一定时间内一个对象的生命周期，活动所注重的是步骤之间的流而不关心哪个对象执行哪个步骤。活动的一个步骤称为一个*动作*。在图形上，把动作画成一个圆角矩形，在其中含有指明其用途的名字，如图 2-11 所示。状态和动作靠不同的语境得以区别。

图 2-10 状态　　　　图 2-11 动作

交互、状态机和活动这 3 种元素是 UML 模型中可能包含的基本行为事物。在语义上，这些元素通常与各种结构元素（主要是类、协作和对象）相关。

4．分组事物

分组事物（grouping thing）是 UML 模型的组织部分。它们是一些由模型分解成的“盒子”。主要的分组事物是包。

包（package）是用于对设计本身进行组织的通用机制，与类不同，它是用来组织实现构造物的。结构事物、行为事物甚至其他的分组事物都可以放进包内。包不像构件（构件在运行时存在），它纯粹是概念上的（即它仅在开发时存在）。在图形上，把包画成带标签的文件夹（一个左上角带有一个小矩形的大矩形），在矩形中通常仅含有包的名称，有时还含有其内容，如图 2-12 所示。 【第 12 章讨论包。】

22

包是用来组织 UML 模型的基本分组事物。它也有变体，如框架、模型和子系统（它们是包的不同种类）。

5．注释事物

注释事物（annotational thing）是 UML 模型的解释部分。这些注释事物用来描述、说明和标注模型中的任何元素。有一种主要的注释事物，称为注解。注解（note）是依附于一个元素或一组元素之上对它进行约束或解释的简单符号。在图形上，把注解画成一个右上角是折角的矩形，其中带有文字或图形解释，如图 2-13 所示。 【第 6 章讨论注解。】

图 2-12 包　　　　图 2-13 注解

该元素是可以包含在 UML 模型中的基本注释事物。通常可以用注解中所含的约束或解释来修饰图，最好是把注释表示成形式或非形式化的文本。这种元素也有变体，例如需求（从模型的外部来描述一些想得到的行为）。

6．UML 中的关系

在 UML 中有 4 种关系：

（1）依赖；

（2）关联；

（3）泛化；

（4）实现。

23

这些关系是 UML 的基本关系构造块，用它们可以写出形式良好的模型。

第一，依赖（dependency）是两个模型元素间的语义关系，其中一个元素（独立元素）发生变化会影响另一个元素（依赖元素）的语义。在图形上，把依赖画成一条可能有方向的[①]虚线，有时还带有一个标记，如图 2-14 所示。【第 5 章和第 10 章讨论依赖。】

第二，关联（association）是类之间的结构关系，它描述了一组链，链是对象（类的实例）之间的连接。聚合是一种特殊类型的关联，它描述了整体和部分间的结构关系。在图形上，把关联画成一条实线，它可能有方向，有时还带有一个标记，而且它还经常含有诸如多重性和端名这样的修饰，如图 2-15 所示。【第 5 章和第 10 章讨论关联。】

图 2-14　依赖　　　　图 2-15　关联

第三，泛化（generalization）是一种特殊/一般关系，其中特殊元素（子元素）基于一般元素（父元素）而建立。用这种方法，子元素共享了父元素的结构和行为。在图形上，把泛化关系画成一条带有空心箭头的实线，该实线指向父元素，如图 2-16 所示。

【第 5 章和第 10 章讨论泛化。】

第四，实现（realization）是类目之间的语义关系，其中一个类目指定了由另一个类目保证执行的合约。在两种地方会遇到实现关系：一种是在接口和实现它们的类或构件之间；另一种是在用况和实现它们的协作之间。在图形上，把实现关系画成一条带有空心箭头的虚线，它是泛化和依赖关系两种图形的结合，如图 2-17 所示。【第 10 章讨论实现关系。】

24

图 2-16　泛化　　　　图 2-17　实现

这 4 种元素是 UML 模型中可以包含的基本关系事物。它们也有变体，例如，精化、跟踪、包含和扩展。

7. UML 中的图

图（diagram）是一组元素的图形表示，大多数情况下把图画成顶点（代表事物）和弧（代表关系）的连通图。为了对系统进行可视化，可以从不同的角度画图，这样一个图是对系统的投影。对所有的系统（除非很微小的系统）而言，图是系统组成元素的省略视图。有些元素可以出

① 原文如此。其实 UML 的依赖关系总是有方向的。——译者注

现在所有图中，有些元素可以出现在一些图中（很常见），还有些元素不能出现在图中（很罕见）。在理论上，图可以包含事物及其关系的任何组合。然而在实际中仅出现少量的常见组合，它们与组成软件密集型系统的体系结构的5种最有用的视图相一致。由于这个原因，UML包括13种这样的图：
【在本章后面讨论体系结构的5种视图。】

（1）类图；

（2）对象图；

（3）构件图；

（4）组合结构图；

（5）用况图；

（6）顺序图①；

（7）通信图；

（8）状态图；

（9）活动图；

（10）部署图；

（11）包图；

（12）定时图；

（13）交互概览图。

类图（class diagram）展现了一组类、接口、协作和它们之间的关系。在面向对象系统的建模中所建立的最常见的图就是类图。类图给出系统的静态设计视图。包含主动类的类图给出系统的静态进程视图。构件图是类图的变体。
【第8章讨论类图。】

对象图（object diagram）展现了一组对象以及它们之间的关系。对象图描述了在类图中所建立的事物的实例的静态快照。和类图一样，这些图给出系统的静态设计视图或静态进程视图，但它们是从真实案例或原型案例的角度建立的。
【第14章讨论对象图。】

构件图（component diagram）展现了一个封装的类和它的接口、端口以及由内嵌的构件和连接件构成的内部结构。构件图用于表示系统的静态设计实现视图。对于由小的部件构建大的系统来说，构件图是很重要的（UML将构件图和适用于任意类的组合结构图区分开来，但由于构件和结构化类之间的差别微不足道，所以一起讨论它们）。
【第15章讨论构件图和内部结构。】

---

① 将sequence diagram译为顺序图，是本书极个别与国标不一致之处。在制定国标GB/T 11457—2006时，对这种图的名称有“顺序图”和“时序图”两种不同意见，最后定为“时序图”。但是后来UML2.0又定义了另外一种图，即timing diagram，而国内的其他文献又把这种新的图译为“时序图”。于是这两种图的中文译名发生了冲突。为了避免由此引起的术语混乱，本书将它们分别译为“顺序图”和“定时图”。——译者注

用况图（use case diagram）展现了一组用况、参与者（一种特殊的类）及它们之间的关系。用况图给出系统的静态用况视图。这些图在对系统的行为进行组织和建模上是非常重要的。 【第 18 章讨论用况图。】

顺序图和通信图都是交互图。交互图（interaction diagram）展现了一种交互，它由一组对象或角色以及它们之间可能发送的消息构成。交互图专注于系统的动态视图。顺序图（sequence diagram）是强调消息的时间次序的交互图；通信图（communication diagram）也是一种交互图，它强调收发消息的对象或角色的结构组织。顺序图和通信图表达了类似的基本概念，但每种图强调概念的不同视角，顺序图强调时间次序，通信图强调消息流经的数据结构。定时图（不包含在本书中）展现了消息交换的实际时间。 【第 19 章讨论交互图。】

状态图（state diagram）展现了一个状态机，它由状态、转移、事件和活动组成。状态图展现了对象的动态视图。它对于接口、类或协作的行为建模尤为重要，而且它强调由事件引发的对象行为，这非常有助于对反应式系统建模。 【第 25 章讨论状态图。】

活动图（activity diagram）将进程或其他计算的结构展示为计算内部一步一步的控制流和数据流。活动图专注于系统的动态视图。它对于系统的功能建模特别重要，并强调对象间的控制流程。 【第 20 章讨论活动图。】

部署图（deployment diagram）展现了对运行时的处理结点以及在其中生存的构件的配置。部署图给出了体系结构的静态部署视图。通常一个结点包含一个或多个制品。

【第 31 章讨论部署图。】 26

制品图（artifact diagram）展现了计算机中一个系统的物理结构。制品包括文件、数据库和类似的物理比特集合。制品常与部署图一起使用。制品也展现了它们实现的类和构件。（UML 把制品图视为部署图的变体，但我们分别地讨论它们。） 【第 30 章讨论制品图。】

包图（package diagram）展现了由模型本身分解而成的组织单元以及它们的依赖关系。

【第 12 章讨论包图。】

定时图（timing diagram）是一种交互图，它展现了消息跨越不同对象或角色的实际时间，而不仅仅是关心消息的相对顺序。交互概览图（interaction overview diagram）是活动图和顺序图的混合物。这些图有特殊的用法，本书不做讨论，更多的细节可参考 *The Unified Modeling Language Reference Manual*。

并不限定仅使用这几种图，开发工具可以利用 UML 来提供其他种类的图，但到目前为止，这几种图在实际应用中是最常用的。

2.2.2 UML 规则

不能简单地把 UML 的构造块按随机的方式堆放在一起。像任何语言一样，UML 有一套规则，这些规则描述了一个形式良好的模型应该是什么样。形式良好的模型应该在语义上是自我一致的，并且与所有的相关模型协调一致。

UML 有自己的语法和语义规则，用于：

- 命名——为事物、关系和图起的名字；
- 范围——使名字具有特定含义的语境；
- 可见性——这些名字如何让其他成分看见和使用；
- 完整性——事物如何正确、一致地相互联系；
- 执行——运行或模拟一个动态模型意味着什么。

在软件密集型系统的开发期间所建造的模型往往需要发展变化，并可以由许多人员以不同的方式、在不同的时间进行观察。由于这个原因，下述的情况是常见的，即开发组不但会建造一些形式良好的模型，也会建造一些像下面这样的模型：

- 省略——隐藏某些元素以简化视图；
- 不完全——可能遗漏了某些元素；
- 不一致——模型的完整性得不到保证。

27

在软件开发的生命期内，随着系统细节的展开和变动，不可避免地要出现这样一些不太规范的模型。UML 的规则鼓励（不是强迫）专注于最重要的分析、设计和实现问题，这将促使模型随着时间的推移而具有良好的结构。

2.2.3 UML 中的公共机制

通过与具有公共特征的模式取得一致，可以使一座建筑更为简单和更为协调。房子可以按一定的结构模式（它定义了建筑风格）建造成维多利亚式的或法国乡村式的。对于 UML 也是如此。由于在 UML 中有 4 种贯穿整个语言且一致应用的公共机制，因此使得 UML 变得较为简单。这 4 种机制是：

（1）规约；

（2）修饰；

（3）通用划分；

（4）扩展机制。

1．规约

UML 不仅仅是一种图形语言。实际上，在它的图形表示法的每部分背后都有一个规约，这个规约提供了对构造块的语法和语义的文字叙述。例如，在类的图符背后有一个规约，它提供了对该类所拥有的属性、操作（包括完整的特征标记）和行为的全面描述；在视觉上，类的图符可能仅展示了这个规约的一小部分。此外，可能存在着该类的另一个视图，其中提供了一个完全不同的部件集合，但是它仍然与该类的基本规约相一致。UML 的图形表示法用来对系统进行可视化；UML 的规约用来说明系统的细节。假定把二者分开，就可能进行增量式的建模。这可以通过以下方式完成：先画图，然后再对这个模型的规约增加语义，或直接创建规约，也可能对一个已经存在的系统进行逆向工程，然后再创建作为这些规约的投影的图。

UML 的规约提供了一个语义底版，它包含了一个系统的各个模型的所有部分，各部分以一致的方式相互联系。因此，UML 的图只不过是对底版的简单视觉投影，每一个图展现了系统的一个特定的关注方面。

2．修饰

UML 中的大多数元素都有唯一而直接的图形表示符号，这些图形符号对元素的最重要的方面提供了可视化表示。例如，特意把类的符号设计得容易画出，这是因为在面向对象系统建模中，类是最常用的元素；类的图形符号展示了类的最重要方面，即它的名称、属性和操作。 28 【第 6 章讨论注解和其他修饰。】

对类的规约可以包含其他细节，例如，它是否为抽象类，或它的属性和操作是否可见。可以把很多这样的细节表示为图形或文字修饰，放到类的基本矩形符号上。例如，图 2-18 表示的是一个带有修饰的类，图中表明这个类是一个抽象类，有两个公共操作、一个受保护操作和一个私有操作。

UML 表示法中的每一个元素都有一个基本符号，可以把各种修饰细节加到这个符号上。

3．通用划分

在对面向对象系统建模中，通常有几种划分方式。

第一种方式是对类和对象的划分。类是一种抽象，对象是这种抽象的一个具体表现。在 UML 中，可以对类和对象建立模型，如图 2-19 所示。在图形上，UML 是这样区分对象的：采用与类同样的图形符号来表示对象，并且在对象名的下面画一道线。 【第 13 章中讨论对象。】

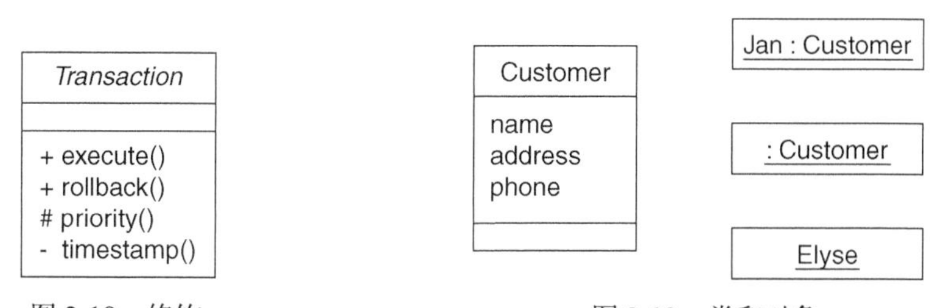

图 2-18　修饰　　　　图 2-19　类和对象

在这个图中，有一个名称为 Customer 的类，它有 3 个对象，分别为 Jan（它被明确地标记为 Customer 的对象），:Customer（匿名的 Customer 对象）和 Elyse（它在规约中被说明为一种 Customer 对象，尽管在这里没有明确地表示出来）。 29

UML 的每一个构造块几乎都存在像类/对象这样的二分法。例如，可以有用况和用况执行、构件和构件实例、结点和结点实例等。

第二种方式是接口和实现的分离。接口声明了一个合约，而实现则表示了对该合约的具体实施，它负责如实地实现接口的完整语义。在 UML 中，既可以对接口建模又可以对它们的实现建

模，如图 2-20 所示。 【第 11 章讨论接口。】

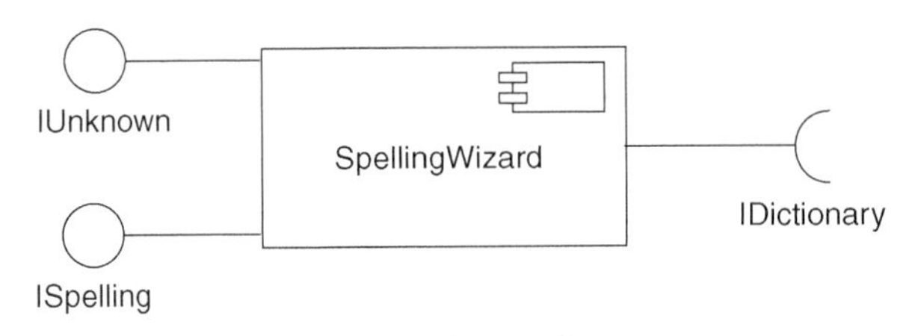

图 2-20　接口和实现

在这个图中，有一个名称为 SpellingWizard.dll 的构件，它实现了接口 IUnknown 和接口 ISpelling，并且还需要一个由其他构件提供的名为 IDictionary 的接口。

几乎每一个 UML 的构造块都有像接口/实现这样的二分法。例如，用况和实现它们的协作，操作和实现它们的方法。

第三种方式是类型和角色的分离。类型声明了实体的种类(如对象、属性或参数)，角色描述了实体在语境中的含义（如类、构件或协作等）。任何作为其他实体结构中的一部分的实体（例如属性）都具有两个特性：从它固有的类型派生出一些含义，从它在语境中的角色派生出一些含义（如图 2-21 所示）。

30

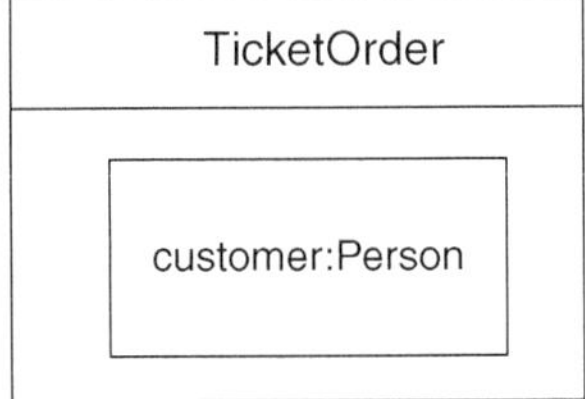

图 2-21　具有角色和类型的部件

4．扩展机制

UML 提供了一种绘制软件蓝图的标准语言，但是一种闭合的语言即使表达能力再丰富，也难以表示出各种领域中的各种模型在不同时刻所有可能的细微差别。由于这个原因，UML 是目标开放的，使人们能够以受控的方式来扩展该语言。UML 的扩展机制包括：

- 衍型；
- 标记值；
- 约束。

衍型（stereotype）扩展了 UML 的词汇，可以用来创造新的构造块，这个新构造块既是从现有的构造块派生的，但是针对专门的问题。例如，假设正在使用一种编程语言，如 Java 或 C++，经常要对“异常事件”建模。在这些语言里，“异常事件”就是类，只是用很特殊的方法进行了处理。通常可能只想允许抛出和捕捉异常事件，没有其他要求。此时可以让异常事件在模型中成为“一等公民”——可以像对待基本构造块一样对待它们，只要用一个适当的衍型来标记它们即可。请看图 2-22 中的类 Overflow。 【第 6 章讨论 UML 的扩展机制。】

标记值（tagged value）扩展了 UML 衍型的特性，可以用来创建衍型规约的新信息。例如，如果在制作以盒装形式销售的产品，随着时间的推移，它经过了多次发行，那么经常会想要跟踪产品的版本和对产品做关键摘要的作者。版本和作者不是 UML 的基本概念，通过引入新的标记值，可以把它们加到像类那样的任何构造块中去。例如，在图 2-22 中，在类 EventQueue 上明确标记了版本和作者，这样就对该类进行了扩展。

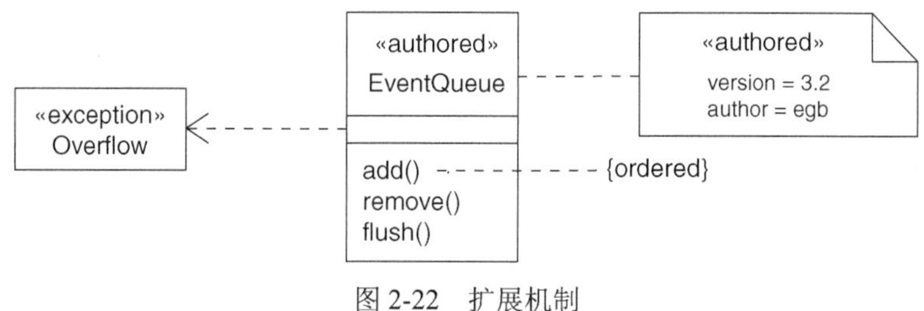

图 2-22　扩展机制

31

约束（constraint）扩展了 UML 构造块的语义，可以用来增加新的规则或修改现有的规则。例如，可能想约束类 EventQueue，以使所有的增加都按序排列。如图 2-22 所示，对操作 add 增加了一个约束，即{ordered}，以明确标示这一规则。

总的来说，这 3 种扩展机制允许根据项目的需要来塑造和培育 UML。这些机制也使得 UML 适合于新的软件技术（例如，很可能出现的功能更强的分布式编程语言）。可以增加新的构造块，修改已存在的构造块的规约，甚至可以改变它们的语义。当然，以受控的方式进行扩展是重要的，这样可以不偏离 UML 的目标——信息交流。

2.3　体系结构

可视化、详述、构造和文档化一个软件密集型系统，要求从几个角度去观察系统。各种人员——最终用户、分析人员、开发人员、系统集成人员、测试人员、技术资料作者和项目管理者——各自带着项目的不同日程，在项目的生命周期内各自在不同的时间、以不同的方式来看系统。系统体系结构或许是最重要的制品，它可以驾驭不同的视点，并在整个项目的生命周期内控制对系统的迭代和增量式开发。　【第 1 章讨论需要从不同的角度观察复杂系统。】

体系结构是一组有关下述内容的重要决策：

- 软件系统的组织；
- 对组成系统的结构元素及其接口的选择；
- 像元素间的协作所描述的那样的行为；
- 将这些结构元素和行为元素组合到逐步增大的子系统中；
- 指导这种组织的体系结构风格：静态和动态元素以及它们的接口、协作和组成。

软件体系结构不仅关心结构和行为，而且还关心用法、功能、性能、弹性、复用、可理解性、经济与技术约束及其折中，以及审美的考虑。

如图 2-23 所示，最好用 5 个互连的视图来描述软件密集型系统的体系结构。每一个视图是

32

在一个特定的方面对系统的组织和结构进行的投影。

【第 32 章讨论对系统的体系结构建模。】

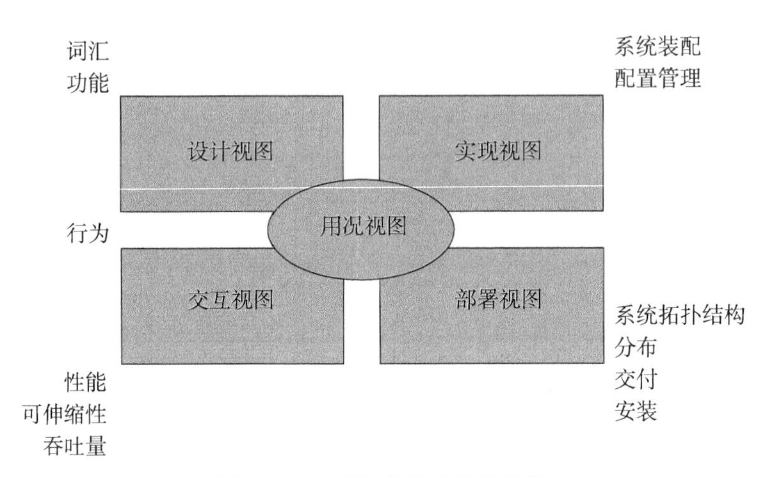

图 2-23　对系统的体系结构建模

系统的用况视图（use case view）由描述可被最终用户、分析人员和测试人员看到的系统行为的用况组成。用况视图实际上没有描述软件系统的组织，而是描述了形成系统体系结构的动力。在 UML 中，该视图的静态方面由用况图表现；动态方面由交互图、状态图和活动图表现。

系统的设计视图（design view）包含了类、接口和协作，它们形成了问题及其解决方案的词汇。这种视图主要支持系统的功能需求，即系统应该提供给最终用户的服务。在 UML 中，该视图的静态方面由类图和对象图表现；动态方面由交互图、状态图和活动图表现。类的内部结构图特别有用。

系统的交互视图（interaction view）展示了系统的不同部分之间的控制流，包括可能的并发和同步机制。该视图主要针对性能、可伸缩性和系统的吞吐量。在 UML 中，对该视图的静态方面和动态方面的表现与设计视图相同，但着重于控制系统的主动类和在它们之间流动的消息。

系统的实现视图（implementation view）包含了用于装配与发布物理系统的制品。这种视图主要针对系统发布的配置管理，它由一些独立的文件组成；这些文件可以用各种方法装配，以产生运行系统。它也关注从逻辑的类和构件到物理制品的映射。在 UML 中，该视图的静态方面由构件图表现，动态方面由交互图、状态图和活动图表现。

33

系统的部署视图（deployment view）包含了形成系统硬件拓扑结构的结点（系统在其上运行）。这种视图主要描述组成物理系统的部件的分布、交付和安装。在 UML 中，该视图的静态方面由部署图表现，动态方面由交互图、状态图和活动图表现。

这 5 种视图中的每一种都可单独使用，使不同的人员能专注于他们最为关心的体系结构问题。这 5 种视图也会相互作用，如部署视图中的结点拥有实现视图的构件，而这些构件又表示了设计视图和交互视图中的类、接口、协作以及主动类的物理实现。UML 允许表达这 5 种视图中的任何一种。

2.4　软件开发生命周期

UML 在很大程度上是独立于过程的，这意味着它不依赖于任何特殊的软件开发生命周期。然而，为了从 UML 中得到最大的收益，应该考虑这样的过程，它是：

- 用况驱动的；
- 以体系结构为中心的；
- 迭代的和增量的。

【在附录 B 中概述了 Rational 统一过程，对该过程的更完整处理在 *The Unified Software Development Process* 一书以及 *The Rational Unified Process* 中讨论。】

用况驱动（use case driven）意味着把用况作为一种基本的制品，用于建立所要求的系统行为、验证和确认系统的体系结构、测试以及在项目组成员间进行交流。

以体系结构为中心（architecture-centric）意味着以系统的体系结构作为一种基本制品，对被开发的系统进行概念化、构造、管理和演化。

迭代过程（iterative process）是这样一种过程，它涉及到对一连串可执行的发布的管理。*增量过程*（incremental process）是这样一种过程，它涉及到系统体系结构的持续集成，以产生各种发布，每个新的发布都比上一个发布有所改善。总的来讲，迭代和增量的过程是*风险驱动的*（risk-driven），这意味着每个新的发布都致力于处理和降低对于项目成功影响最为显著的风险。 34

这种用况驱动的、以体系结构为中心的、迭代/增量的过程可以分成几个阶段。*阶段*（phase）是过程的两个主要里程碑之间的时间跨度，在阶段中将达到一组明确的目标，完成一定的制品，并做出是否进入到下一阶段的决策。如图 2-24 所示，在软件开发生命周期内有 4 个阶段：初始、细化、构造和移交。在图中，按这些阶段对工作流进行了划分，并显示了它们的焦点随时间的推移而变化的程度。

初始（inception）是这个过程的第一个阶段。在此阶段，萌发的开发想法经过培育要达到这样一个目标：至少要在内部奠定足够的基础，以保证能够进入到细化阶段。

细化（elaboration）是这个过程的第二个阶段。在此阶段定义产品需求和体系结构。在这个阶段，将明确系统需求，按其重要性排序并划定基线。可以按一般的描述，也可以按精确的评价准则来排列系统的需求，每个需求都说明了特定的功能或非功能的行为，并为测试提供了基础。 35

构造（construction）是这个过程的第三个阶段，在此阶段软件从可执行的体系结构基线发展到准备移交给用户。针对项目的商业需要，这里也要不断地对系统的需求，特别是对系统的评价准则进行检查，并要适当地分配资源，以主动地降低项目的风险。

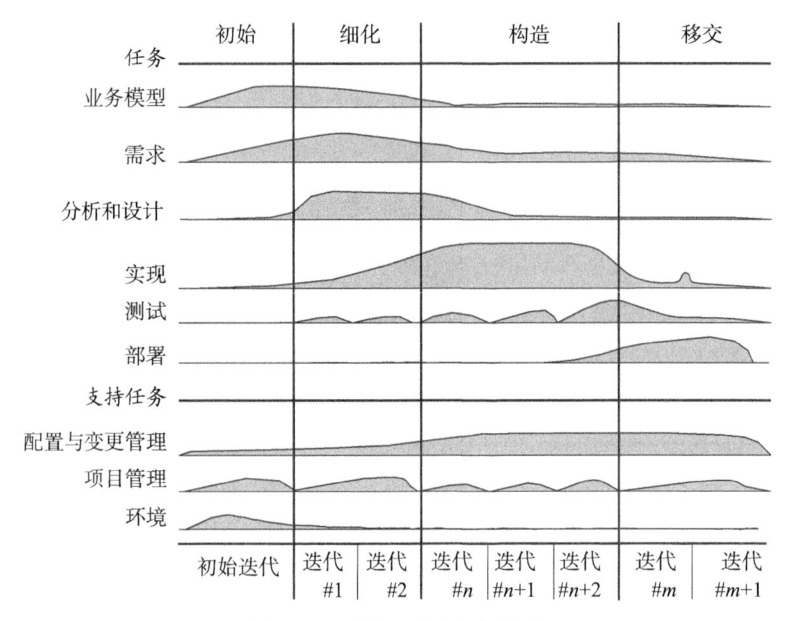

图 2-24　软件开发生命周期

移交（transition）是这个过程的第四个阶段，在此阶段把软件交付给用户。在这个阶段，软件开发过程很少能结束，还要继续改善系统，根除错误，增加早期发布未能实现的特性。

使得这个过程与众不同，并贯穿所有 4 个阶段的要素是迭代。迭代（iteration）是一组明确的工作任务，具有产生能运行、测试和评价的可执行系统的基准计划和评价准则。可执行系统无须向外发布。因为迭代产生可执行的产品，所以可以判断进展并在每次迭代后可重新估计风险。这意味着，软件开发生命周期具有以下特征：持续地发布系统体系结构的可执行版本，而且在每步迭代后可中途进行修改，以减少潜在的风险。正是因为强调将体系结构作为一个重要的制品，UML 非常注重对系统体系结构的不同视图进行建模。

36

第3章

Hello, World!

本章内容

- ❑ 类和制品
- ❑ 静态模型和动态模型
- ❑ 模型间的联系
- ❑ 对 UML 的扩展

C 编程语言的发明者 Brian Kernighan 和 Dennis Ritchie 指出，学习一门新的编程语言的唯一方法是用它编写程序。对于 UML 也是如此，学习 UML 的唯一方法是用它绘制模型。

当开始学习一门新的编程语言时，很多开发者写的第一个程序是简单的，只包含了一些打印“Hello, World!”字符串之类的语句。这是一个合理的出发点，因为掌握这种小应用可以立见成效。同时，它也覆盖了使某些东西运行所需要的全部基础设施。

我们就从这里开始使用 UML。对“Hello,World!”的建模大概是 UML 最简单的应用。然而，这个应用的简单只是一种假象，因为在整个应用的下面有一些耐人寻味的工作机制。用 UML 可以很容易地对这些机制建模，UML 对这种简单的应用提供了较为丰富的视图。

37

3.1 关键抽象

在 Web 浏览器中，打印“Hello, World!”的 Java 程序是很简单的：

```
import java.awt.Graphics;
class HelloWorld extends java.applet.Applet {
  public void paint (Graphics g) {
    g.drawString("Hello, World!", 10, 10);
  }
}
```

第一行代码

```
import java.awt.Graphics;
```

使得后面的代码可以直接使用类 Graphics。前缀 java.awt 表明了类 Graphics 所在的

Java 包。

第二行代码

```
class HelloWorld extends java.applet.Applet {
```

介绍了一个名为 HelloWorld 的新类，并说明它是一个像 Applet 那样的类，Applet 位于包 java.applet 中。

其余的三行代码

```
public void paint (Graphics g) {
  g.drawString("Hello, World!", 10, 10);
}
```

声明了一个名为 paint 的操作，它的实现调用名为 drawString 的另一个操作，drawString 操作负责在指定的位置上打印“Hello, World!”。在通常的面向对象的方式下，drawString 是一个名称为 g 的参数上的一个操作，g 的类型是类 Graphics。

在 UML 中，对这种应用的建模是简单的。如图 3-1 所示，把类 HelloWorld 用一个矩形图标表示。类 HelloWorld 的 paint 操作也展示在这里（省略了该操作的所有形式参数），在一个附属的注解中详述了该操作的实现。 【第 4 章和第 9 章讨论类。】

38

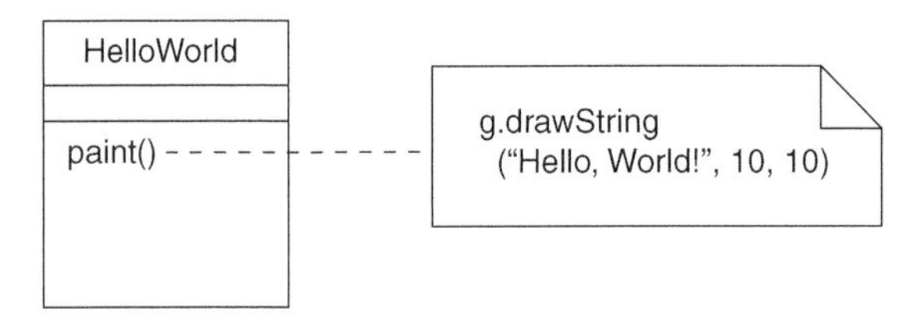

图 3-1 对 HelloWorld 的关键抽象

注解 如图 3-1 中所示的那样，虽然 UML 允许（但不要求）紧密地与各种编程语言（如 Java）相结合，但 UML 不是一种可视化的编程语言。UML 被设计为允许把模型转换成代码，也允许把代码通过逆向工程转换为模型。在 UML 中，像数学表达式这样的事物最好用文字性的编程语言语法来书写，而像类层次这样的事物最好以图形的方式来可视化。

这个类图反映出了“Hello, World!”这个应用的基本部分，但还遗漏了一些东西。按上述代码的描述，这个应用还涉及其他两个类，即 Applet 和 Graphics，而且对每个类的使用方式各不相同。类 Applet 被用作类 HelloWorld 的父类，类 Graphics 则用于类 HelloWorld 的一个操作 paint 的特征标记和实现中。可以在类图中表示这些类及它们与类 HelloWorld 的不同关系，如图 3-2 所示。

用矩形图标表示类 Applet 和类 Graphics。因为不显示它们的任何操作，所以对它们的图标进行了省略。从 HelloWorld 到 Applet 的带有空心箭头的有向线段表示的是泛化关系，在这里它意味着 HelloWorld 是 Applet 的子类。从 HelloWorld 到 Graphics 的有向虚线表示的是依赖关系，它意味着 HelloWorld 使用 Graphics。 【第 5 章和第 10 章讨论关系。】

39

至此，HelloWorld 建造于其上的框架还没有完工。如果研究 Applet 和 Graphics 这两个 Java 库，将会发现这两个类是一个更大的类层次的一部分。跟踪被类 Applet 扩展和实现的那些类，能够产生另一个类图，如图 3-3 所示。

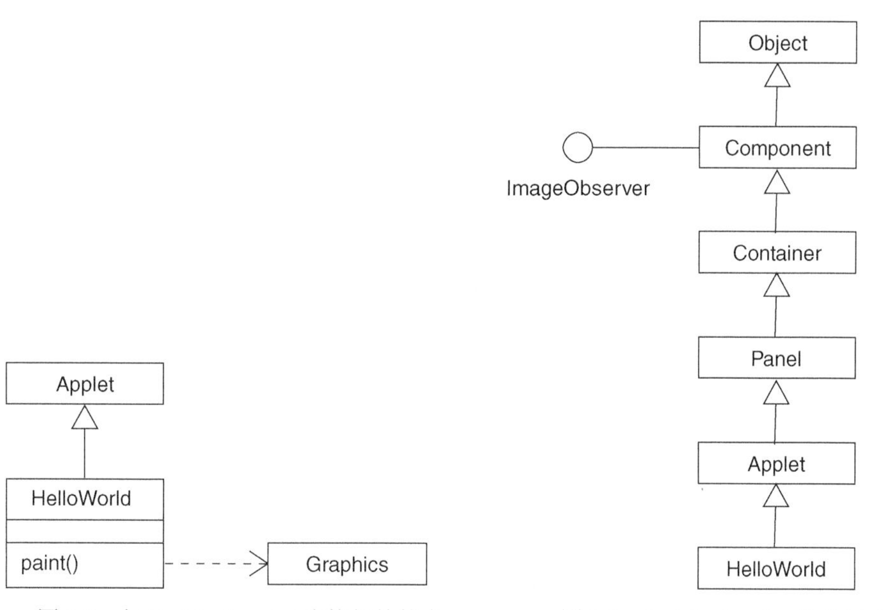

图 3-2　与 HelloWorld 直接相关的类

图 3-3　HelloWorld 的继承层次

注解　通过对一个已经存在的系统进行逆向工程可以产生图，图 3-3 就是一个很好的例子。逆向工程是从代码创建模型。

可以清楚地从图 3-3 中看出，HelloWorld 仅是这个较大类层次的一个叶子。Hello World 是 Applet 的子类，Applet 是 Panel 的子类，Panel 是 Container 的子类，Container 是 Component 的子类，Component 是 Object 的子类，Object 是 Java 中所有类的父类。因而，这个模型与 Java 库相匹配——每个子类都扩展了某个父类。

ImageObserver 和 Component 之间的关系有点不同，这在类图中已经反映出来。在 Java 库中，ImageObserver 是一个接口，这意味着它没有实现，而需要其他类实现它。如图 3-3 所示，在 UML 中把接口表示成一个圆圈。类 Component 实现接口 ImageObserver 这一关系用一条从矩形（Component）到供接口圆圈（ImageObserver）的实线来表示。

40

【第 11 章讨论接口。】

如这些图所示，HelloWorld 只与两个类（Applet 和 Graphics）直接协作，这两个类只是预定义的 Java 大类库的一小部分。为了管理如此大规模的类层次图，Java 用一些不同的包组织它的接口和类。在 Java 环境中，理所应当地把根包命名为 Java。嵌套在这个包中的是几个其他的包，每个包还含有其他的包、接口和类。Object 位于包 lang 中，它的完整路径名为 java.lang.Object。类似地，Panel、Container 和 Component 位于包 awt 中，类 Applet 位于包 applet 中。接口 ImageObserver 位于包 image 中，依次下去，image 位于包 awt 中，因此该接口的完整路径名是一个相当长的串：java.awt.image.ImageObserver。

可以把这个包的在一个类图中可视化，如图 3-4 所示。在 UML 中包被表示成带有标签的文件夹。包可以被嵌套，有向的虚线段描述了包之间的依赖。例如，HelloWorld 依赖包 java.applet，java.applet 依赖包 java.awt。　【第 12 章讨论包。】

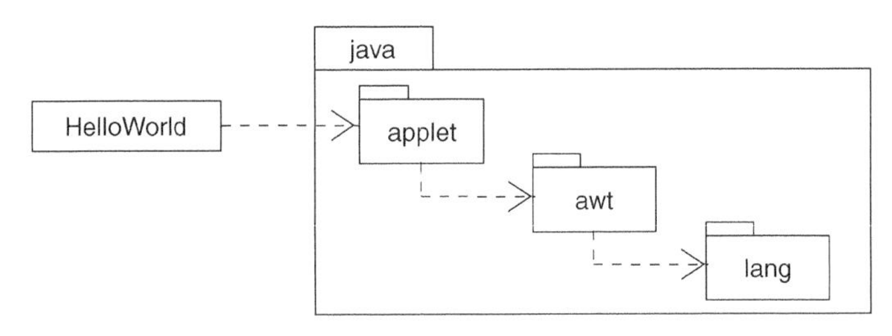

图 3-4　HelloWorld 依赖的包

3.2　机制

要掌握像 Java 类库这样内容丰富的类库，最难部分是理解各部分如何协同工作。例如，如何调用 HelloWorld 的操作 paint？若想改变这段程序的行为(例如以不同的颜色打印字符串)，必须要使用什么样的操作？为了回答这样和那样的问题，必须有一个描述这些类动态协同工作方式的概念模型。　【第 29 章讨论模式和框架。】

41

对 Java 库的研究揭示了 HelloWorld 的操作 paint 是从 Component 继承来的。但是，应该如何调用该操作呢？回答是：paint 是在该程序所在的线程运行中调用的，如图 3-5 所示。

【第 23 章讨论进程和线程。】

图 3-5 展示了几个对象间的协作，包括类 HelloWorld 的一个实例。其他的对象是 Java 环境的一部分，因此大多数对象都处于所创建的程序的背景中。该图展示了对象之间一个可以被多次应用的协作。每一栏展示了协作中的一个角色，也就是在每次执行中能被不同对象调用的部分。在 UML 中，把角色表示得像类的样子，只是它们既有角色名也有类型。这个图的中间两个角色是匿名的，因为在协作中它们的类型足以标明它们自身（用冒号并且不加下划线标出它们是角色）。初始的 Thread 被称为 root。角色 HelloWorld 有一个名称 target，这个名称能够被角色 ComponentPeer 知道。　【第 13 章讨论实例。】

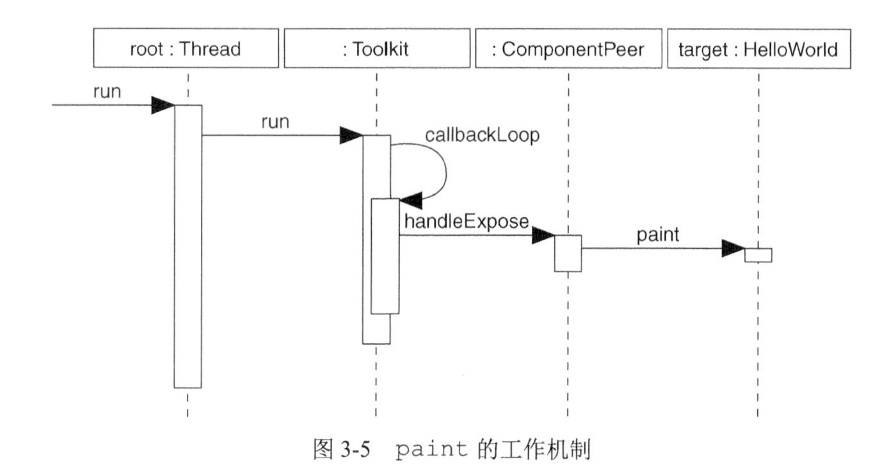

图 3-5　paint 的工作机制

如图 3-5 所示，可以使用顺序图对事件的次序建模。这里，序列从运行对象 Thread 开始，它调用 Toolkit 的一个操作 run。对象 Toolkit 调用它自己的操作（callbackLoop），然后它调用 ComponentPeer 的操作 handleExpose。对象 ComponentPeer 调用它的目标操作 paint。对象 ComponentPeer 假设它的目标是 Component，但在这种情况下，目标实际是 Component 的子类（即 HelloWorld），因此，HelloWorld 的操作 paint 被多态地处理。

【第 19 章讨论顺序图。】 42

3.3　制品

“Hello, World!” 被实现为一个小应用程序（applet），它不是单独存在的，而通常是某个网页的一部分。打开含有该程序的网页，并由一些运行该程序的 Thread 对象的浏览器机制触发，程序就开始执行了。然而，直接作为网页一部分的并不是类 HelloWorld，而是由 Java 编译器（它把描述该类的源代码转换成可执行的制品）产生的该类的二进制形式。这说明对一个系统存在非常不同的观察角度。所有早先的图描述的是程序的逻辑视图，这里所说的是 applet 的物理制品的视图。

可以用制品图对这个物理视图建模，如图 3-6 所示。　【第 26 章讨论制品。】

逻辑类 HelloWorld 被表示成位于顶部的一个类矩形，这个图中的其他每个图符都表示了系统实现视图中一个 UML 制品。制品是一种物理表示，如文件。名为 hello.java 的制品表示了逻辑类 HelloWorld 的源代码，它是可以由开发环境和配置管理工具操纵的文件。用 Java 编译器可把这段源代码转换成二进制程序 HelloWorld.class，以使得它适合于在计算机的 Java 虚拟机上执行。源代码和二进制程序都表现了（即物理上实现了）逻辑类，这被表示为带着关键字«manifest»的虚线箭头。

43

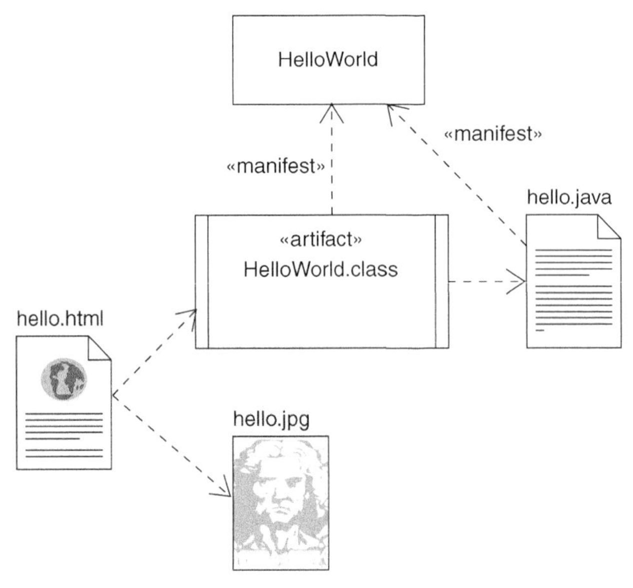

图 3-6 HelloWorld 制品

制品的图符是名字之上标注了关键字«artifact»的矩形。二进制程序 HelloWorld. class 是这种基本图符的变体，把图符的线条加粗，是为了指明它是一个可执行的构件（正像主动类一样）。制品 hello.java 的图符已经由用户定义的图符代替，表示它是一个文本文件。网页 hello.html 的图符也是这样通过扩展 UML 的表示法来定制的。如图 3-6 所示，这个网页还有另一个制品 hello.jpg，它是由用户定义的制品图标表示的，这里提供了一个图像的缩影。由于后 3 个制品使用的是用户定义的图符，所以它们的名字放在图符外面。制品间的依赖用虚箭头表示。【第 6 章讨论 UML 的扩展机制。】

注解 对类（HelloWorld）、类的源代码（hello.java）和类的目标代码（HelloWorld.class）之间的关系很少需要显式地建模，尽管为了可视化系统的物理配置，有时这样做还是有用的。另一方面，通过用制品图对网页和其他可执行的制品进行建模，来可视化这种基于 Web 的系统的组织则比较常见。

44

第二部分　对基本结构建模

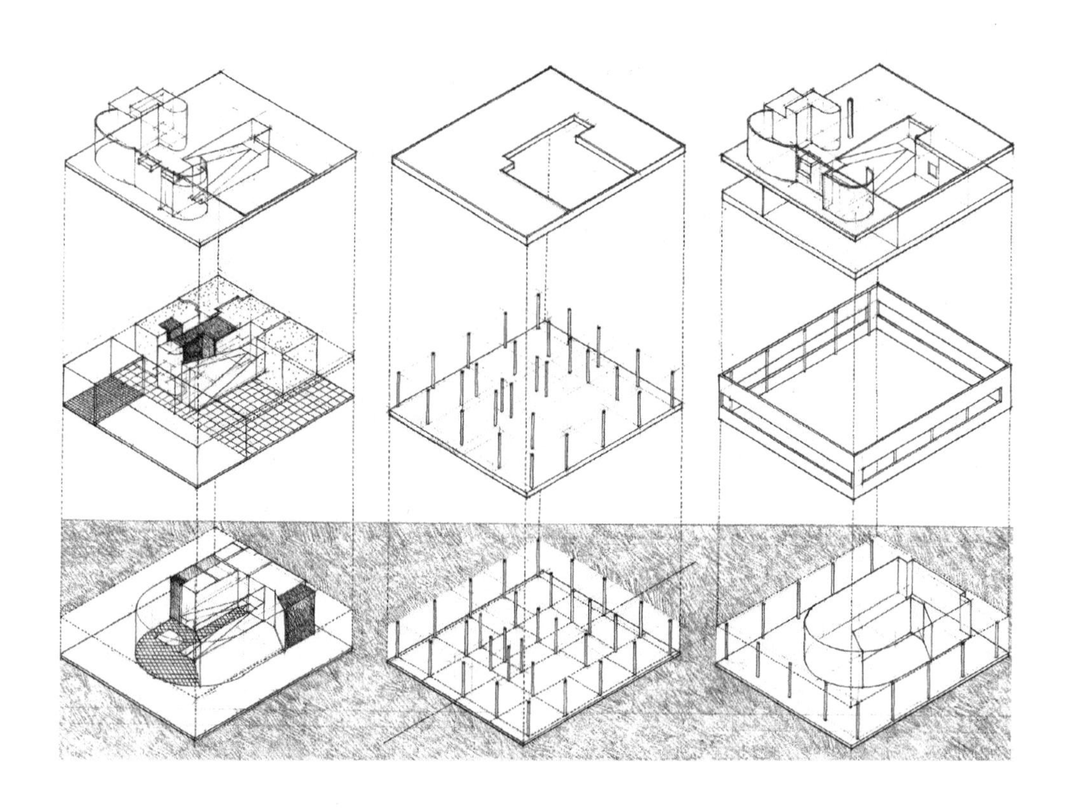

第 4 章

类

本章内容

- ❑ 类、属性、操作和责任
- ❑ 对系统的词汇建模
- ❑ 对系统中职责的分布建模
- ❑ 对非软件事物建模
- ❑ 对简单类型建模
- ❑ 进行高质量的抽象

类是任何面向对象系统中最重要的构造块。类是对一组具有相同属性、操作、关系和语义的对象的描述。一个类可以实现一个或多个接口。

类可以用来捕获正在开发的系统中的词汇。这些类可以包括作为问题域一部分的抽象，也可以包括构成实现的那些类。可以用类描述软件事物和硬件事物，甚至也可以用类描述纯粹概念性的事物。

【第 9 章讨论类的高级特性。】

结构良好的类具有清晰的边界，并形成了整个系统的职责均衡分布的一部分。

4.1 入门

对系统建模需要识别出关于特定视图的重要事物，这些事物形成了正在建模的系统的词汇。假如正在建造一所房子，那么像墙、门、窗户、柜橱和灯对于房主来说就是重要的事物。这些事物中的每一个都有别于其他事物，有自己的一组特性。墙有高度和宽度，是立体的。门也有高度和宽度，是立体的，但它还有额外的行为，能朝一个方向打开。窗户与门类似，二者都是在墙上开的洞，但它们稍有不同。窗户通常（但不总是）设计得让人能向外看，而不是让人穿行。

47

墙、门和窗户很少作为个体单独存在，因此还必须要考虑怎样把这些事物的具体实例组合在一起。识别事物和选择它们之间所要建立的关系将受下述因素影响：希望如何使用住宅的各个房间，希望各房间如何连通，以及希望这种布局所形成的总体风格与感觉。

用户所关心的事物各不相同。例如，帮助建房的水管工对排水管、存水弯和通风口之类的事物感兴趣。作为房主，就不需要关心这些事物，只需关心水管工对这些东西的施工要满足要求，例如，排水管要安装在地板下，通风口要穿过屋顶。

在 UML 中，所有的这些事物都被建模为类。类是对词汇表中一些事物的抽象。类不是个体对象，而是描述一些对象的一个完整集合。这样，可以在概念上把墙看成一个对象类，它具有一定的共同属性，如高度、长度、厚度和能否承重等。也可以考虑墙的个体实例，如“书房西南角的墙”。

【第 13 章讨论对象。】

在软件中，有很多编程语言直接支持类的概念。这很好，因为这意味着所建立的抽象经常可以直接地映射到编程语言，甚至可用于对非软件事物的抽象，如“顾客”、“交易”和“会话”等。

48

UML 为类提供了图形表示，如图 4-1 所示。通过这种表示法能够独立于任何编程语言来对抽象进行可视化，并强调抽象的最重要的部分：名称、属性和操作。

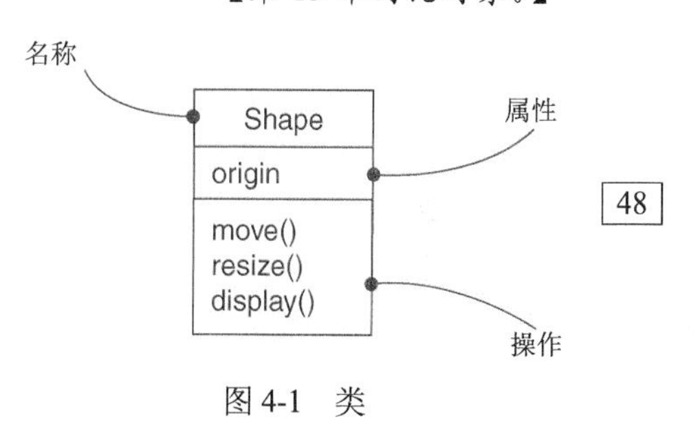

图 4-1　类

4.2　术语和概念

类（class）是对一组具有相同属性、操作、关系和语义的对象的描述。在图形上，把类画成一个矩形。

4.2.1　名称

每个类都必须有一个有别于其他类的名称。*名称*（name）是一个文字串。单独的名称叫作*简单名*（simple name），用类所在的包的名称作为前缀的类名叫作*限定名*（qualified name）。绘制的类可以仅显示它的名称，如图 4-2 所示。

【一个包中的各类的名称都必须是唯一的，第 12 章要对此进行讨论。】

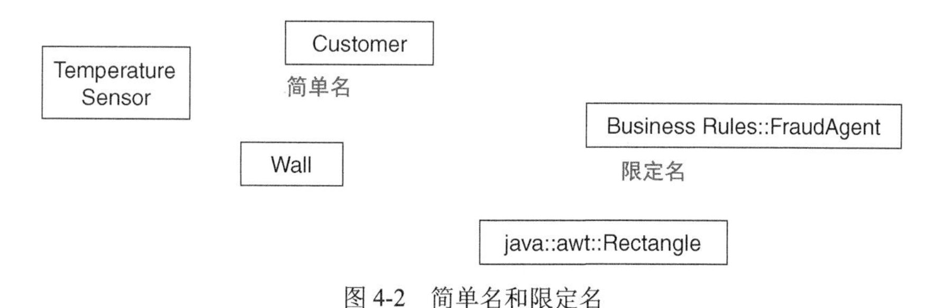

图 4-2　简单名和限定名

注解　类名可以是由任何数目的字母、数字和某些标点符号（有些符号除外，例如用于分隔类名和包名的双冒号）组成的文本，它可以延伸成几行。在实践中，类名是从正在建模的系统的词汇表中提取出来的简单名词或名词短语。类名中的每个词的第一个字母通常要大写，如 Customer 或 TemperatureSensor。

49

4.2.2　属性

属性（attribute）是已命名的类的特性，它描述了该特性的实例可以取值的范围。类可以有任意数目的属性，也可以没有属性。属性描述了正被建模的事物的一些特性，这些特性为类的所有对象所共有。例如，每一面墙都有高度、宽度和厚度；也可以用这样的方式对顾客建模：每个顾客都有一个姓名、地址、电话号码和出生日期。因此，属性是对类的对象可能包含的数据种类或状态种类的抽象。在一个给定的时刻，类的一个对象将具有该类的每一个属性的特定值。在图形上，将属性在类名下面的栏中列出。可以仅显示属性的名称，如图 4-3 所示。

【属性与聚合的语义有关，在第 10 章对此进行讨论。】

注解　属性名可以是像类名那样的文字。在实际应用中，属性名是描述属性所在类的一些特性的简短名词或名词短语。通常要将属性名中除第一个词之外的每个词的第一个字母大写，例如 name 或 loadBearing。

可以通过声明属性的类以及属性可能的默认初始值来进一步地详述属性，如图 4-4 所示。

【可以详述属性的其他特征，例如可把它标记成只读的，或者是由本类的所有对象共享的，这些在第 9 章讨论。】

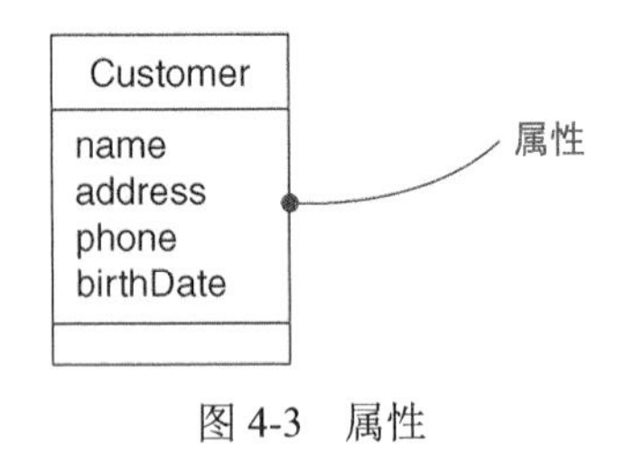

图 4-3　属性

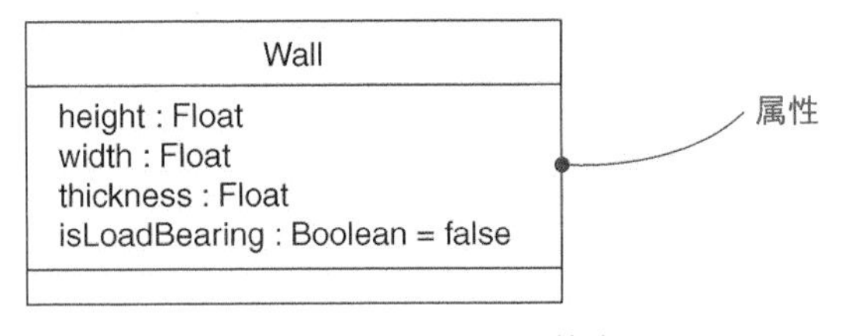

图 4-4　属性和它们的类

50

4.2.3　操作

操作（operation）是一个服务的实现，该服务可以由任何类的对象来请求以影响其行为。换句话说，操作是能对一个对象所做的事情的抽象，并且它由这个类的所有对象共享。类可以有任意数目的操作，也可以没有操作。例如，在 Java 的 awt 包中的窗口库里，类 Rectangle 的所有对象都能被移动或调整大小，还可以查询它们的特性。调用对象的操作经常（但不总是）会改变该对象的数据或状态。在图形上，把操作列在类的属性栏下面的栏中。可以仅显示操作的名称，如图 4-5 所示。

【可以进一步用注释或活动图详述操作的实现，在第 6 章描述注释，在第 20 章讨论活动图。】

注解　操作名可以是像类名那样的文字。在实践中，操作名是描述它所在类的一些行为的短动词或动词短语。通常要将操作名中除第一个词之外的每个词的第一个字母大写，如 `move` 或 `isEmpty`。

可以通过阐明操作的特征标记来详述操作，特征标记包含所有参数的名称、类型和默认值，如果是函数，还要包括返回类型，如图 4-6 所示。

【可以详述操作的其他特性，例如把操作标记为多态的、不变的或描述它的可见性，这些在第 9 章讨论。】

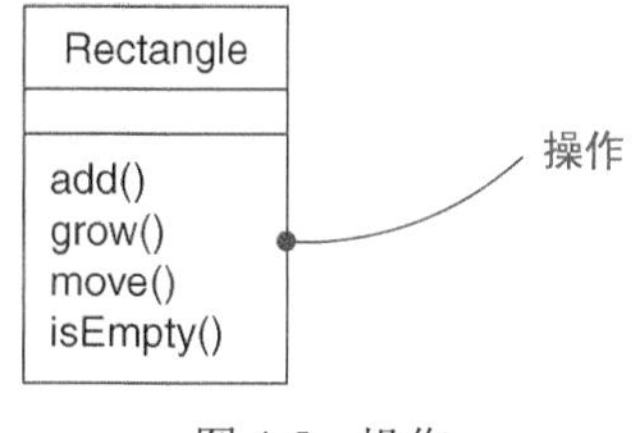

图 4-5　操作

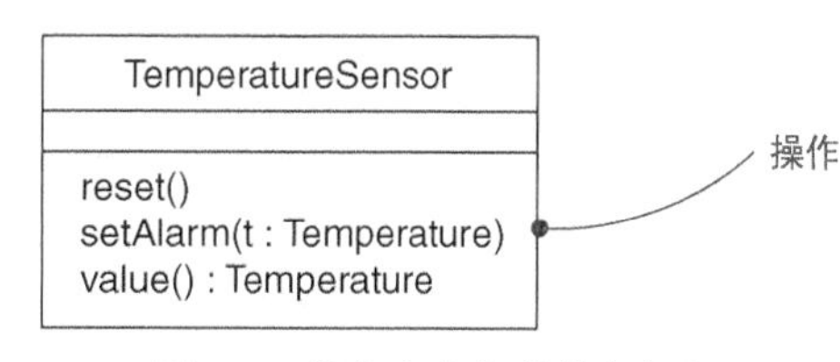

图 4-6　操作和它们的特征标记

51

4.2.4　对属性和操作的组织

当画一个类时，不必同时把所有的属性和操作都显示出来。事实上，在大多数情况下不能这样做（由于属性和操作太多以致无法把它们放在一张图中），也可能不应该这样做（可能只有这些属性和操作的一个子集与特定的视图相关）。由于这些原因，可以对类进行省略，这意味着可以有选择地仅显示类的一部分属性和操作，甚至可以一个也不显示。空栏并不一定意味着没有属性或操作，只是没有选择要显示它们。通过在列表的末尾使用省略号（“...”），可以明确地表示出实际的属性和操作比所显示的要多。也可以完全压缩掉这一栏，此时就不能表达是否有或者有多少属性或操作。

为了更好地组织属性和操作的长列表，可以利用衍型在每一组属性和操作之前加一个描述其种类的前缀，如图 4-7 所示。　　【第 6 章讨论衍型。】

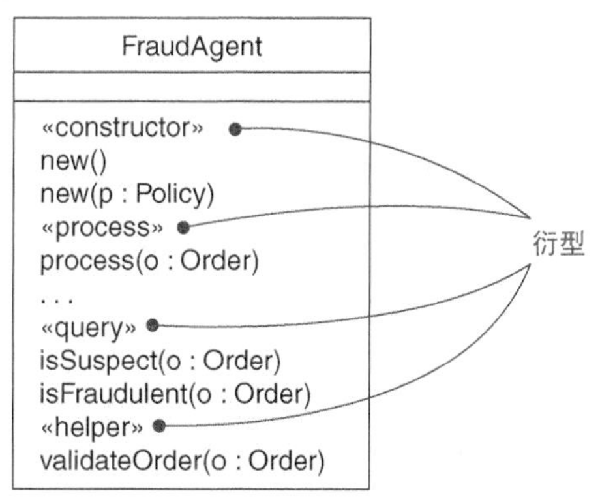

图 4-7　用于类特征的衍型

4.2.5　职责

职责（responsibility）是类的合约或责任。当创建一个类时，就声明了这个类的所有对象具有相同种类的状态和相同种类的行为。在较高的抽象层次上，这些相应的属性和操作正是要完成类的职责的特征。类 `Wall` 负责了解墙的高度、宽度和厚度；在信用卡应用系统中，类 `FraudAgent` 负责处理汇票，并决定汇票是否合法、是否值得怀疑或是否具有欺诈性；类 `TemperatureSensor` 负责测量温度，若温度达到一定度数，就要发出警报。

52

【职责是一个已定义的衍型的例子，在第 6 章讨论。】

对类建模的一个好的起点是详述词汇表中的事物的职责。像 CRC 卡和基于用况的分析等技术在这里特别有用。类可以有任何数目的职责，尽管在实用中每个结构良好的类都最少有一个职责，而且最多也是可数的。当精化模型时，要把这些职责转换成能很好地完成这些职责的一组属性和操作。【第 9 章讨论对类的语义建模。】

在图形上，把职责列在类图符底部的单独的栏中，如图 4-8 所示。

【也可以在注解中描绘出类的职责，在第 6 章讨论。】

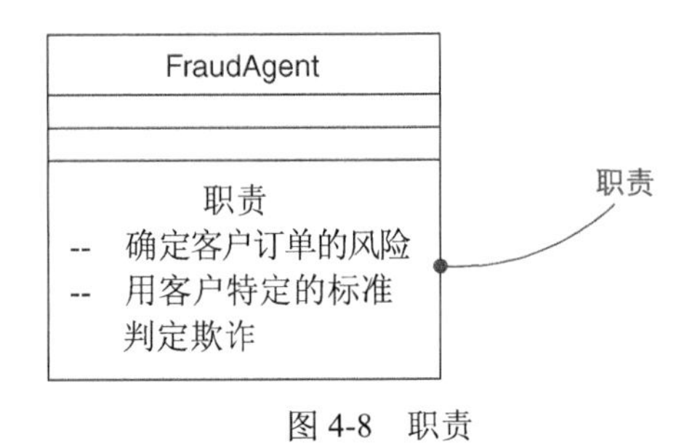

图 4-8　职责

注解　职责是自由形式的文本。实际上，可以把单个的职责写成一个短语、一个句子或（最多）一段短文。

4.2.6　其他特征

属性、操作和职责是创建抽象所需要的最常见的特征。事实上，对于大多数要建造的模型，这 3 种特征的基本形式足以表达类的最重要的语义。然而，有时需要可视化或详述其他特征，例如，单个属性和操作的可见性；与特定语言相关的操作特征，例如多态的或静态的；甚至类的对象可能产生或操纵的异常事件。在 UML 中能够表达这些以及很多其他特征，但它们被作为高级概念处理。【第 9 章讨论高级的类概念。】

在建造模型时，很快会发现，创建的几乎每个抽象都是某种类型的类。有时要把类的实现与规约相分离，对此，在 UML 中可以用接口来表示。【第 11 章讨论接口。】

53

在开始设计类的实现时，需要将其内部结构建模为一组连接起来的部件。为了得到最终的设计，可以把顶层类扩展成几层内部结构。【第 15 章讨论内部结构。】

当开始建立更为复杂的模型时，可能会一次又一次地遇见同样的实体，如描述并发进程和线程的类或描述物理事物（例如 applet、Java Beans、文件、Web 页和硬件）的类目。因为这几种实体是很常见的，并且它们描述了重要的体系结构抽象，所以 UML 提供了主动类（表示进程和线程）和类目，例如制品（表示物理软件构件）和结点（表示硬件设备）。

【第 23 章、第 25 章和第 27 章讨论主动类、构件和结点，在第 26 章讨论制品。】

最后要说明的是，类很少单独存在。确切地讲，当建造模型时，通常要注重于相互作用的那些类群。在 UML 中，这些类的群体形成了协作，并且通常在类图中被可视化。

【第 8 章讨论类图。】

4.3 常用建模技术

4.3.1 对系统的词汇建模

类的最常见的用途是对从试图解决的问题或者从解决该问题的技术得到的抽象进行建模。每个这样的抽象都是系统词汇表的一部分，这意味着它们在整体上描述了对用户和实现者重要的事物。

对用户而言，大多数抽象并不难识别，因为这些抽象通常是从用户已经用来描述其系统的事物中抽取出来的。诸如 CRC 卡和基于用况的分析技术是帮助用户找到这些抽象的杰出方法。对于实现者来说，这些抽象通常是作为解决方案一部分的技术中的事物。

【第 17 章讨论用况。】

为了对系统的词汇建模，需做如下工作。

- ❑ 识别用户或实现者用于描述问题或者描述解决方案的那些事物。用 CRC 卡和基于用况分析的技术帮助用户发现这些抽象。
- ❑ 对于每个抽象，识别一个职责集。确保能清楚地定义每个类，而且这些职责能在所有的类之间很好地均衡。
- ❑ 提供为实现每个类的职责所需的属性和操作。

54

图 4-9 描述了从一个零售系统抽取的一组类，其中包括 `Customer`、`Order` 和 `Product`。这个图也包含了一些来自问题的词汇表中的其他的相关抽象，如 `Shipment`（用于跟踪订单）、`Invoice`（用于按订单开发票）和 `Warehouse`（在发货之前储存货物的地方）。还有一个与解决方案相关的抽象 `Transaction`，用于订货和发货。

随着模型的不断增大，所发现的很多类将趋于簇集到一些在概念和语义上相关的组中。在 UML 中，可以用包来对这些类簇建模。【第 12 章讨论包。】

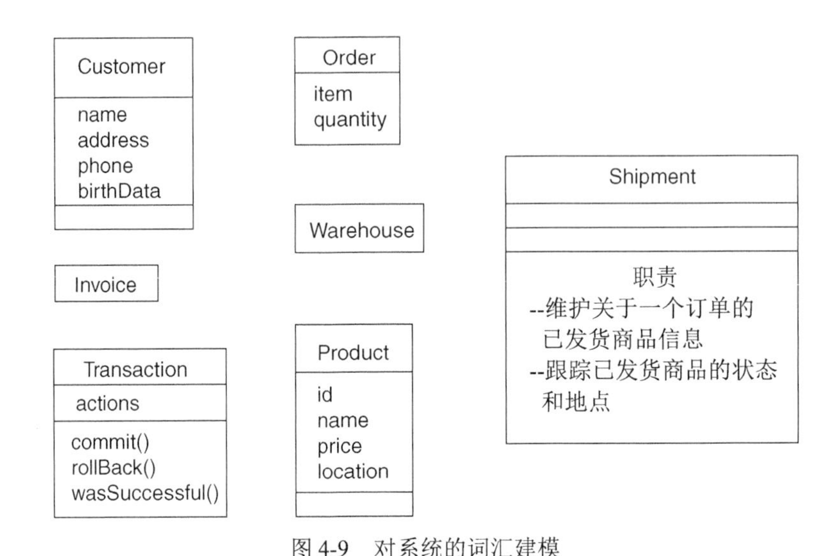

图 4-9　对系统的词汇建模

完全静态的模型是很少的，相反，系统词汇中的大多数抽象都动态地相互作用。在 UML 中，有一些对这种动态行为建模的办法。　【本书的第四部分和第五部分讨论对行为建模。】

55

4.3.2　对系统中的职责分布建模

一旦开始对大量的类建模，就要保证抽象提供了均衡的职责集。这意味着不能让任何类过大或过小，每一个类应该做好一件事。若抽象出来的类过大，将会发现模型难以变化而且很不容易复用；若抽象出来的类过小，则最终抽象会过多，难以合理地管理和理解。可以使用 UML 来帮助可视化和详述这种职责的均衡。

对系统中的职责分布建模，要做如下工作。

- 识别一组为了完成某些行为而紧密地协同工作的类。
- 对上述的每一个类识别出一组职责。
- 从整体上观察这组类，把职责过多的类分解成较小的抽象，把职责过于琐碎的小类合成较大的类，重新分配职责以使每一个抽象合理地存在。
- 考虑这些类的相互协作方式，相应地重新分配它们的职责，使协作中没有哪个类的职责过多或过少。　【第 28 章讨论协作。】

56

例如，图 4-10 展示了一组取自 Smalltalk 的类，图中显示了在类 `Model`、类 `View` 和类 `Controller` 中的职责分布。请注意所有的这些类如何在一起工作，使得其中没有过大或过小的类。　【这组类形成一个模式，这将在第 29 章进行讨论。】

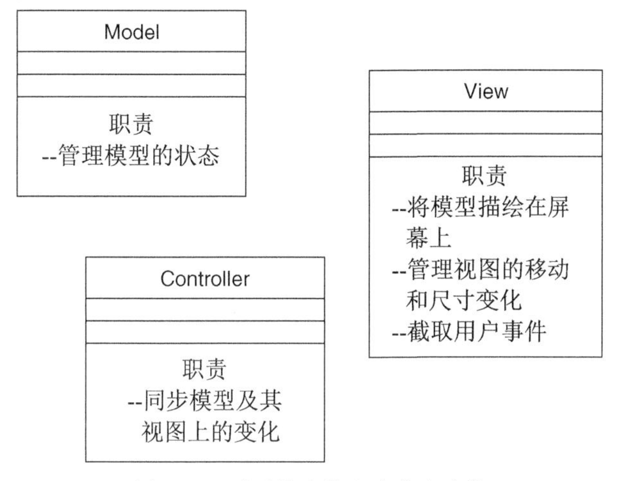

图 4-10　对系统中的职责分布建模

4.3.3　对非软件事物建模

有时，要建模的事物在软件中并无类似物。例如，送发票的人和在仓库中按订单对货物进行自动包装以供发货的机器人可能是所建模的零售系统中的工作流的一部分。应用系统可能没有任何描述它们的软件（与上述例子中的顾客不同，因为系统可能要维护关于顾客的信息）。

为了对非软件事物建模，要做如下工作。

- 对抽象为类的事物建模。
- 如果要将这些非软件事物与 UML 已定义的构造块相区别，就要创建一个新的构造块，用衍型详述这些新语义，并给出不同的可视化提示。　【第 6 章讨论衍型。】
- 如果建模的事物是某种本身包含软件的硬件，考虑把它建模为一种结点，以便能进一步扩充它的结构。　【第 27 章讨论结点。】

注解　UML 主要用于对软件密集型系统建模，但如果与文本型硬件建模语言（如 VHDL）相结合，UML 对硬件系统建模也很有表达力。OMG 也研制了 UML 的扩展产品 SysML，意在用于系统建模。

如图 4-11 所示，把人（如 AccountsReceivableAgent）和硬件（如 Robot）抽象成类是

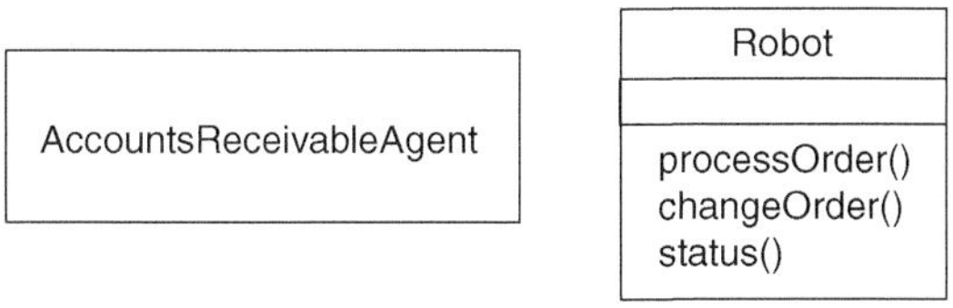

AccountsReceivableAgent

Robot
processOrder()
changeOrder()
status()

图 4-11　对非软件事物建模

57

完全正常的，因为它们分别描述了具有共同结构和共同行为的一组对象。

【系统外部的事物经常被建模为参与者，这要在第 17 章进行讨论。】

4.3.4　对简单类型建模

在其他极端情况下，所建模的事物可能直接取自用于实现一个解的编程语言。通常这些抽象包括简单类型，如整数、字符和串，乃至自定义的枚举类型。　【第 11 章讨论类型。】

对简单类型建模，要做如下工作。

- 对抽象为类型或枚举的事物建模，这可以用带有适当衍型的类表示符来表示。
- 若需要详述与该类型相联系的值域，可以使用约束。　【第 6 章讨论约束。】

如图 4-12 所示，在 UML 中可以把这些事物建模为类型或枚举，就像类那样表示，但要显式地用衍型来做标记。把像整数（用类 `Int` 来表示）这样的简单类型建模为类型，可以用约束显式地说明这些事物的值域；必须在 UML 之外定义简单类型的语义。像 `Boolean` 和 `Status` 这样的枚举类型可以建模为枚举，并把它们的字面值罗列在属性分栏中（注意它们不是属性）。枚举类型也可定义操作。　【第 11 章讨论类型。】

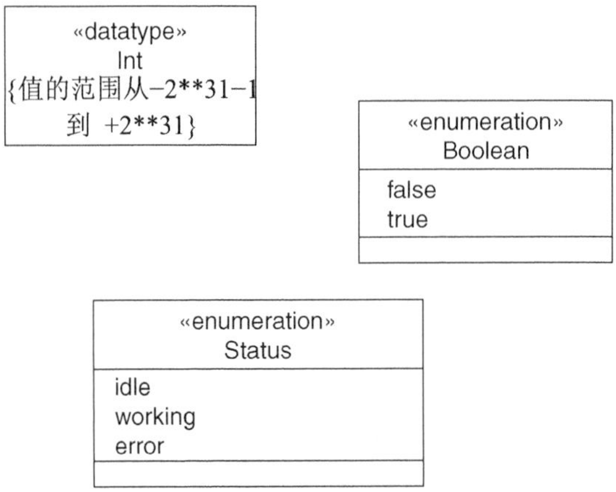

«datatype»
Int
{值的范围从−2**31−1
到 +2**31}

«enumeration»
Boolean
false
true

«enumeration»
Status
idle
working
error

58

图 4-12　对简单类型建模

注解　像 C 和 C++这样的一些语言，对每一个枚举的字面值都设定一个整数值。在 UML 中，可通过对枚举的字面值附加注释以作为实现指导，来对此建模。整型值无须逻辑建模。

4.4　提示和技巧

在用 UML 对类建模时要记住：对最终用户或实现者来说，各个类都应该映射到某个有形的或者概念性的抽象。一个结构良好的类，应满足如下条件。

- 为取自问题域或者解域的词汇中的事物提供明确的抽象。
- 嵌入一个小的、明确定义的职责集，并且能很好地实现它们。
- 把抽象的规约和它的实现清楚地分开。
- 简单而且可理解，并具有可适应性和可扩展性。

当用 UML 绘制一个类时，要遵循如下策略。

- 仅显示在该类的语境中对于理解抽象较为重要的类的特性。
- 按属性和操作的种类进行分组，以更好地组织其长列表。
- 把相关的类显示在同一个类图中。

59

第 5 章

关系

本章内容

- ❑ 依赖、泛化和关联关系
- ❑ 对简单依赖建模
- ❑ 对单继承建模
- ❑ 对结构关系建模
- ❑ 创建关系网

当建造抽象时，会发现类很少单独存在，相反，大多数类以几种方式相互协作。因此，当对系统建模时，不仅要识别形成系统词汇的事物，而且还必须对这些事物如何相互联系建模。

在面向对象的建模中，有 3 种特别重要的关系：依赖（dependency），它表示类之间的使用关系（包括精化、跟踪和绑定关系）；泛化（generalization），它把一般类连接到它的特殊类；关联（association），它表示对象之间的结构关系。其中的每一种关系都为组合抽象提供了不同的方法。

【第 10 章讨论关系的高级特征。】

构造关系网与创建类之间职责的均衡分布一样。过分细致的设计，将导致关系混乱，使得模型不可理解；对设计考虑得过少，将会丢失系统中事物协作方式所蕴涵的许多有用信息。

61

5.1 入门

如果正在建造一所房子，像墙、门、窗户、橱柜和照明灯具这样的事物将形成部分词汇。然而这些事物都不是单独存在的。墙要与别的墙相连接；门和窗要安在墙上，分别形成供人们出入和采光的开口；橱柜和照明灯具自然要安在墙上和天花板上。把墙、门、窗户、橱柜和照明灯具组合在一起，就形成了像房间这样较高层次的事物。

在这些事物中，不仅能发现结构关系，而且也能发现其他种类的关系。例如，房子肯定有窗户，但窗户的种类可能有很多。可能有不能开的凸型大窗户和能开的小厨房窗户；一些窗户能上下开，而另一些窗户（像通向庭院的窗户）可以左右拉开；一些窗户仅有一块玻璃，另一些窗户有两块玻璃。无论它们多么不同，它们都具有一些基本的窗户要素：每个窗户都是墙上的一个开口，用来采光和通气，有时还能过人。

在 UML 中，事物之间这些相互联系的方式（无论是逻辑上的还是物理上的）都被建模为关系。在面向对象的建模中，有 3 种最重要的关系：依赖、关联和泛化。

（1）依赖（dependency）是使用关系。例如，水管依赖热水器，对它们所运送的水进行加热。

（2）关联（association）是实例之间的结构关系。例如，房间是由墙和一些其他事物组成的，墙上可以镶嵌门和窗，管道可以穿过墙体。

（3）泛化（generalization）把一般类连接到较为特殊的类，也称为超类/子类关系或父/子关系。例如，观景窗是一种带有固定的大窗格的窗户，庭院窗是一种带有向两边开的窗格的窗户。

这 3 种关系覆盖了大部分事物之间相互协作的重要方式。显然，这 3 种关系也能很好地映射到大多数面向对象编程语言所提供的连接对象的方式。

【另外几种关系（如实现和精化）在第 10 章讨论。】

UML 对每种关系都提供了一种图形表示，如图 5-1 所示。这种表示法允许脱离具体的编程语言而对关系进行可视化，可用以强调关系的最重要的部分：关系名、关系所连接的事物和关系的特性。

62

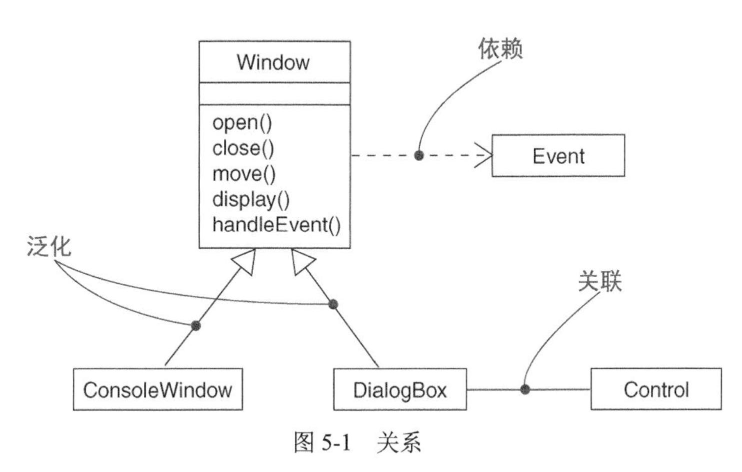

图 5-1　关系

5.2　术语和概念

关系（relationship）是事物之间的联系。在面向对象的建模中，最重要的 3 种关系是依赖、泛化和关联。在图形上，把关系画成一条线，并用不同的线区别关系的种类。

5.2.1　依赖

依赖（dependency）是一种使用关系，说明一个事物（如类 `Window`）使用另一个事物（如类 Event）的信息和服务，但反之未必。在图形上，把依赖画成一条有向的虚线，指向被依赖的事物。当要指明一个事物使用另一个事物时，就选用依赖。

在大多数情况下，在类与类之间用依赖指明一个类使用另一个类的操作，或者使用其他类所定义的变量和参量，参见图 5-2。这的确是一种使用关系，如果被使用的类发生变化，那么另一个类的操作也会受到影响，因为这个被使用的类此时可能表现出不同的接口或行为。在 UML 中，也可以在很多其他的事物之间创建依赖，特别是注解和包。

63

【第 6 章讨论注解，第 12 章讨论包。】

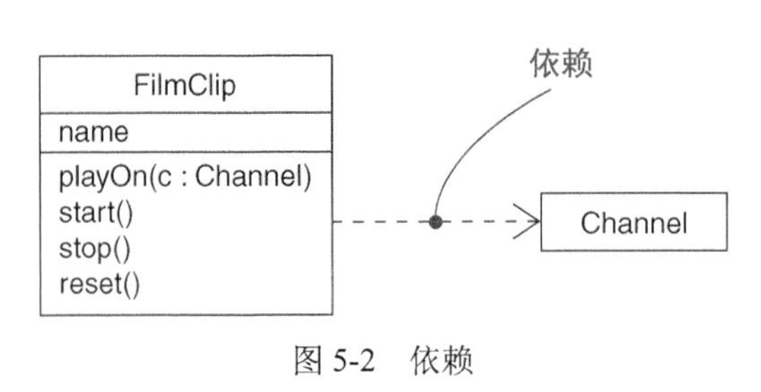

图 5-2　依赖

注解　依赖可以带有一个名字，但很少使用，除非模型有很多依赖，并且要引用它们或做出区别。在一般情况下，用衍型区别依赖的不同含义。

【第 10 章讨论不同种类的依赖，第 6 章讨论衍型。】

5.2.2　泛化

泛化（generalization）是一般事物（称为超类或父类）和该事物的较为特殊的种类（称为子类或子）之间的关系。有时也称泛化为“is-a-kind-of”①关系：一个事物（如类 BayWindow）是更一般的事物（如类 Window）的“一个种类”。泛化意味着子类的对象可以被用在父类的对象可能出现的任何地方，反之则不然。换句话说，泛化意味着子类可以替换父类的声明。子类继承父类的特性，特别是父类的属性和操作。通常（但不总是），子类除了具有父类的属性和操作外，还具有更多的属性和操作。若子类的一个操作的实现覆盖了父类的同样一个操作的实现，则这种情况称为多态性。其共同之处是，两个操作必须具有相同的特征标记（相同的名字和参数）。在图形上，把泛化画成一条带有空心三角形大箭头的有向实线，指向父类，如图 5-3 所示。当要表示父/子关系时，就使用泛化。

一个类可以有 0 个、1 个或多个父类。没有父类并且最少有一个子类的类称为根类或基类；没有子类的类称为叶子类。如果一个类只有一个父类，则说它使用了单继承；如果一个类有多个父类，则说它使用了多继承。

① “is-a-kind-of”作为一个不可分的短语，用于特殊类与一般类之间，其中文含义为“是一种”。——译者注

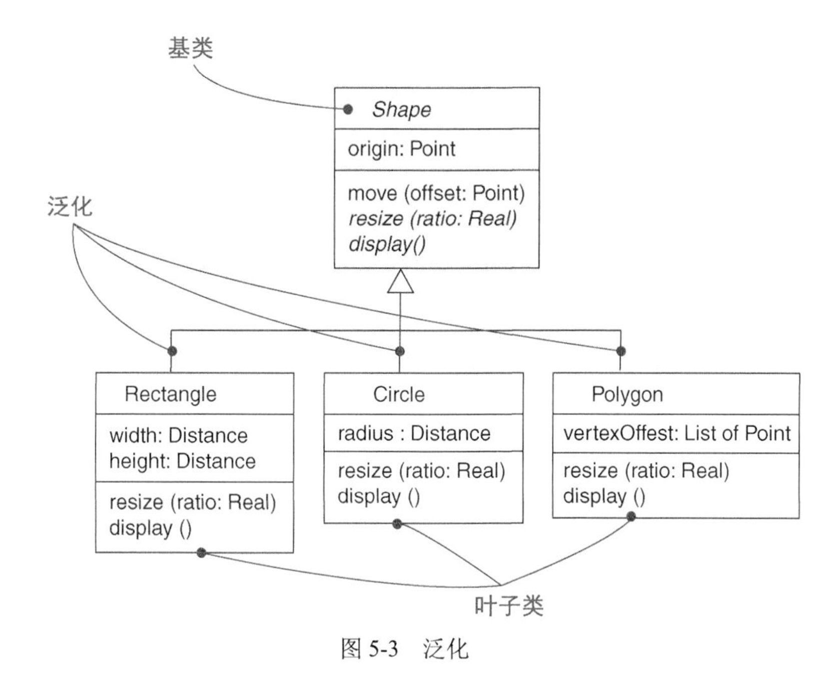

图 5-3　泛化

在大多数情况下，用类或接口之间的泛化来表明继承关系。在 UML 中，也可以在其他的类目之间创建泛化，比如结点之间。【第 12 章讨论包。】 64

注解　带有名字的泛化指明对一个父类的子类从特定方面的划分，称为泛化集。多个泛化集是正交的；用多继承从每个泛化集中选出一个子类来特别指明超类。以上属于高级主题，本书没有涵盖。

5.2.3　关联

关联（association）是一种结构关系，它指明一个事物的对象与另一个事物的对象间的联系。给定一个连接两个类的关联，可以从一个类的对象联系到另一个类的对象。关联的两端都连到同一个类是完全合法的。这意味着，从类的一个给定对象能连接到该类的其他对象。恰好连接两个类的关联叫作二元关联。尽管不太常见，但可以有连接多于两个类的关联，这种关联叫作 n 元关联。在图形上，把关联画成一条连接相同类或不同类的实线。当要表示结构关系时，就使用关联。【关联和依赖可以是反射的，但泛化关系不然，这在第 10 章讨论。】 65

除了这种基本形式外，还有 4 种应用于关联的修饰。

1. 名称

关联可以有一个名称，用以描述该关系的性质。为了消除名称的歧义，可提供一个指出读名称方向的三角形，给名称一个方向，如图 5-4 所示。

【不要把名称方向和关联导航相混淆，在第 10 章讨论这方面的问题。】

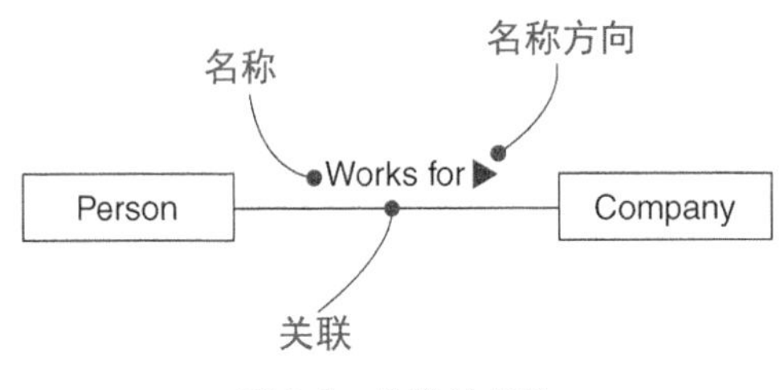

图 5-4　关联的名称

注解　虽然关联可以有名称，但在显式地给出关联的端点名的情况下通常不需要给出关联名称。若用多个关联连接同一个类，有必要使用关联名或关联端点名来区分它们。若一个关联有多于一个端点是在同一个类上，有必要使用关联端点名来区分端点。若两个类之间只有一个关联，一些建模者省去了关联的名称，但为了使关联的用意清晰最好使用关联名。

2. 角色

当一个类参与了一个关联时，它就在这个关系中扮演了一个特定的角色。角色是关联中靠近它的一端的类对另一端的类呈现的面孔。可以显式地命名一个类在关联中所扮演的角色。把关联端点扮演的角色称为端点名（在 UML1 中称为角色名）。在图 5-5 中，扮演 `employee` 角色的类 `Person` 与扮演 `employer` 角色的类 `Company` 相关联。

【角色与接口的语义相关，这在第 11 章讨论。】

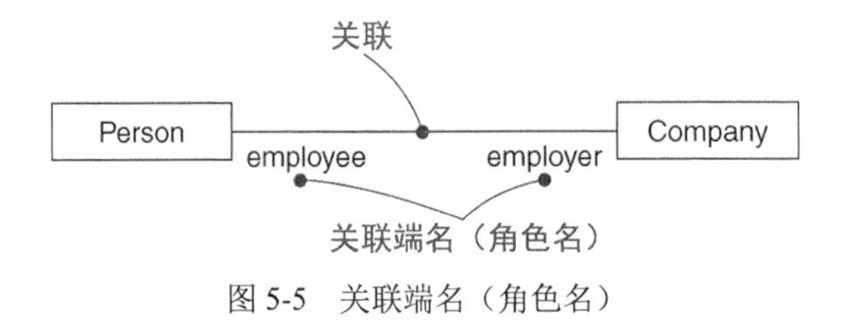

图 5-5　关联端名（角色名）

注解　同一个类可以在其他关联中扮演相同或不同的角色。

66

注解　可以把属性看作类拥有的单向关联。该属性的名称与关联彼端的端点名相一致。

3. 多重性

关联表示了对象间的结构关系。在很多建模问题中，说明一个关联的实例中有多少个相互连接的对象是很重要的。这个“多少”被称为关联角色的多重性，它表示一个整数的范围，指明一组相关对象的可能个数。将多重性写成一个表示取值范围的表达式，其最大值和最小值可以相同，用两个圆点把它们分开。声明了关联一端的多重性，这说明：对于关联另一端的类的每个对象，本端的类可能有多少个对象出现。对象数目必须是在给定的范围内。可以精确地表示多重性为：一个（1）、零个或一个（0..1）、多个（0..*）、一个或多个（1..*）。可以给出它的一个整数范围（如 2..5），甚至可以精确地指定多重性为一个数值（如 3 与 3..3 等价）。

【关联的实例称为链，在第 16 章讨论。】

如图 5-6 所示，每个公司对象可以雇佣一个或多个人员对象（多重性为 1..*）；每个人员对象受雇于 0 个或多个公司对象（多重性为*，它等价于 0..*）。

4．聚合

两个类之间的简单关联表示了两个同等地位的类之间的结构关系，这意味着这两个类在概念上是同级别的，一个类并不比另一个类更重要。有时要对“整体/部分”关系建模，其中一个类描述了一个较大的事物（“整体”），它由较小的事物（“部分”）组成。这种关系称为聚合，它描述了“has-a”关系，意思是整体对象拥有部分对象。其实聚合只是一种特殊的关联，它被表示为在整体的一端用一个空心菱形修饰的简单关联，如图 5-7 所示。

【聚合有一些重要的变种，这在第 10 章讨论。】

67

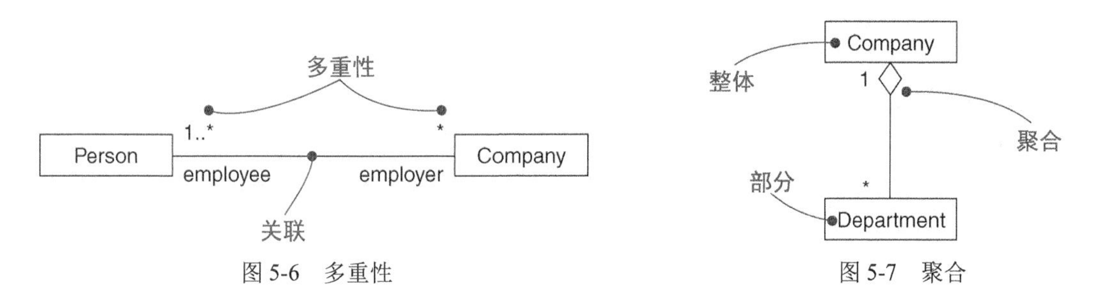

图 5-6　多重性

图 5-7　聚合

注解　这种简单形式的聚合的含义完全是概念性的。空心菱形只是把整体和部分区别开来。这意味着简单聚合没有改变在整体与部分之间整个关联的导航含义，也与整体和部分的生命期无关。关于更紧密的聚合形式，参看第 10 章关于组合的那一节。

5.2.4　其他特征

简单而未加修饰的依赖、泛化以及带有名称、多重性和角色的关联是创建抽象时所需要的最常见的特征。事实上，对于所建的大多数模型，这 3 种关系的基本形式足以表达关系的最重要的语义。然而，有时需要可视化或详述其他特征，如组合聚合、导航、判别式、关联类、特殊种类的依赖和泛化。这些以及很多其他的特征都可以用 UML 表达，但它们都被作为高级概

念处理。【第 10 章讨论高级关系概念。】

依赖、泛化和关联都是定义在类这一级别上的静态事物。在 UML 中，通常是在类图中对这些关系进行可视化。【第 8 章讨论类图。】

当开始在对象级别上建模时，特别是开始解决这些对象的动态协作时，将遇到链（它是关联的实例，描述可能发送消息的对象间的连接）。【第 16 章讨论链。】

68

5.2.5　绘图风格

用图符之间的连线来表示图中的关系。连线有不同的装饰（如箭头或菱形），以此来区分不同种类的关系。通常，建模者选用以下两种风格之一来绘制连线。

- 用任意角度的斜线。除非需要用多条线段来避开用其他图符，否则只用一条线段。
- 将直线画得与页边平行。除了用一条线段连接两个并排的图符的情况外，要将连线画成以直角连接的一组线段。这是本书中使用最多的一种风格。

只要小心，大多数的连线交叉是可以避免的。如果线交叉是必要的，为了避免相连的路径的不确定性，就用一个小弧来表示连线交叉，如图 5-8 所示。

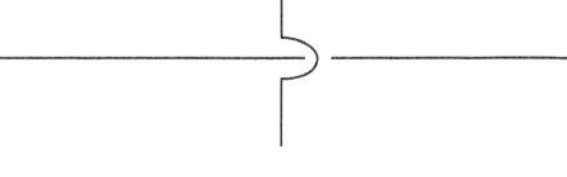

图 5-8　连线交叉的符号

5.3　常用建模技术

5.3.1　对简单依赖建模

一种常见的依赖关系是两个类之间的连接，其中的一个类只是使用另一个类作为它的操作参数。

对这种使用关系建模，要做如下工作。

- 创建一个依赖，从含有操作的类指向被该操作用来作为参数的类。

例如，图 5-9 显示了取自一个大学管理学生选课和教师任课的系统中的一组类。图中显示了一个从 `CourseSchedule` 到 `Course` 的依赖，因为 `Course` 被用作 `CourseSchedule` 的操作 `add` 和 `remove` 的参数。

69

如果像图 5-9 这样给出了操作的完整的特征标记，一般就不需要给出这个依赖，这是因为对类的使用已经显式地写在特征标记中。然而有时要显示这样的依赖，特别是当省略了操作的特征标记，或模型描述了被使用类的其他关系时。

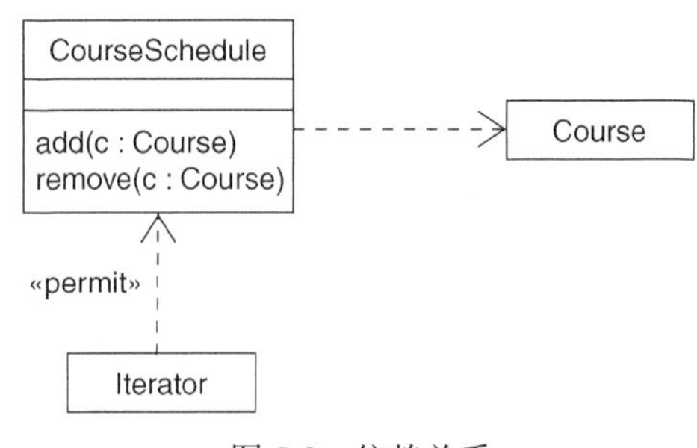

图 5-9　依赖关系

图 5-9 还显示了另一个依赖关系，这个依赖没有涉及操作中的类，而是对 C++的一种习惯用法进行建模。这个起自 `Iterator` 的依赖表明 `Iterator` 使用

CourseSchedule，但 CourseSchedule 不知道有关 Iterator 的任何信息。用一个衍型«permit»来标记这个依赖，它与 C++中的 friend 声明类似。【第 10 章讨论其他关系衍型。】

5.3.2　对单继承建模

在对系统的词汇建模中，经常会遇到在结构或行为上与其他的类相似的类。可以把这样的每一个类建模为独立的、不相关的抽象。但更好的方法是提取所有共同的结构特征和行为特征，并把它们提升到较为一般的类中，特殊类从中继承这些特征。

对继承关系建模，要做如下工作。

- 给定一组类，寻找两个或两个以上的类中的共同职责、属性和操作。
- 把这些共同的职责、属性和操作提升到较为一般的类中。如果需要，创建一个新类，用以指派这些元素（但要小心不要引入过多的层次）。
- 画出从每个特殊类到它的较一般的父类的泛化关系，用以表示较特殊的类继承较一般的类。

70

例如，图 5-10 显示了取自一个贸易应用中的一组类。可以看到从类 CashAccount、Stock、Bond 和 Property 到较为一般的名为 Security 的类的泛化关系。Security 是父类，CashAccount、Stock、Bond 和 Property 都是子类，每一个这样的特殊的子类都是一种 Security。注意 Security 包括两个操作：presentValue 和 history。由于 Security 是这 4 个类的父类，因此 CashAccount、Stock、Bond 和 Property 都继承了这两个操作，同时也继承了可能在图 5-10 中省略了的 Security 的其他任何属性和操作。

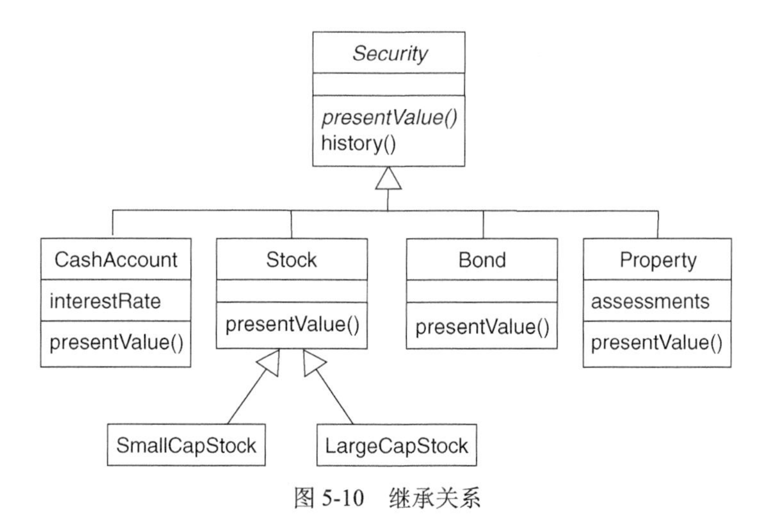

图 5-10　继承关系

读者可能已注意到 Security 和 presentValue 的写法与其他类和操作的写法有所不同，这样做是有原因的。当建造像图 5-10 那样的层次时，经常会遇到不完全的或不想让它有任何对象的非叶子类。通常把这样的类称为抽象类（abstract class）。在 UML 中，通过把类名写为斜体，以指明这个类是抽象的，例如类 Security 就是如此。这种规定也适用于操作，如 presentValue，这意味着这样的操作提供了一种特征标记，但它是不完全的，因此必须在较低的抽象层次用一定的方法实现。事实上，如图 5-10 所示，Security 的 4 个直接子类都是具体的（即非抽象的），并且也分别提供了操作 presentValue 的具体实现。

【第 9 章讨论抽象类和抽象操作。】

一般/特殊的层次不必仅限于两层。事实上，像图 5-10 中那样，多于两层的继承层次是很常见的。SmallCapStock 和 LargeCapStock 是 Stock 的两个子类，Stock 是 Security 的子类。由于 Security 没有父类，因此它是一个根类。由于 SmallCapStock 和 LargeCapStock 都没有子类，因此它们是叶子类。Stock 既有父类也有子类，因此它既不是根类也不是叶子类。

71

尽管在本例中没有体现，但实际上也可以为一个类创建多个父类。这称为多继承，这意味着该类继承它的各个父类的所有属性、操作和关联。【第 10 章讨论多继承。】

当然，在继承格中不能有任何循环，即一个给定的类不能是它自己的父类。

5.3.3　对结构关系建模

当用依赖或泛化关系建模时，可能是对表示了不同重要级别或不同抽象级别的类建模。给定两个类间的依赖，则一个类依赖另一个类，但后者没有前者的任何信息。给定两个类间的泛化关系，则子类从它的父类继承，但父类没有任何子类所特有的信息。简而言之，依赖和泛化关系都是不对称的。

当用关联关系建模时，是在对相互同等的两个类建模。给定两个类间的关联，则这两个类以某种方式相互依赖，并且常常从两边都可以导航。依赖是使用关系，泛化是“is-a-kind-of”关系，而关联描述了类的对象之间相互作用的结构路径。

【关联在默认的情况下是双向的，也可以限制它们的方向，在第 10 章讨论这些问题。】

对结构关系建模，要做如下工作。

- 对于每一对类，如果需要从一个类的对象到另一个类的对象导航，就要在这两个类之间说明一个关联。这是关联的数据驱动观点。
- 对于每一对类，如果一个类的对象要与另一个类的对象相互交互，而后者不作为前者的过程局部变量或者操作参数，就要在这两个类间说明一个关联。这是关联的行为驱动观点。
- 对于这样的每一个关联，要说明其多重性（特别是当多重性不为*时，其中*是默认的多重性）和角色名（特别是在有助于解释模型的情况下）。
- 如果关联中的一个类与另一端的类相比，前者在结构或者组织上是一个整体，后者看起来像它的部分，则在靠近整体的一端用一个菱形对该关联进行修饰，从而把它标记为聚合。

72

怎样才能知道一个给定类的对象何时必须与另一个类的对象相互作用？答案是，CRC 卡和用况分析非常有助于考虑结构性和行为性脚本。在有两个或两个以上的类用数据关系进行交互的地方说明一个关联。【第 17 章讨论用况。】

图 5-11 所显示的是取自一个学校的信息系统中的一组类。从该图的左下部开始，可以找到名称为 Student、Course 和 Instructor 的类。在 Student 和 Course 之间有一个关联，它描述了学生参加的课程。同时，每一名学生可以参加任意门数的课程，而每一门课程可以由任意名学生参加。类似地，在 Course 和 Instructor 之间也有一个关联，它描述了教师所教的课程。每一门课至少有一名教师，而每一名教师可以教零到多门课。每门课精确地属于一个系。

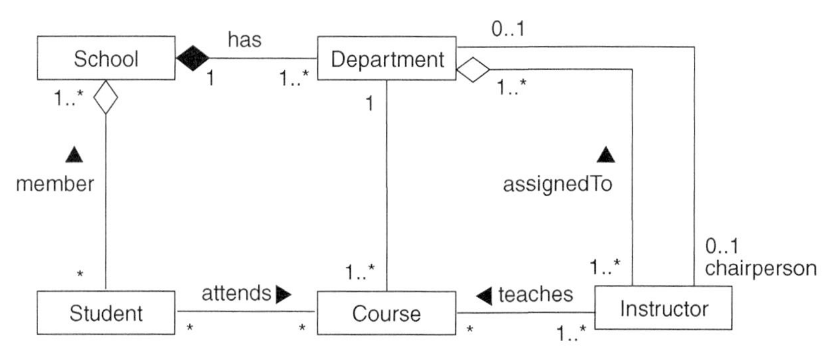

图 5-11　结构关系

School 和 Student 以及它和 Department 之间的关系有点不同。在这里可以看到聚合关系。一所学校可以有零到多名学生，一名学生可以是在一所或者多所学校注册的学员，一所学校可以有一个或多个系，每个系只能属于一所学校。可以不用聚合修饰而用简单的关联，但通过说明 School 是整体，Student 和 Department 是部分，可以说清楚在组织上哪个高于哪个。因此，学校在一定程度上由学生和学生所在的系来定义。类似地，实际上学生和系并不是与他们所属的学校无关，而是从他们的学校能得到他们的身份。

【School 和 Department 之间的聚合关系是组合聚合，在第 10 章讨论这个问题。组合是紧密形式的聚合，它包含一种拥有关系。】

还可以看到，在 Department 和 Instructor 之间有两个关联。其中的一个关联说明可以指派一名教师到一个或多个系中，而一个系可以有一名或多名教师。由于在学校的组织结构中系比教师的层次要高，所以这要用聚合来建模。另一个关联表明一个系只能有一名教师是系主任。这种建模方式说明，一名教师最多是一个系的系主任，并且某些教师不是任何系的系主任。

73

注解　学校可能没有系。系主任可能不是教师，甚至学生也可以是教师。这不意味着这个模型是错误的，只是学校的情况有所不同而已。不能孤立地建模，像这样的每一个模型都依赖于打算怎样使用这些模型。

5.4 提示和技巧

在用 UML 对关系建模时，要遵循如下策略。

- 仅当被建模的关系不是结构关系时，才使用依赖。
- 仅当关系是“is-a-kind-of”关系时，才使用泛化。往往可以用聚合代替多继承。
- 小心不要引入循环的泛化关系。
- 一般要保持泛化关系的平衡；继承的层次不要太深（大约多于 5 层就应该想一想），也不要太宽（代之以寻找可能的中间抽象类）。
- 关联主要用于对象间有结构关系的地方。不要用关联来表示暂时关系，例如过程的参数或局部变量。

在用 UML 绘制关系时，要遵循如下策略。

- 要一致地使用平直的线或斜线。平直的线给出的可视化提示强调了相关事物之间的连接都集中到一个共同事物。在复杂的图中斜线则经常有更好的空间效果。在同一个图中使用两种线型，有助于把人们的注意力引导到不同的关系组上。
- 除非绝对必要，否则要避免连线交叉。
- 仅显示对理解特定的成组事物必不可少的关系。避免使用多余的关系（特别是多余的关联）。

74

第 6 章

公共机制

本章内容

- ❑ 注解
- ❑ 衍型、标记值和约束
- ❑ 对注释建模
- ❑ 对新的构造块建模
- ❑ 对新特性建模
- ❑ 对新语义建模
- ❑ 扩展 UML

UML 由于存在着 4 种运用于整个语言的公共机制而得以简化，它们是：规约、修饰、公共划分和扩展机制。本章说明如何使用其中的两种机制——修饰和扩展。

【第 2 章讨论这些公共机制。】

注解是一种最重要的能单独存在的修饰。注解是附加在元素或元素集上，用来表示约束或注释的图形符号。可以用注解为模型附加一些信息，例如需求、观察值、评论和解释。

UML 的扩展机制允许以受控的方式对语言进行扩展。这些机制包括衍型、标记值和约束。衍型扩展 UML 的词汇，允许创建一些新的构造块，这些新构造块是从已有的构造块派生出来的，但针对特定问题。标记值扩展 UML 衍型的特性，允许在元素的规约中创建新的信息。约束扩展 UML 构造块的语义，允许增加新的规则或修改已存在的规则。使用这些机制对 UML 进行裁剪，以满足领域或开发文化的特殊需要。

75

6.1 入门

有时只需要在原来的基础上加以润色。例如，在一个工作场地，建筑师可能在建筑物的蓝图上填写一些注解，向建筑工人传达更精致的细节；在录音棚里，作曲家可能创造一种新的音乐记谱法，告知吉他演奏者需要一些不寻常的效果。在这两种情况下，建筑蓝图和音乐记谱法都是定义良好的语言，但有时为了表达一些意图，就必须以一定的受控方式改变或扩展这些语言。

建模完全是为了交流。对于软件密集型系统，UML 已经提供了可视化、详述、构造和文档化各种各样的软件密集系统的制品的工具。然而，可能会发现一些要改变或扩展 UML 的情况。对于人类的语言来说也始终存在着这样的情况（这也是为什么每年要出版新词典的原因），因为没有哪一种静态语言永远能令人满意地涵盖要交流的每一件事物。当使用像 UML 这样的建模语言时，要记住使用这种语言是为了交流，这意味着，除非有被迫偏离的原因，否则要坚持用这种核心语言。当需要在原有的基础上加以润色时，也仅能以受控的方式进行。否则就不可能使每个人都理解所做的事。

注解是 UML 提供的机制，用来捕捉任意的注释或约束，以帮助说明所创建的模型。注解可以描述在软件开发的生命周期内扮演重要角色的制品（如需求），也可以简单地描述自由形态的观察值、评论和解释。

UML 为注释和约束提供了图形表示，称为*注解*（note），如图 6-1 所示。这种表示法允许直接对注释进行可视化。与适当的工具相结合，注解也可以作为连接或嵌入到其他文档中的占位符。

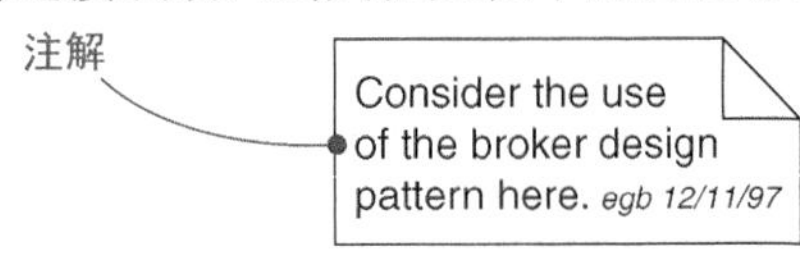

图 6-1　注解

76

衍型、标记值和约束是 UML 提供的用以增加新的构造块、创建新的特性和说明新的语义的机制。例如，如果对网络建模，可能需要路由器和集线器的表示符号，可以用衍型化结点来表示它们，使它们就好像原有的构造块一样；类似地，项目发布组的成员要负责装配、测试和部署发布，可能要跟踪版本号和各个主要子系统的测试结果，对此就可以用标记值把这些信息附加到模型上；最后，如果对硬实时系统建模，可能要用时间预算和最后完成期限来修饰模型，可以使用约束捕获这些计时需求。

UML 为衍型、标记值和约束提供了文字表示方法，如图 6-2 所示。衍型也允许引入新的图形符号，以便为模型提供可视化提示，以适应领域和开发文化的需要。

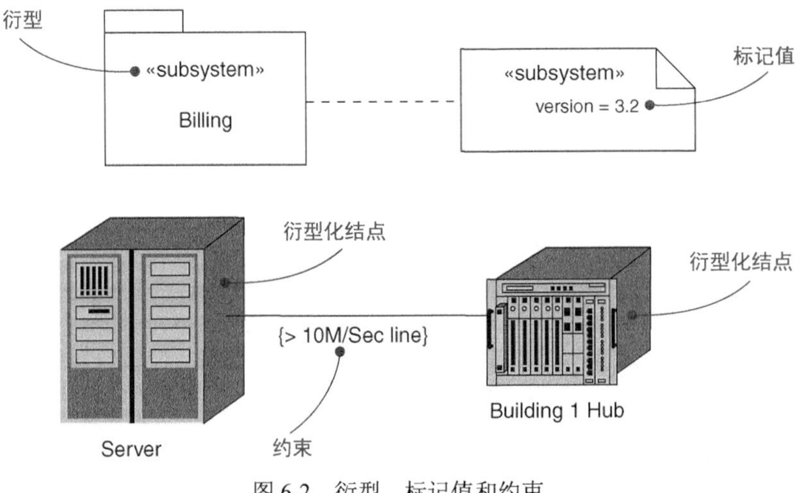

图 6-2　衍型、标记值和约束

6.2 术语和概念

注解（note）是附加在元素或元素集上用来表示约束或注释的图形符号。在图形上，把注解画成带有一个折叠角的矩形，在矩形中填写文字的或者图形的注释。

衍型（stereotype）是对 UML 的词汇的扩展，用于创建与已有的构造块相似但针对特定问题的新种类的构造块。在图形上，把衍型表示成用双尖括号（即«和»）括起来的名字，放在其他的元素名之上。作为一种选择，可以用一种与衍型相关的新图标来表示被衍型化元素。

77

标记值（tagged value）是衍型的一种特性，允许在带有衍型的元素中创建新的信息。在图形上，把标记值表示成形如 `name = value` 的串，放在一个附加到对象上的注解中。

约束（constraint）是对 UML 元素语义的文字说明，用来增加新的规则或修改已有的规则。在图形上，把约束表示成用花括号括起来的串，并把它放在相关的元素附近，或者通过依赖关系连接到这个（或这些）元素。作为一种选择，可以在注解中表示约束。

6.2.1 注解

表示注释的注解对模型没有什么语义影响，这意味着它的内容不会改变它所依附的模型的含义。这就是为什么用注解描述像需求、观察值、评论和解释之类事物的原因，也是用注解表示约束的原因。

注解可以包含任何的文字或图形的组合。如果实现允许，也可以把 URL（统一资源定位器）放到注解中，甚至可以链接或嵌入其他文档。通过这种方式，可以用 UML 去组织在开发期间生成的或使用的所有制品，如图 6-3 所示。

【通过使用在第 5 章讨论的依赖，可以把注解依附到多个元素上。】

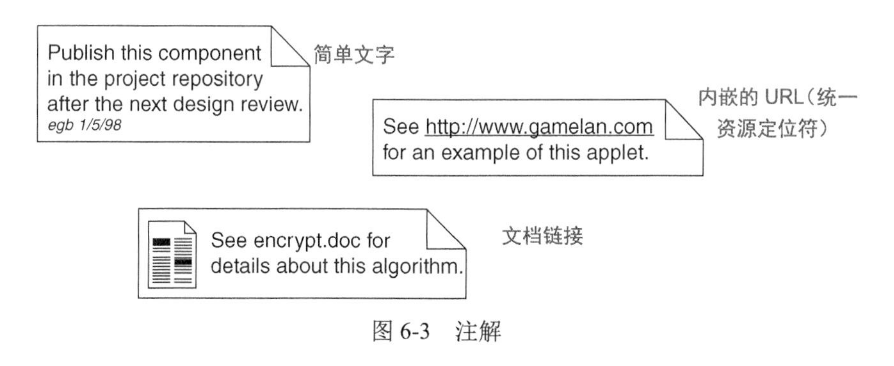

图 6-3 注解

78

6.2.2 其他修饰

修饰是附加到元素的基本表示法之上的文字或图形项，用于对元素规约的细节进行可视化。例如，关联的基本表示法是一条线，但是可以用各端的角色或多重性等细节来修饰它。在使用

UML 时，要遵循如下的一般规则：先对每个元素使用基本表示法，然后仅当有必要表达模型的重要的特殊信息时，才增加其他修饰。

【第 5 章和第 10 章讨论关联的基本表示法和一些修饰。】

大多数修饰是通过在感兴趣的元素附近放一些文字或对基本表示法增加图形符号来表示的。然而，有时要用比简单文本或图形符号更能提供细节的事物来修饰元素。对诸如类、构件和结点这样的事物，可以在它们平常的分隔栏的底部增加额外的分隔栏，以填写这种信息，如图 6-4 所示。

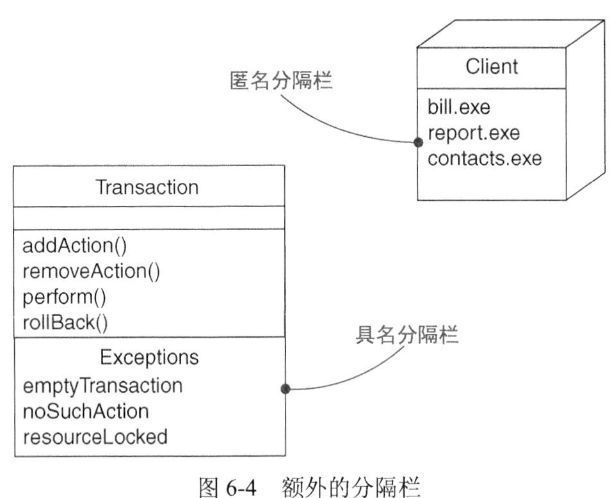

图 6-4 额外的分隔栏

注解 除非分隔栏的内容很明显，否则最好对任何额外的分隔栏都显式地命名，以避免含义混淆。此外还建议尽量少用额外的分隔栏，因为若过度地使用，会造成图形混乱。

79

6.2.3 衍型

UML 为结构性的事物、行为性的事物、成组的事物和注释性的事物提供了一种语言。用这 4 种基本事物可以表达出绝大多数需要建模的系统。然而，有时要引入能够说清领域中的词汇而且看起来仍像原有的构造块的新事物。 【第 2 章讨论 UML 中的 4 种基本元素。】

衍型与父类/子类泛化关系中的父类不一样。确切地讲，可以把衍型看作元类型（一种定义其他类型的类型），因为每一个衍型将创建一个相当于 UML 元模型中新类的等价物。例如，如果对商业过程建模，则将引入像职工、文档和政策这样的事物；类似地，如果正在进行像 Rational 统一过程这样的开发过程，则将使用边界、控制和实体类来建模。这是衍型的实际价值所在。当对结点或类这样的元素建立衍型时，实际上是通过创建类似于已有的构造块的新构造块来扩展 UML，但新构造块有自己的具体特性（各个衍型可以提供自己的标记值集合）、语义（各衍型可以提供自己的约束）和表示法（各衍型可以提供自己的图标）。

【在附录 B 中总结 Rational 统一过程。】

最简单的形式是把衍型用由双尖括号括起来的名字表示（如«name»），并且把它放在别的元素的名字之上。可以为衍型定义图标，以作为可视化提示，并把该图标放在名字的右边（如果用基本表示法来表示元素），或者用这个图标作为被衍型化项的基本符号。图 6-5 说明了这 3 种方法。

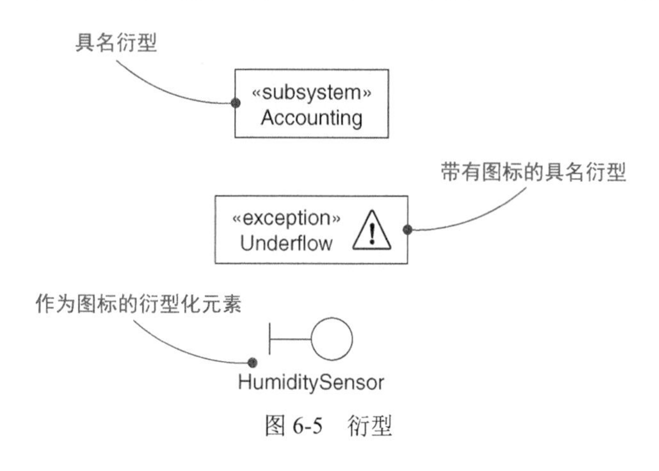

图 6-5　衍型

80

注解　当为衍型定义图标时，考虑用颜色来提供精细的可视化提示（但不要过多地使用颜色）。UML 允许用任何图形作为图标，如果实现允许，这些图标可以作为简单的工具出现，这样创建 UML 图的用户就会有描绘事物的“调色板”。对他们来讲，这些事物看起来像是基本的，但表达的却是他们领域的词汇。

6.2.4　标记值

UML 中的每个事物都有它们自己的一组特性：类有名称、属性和操作，关联有名称和两个或两个以上的端点（每个端点都有自己的特性）等。用衍型可为 UML 增加新的事物，用标记值可为 UML 的衍型增加新的特性。

可以定义应用于一个衍型的标记，使每一个拥有该衍型的事物都有这个标记值。标记值与类的属性不同。确切地讲，可以把标记值看作是元数据，这是因为它的值应用到元素本身，而不是它的实例。例如，如图 6-6 所示，可以指定在一个给定系统中所要求的服务器的容量，或者只能是一种类型的服务器。　【第 4 章和第 9 章讨论属性。】

如图 6-7 所示，把标记值放置在依附于受影响的元素的注解中。每一个标记值包含一个串，这个串包括一个名称（标记）、一个分隔符（=）和一个（标记的）值。

81

注解　标记值的最常见的用途之一是说明与代码生成或配置管理相关的特性。例如，用标记值指明特定类所映射到的编程语言；类似地，可以用标记值描述一个构件的作者或版本。

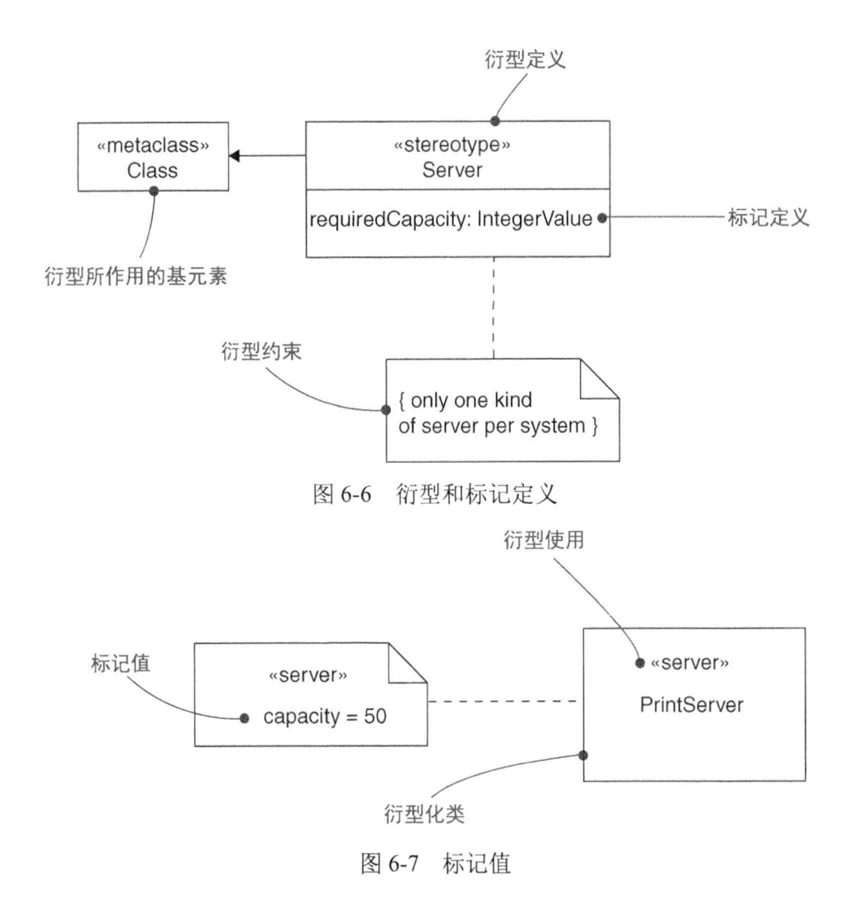

图 6-6　衍型和标记定义

图 6-7　标记值

6.2.5　约束

UML 中的每一个事物都有它自己的语义。泛化（通常，如果知道什么对你有好处）意味着运用 Liskov 替代原理，而连接到一个类的多个关联则表示不同的关系。使用约束，可以增加新的语义或扩展已存在的规则。约束指明了运行时的配置必须满足与模型一致的条件。如图 6-8 所示，对于一个给定的关联，可以指出通信要求是安全的，违反这个约束的配置便与模型不一致。类似地，可以指明在与给定的类相联系的一组关联中，一个特定的实例只能具有这组关联中的某一个关联的链。

【时间和空间约束普遍用于实时系统建模，这在第 24 章讨论。】

注解　可以把约束写成自由形式的文本。若要更精确地详述语义，可以使用 UML 的对象约束语言（OCL），在 *The Unified Modeling Language Reference* 一书中对该语言做了进一步的描述。

约束用一个由花括号括起来的串表示，放在相关的元素附近。这种表示法也被用作对元素的基本表示法的修饰，以便将没有图形提示的元素规约部分可视化。例如，用这种约束表示法来表示关联的一些特性（次序和可变性）。

【可以用依赖把约束依附到多个元素上，这在第 5 章讨论。】 82

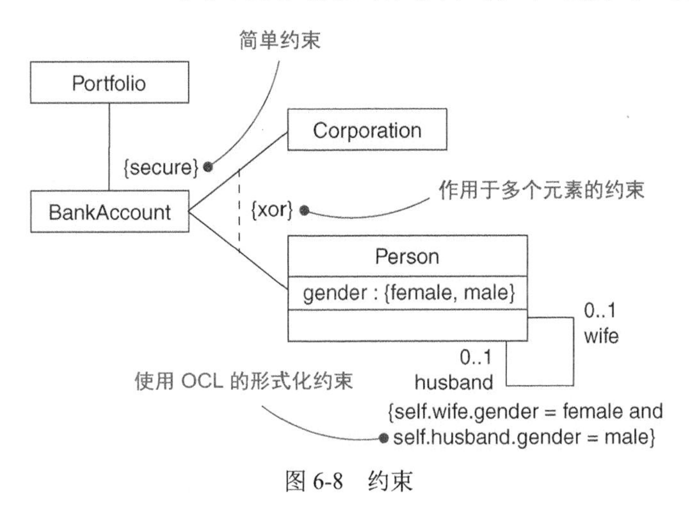

图 6-8　约束

6.2.6　标准元素

对于类目、构件、关系和其他一些建模元素，UML 定义了一些标准衍型。有一个主要为工具建造者准备的标准衍型，使他们可对衍型本身建模。 【第 9 章讨论类目。】

- stereotype——指明类目是一个可以应用到其他元素的衍型。

当要显式地对那些为项目定义的衍型建模时，则使用这个衍型。

6.2.7　外廓

为特定的用途或领域定义一个合适的 UML 版本常常是有用的。例如，如果要用 UML 模型来生成特定语言的程序代码，则定义一些能够给代码生成器提供线索的衍型（如同 Ada 编译指示）将是很有帮助的。然而，为 Java 定义的衍型可能不同于为 C++定义的衍型。作为另一个例子，可能想用 UML 对数据库建模。此时，一些 UML 特性功能（如动态建模）是不重要的，但是可能要添加诸如候选码和索引这样的概念。可以用外廓来定制 UML。 83

外廓（profile）是一个 UML 模型，它具有一组预定义的衍型、标记值、约束和基类。它还选择了 UML 元素的一个子集，使得建模者不被那些在这个特定领域不需要的元素所迷惑。实际上，外廓为一个特定的领域定义了 UML 的一个特定版本。由于外廓建立在普通的 UML 元素的基础上，所以它不代表一个新的语言，并能被普通的 UML 工具支持。

大多数建模者都不会去构造自己的外廓。大多数外廓是由工具制造者、框架制作者和具有相应能力的设计者构造的。然而，许多建模者都要使用外廓。它如同传统的子程序库，少数专家编写它们，而由许多程序员使用它们。我们期望着为编程语言和数据库、不同的实现平台、不同的建模工具和各种商业应用领域构建的各种外廓出现。

6.3 常用建模技术

6.3.1 对注释建模

使用注解最普通的目的是把观察结果、评论或解释以自由的形式写下来。把这些注释直接放在模型中，模型就成了开发过程中创建的各种制品的公共资料库。甚至可以用注解把需求可视化，显式地表示出需求怎样与模型的相关部分对应。

对注释建模，要遵循如下策略。

- 把注释文本放入注解内，并把该注解放于它所对应的元素附近。可以用依赖关系把注解与对应的元素相连接，从而更明确地表明其关系。
- 要记住，可以根据需要隐藏或显示模型中的元素。这意味着不必到处显示依附到可视元素上的注释，而只有在语境中需要交流这种信息时才显露图中的注释。
- 如果注释冗长或者包含比纯文本更复杂的事物，可考虑把注释放在外部的文档中，并把文档链接或嵌入到依附于模型的相应注解中。

84

- 随着模型演化，保持那些记录着不能从模型本身中导出的重要决策的注释，其他的都舍弃，除非有历史价值。

例如，图 6-9 展示了一个正在开发中的类层次模型，表现了一些形成模型的需求以及一些来自设计评论的注解。 【第 5 章讨论简单的泛化，第 10 章讨论泛化的高级形式。】

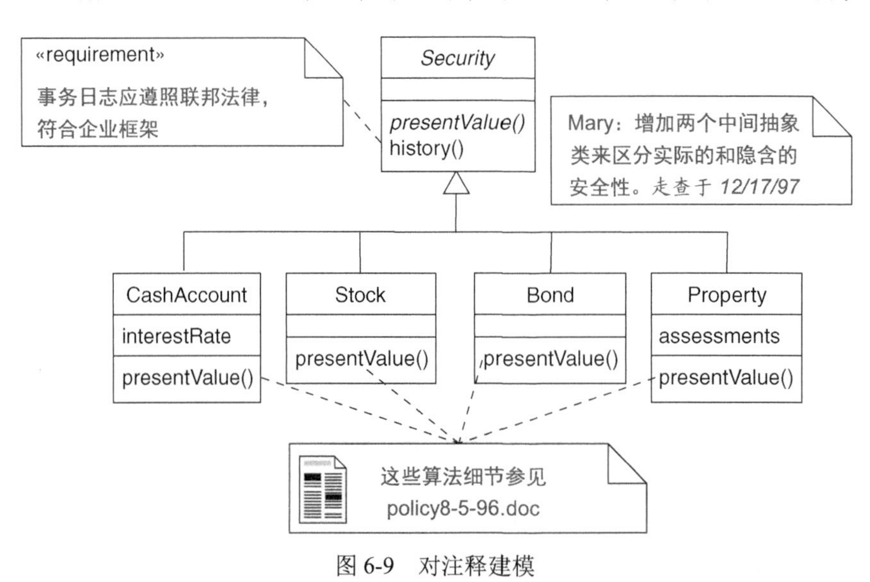

图 6-9 对注释建模

6.3.2　对新特性建模

UML 构造块的基本特性（类的属性和操作以及包的内容等）一般足以表达要建模的大多数事物。然而，如果要扩展这些基本构造块的特性，就需要定义衍型和标记值。

对新特性建模，要遵循如下策略。

- 首先，要确认用基本的 UML 已无法表达要做的事情。
- 如果确信没有其他的方法能表达这些语义，则定义衍型并且为衍型添加新的特性。泛化的应用规则是：为一种衍型定义的标记值，可应用到它的子孙。

85

例如，假设想把建立的模型与项目配置管理系统捆在一起。这意味着在要做的其他事情中还要包括追踪版本号和当前的检入/检出状态，甚至还要包括追踪各子系统的创建或修改日期。由于这是过程特有的信息，因此不是 UML 的基本部分，但是可以把这些信息作为标记值添加进来。此外，这种信息也不是类的属性。子系统的版本号是它的元数据的一部分，而不是模型的一部分。

【第 32 章讨论子系统。】

图 6-10 展示了 3 个子系统，每个子系统都用«versioned»衍型做了扩展，从而含有其版本号和状态。

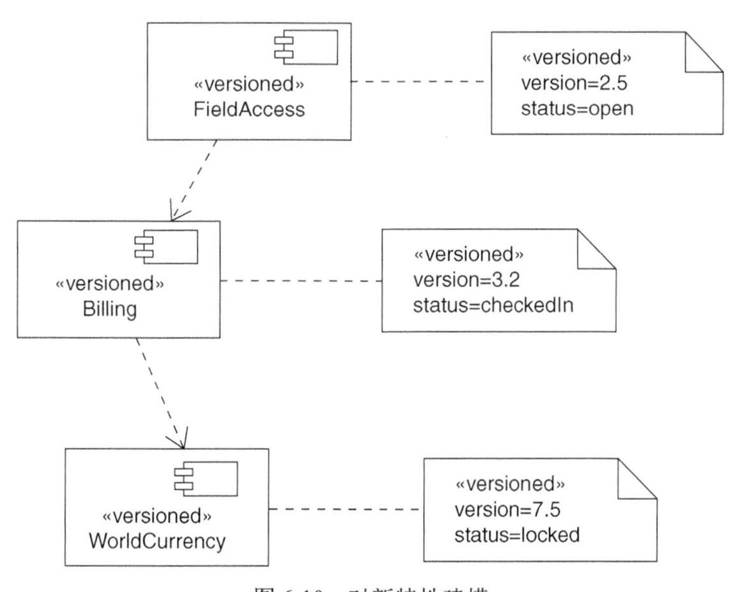

图 6-10　对新特性建模

注解　可以用工具设置像 version 和 status 这类标记的值。可以把配置管理工具和建模工具结合起来作为开发环境，以此来维护这些值，这样做要胜于手工设置模型中的这些值。

86

6.3.3　对新语义建模

当用 UML 创建模型时，是在 UML 设置的规则下工作的。这是件好事情，因为这意味着能够无歧义地向知道怎样读 UML 的人交流想法。然而，如果发现自己需要表达 UML 中不存在的新的语义，或需要修改 UML 中的规则，就需要写一个约束。

对新语义建模，要遵循如下策略。

- 首先，要确认用基本的 UML 已无法表达要做的事情。
- 如果确信没有其他的方法能够表达这些语义，就把新语义写在一个约束中，放在相应的元素附近。可以用依赖关系把约束和相应的元素连接起来，从而更明确地表明其关系。
- 如果需要把新语义描述得更精确和更形式化，就用 OCL 书写新语义。

例如，图 6-11 是对一个公司人力资源系统中的一小部分的建模。

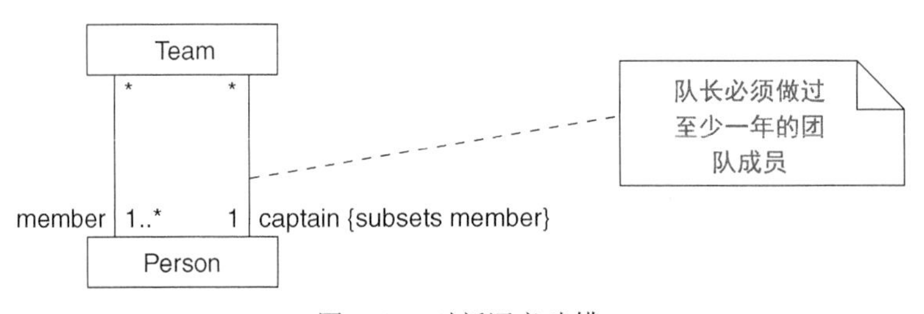

图 6-11　对新语义建模

图 6-11 表明，每个 Person 可以是零个或多个 Team 的成员，每个 Team 至少有一个 Person 作为成员。该图还指出了每个 Team 必须恰好有一个 Person 作为队长，而每个 Person 可以是零个或多个 Team 的队长。所有这些语义都可以用基本的 UML 表达。然而，为了断定队长也必须是相应的 Team 的一个成员，就要涉及到多个关联，这无法用基本的 UML 表达。为了说明这个不变式，必须写一个约束，以表明队长是 Team 的成员的一个子集，用一个约束连接这两个关联。其中还包含了一个约束：队长必须做过至少一年的成员。

87

6.4　提示和技巧

当用注解修饰模型时，要遵循如下策略。

- 仅使用注解来表达那些不能简单或有意义地使用现有的 UML 特征来表达的需求、观察值、评论和解释。
- 把注解作为一种电子粘贴便签，用以跟踪工作的进展。

当绘制注解时，要遵循如下策略。

- 注意不要因使用大块的注释而弄乱模型。如果确实需要长的注释，宁可把注解作为一个占位符，用来链接或嵌入包含全部注释的文档。

当用衍型、标记值或约束扩展 UML 时，要遵循如下策略。

- 对项目中使用的衍型、标记值或约束的一个小集合进行标准化，避免让个别的开发人员创建许多新的扩展。
- 为衍型和标记值选择简短和有意义的名称。
- 在精度要求不高的地方，使用自由形式的文本来描述约束。若要求更严密，就用 OCL 书写约束表达式。

当绘制衍型、标记值或约束时，要遵循如下策略。

- 少用图形方式的衍型。可以用衍型完全改变 UML 的基本表示法，但这样做可能会使其他任何人都不理解模型。
- 对图形方式的衍型，可以考虑使用简单的颜色或阴影，也可以使用较复杂的图标。简单的表示法一般来说是最好的，即使是最细微的图形提示对于交流思想也大有帮助。

88

第7章

图

本章内容

- ❑ 图、视图和模型
- ❑ 对系统的不同视图建模
- ❑ 对不同的抽象层次建模
- ❑ 对复杂视图建模
- ❑ 组织图和其他制品

当对一些事物建模时，为了更好地理解正在开发的系统，要对现实世界进行简化。使用UML时，用类、接口、协作、构件、结点、依赖、泛化和关联等基本构造块建造模型。

【第1章讨论建模。】

图是观察这些构造块的手段。图是一组元素的图形表示，通常表示成顶点（事物）和弧（关系）的连通图。用图从不同的角度对系统进行可视化。因为没有哪个复杂的系统能仅从一个角度理解其全局，所以UML定义了多种图，以便能独立地关注系统的不同方面。

好的图使得正在开发的系统易于理解和处理。选择一组正确的图来对系统进行建模，能促使对系统提出正确的问题，并有助于表明决策的含义。

89

7.1 入门

当与建筑师一起设计一座房屋时，要从3个事物开始：需求列表（如“需要有3个卧室的房屋”，“支出要少于 x 元”）；一些取自别的房屋，描述了一些关键特征的简单草图或照片（如带有环行楼梯的入口照片）；一些关于风格的一般想法（如“我喜欢带有加利福尼亚海岸情调的法国乡村样式”）。建筑师的工作是把这些不完整、不断变化而且可能是矛盾的需求转换成设计。

为了做到这些，建筑师可能要从一份基本的楼层设计蓝图开始。该制品为你和建筑师提供了一个交流媒介，以将最终的房屋可视化、详述其细节并把决策文档化。每一次审查都可能要做一些改变，如移动墙体、重新安排房间和放置门窗。在早期，这些蓝图是经常变化的。随着设计的成熟，你越来越对这个能够最好地满足所有形式、功能、时间和金钱上的约束的设计感到满意，这时这些蓝图将稳定下来，可用来构造房屋了。即使在建造房屋的过程中也可能要对某些图进行改变，还可能要创建一些新图。

进一步，你将希望看到房屋的其他视图，而不仅仅是楼层的布置图。例如，你可能想看从不同的侧面展示房屋的立视图。为了使所付出的工作有意义，当你开始详述细节时，建筑师需要制订电器方案、供暖和通风方案以及上下水方案。如果你的设计要求某些不寻常的特征（如地下室无支撑的长跨距）或者你认为有一个特征对你来说很重要（如为了安装家庭影院要考虑壁炉的放置），则你和建筑师就要勾画一些强调这些细节问题的草图。

这种绘制一些图，从不同角度来可视化系统的做法并不局限于建筑业。在各种要创造复杂系统的工程学科中——从土木工程到航空工程、造船业、制造业和软件业——都使用这种方法。

在软件方面，有5种互补的视图对于软件体系结构的可视化、详述、构造和文档化是最重要的，分别是：用况视图、设计视图、交互视图、实现视图和部署视图。每一种视图都包含结构建模（对静态事物建模）和行为建模（对动态事物建模）。这些不同的视图一起捕获了系统的最重要的决策。每个视图都分别注重于系统的一个方面，从而使你能清楚地思考设计决策。

90

【第2章讨论体系结构的5种视图。】

当用UML从任一角度观察软件系统时，要用图去组织感兴趣的元素。UML定义了不同种类的图，可以混合和匹配它们来汇集成各种视图。例如，系统的实现视图的静态方面可以用类图来可视化，同一个实现视图的动态方面可以用交互图来可视化。

【第32章讨论对系统的体系结构建模。】

当然，可以不限于这些预定义的图的种类。在UML中，定义这几种图是因为它们表示了被观察元素的最常见的组合。为了适应项目或组织的需要，可以创建自己所需要的图的种类，从而以不同的方式来观察UML元素。

可以用两种基本的方式使用UML的图：详述用于构造可执行系统的模型（正向工程）和从可执行系统的部件重新构造模型（逆向工程）。正像建筑师一样，无论哪一种方式，都趋于增量（一次制作一部分）和迭代（重复地进行“设计一点、建造一点”的过程）地来创建图。

【在附录B中总结了增量和迭代过程。】

7.2　术语和概念

系统（system）是为完成一定目的而组织起来的，并由一组模型可能从不同观点来描述的子系统的集合。*子系统*（subsystem）是一组元素的组合，其中的一些元素构成了由其他被包含的元素所提供的行为的规约。*模型*（model）是系统的语义闭合的抽象，这意味着它表示对现实的完整而又自我一致的简化，是为更好地理解系统而建立的。在体系结构的语境中，*视图*（view）是对系统模型的组织和结构的投影，注重于系统的一个方面。*图*（diagram）是一组元素的图形

表示，通常表示成由顶点（事物）和弧（关系）组成的连通图。

【第 32 章讨论系统、模型和视图。】

换言之，系统表示了正在开发的事物，通过不同的模型从不同的角度对系统进行观察，并以图的形式来表示这些视图。

91

图只是对组成系统的元素的图形投影。例如，在公司人力资源系统的设计中，可能有几百个类。绝不可能从一张包含所有的类和它们之间所有关系的大图，来对系统的结构和行为进行可视化。相反，要创建几张图，每张图注重于一个方面。例如，可能发现一张类图，其中包含 `Person`、`Department` 和 `Office` 等类，这些类汇集在一起构成数据库模式；可能在另一张图中看到这些类中的某些类以及另外的一些类，该图是表示由客户应用系统使用的 API 的；也可能在交互图中看到一些同样的类，描述把一个 `Person` 重新分配给一个新 `Department` 的事务的语义。

如本例所示，系统中的同一个事物（如类 `Person`）可以在同一个图或不同的图中出现多次。在每种情况下，它都是同一个事物。每个图对组成系统的元素提供了一个视图。

对现实系统建模，无论问题域如何，都将会发现自己在创建同样几种图，这是因为这几种图把常见的视图表示成常见的模型。通常用下列几种图之一来观察系统的静态部分：

（1）类图；

（2）构件图；

（3）组合结构图；

（4）对象图；

（5）部署图；

（6）制品图。

经常要用另外 5 种图观察系统的动态部分，它们是：

（1）用况图；

（2）顺序图；

（3）通信图；

（4）状态图；

（5）活动图。

创建的每一个图都很可能是这 11 种图之一[①]，或者偶尔是为项目或组织定义的另一种图。每个图都必须有一个在其语境中唯一的名称，以便能够引用一个特定的图并能与其他图相互区分。除了非常微小的系统之外，都要把图组织成包。

【第 12 章讨论包。】

92

在同一张图中，可以设计 UML 元素的任何组合。例如，可以在同一张图中显示类和对象（常见），或者可以在同一张图中显示类和构件（合法但不常见）。虽然并没有阻止把不同种类的建模

① 原文误为 9 种。实际上作者在上文列举了 11 种图。——译者注

元素胡乱地放在同一张图中，但较为常见的是把种类大致相同的元素放于同一张图中。事实上，UML 定义的图是根据在图中最经常使用的元素来命名的。例如，如果要把一组类和它们之间的关系可视化，则要使用类图；类似地，如果要把一组构件可视化，则要使用构件图。

7.2.1　结构图

现有的 UML 结构图可用于对系统的静态方面进行可视化、详述、构造和文档化。可以把系统的静态方面看作是对系统的相对稳定的骨架的表示。正如房屋的静态方面是由墙、门、窗、管子、电线和通风孔等事物的布局组成的一样，软件系统的静态方面是由类、接口、协作、构件和结点等事物的布局组成的。

UML 的结构图大致上是围绕着对系统建模时发现的几组主要事物来组织的。

（1）类图：类、接口和协作。

（2）构件图：构件。

（3）组合结构图：内部结构。

（4）对象图：对象。

（5）制品图：制品。

（6）部署图：结点。

1．类图

类图（class diagram）展示了一组类、接口、协作以及它们之间的关系。在面向对象系统建模中类图是最常用的图。用类图说明系统的静态设计视图。包含主动类的类图用于表达系统的静态交互视图[①]。　【第 8 章讨论类图。】

2．构件图

构件图（component diagram）展示了实现构件的内部部件、连接件和端口。当实例化构件时，也实例化了其内部部件的副本。

3．组合结构图

组合结构图（composite structure diagram）展示了类或协作的内部结构。构件和组合结构差别很小，在本书中把它们都看作构件图。　【第 15 章讨论组合结构图和构件图。】

93

4．对象图

对象图（object diagram）展示了一组对象以及它们之间的关系。用对象图说明在类图中所发现的事物的实例的数据结构和静态快照。对象图也像类图那样表达系统的静态设计视图或静态交互视图，但它是从现实或原型方面来观察的。　【第 14 章讨论对象图。】

① 作者在本次新版中将第 1 版中所称的“进程视图”修改为“交互视图”（见本书第 2 章），但是在后面个别章节的叙述中没有彻底按照新的提法进行修改。这属于技术上的疏漏，译文进行了订正。——译者注

5. 制品图

制品图（artifact digram）展示了一组制品以及它们与其他制品、与它们所实现的类之间的关系。可以用制品图来展示系统的物理实现单元（UML 把制品图当作部署图的一部分，但是为了讨论方便，把它单独列出）。

【第 30 章讨论制品图。】

6. 部署图

部署图（deployment diagram）展示了一组结点以及它们之间的关系。用部署图说明体系结构的静态部署视图。部署图与构件图的相关之处是，一个结点通常包含一个或多个构件。

【第 31 章讨论部署图。】

注解　这些图有一些常见的变体，根据它们的主要目的来命名。例如，为了说明在结构上把系统分解成子系统，可以创建子系统图。子系统图就是一个类图，其中主要包含子系统。

7.2.2　行为图

UML 的行为图用于对系统的动态方面进行可视化、详述、构造和文档化。可以把系统的动态方面看作是对系统变化部分的表示。正像房屋的动态方面包含了气流和人在房间中的走动一样，软件系统的动态方面也包含了类似的事物，如随时间变化的信息流和构件在网络上的物理移动。

UML 的行为图大致上是围绕对系统的动态部分进行建模的几种主要方式来组织的。

（1）用况图：组织系统的行为。

（2）顺序图：注重于消息的时间次序。

（3）通信图：注重于收发消息的对象的结构组织。

94

（4）状态图：注重于由事件驱动的系统状态变化。

（5）活动图：注重于从活动到活动的控制流。

1. 用况图

用况图（use case diagram）描述了一组用况和参与者（一种特殊的类）以及它们之间的关系。可以用用况图描述系统的静态用况视图。用况图对于系统行为的组织和建模特别重要。

【第 18 章讨论用况图。】

交互图（interaction diagram）是顺序图和通信图的统称。所有的顺序图和通信图都是交互图；交互图要么是顺序图，要么是通信图[①]。这些图共享着相同的基础模型，尽管它们在实用中强调

---

① 原文如此，实际上 UML2.0 还有另外两种交互图，即定时图和交互概览图。——译者注

不同的事物。（定时图是另一种交互图，本书中对此不做介绍。）

2. 顺序图

顺序图（sequence diagram）是强调消息的时间次序的交互图。顺序图展示了一组角色和由扮演这些角色的实例发送和接收的消息。顺序图用于说明系统的动态视图。

【第19章讨论顺序图。】

3. 通信图

通信图（communication diagram）是强调收发消息的对象的结构组织的交互图。通信图展示了一组角色、这些角色间的连接件以及由扮演这些角色的实例所收发的消息。通信图用于说明系统的动态视图。 【第19章讨论通信图。】

4. 状态图

状态图（state diagram）展示了一个由状态、转换、事件和活动组成的状态机。用状态图说明系统的动态视图。状态图对接口、类或协作的行为建模是非常重要的。状态图强调一个对象由事件引发的行为，这对于反应型系统的建模特别有用。 【第25章讨论状态图。】

5. 活动图

活动图（activity diagram）展示了计算中一步步的活动流。活动图展示了一组动作，从动作到动作的顺序的流或分支的流，以及由动作产生或消耗的值。活动图用于说明系统的动态视图。活动图对系统的功能建模是非常重要的。活动图强调行为执行中的控制流。

【第20章讨论活动图（一种特殊的状态图）。】

95

注解 图在本质上是静态制品（特别是把它们绘制在纸上、白板上或信封的背面时），用图说明一些固有的动态事物（系统的行为），明显存在着一些实际的限制。在计算机显示器上绘图，就有机会使行为图活动起来，从而能够模拟可执行的系统或者反映正在执行的系统的实际行为。UML允许创建动态图，并且允许使用颜色和其他的可视化提示去“运行”图。一些工具已经展示了UML的这种高级的用法。

7.3 常用建模技术

7.3.1 对系统的不同视图建模

当用不同的视图对系统建模时，实际上就是同时从多个维度构造系统。通过选择一组恰当的视图，就设立了一个过程，该过程促使对系统提出适当的问题并暴露出需要攻克的风险。如果选择视图的工作没有做好，或者以牺牲其他视图为代价而只注重一个视图，就会冒掩盖问题和延误解决问题的风险，而这些问题最终将断送任何成功的机会。

由不同的视图对系统建模，要遵循如下策略。

- ❑ 决定需要哪些视图才能最好地表达系统的体系结构，并暴露项目的技术风险。早先描述的 5 种体系结构视图是一个好的开始点。
- ❑ 对这样的每种视图，决定需要创建哪些制品来捕获该视图的基本细节。在大多数情况下，这些制品由各种 UML 图组成。
- ❑ 作为过程策划的一部分，决定将把哪些图置于某种形式或半形式的控制之下。对这些图要安排复审，并把它们作为项目的文档保存。
- ❑ 允许保留废弃的图。这些临时的图仍然有助于探究决策的意图，也有助于对变化情况进行实验。

96

例如，对在单机上运行的一个简单的单片电路应用建模，可能仅需要以下几种图。

- ❑ 用况视图：用况图。
- ❑ 设计视图：类图（用于结构建模）。
- ❑ 交互视图：交互图（用于行为建模）。
- ❑ 实现视图：组合结构图。
- ❑ 部署视图：不需要。

对于反应型系统或注重于过程流的系统，可能要分别包括状态图和活动图，用来对系统的行为建模。

类似地，对于客户/服务器系统，可能要包括构件图和部署图，用来对系统的物理细节建模。

最后，如果是对复杂的分布式系统建模，可能需要使用 UML 的各种图，用于表达系统的体系结构以及项目的技术风险，这些图的列表如下。

- ❑ 用况视图：用况图；
  顺序图。
- ❑ 设计视图：类图（对结构建模）；
  交互图（对行为建模）；
  状态图（对行为建模）；
  活动图。
- ❑ 交互视图：交互图（对行为建模）。
- ❑ 实现视图：类图；
  组合结构图。
- ❑ 部署视图：部署图。

7.3.2　对不同的抽象层次建模

不仅需要从不同的角度观察系统，而且也将发现，与开发有关的人员需要从不同的抽象层次上以相同的角度观察系统。例如，给定一组捕获了问题域词汇的类，编程人员可能需要详细到每个类的属性、操作和关系的视图；另一方面，一个与最终用户排演用况脚本的分析员可能仅想对这些类做大概的了解。在这种语境下，编程人员工作在较低的抽象层次上，分析员和最终用户工作在较高的抽象层次上，但他们都是对同一个模型做工作。事实上，因为图只是构成模型的元素的图形表示，所以可以对同一模型或不同的模型创建几种图，每种图隐藏或显露不同的元素集，并显示不同层次上的细节。

97

基本上有两种在不同的抽象层次上对系统建模的方法：对同一个模型，展现一些具有不同的细节层次的图；或者用一些从一个模型跟踪到另一个模型的图在不同的抽象层次上来创建模型。

通过展现不同细节层次的图，而在不同的抽象层次对系统建模，要遵循如下策略。

- 考虑读者的需要，从给定的模型开始。
- 如果读者要用这个模型构造实现，就需要较低抽象层次的图，这意味着需要揭示许多细节；如果他们用这个模型向最终用户提供概念模型，就需要较高抽象层次的图，这意味着需要隐藏许多细节。
- 根据在这个从低到高的抽象层次谱系中所处的位置，通过隐藏或揭示模型中的如下 4 种事物而在恰当的抽象层次上创建图。
- 构造块和关系：把与图的意图无关的或读者不需要的构造块和关系隐藏起来。
- 修饰：仅显示对于理解意图必不可少的构造块和关系的修饰。
- 流：在行为图的语境中，仅展开对于理解意图必不可少的那些消息或转换。
- 衍型：在利用衍型进行事物（如属性和操作）分类的语境中，仅显示对于理解意图必不可少的那些衍型化的项。【第 16 章讨论消息，第 22 章讨论转换，第 6 章讨论衍型。】

这种方法的主要优点是总可以从一个公共的语义库来建模。其主要缺点是来自一个抽象层次上的图的变化可能使不同抽象层次上的图变得过时。

通过创建不同的抽象层次上的模型，在不同的抽象层次上对系统建模，要遵循如下策略。

98

- 考虑读者的需要，决定每个读者观察的抽象层次，在各层次上形成独立的模型。
- 一般来说，用简单的抽象在高的抽象层次开发模型，用详细的抽象在低的抽象层次开发模型。在不同模型的相关元素间建立跟踪依赖。【第 32 章讨论跟踪依赖。】
- 在实践中，如果遵循体系结构的 5 种视图，当在不同的抽象层次上对系统建模时，你会遇到以下 4 种常见的情况。
- 用况及其实现：用况模型中的用况要跟踪到设计模型中的协作。
- 协作及其实现：协作要跟踪到一起工作以完成协作的一组类。
- 构件及其设计：实现模型中的构件要跟踪到设计模型中的元素。
- 结点及其构件：部署模型中的结点要跟踪到实现模型中的构件。

【第 17 章讨论用况，第 28 章讨论协作，第 15 章讨论构件，第 27 章讨论结点。】

这种方法的主要优点是不同抽象层次上的图保持较松散的耦合。这意味着在一个模型中的变化对其他模型的直接影响较小。其主要缺点是必须花费资源以保持这些模型以及它们的图同步变化。特别是当模型在软件开发生命周期的不同阶段并存时（例如决定把分析模型与设计模型分别维护时）尤其如此。

例如，假设在对一个 Web 商务系统建模，这样的系统的主要用况之一是订货。假如是分析员或最终用户，可能要在较高的抽象层次上创建一些显示订货动作的交互图，如图 7-1 所示。

【第 19 章讨论交互图。】

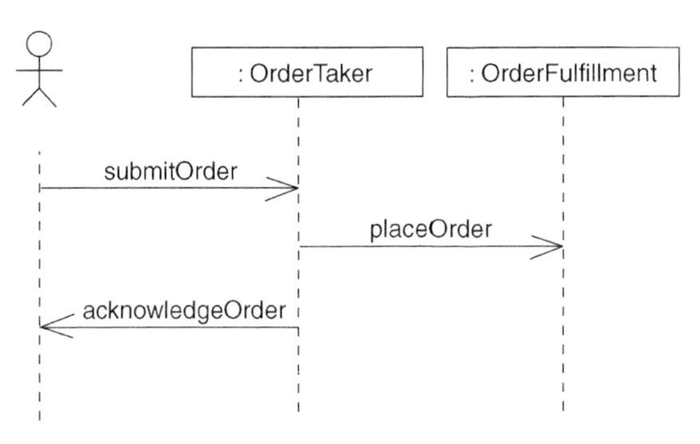

图 7-1　在较高的抽象层次上的交互图

99

另一方面，负责实现这个脚本的编程人员必须在这种图的基础上进行构造，在这种交互图上要扩展一定的消息，并增加其他的扮演者，如图 7-2 所示。

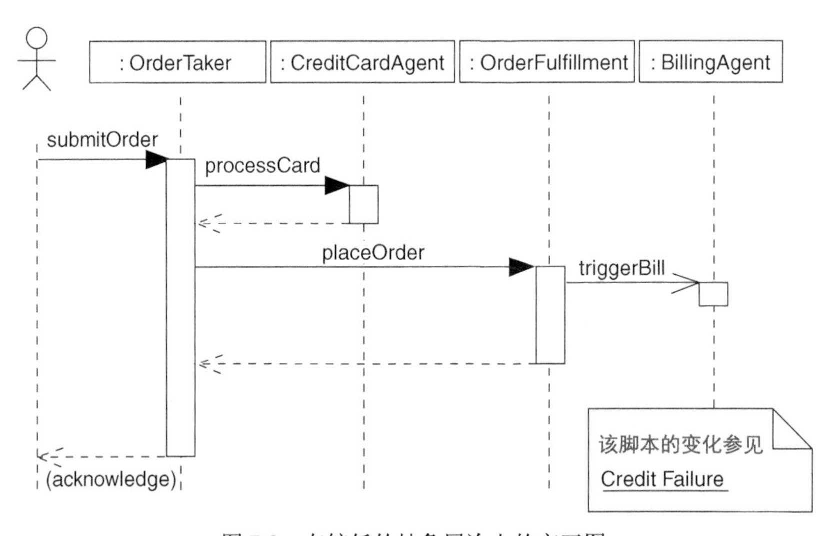

图 7-2　在较低的抽象层次上的交互图

这两个图都针对同一个模型工作，但分别处于不同的细节层次。第二个图有附加的消息和角色。具有很多像这样的图是合理的，尤其是如果能用工具在各个图之间方便地导航，效果会更好。

7.3.3　对复杂视图建模

无论怎样分解模型，有时还会发现有必要创建大而复杂的图。例如，要分析由 100 个或者更多个抽象组成的数据库的完整模式，那么，研究一个能显示所有的类及其关联的图，就确实很有价值。这样做能够看到协作的公共模式。如果是在较高的抽象层次上通过省略一些细节来显示这个模型，就会丢失洞察这些细节的必要信息。

对复杂视图建模，要遵循如下策略。

- 首先，要确信无法在更高的抽象层次上表达这些信息，或省略图的一部分，并把细节保留到其他部分。
- 如果已经尽所能地隐藏了能够隐藏的细节，但图仍然很复杂，就考虑把一些元素组织到一些包或者层次较高的协作中，然后仅把这些包或协作画在图中。

100

【第 12 章讨论包，第 28 章讨论协作。】

- 如果图仍然很复杂，就用注解和颜色作为可视化提示，以将读者的注意力引导到所强调的重点上。
- 如果图还是复杂的，就把它全部打印出来挂在大墙上。虽然丧失了图的联机形式所带来交互性，但能够退后一步研究它的公共模式。

7.4　提示和技巧

当创建图时，要遵循如下策略。

- 记住在 UML 中图的目的不是为了绘制漂亮的图画，而是为了进行可视化、详述、构造和文档化。图始终是一种部署可执行系统的手段。
- 不是所有的图都是值得保存的。通过对模型中的元素提出问题，考虑绘制一些草图，并用这些草图去思考正在构造的系统。很多这样的图达到其目的后就要被丢弃（但创建它们时所依据的语义仍然保留作为模型的一部分）。
- 避免无关的或冗余的图。这些图会使得模型混乱。
- 在每个图中只显示足以表达特定问题的细节。无关的信息会使读者把握不住想要表达的要点。
- 另一方面，不要使图过于简化，除非确实需要在很高的抽象层次上表达某些事物。过分简化会隐藏对理解模型来说是重要的细节。
- 在系统中的结构图和行为图之间保持平衡。很少有哪个系统是完全静态的或完全动态的。
- 不要使图过大（篇幅大于 1 张打印页的图是很难理解的），也不要使图过小（可考虑把几个小图合并成较大的图）。
- 给每个图一个能清楚地表达其意图的有意义的名称。
- 要对图进行组织。根据视图把它们组织到包中。
- 101 不要为图的格式所困扰。用工具来帮助工作。

一个结构良好的图，应满足如下要求。
- 注重表达系统视图的一个方面。
- 仅包含对于理解这个方面所必需的元素。
- 提供的细节与它的抽象层次一致（仅显示对于理解这个方面所必需的修饰）。
- 不过分简化，以免读者误解重要的语义。

当绘制图时，要遵循如下策略。
- 给图一个表达其目的的名称。
- 安排图中的元素，以尽量减少线段的交叉。
- 在空间上组织图的元素，以使得在语义上接近的元素在物理位置上也接近。
- 用注解和颜色作为可视化提示，以把注意力引导到图的重要特征上。然而，由于许多人是色盲，要注意所用的颜色；应该仅用颜色作强调，而不用于传达基本信息。102

第8章

类图

本章内容

- ❑ 对简单协作建模
- ❑ 对逻辑数据库模式（Schema）建模
- ❑ 正向工程和逆向工程

类图是面向对象系统建模中最常见的图。类图显示了一组类、接口、协作以及它们之间的关系。

类图用于对系统静态设计视图建模。其大多数涉及到对系统的词汇、协作或模式的建模。类图也是两个相关图的基础，这两个相关图是构件图和部署图。

类图不仅对结构模型的可视化、详述和文档化很重要，而且对于通过正向工程与逆向工程构造可执行的系统也很重要。

8.1 入门

当建造房屋时，要从包括基本构造块（如墙、楼板、门、窗、天花板和托梁）的词汇开始。这些事物主要是结构性的（墙有高度、宽度和厚度），但也具有一些行为性（不同种类的墙支撑不同的负重，门能开关，对无支撑的楼板跨度有一些约束）。事实上，不能孤立地考虑结构特征和行为特征，而必须在建造房屋时考虑它们如何相互作用。建造房屋的过程中需要以所要求的独特和合意的方式装配这些事物，以满足所有的功能和非功能的需求。所创建的用来可视化房屋并向承包商详述细节的蓝图，实际上是对这些事物以及它们之间的关系的图形描述。 103

构造软件也有许多与此相同的特点，所不同的只是由于软件是“软”的，所以能够从草图定义自己的基本构造块。可以用 UML 的类图对这些构造块的静态方面和它们之间的关系进行可视化，并描述其构造细节，如图 8-1 所示。

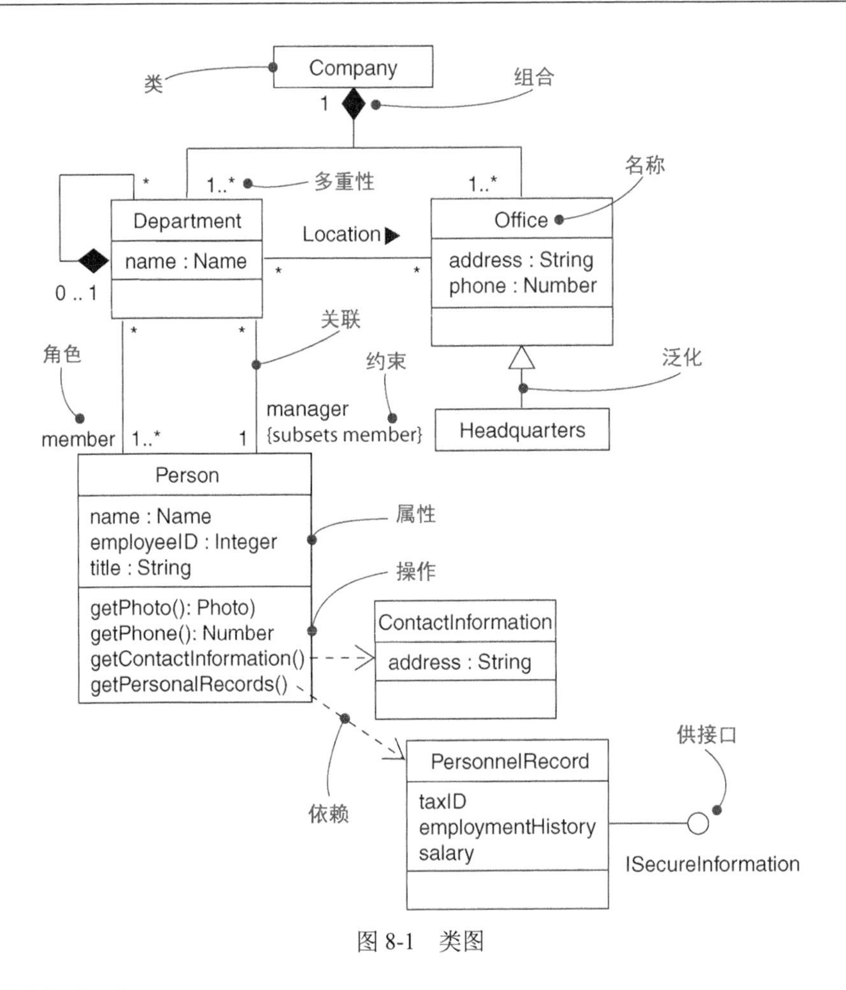

图 8-1　类图

104

8.2　术语和概念

类图（class diagram）是显示一组类、接口、协作以及它们之间关系的图。在图形上，类图是顶点和弧的集合。

8.2.1　普通特性

类图是一种特殊的图，具有与所有其他的图相同的普通特性——有一个名字，有投影到一个模型上的图形内容。类图与所有其他种类的图的区别是它的特殊内容。

【第 7 章讨论图的普通特性。】

8.2.2　内容

类图通常包含下述内容：

- 类；
- 接口；
- 依赖、泛化和关联关系。

像所有的其他图一样，类图可以包含注解和约束。

类图还可以含有包或者子系统，二者都用于把模型元素聚集成更大的组块。有时也要把类的实例放到图中，特别是在对实例的（可能是动态的）类型进行可视化时。

【第 4 章和第 9 章讨论类，第 11 章讨论接口，第 5 章和第 10 章讨论关系，第 12 章讨论包，第 32 章讨论子系统，第 13 章讨论实例。】

注解　构件图和部署图与类图相似，只是它们分别包含构件和结点，而不是类。

105

8.2.3　一般用法

类图用于对系统的静态设计视图建模。这种视图主要支持系统的功能需求，即系统要提供给最终用户的服务。【第 2 章讨论设计视图。】

当对系统的静态设计视图建模时，通常以下述 3 种方式之一使用类图。

（1）对系统的词汇建模

对系统的词汇建模涉及做出这样的决定：哪些抽象是考虑中的系统的一部分，哪些抽象处于系统边界之外。用类图详述这些抽象和它们的职责。【第 4 章讨论对系统的词汇建模。】

（2）对简单协作建模

协作是一些共同工作的类、接口和其他元素的群体，它们提供的一些合作行为大于所有这些元素的行为之和。例如，在对分布式系统中的事务语义建模时，不能仅仅盯着一个单独的类来推断要发生什么，而要由相互协作的一组类来实现这些语义。用类图对这组类以及它们之间的关系进行可视化和详述。【第 28 章讨论协作。】

（3）对逻辑数据库模式建模

将模式看成数据库的概念设计的蓝图。在很多领域中，要在关系数据库或面向对象数据库中存储持久信息。可以用类图对这些数据库的模式建模。

【第 24 章讨论持久性，第 30 章讨论对物理数据库建模。】

8.3　常用建模技术

8.3.1　对简单协作建模

类不是单独存在的，而是要和其他的类协同工作，以实现一些强于每个单个类的语义。因此，除了捕获系统的词汇之外，也需要把注意力转移到对词汇中的这些事物各种协作方式进行可视

106

化、详述、构造和文档化。用类图表现这些协作。

对协作建模，要遵循如下策略。

- 识别要建模的机制。机制代表了正在建模的系统部分的一些功能和行为，这些功能和行为起因于类、接口以及一些其他事物所组成的群体的相互作用。
- 对每种机制，识别参与该协作的类、接口和其他协作，并识别这些事物之间的关系。
- 用脚本排演这些事物。通过这种方法，可发现模型的哪些部分被遗漏以及哪些部分有明显的语义错误。
- 要把元素和它们的内容聚集在一起。对于类，开始要做好职责的平衡，然后随着时间的推移，把它们转换成具体的属性和操作。

【像此处的机制经常要与用况相结合，这在第 17 章讨论；脚本是贯穿用况的线索，这在第 16 章讨论。】

例如，图 8-2 展示了一组取自一个自主机器人实现的类。该图关注使机器人沿着一条路径移动的机制所涉及的类。图中有一个抽象类(Motor)，它有两个具体子类，分别是 SteeringMotor 和MainMotor。这两个类都继承父类Motor的5个操作。而这两个类又被显示为另一个类Driver 的部分。类 PathAgent 与 Driver 有一对一的关联，与 CollisionSensor 有一对多的关联。虽然 PathAgent 被给定了系统职责，但此处没显示出它的任何属性和操作。

在这个系统中还包含更多的类，但图 8-2 只关注那些被直接包含在移动机器人中的抽象。在

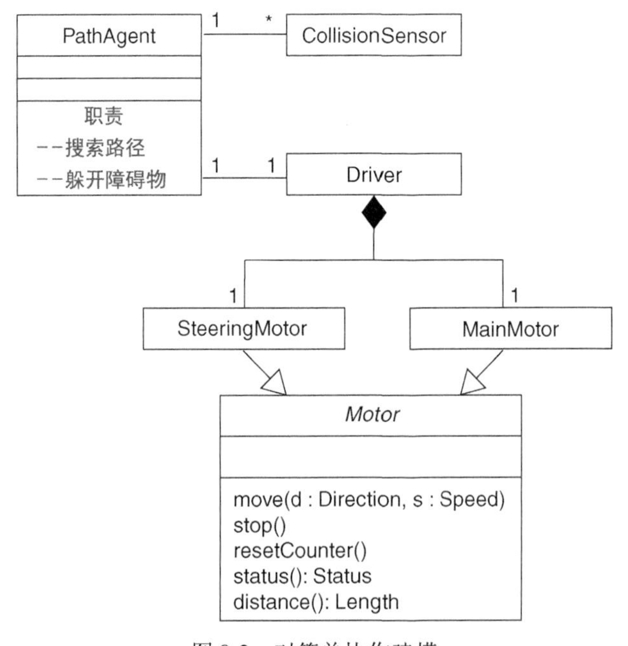

图 8-2　对简单协作建模

其他的图中会看到一些同样的类。例如，尽管此图中没有显示，但类 PathAgent 至少和另外的两个类（Environment 和 GoalAgent）在更高层次机制上相互协作，用于管理机器人在特定时刻可能有冲突的目标。类似地，尽管此图也没有显示，但类 CollisionSensor 和 Driver（以及它的部分）与另一个类（FaultAgent）在某种机制中协作，该机制负责持续地检查机器人的硬件故障。通过在不同的图中关注每一个这样的协作，就从几个角度提供了可理解的系统视图。

107

8.3.2　对逻辑数据库模式建模

人们所建模的很多系统都有持久对象，这意味着要把这些对象存储在数据库中，以便后来检索。通常用关系数据库、面向对象数据库或混合的关系/对象数据库存储持久对象。UML 很适合于对逻辑数据库模式和物理数据库本身建模。

【第 24 章讨论对分布和对象建模，第 30 章讨论对物理数据库的建模。】

实体-联系（E-R）图是用于逻辑数据库设计的通用建模工具，UML 的类图是实体-联系图（E-R）的超集。传统的 E-R 图只针对数据，类图则进了一步，它还允许对行为建模。在物理数据库中，一般要把这些逻辑操作转换成触发器或存储过程。

对模式建模，要遵循如下策略。

108

- 在模型中识别其状态必须超过应用程序生存时间的类。
- 创建含有这些类的类图，针对特定数据库的细节，可以定义自己的衍型和标记值集合。

【第 6 章讨论衍型。】

- 展开这些类的结构性细节。通常，这意味着指明属性的细节，并注重与这些类相关的关联及其多重性。
- 观察使物理数据库设计复杂化的公共模式，如循环关联和一对一关联。必要时创建简化逻辑结构的中间抽象。
- 通过展开对数据存取和数据完整性来说是重要的操作，来考虑这些类的行为。通常，为了提供更好的关注分离，与这组对象的操纵相关的业务规则应该被封装在这些持久类的上一层。
- 如有可能，用工具来帮助把逻辑设计转换成物理设计。

注解　逻辑数据库设计超出了本书的范围。这里只是简单地指明如何用 UML 对模式建模。在实际应用中，最终要对所用数据库的种类（关系型的或面向对象的）使用衍型。

图 8-3 显示了一组取自某学校的信息系统的类。该图对本书在前面给出的一个类图做了扩展，将会看到，本图所显示的这些类的细节足以构造一个物理数据库。从图的左下部开始，有 3 个名为 Student、Course 和 Instructor 的类。Student 和 Course 之间有一个说明学生所听课程的关联。此外，每个学生可以听的课程门数不限，听每门课程的学生人数也不限。

图 8-3 显示了这 5 个类的属性。注意，所有的属性都是简单类型的。当对模式建模时，一般

要用显式的关联而不是用属性对任何非简单类型的关系建模。

【第 4 章讨论对简单类型建模，第 5 章和第 10 章讨论聚合。】

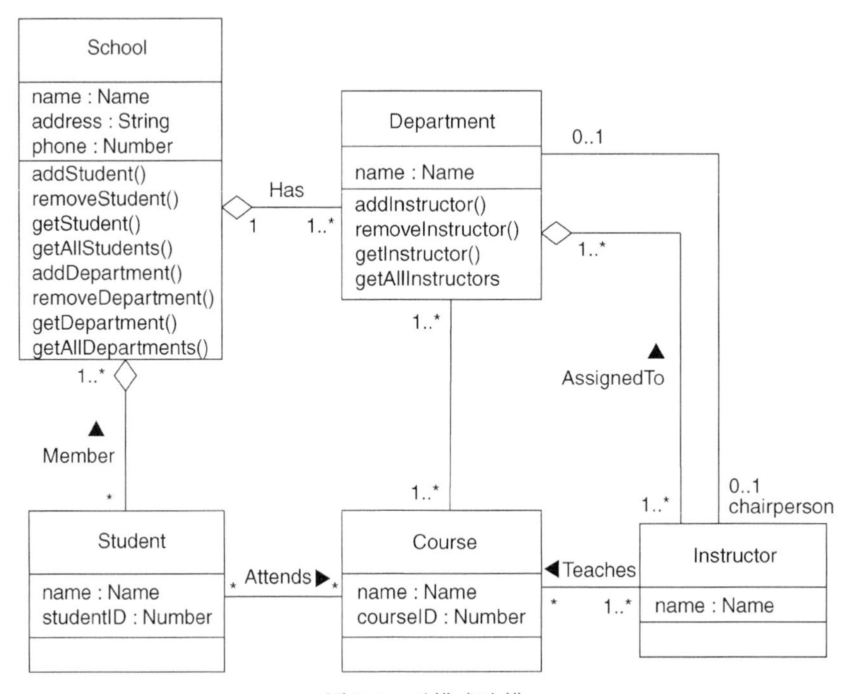

图 8-3　对模式建模

类 School 和类 Department 显示了几个操纵其部件的操作。模型中包含这些操作是因为它们对维护数据的完整性是很重要的（例如增加或撤销一个 Department 将有一些连带的影响）。对于这些类和其他的类，还有很多可以考虑的其他操作，例如，在分配一个学生之前，查询一门课程的先修课。这些操作更接近业务规则而不是用于数据库完整性，因而最好把它们放在比这个模式更高的抽象层次上。

109

8.3.3　正向工程和逆向工程

建模是重要的，但要记住开发组的主要产品是软件而不是图。当然，创建模型的原因是为了及时交付满足用户及业务发展目标的正确软件。因此，使创建的模型与部署的实现相匹配，并使二者保持同步的代价减少到最小（甚至消失）是很重要的。　【第 1 章讨论建模的重要性。】

由 UML 的某些用法所创建的模型将永远不会映射成代码。例如，若用活动图对业务过程建模，则很多被建模的活动所涉及的是人员而不是计算机。另一种情况是所建模的系统的组成部分在你的抽象层次上只是一些硬件（虽然在另一个抽象层次上看，也可以说该硬件包含了嵌入的计算机和软件）。【第 20 章讨论活动图。】

110

在大多数情况下，要把所创建的模型映射成代码。UML 没有指定到任何面向对象编程语言的特定映射，但 UML 还是考虑了映射问题。特别是对类图，可以把类图的内容清楚地映射到各种工业化的面向对象的语言，如 Java、C++、Smalltalk、Eiffel、Ada、ObjectPascal 和 Forte。UML 也被设计得可映射到各种商用的基于对象的语言，如 Visual Basic。

注解 对于正向工程和逆向工程，UML 到特定实现语言的映射已经超出了本书的范围。在实际应用中，针对所用的编程语言使用衍型和标记值即可。

【第 6 章讨论了衍型和标记值。】

正向工程（forward engineering）是通过到实现语言的映射而把模型转换为代码的过程。由于用 UML 描述的模型在语义上比当前的任何面向对象编程语言都要丰富，所以正向工程将导致一些信息丢失。事实上，这是为什么除了代码之外还需要模型的主要原因。像协作这样的结构特征和交互这样的行为特征，在 UML 中能被清晰地可视化，但源代码就不会如此清晰。

对类图进行正向工程，要遵循如下策略。

- 确定映射到实现语言或所选择的语言的规则。这是要从总体上为项目或组织做的事。
- 根据所选择语言的语义，可能要限制对某些 UML 特性的使用。例如，UML 允许对多继承建模，但 Smalltalk 仅允许单继承。可以选择禁止开发人员用多继承建模（这使得模型依赖于语言），也可以研发把这些丰富的特征转化为实现语言的惯用方法（这样使得映射更为复杂）。
- 用标记值来指导在目标语言中对实现的选择。如果需要精确的控制，可以在单个类的层次上这样做。也可以在较高的层次上（如协作或包）这样做。
- 用工具生成代码。

图 8-4 是一个简单的类图，它描述了一个职责模式链的例子。这个特殊的实例化包含 3 个类：`Client`、`EventHandler` 和 `GUIEventHandler`。`Client` 和 `EventHandler` 为抽象类，而 `GUIEventHandler` 是具体类。`EventHandler` 有这个模式（`handleRequest`）所期望的通常操作，但是在这个例子中增加了两个私有属性。 【第 29 章讨论模式。】

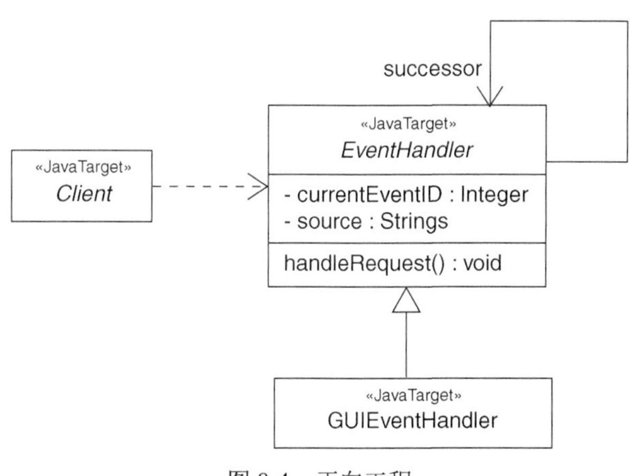

图 8-4 正向工程

所有这些类中都指定了一个到 Java 的映射，通过其衍型指出。用工具对这个图中的类进行正向工程，使之成为 Java 程序是简单的。对类 EventHandler 进行正向工程将产生如下代码：

```
public abstract class EventHandler {

  EventHandler successor;
  private Integer currentEventID;
  private String source;

  EventHandler() {}
  public void handleRequest() {}

}
```

逆向工程（reverse engineering）是通过从特定实现语言的映射而把代码转换为模型的过程。逆向工程会导致大量的多余信息，其中的一些信息属于比需要建造的有用的模型低的细节层次。112 同时，逆向工程是不完整的。由于在正向工程中从模型产生代码时丢失了一些信息，所以除非所使用的工具能对原先注释中的信息进行编码（这超出了实现语言的语义），否则就不能再从代码创建一个完整的模型。

对类图进行逆向工程，要遵循如下策略。

- 确定从实现语言或所选的语言进行映射的规则。这是你要为整个项目或组织做的事。
- 使用工具，指向要进行逆向工程的代码。用工具生成新的模型或修改以前进行正向工程时已有的模型。期望从一大块代码中逆向产生出一个简明的模型是不切实际的。应该选择部分代码，从底部建造模型。
- 使用工具，通过查询模型来创建类图。例如，可以从一个或几个类开始，然后通过追踪特定的关系或其他相邻的类来扩展类图。根据要表达意图的需要，显示或隐藏类图内容的细节。
- 人工地为模型增加设计信息，以表达在代码中丢失或隐藏的设计意图。

8.4 提示和技巧

在用 UML 创建类图时，要记住各个类图仅仅是系统静态设计视图的图形表示。不必用单个类图去表达系统设计视图的所有内容，而是用系统的所有类图共同表达系统的全部静态设计视图；单个类图仅表达系统的一个方面。

一个构造良好的类图，应满足如下要求。

- 注重表达系统静态设计视图的一个方面。
- 仅包含对理解该方面必要的元素。
- 提供与抽象的层次一致的细节，仅带有对理解系统必要的修饰。

- 没有过分地压缩，以致使读者对重要的语义产生误解。 113

当绘制类图时，要遵循如下策略。

- 要给出一个能反映出类图的用途的名称。
- 安排各个元素，尽量减少线段交叉。
- 在空间上组织元素，使得在语义上接近的事物在物理位置上也接近。
- 用注解或颜色作为可视化提示，把关注点引向类图的重要特性。
- 尝试不显示太多种的关系。通常，每个类图往往应由一种关系支配。 114

第三部分　对高级结构建模

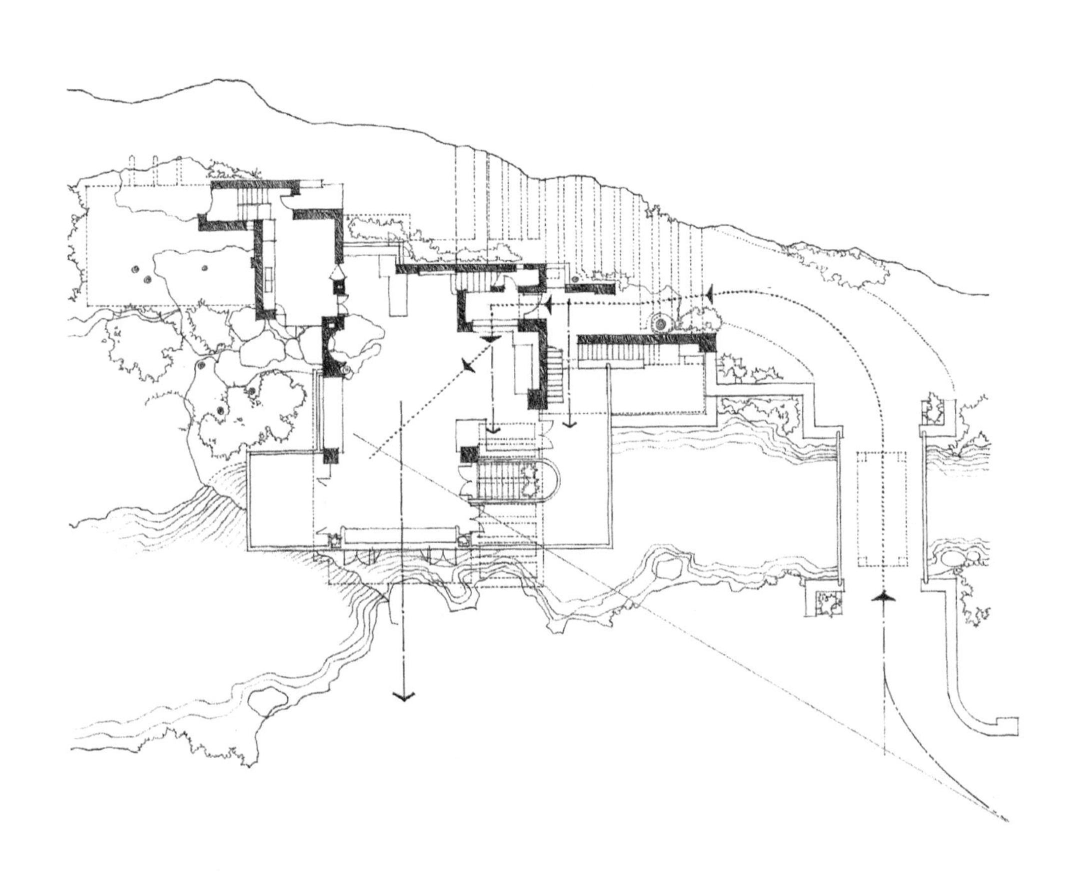

第 9 章

高级类

本章内容

- ❑ 类目、属性和操作的特殊特性，以及不同种类的类
- ❑ 对类的语义建模
- ❑ 选择适当种类的类目

对任何面向对象的系统而言，类的确是最重要的构造块。然而，在 UML 中更一般的构造块是类目，类仅仅是一种类目。类目是描述结构特征和行为特征的机制。类目包括类、接口、数据类型、信号、构件、结点、用况和子系统。

除了前面章节介绍的属性和操作的简单特征之外，类目（尤其是类）还有一些高级特征：可以对多重性、可见性、特征标记、多态性和其他特性建模。在 UML 中可以对类的语义建模，从而无论你喜欢的形式化程度如何，都能陈述类的含义。 【第 4 章中讨论类的基本性质。】

在 UML 中，有几种类目和类；重要的是要选择出最适合对现实世界的抽象进行建模的类目。

9.1 入门

在建造房屋时，在项目的某些点上，要做出一些关于建筑材料方面的体系结构决策。早期只要简单地规定木材、石头或钢材就足够了，这样的细节层次足以满足项目的进展。选择的材料要受到项目需求的影响，例如在容易遭受飓风的地区，最好选择钢材和混凝土。随着项目的进展，选择的材料将影响随后的设计决策，例如选择木材还是钢材将影响到承重量。 117

【第 2 章中讨论体系结构。】

随着项目的继续，必须精化这些基本的设计决策并补充足以使结构工程师验证设计安全性并使工人进行施工的细节。例如，可能不仅要指出使用木材，而且要指出使用的是经过处理达到一定等级的防虫蛀的木材。

构造软件时也是如此。在项目的早期，只要说明需要一个完成一定职责的类，例如 Customer

就足够了。当精化体系结构并进行构造时，就必须决定类的结构（它的属性）和对完成其职责充分而又必要的行为（它的操作）。最终，当演化到可执行的系统时，需要对单个的属性和操作的可见性、整个类和它的单个的操作的并发语义、类所实现的接口等细节建模。

【第 6 章中讨论职责。】

UML 对一些高级特性提供了描述，如图 9-1 所示。这种表示法允许按任何所希望的详细程度对类进行可视化、详述、构造和文档化，甚至足以支持模型和代码的正向工程和逆向工程。

【第 8 章、第 14 章、第 18 章、第 19 章、第 20 章、第 25 章、第 30 章和第 31 章中讨论正向工程和逆向工程。】

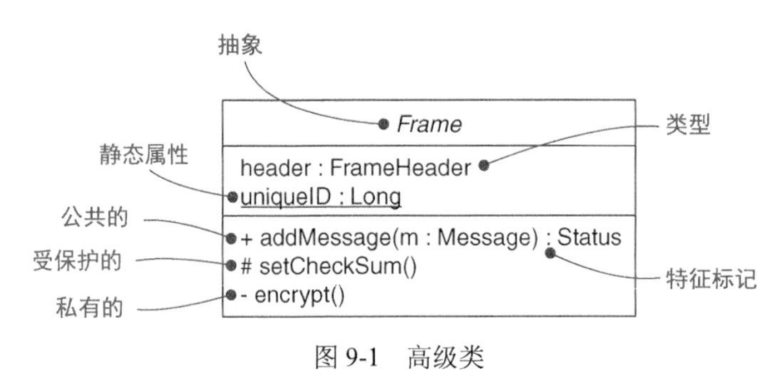

图 9-1　高级类

9.2　术语和概念

类目（classifier）是描述结构特征和行为特征的机制。类目包括类、关联、接口、数据类型、信号、构件、结点、用况和子系统。

118

9.2.1　类目

建模时，需要找到表示现实世界中的事物以及解决方案中的事物的抽象。例如，如果对一个基于 Web 的订购系统建模，项目的词汇可能要包括类 `Customer`（表示订购产品的人）和类 `Transaction`（一种实现制品，表示一个原子动作）。在部署系统时，可能有 `Pricing` 构件及其在每个客户结点上生存的实例。其中每一个抽象都有实例，把现实世界中事物的本质和实例分开是建模的一个重要部分。

【第 4 章中讨论对系统的词汇建模，在第 2 章中讨论类/对象的二分法。】

UML 中的一些事物没有实例，例如包和泛化关系就没有实例。一般而言，有实例的建模元素被称为类目。更重要的是类目有结构特征（以属性的形式）和行为特征（以操作的形式）。给定的类目的所有实例共享相同的特征定义，但是每一个实例的各个属性都有它自己的值。

【第 13 章中讨论实例，在第 12 章中讨论包，在第 5 章和第 10 章中讨论泛化和关联；在第 16 章中讨论消息。】

UML 中一种最重要的类目就是类，类是对一组具有相同属性、操作、关系和语义的对象的描述。然而类并不是唯一的一种类目。为了有助于建模，UML 还提供了其他几种类目。

- 接口（interface）。一组操作的集合，每个操作用于描述类或构件的一个服务。
　　【第 11 章中讨论接口。】
- 数据类型（datatype）。一种类型，其值是不可变的，包括简单的内置类型（如数字和串）和枚举类型（如 Boolean）。　　【第 4 章和第 11 章中讨论数据类型。】
- 关联（association）。对一组链的描述，其中的每个链都与两个或两个以上的对象相关。
- 信号（signal）。对实例之间传送的异步消息的描述。　　【第 21 章中讨论信号。】
- 构件（component）。系统的模块化部分，它在一组外部接口背后隐藏了它的实现。
　　【第 15 章中讨论构件。】
- 结点（node）。运行时存在的物理元素，它表示可计算的资源，一般至少有一定的内存，还经常具有处理能力。　　【第 27 章中讨论结点。】
- 用况（use case）。一组动作序列（包括变体）的描述，系统对它的执行将为特定的参与者产生可观察的结果值。　　【第 17 章中讨论用况。】
- 子系统（subsystem）。描述系统的一个主要部分的构件。　【第 32 章中讨论子系统。】

119

一般地，每一种类目都可以有结构特征和行为特征。此外，当使用任何一种类目来建模时，可以使用本章描述的所有高级特征来提供需要捕捉其抽象的含义的细节层次。

UML 对这些不同的类目在图形上作了区别，如图 9-2 所示。

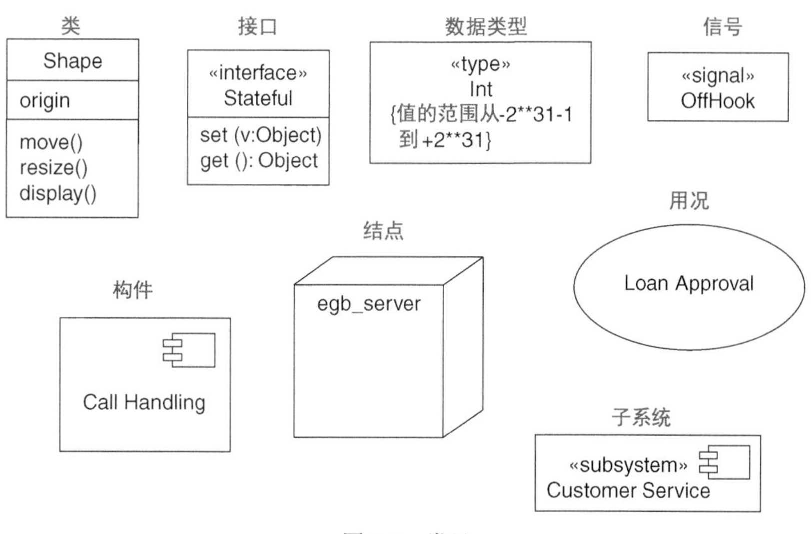

图 9-2　类目

注解　一种最小化的方法是对所有的类目都使用一个图标，然而，采用有区别的可视化提示是重要的。类似地，一种最大化的方法是对每种类目都使用不同的图标，这样做也没有什么意义，例如，类和数据类型就没有多大差异。UML 的设计追求一种平衡——一些类目各有自己的图标，另一些类目用特殊关键字（如类型（type）、信号（signal）和子系统（subsystem））。

9.2.2　可见性

对类目的属性和操作进行详述的设计细节之一是它的可见性。特征的可见性描述了它能否为其他类目使用。在 UML 中，可以描述四级可见性中的任一级。

120

（1）公用的（public）。任何对给定的类目可见的外部类目都可以使用这个特征，用“+”符号做前缀来表示。　【一个类目可以看到在同一个范围内并且具有显式或隐式关系的其他类目；在第 5 章和第 10 章中讨论关系。】

（2）受保护的（protected）。类目的任何子孙都可以使用这个特征，用“#”符号做前缀来表示。　【子孙的提法来源于泛化关系，在第 5 章中讨论。】

（3）私有的（private）。只有类目本身能够使用这个特征，用“-”符号做前缀来表示。　【允许类目共享其私有特征的授权在第 10 章中讨论。】

（4）包（package）。只有在同一包中声明的类目能够使用这一特征，用符号“～”做前缀来表示。

图 9-3 显示了一个类 Toolbar 的公用的、受保护的和私有的特征。

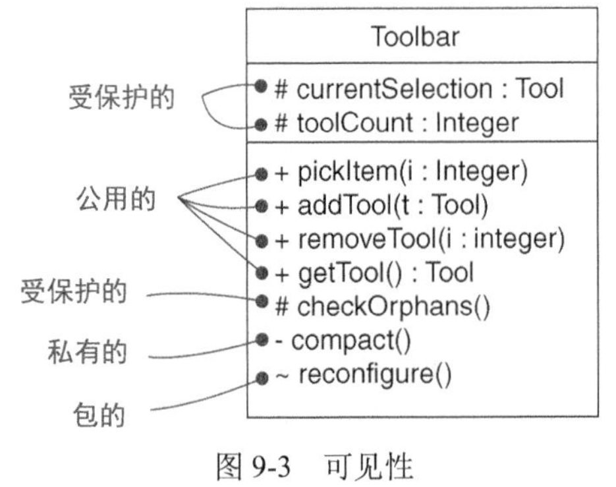

图 9-3　可见性

当指定类目特征的可见性时，一般要隐藏它的所有实现细节，只显露对于实现该抽象的职责必要的特征。这正是信息隐藏的基础，对于建造坚固而有弹性的系统是很重要的。如果没有显式地用可见性符号修饰一个特征，通常就假设这个特征是公用的。

注解　UML 的可见性语义也常见于大多数编程语言（包括 C++、Java、Ada 和 Eiffel）。然而，要注意这些语言在可见性的语义上的细微差别。

121

9.2.3　实例范围和静态范围

对类目的属性和操作进行详述的另一个重要的细节是范围。特征的范围指出是否类目的每一个实例都具有自己独特的特征值，还是类目的所有实例都共同拥有单独一个特征值。在 UML 中，

可以说明两种范围。　　　　【第 13 章中讨论实例。】

（1）实例（instance）。对于一个特征，类目的每个实例均有它自己的值。这是默认的，不需要附加的符号。

（2）静态的（static）。对于类目的所有实例，特征的值是唯一的。也把它称为类范围（class scope），通过对特性串加下划线来表示它。

如图 9-4（图 9-1 的简化）所示，通过对特征的名字加下划线来表示静态范围的特征。没有任何修饰则意味着特征是实例范围的。

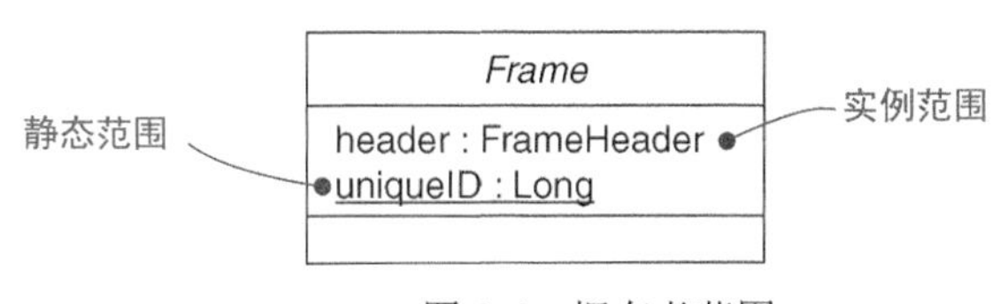

图 9-4　拥有者范围

一般而言，所建模的大多数类目的特征都是实例范围的。静态范围的特征大多用于私有属性，它们必须为一个类的所有实例所共有，例如，为一个类的新实例生成的唯一 ID。

注解　静态范围映射到 C++和 Java 中称作静态的属性和操作。

对操作而言，静态范围的作用有一些不同。实例操作具有与正被操纵的对象相一致的隐含的参数。静态操作没有这样的参数，它的行为如同没有目标对象的传统全局过程。静态操作用来作为创造实例或者操纵静态属性的操作。　122

9.2.4　抽象元素、叶子元素和多态性元素

泛化关系用于对类的网格结构建模，其中有位于顶层的较为一般的抽象和位于底层的较为特殊的抽象。在这些层次中，经常要指明一些类是抽象的，这意味着这些类没有任何直接的实例。在 UML 中，通过把一个类的名称写为斜体来指明这个类是抽象的。如图 9-5 所示，*Icon*、*Rectangular* 和 *ArbitraryIcon* 都是抽象类。相反地，具体类（如类 Button 和类 OKButton）是可以有直接实例的类。　　　　【第 5 章和第 10 章中讨论泛化，在第 13 章中讨论实例。】

在使用一个类时，可能要从其他的较一般的类中继承一些特征，也可能要让其他较特殊的类继承该类的一些特征。在 UML 中，这是从类得到的常规语义。然而，也能指明一个类没有任何子类。这样的元素称作叶子类，在 UML 中可以通过在类名的下面写一个特性 leaf 来指明。例如，图 9-5 中的 OKButton 是叶子类，因此它可以没有任何子类。　123

操作有类似的特性。通常操作是多态的，这意味着，在类的层次中，可以用相同的特征标记在层次的不同位置上描述操作。子类中的操作覆写父类中的操作的行为。当运行中要发送消息时，在这个层次中调用的操作就被多态地选择，即在运行时按照对象的类型决定匹配的操作。例如，

display 和 isInside 是两个多态操作。此外，操作 *Icon::display()*是抽象的，这意味着它是不完全的，要求子类提供这个操作的实现。在 UML 中，如同指明抽象类一样，通过把操作的名称写为斜体来指明这个操作是抽象的。对比而言，Icon::getID()是叶子操作，因此被指派了特性 leaf，这意味着该操作不是多态的，不可以被覆写（这类似于 java 中的 final 操作）。 【第 16 章中讨论消息。】

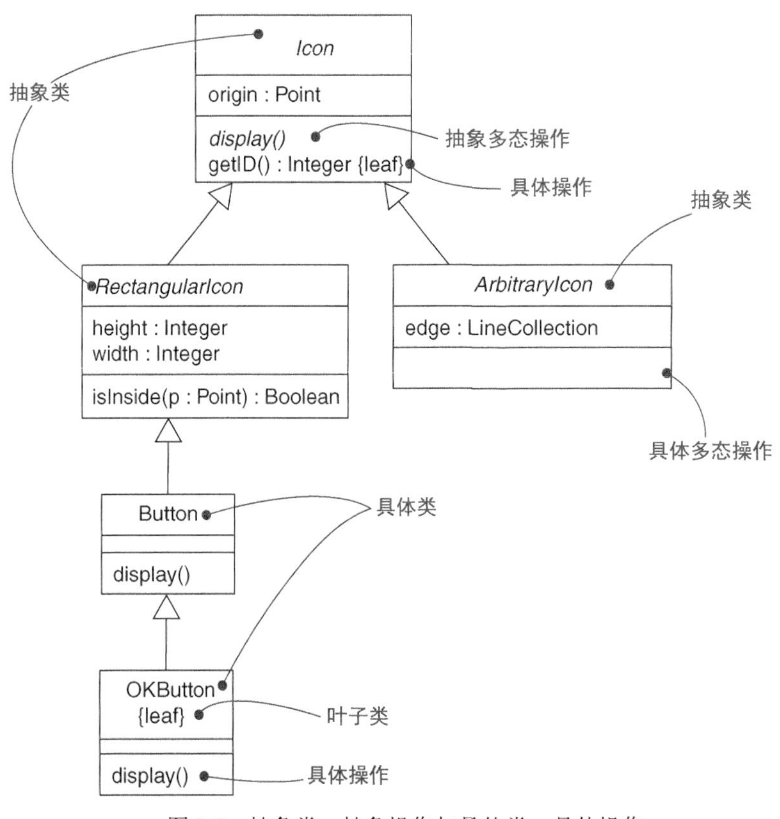

图 9-5　抽象类、抽象操作与具体类、具体操作

注解　抽象操作映射到 C++称作纯虚操作，UML 中的叶子操作映射到 C++中称作非虚操作。

9.2.5　多重性

当使用类时，假设一个类具有任意数目的实例是合理的（当然，除非它是一个抽象类，因而没有直接的实例，但它的具体的子类可以有任意数目的实例）。然而，有时可能要限制类所具有的实例数目。最常见的是指定以下几种情况：没有实例（在这样的情况下，这个类是一个只暴露静态范围的属性和操作的实用程序的类）、有一个实例（单体类）、有一定数目的实例或有多个实例（默认情况）。【第 13 章中讨论实例。】

类可能拥有的实例数目称为多重性。多重性是对一个实体假定可容许的基数范围的规约。在 UML 中，可以通过在类图标的右上角写一个多重性表达式来指定类的多重性。例如，在图 9-6 中，`NetworkController` 是一个单体类。类似地，在系统中类 `ControlRod` 精确地有 3 个实例。

【多重性也应用在关联上，这在第 5 章和第 10 章中讨论。】

多重性也应用于属性。可以通过在属性名后面的方括号内写一个合适的表达式来指定属性的多重性。例如，图 9-6 中，在类 `NetworkController` 的实例中有两个或多个 `consolePort` 实例。 124

【属性与关联的语义有关，这在第 10 章中讨论。】

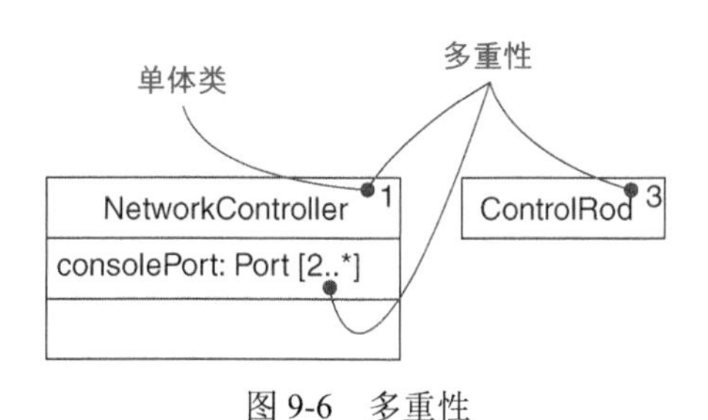

图 9-6　多重性

注解　类的多重性应用在给定的语境中。处于高层次的整个系统具有隐含的语境。整个系统可以看成一个结构化类目。【结构化类目在第 15 章中讨论。】

9.2.6　属性

在大多数抽象层次上，当对类的结构特征（即属性）建模时，只需简单地写下每个属性的名称。这些信息通常足以使一般读者理解模型的意图。如前面部分所述，也可以详述各个属性的可见性、范围和多重性。更多地，还可以详述各属性的类型、初始值和可变性。

在 UML 中，属性的完整语法形式为：

[可见性] 属性名 [':' 类型] ['[' 多重性 ']'] ['=' 初始值] [特性串{',' 特性串}]

【也可以用衍型来指示相关属性的集合（如内务处理属性），这在第 6 章中讨论。】

例如，下列的属性声明都是合法的。

- `origin`　只有属性名
- `+ origin`　可见性和属性名
- `origin : Point`　属性名和类型
- `name : String[0..1]`　属性名、类型和多重性

- origin : Point = (0,0)　　属性名、类型和初始值
- id : Integer { readonly }　属性名、类型和特性

除非另行指定，否则属性总是可变化的（changeable）。可以用 readonly 特性指明在对象初始化后不能改变属性的值。

125

在对常量建模或对创建实例时初始化后不能变化的属性建模时，主要使用 readonly 属性。

注解　readonly 特性映射到 C++中的常量（const）。

9.2.7　操作

在大多数抽象层次上，当对类的行为特征（即类的操作和类的信号）建模时，只需简单地写下每个操作的名称。这些信息通常足以使一般读者理解模型的意图。然而，如前所述，也可以详述各操作的可见性和范围。更多地，还可以详述各操作的参数、返回类型、并发语义和其他特性。总体上，操作的名称加上它的参数（如果有的话，也包括返回类型）被称为操作的特征标记。

【第 21 章中讨论信号。】

注解　UML 对操作与方法做了区别。操作详述了可以由类的任何一个对象请求以影响行为的服务，方法是操作的实现。类的每一个非抽象操作必须有一个方法，这个方法的主体是可执行的算法（一般用某种编程语言或结构化文本描述）。在继承网格结构中，对于同一个操作可能有很多方法，并在运行时多态地选择层次结构中的哪一个方法被调用。

在 UML 中，操作的完整语法形式为：

[可见性] 操作名 ['(' 参数表 ')'] [':' 返回类型] [特性串 {',' 特性串}]

【可以使用衍型来指示相关的操作集合（如帮助函数），这在第 6 章中讨论。】

例如，下列操作声明都是合法的。

- display　　操作名
- + display　　可见性和操作名
- set (n : Name, s : String)　操作名和参数
- getID ( ) : Integer　　操作名和返回类型
- restart ( ) {gaurded}　　操作名和特性

126

在操作的特征标记中，可以不提供参数，也可以提供多个参数，其语法形式如下：

[方向] 参数名 : 类型 [=默认值]

方向可以取下述值之一。

- in　　输入参数，不能对它进行修改。

- out　　输出参数，为了向调用者传送信息可以对它进行修改。
- inout　　输入参数，为了向调用者传送信息可以对它进行修改。

注解　out 或 inout 参数等价于返回参数和 in 参数。提供 out 和 inout 参数是为了与较老的编程语言相兼容。可用显式的返回参数来代替。

除了前面描述的叶子（leaf）和抽象（abstract）特性外，还有一些已定义的可用于操作的特性。

（1）查询（query）。操作的执行不会改变系统的状态。换句话说，这样的操作是完全没有副作用的纯函数。

（2）顺序（sequential）。调用者必须在对象外部进行协调，以保证在对象中一次仅有一个流。在出现多控制流的情况下，不能保证对象的语义和完整性。

（3）监护（guarded）。通过将所有对象监护操作的所有调用顺序化，来保证在出现多控制流的情况下对象的语义和完整性。其效果是一次只能调用对象的一个操作，这又回到了顺序的语义。

（4）并发（concurrent）。通过把操作原子化，来保证在出现多控制流的情况下对象的语义和完整性。来自并发控制流的多个调用可以同时作用于一个对象的任何一个并发操作，而所有操作都能以正确的语义并发进行。并发操作必须设计成：在对同一个对象同时进行顺序的或监护的操作的情况下，它们仍能正确地执行。

（5）静态（static）。操作没有关于目标对象的隐式参数，它的行为如同传统的全局过程。

127

并发特性（顺序 sequential、监护 guarded 和并发 concurrent）表达了操作的并发语义，是一些仅与主动对象、进程或线程的存在有关的特性。

【第 23 章中讨论主动对象、进程和线程。】

9.2.8 模板类

模板是一个被参数化的元素。在诸如 C++和 Ada 这样的语言中，可以写模板类，每一个模板类都定义一个类的家族（也可以写模板函数，每一个模板函数都定义一个函数的家族）。模板可以包括类、对象和值的插槽，这些插槽起到模板参数的作用。不能直接使用模板，必须首先对它进行实例化。实例化是要把这些形式模板参数绑定成实际参数。对一个模板类来说，绑定后的结果就是一个具体类，能够像普通类一样使用。

【第 4 章中讨论类的基本特性。】

对模板类的最常见的用法是详述可以被实例化为特殊元素的容器，并保证它们的类型是正确的。例如，下述的 C++代码段声明了一个被参数化的类 Map：

```
template<class Item, class VType, int Buckets>
class Map {
```

```
public:
  virtual map(const Item&, const VType&);
  virtual Boolean isMappen(const Item&) const;
  ...
};
```

然后可以对这个模板进行实例化，以便把对象Customer映射到对象Order。

```
m : Map<Customer, Order, 3>;
```

在UML中也能对模板类建模。如图9-7所示，模板类的画法与普通类一样，只是在类图标的右上角带有一个附加的虚框，虚框中列出模板参数。

如图9-7所示，可以用两种方法对模板类的实例化进行建模。第一种方法是隐式的，即声明一个在其名称中提供了绑定的类。第二种方法是显示的，即用一个被衍型化为bind的依赖，表明源端用实际参数对目标模板进行实例化。

128

【第5章和第10章中讨论依赖，在第6章中讨论衍型。】

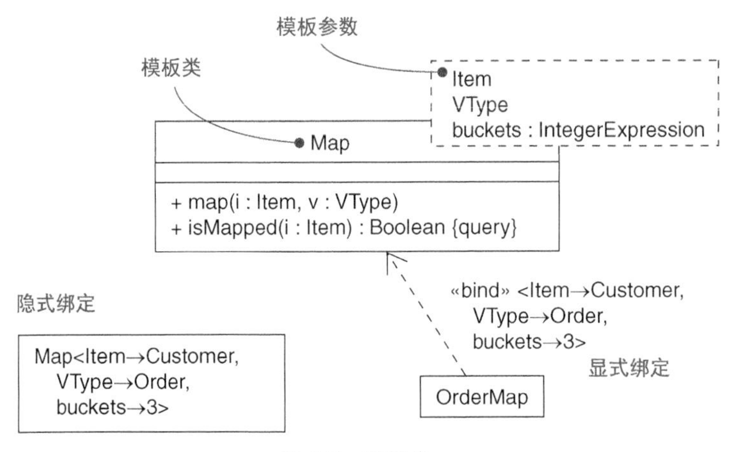

图9-7　模板类

9.2.9　标准元素

对类可以使用UML的所有扩展机制。最常见的情况是，用标记值来扩展类的特性（如描述类的版本），用衍型来描述新类型的构件（如特定模型的构件）。

【第6章中讨论UML的扩展机制。】

UML定义了以下4种用于类的标准衍型。

（1）元类（metaclass）。说明一个类目，其对象全是类。

（2）幂类型（powertype）。说明一个类目，其对象是给定父类的子类。

（3）衍型（stereotype）。说明一个类目是可用于其他元素的衍型。

（4）实用程序（utility）。说明一个类，其属性和操作都是静态范围的。

注解　其他一些用于类的标准衍型或关键字要在别处进行讨论。

129

9.3 常用建模技术

对类的语义建模

使用类的最常见目的是对抽象建模，该抽象来自正试图解决的问题，或来自实现对问题的解所采用的技术。一旦识别出这些抽象，下一件需要做的事是描述它们的语义。

【第 4 章中讨论类的普通用法。】

在 UML 中，有很宽的选择范围来对方案中可能的事物建模，范围从很不形式化的（如职责）到很形式化的（如对象约束语言—— OCL）。面对这些选择，必须决定适合于表达模型意图的细节层次。如果建模的目的是与最终用户和领域专家沟通，则倾向于较低的形式化。如果建模的目的是支持双向（正向和逆向）工程，即在模型和代码之间进行转换，则倾向于较高的形式化。如果建模的目的是要严格地以数学的形式对模型进行推理，并证明其正确性，则倾向于很高的形式化。

【第 1 章中讨论建模，也可以用活动图对操作的语义建模，这要在第 20 章中讨论。】

注解　形式化程度低并不意味着不精确，它意味着不够完整和不够详细。在实用中，要在非形式化和形式化之间做好权衡。这意味着要提供足够的细节以支持可执行的制品的创建，但为了不使模型压垮读者，因此仍然要隐藏一些细节。

对类的语义建模，要在下述从非形式化到形式化排列的可能情况中进行选择。

- 详述类的职责。职责是类型或类的合约或责任，把它放在附加于该类的注解中，或放于类图标的一个附加的栏中。【第 4 章中讨论职责。】
- 用结构化文本从整体上详述类的语义，把它放在附加于该类的注解（衍型化为 `semantics`）中。
- 用结构化文本或编程语言详述各方法体，通过依赖关系把它放在附加于操作的注解中。【第 3 章中讨论对方法体的详述。】

130

- 用结构化文本详述各操作的前置或后置条件以及整个类的不变式。通过依赖关系把这些元素放在附加于操作或类的注解（衍型化为 `precondition`、`postcondition` 和 `invariant`）中。【第 20 章中讨论对操作语义的详述。】
- 详述类的状态机。状态机是一个行为，它描述了一个对象在它的生命周期中响应事件并对事件做出反应所经历的状态序列。【第 22 章中讨论状态机。】
- 详述类的内部结构。【第 15 章中讨论内部结构。】

- 详述一个体现类的协作。协作是共同工作的角色和其他元素的群体，它们共同工作提供的协作行为强于这些元素的行为总和。协作有结构部分，也有动态部分，因而可以用协作详述类的语义的各个方面。　【第 28 章中讨论协作。】
- 用诸如 OCL 这样的形式化语言详述每个操作的前置和后置条件以及整个类的不变式。【在 *The Unified Modeling Language Reference* 中讨论 OCL。】

从实用的角度出发，针对系统中的不同抽象，最终要对上述方法做一些组合。

注解　当详述类的语义时，要记住用意是详述类做什么还是怎样做。对于类做什么的语义详述表现了类的公开的外部视图；对于类怎样做的语义详述表现了类的私有的内部视图。也可混合使用这两种视图，对类的客户强调外部视图，对实现类的人员强调内部视图。

9.4　提示和技巧

用 UML 对类目建模时，要记住可供使用的构造块的范围很广，从接口到类再到构件等。必须选取最适合于抽象的构造块。一个结构良好的类目，应满足如下要求。

- 有结构和行为两个方面。
- 是高内聚和松耦合的。
- 仅显示客户使用类所需要的那些类特征，而把其余的类特征都隐藏起来。
- 意图和语义要明确。
- 不要过分地详述，以致实现者没有自主的余地。 131
- 不要过分地简述，以致对类目含义的表达含糊不清。

在 UML 中绘制类目时，要遵循如下策略。

- 仅显示在语境中对理解抽象来说重要的类目特性。
- 选择对类目的意图提供最佳可视化提示的衍型化的版本。 132

第10章

高级关系

本章内容

- ❑ 高级依赖、泛化、关联、实现和精化关系
- ❑ 对关系网建模
- ❑ 创建关系网

当对形成系统词汇的事物建模时，也必须对这些事物如何在各种关系中相互作用进行建模。然而关系可能是复杂的。对关系网的可视化、详述、构造和文档化需要一些高级特征。

【关系的基本特性在第5章中讨论。】

依赖、泛化和关联是UML的3种最重要的关系构造块。除了前几部分描述的内容外，这些关系还有一些其他特性。也可以对多继承、导航、组合、精化和其他特性建模。使用第4种关系（即实现）可以对接口与类或者接口与构件之间的联系建模，也可以对用况和协作之间的联系建模。在UML中，可按任何形式化程度对关系的语义建模。

【接口在第11章中讨论，构件在第15章中讨论，用况在第17章中讨论，协作在第28章中讨论。】

管理复杂的关系网要求在细节的层次上使用适当的关系，从而既不过于简单又不过于复杂地对系统进行工程化。

133

10.1 入门

如果正在建造一所房屋，决定各房间的布局是一项关键的任务。在某一抽象层次上，可以决定把主卧室放在主层，远离房屋的前部。随后通过普通的场景来帮助思考对这种房间布局的用法。例如，考虑从车库拿出食品。由于从车库穿过卧室走到厨房的布局是无理的，因此会拒绝这样的布局。

【在第17章中讨论用况和脚本。】

通过对这些基本关系和用况的构思，可以形成一个相当完整的房屋楼层布置图。然而，这还不够。如果不考虑更为复杂的关系，最终会由于设计中的一些实际缺陷而失败。

例如，可能喜欢按每一层来对房间进行安排，但在不同层的房间可能以一种不可预见的方式相互影响。假设计划把一个十几岁女儿的房间放在自己卧室的正上方，现在再假设女儿要学习如何打鼓，这种楼层计划显然是不可取的。

类似地，还要考虑房屋的基本机制如何影响楼层布置。例如，如果不考虑把房间安排得能把上下水管道装在公共的墙内，就要增加房屋建设的造价。

编制软件也是如此。当对软件密集型系统建模时，依赖、泛化和关联是要遇到的最常用的关系。然而，为了捕获系统中的一些细节（为了避免设计中的实际缺陷，考虑这样的细节是重要的），就需要这些关系的一些高级特性。

UML 对一些高级特性提供了表示，如图 10-1 所示。这种表示法允许按任何所需要的细节层次对关系网进行可视化、详述、构造和文档化，甚至足以支持模型和代码的正向工程和逆向工程。

【正向工程和逆向工程在第 8 章、第 14 章、第 18 章、第 19 章、第 20 章、第 25 章、第 30 章和第 31 章中讨论。】

134

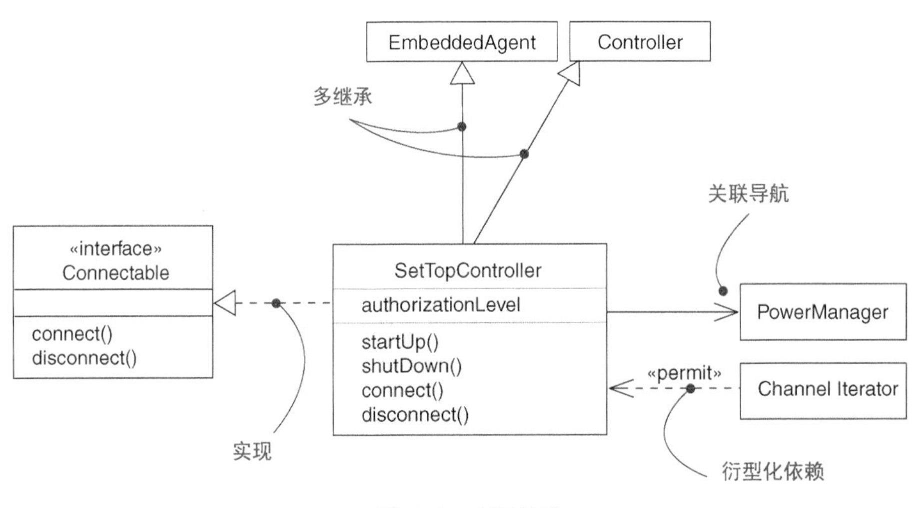

图 10-1　高级关系

10.2　术语和概念

关系（relationship）是事物之间的联系。在面向对象的建模中，4 种最重要的关系是依赖、泛化、关联和实现。在图形上，把关系画成线段，用不同种类的线段区别不同的关系。

10.2.1　依赖

依赖（dependency）是一种使用关系，它描述了一个事物（如类 `SetTopController`）的规约的变化可能会影响到使用它的另一个事物（如类 `ChannelIterator`），但反之不然。在图形上，把依赖画成一条指向被依赖的事物的虚线。当要表明一个事物使用另一个事物时，就运用依赖。　　【第 5 章中讨论依赖的基本特性。】

对于大多数所遇到的使用关系而言，简单的、未加修饰的依赖关系就足够了。然而，为了详述其含义的细微差别，UML 定义了一些可以用于依赖关系的衍型。这些衍型被组织成几组。[①]

【第 6 章中讨论 UML 的扩展机制。】

135

首先，有一些可应用到类图中的类和对象之间的依赖关系上的衍型。【第 8 章中讨论类图。】

（1）绑定（bind）。表明源用给定的实际参数实例化目标模板。

当对模板类的细节建模时，要使用绑定（bind）。例如，模板容器类和这个类的实例之间的关系被模型化为绑定（bind）依赖。绑定包括一个映射到模板的形式参数的实际参数列表。

【第 9 章中讨论模板和绑定（bind）依赖。】

（2）导出（derive）。表明可以从目标计算出源。

当对两个属性或两个关联之间的关系建模时（其中的一个是具体的，另一个是概念性的），要使用导出（derive）。例如，类 Person 可以有属性 BirthDate（具体的）和 Age（可以从 BirthDate 中导出，因此在类中不必另外表示）。可以用一个导出（derive）依赖表示 Age 和 BirthDate 间的关系，表明 Age 是从 BirthDate 中导出的。

【第 4 章和第 9 章中讨论属性，在第 5 章和本章的后半部分中讨论关联。】

（3）允许（permit）。表明源对目标给予特定的可见性。

当允许一个类访问另一个类的私有特征时（例如 C++中的 friend 类），则使用允许（permit）。　　【第 5 章中讨论允许依赖。】

（4）的实例（instanceOf）。表明源对象是目标类目的一个实例。一般用文本形式 source : Target 来表示。

（5）实例化（instantiate）。表明源创建目标的实例。

可以用以上两个衍型对类/对象关系显式地建模。当对同一个图中的类和对象之间的关系建模时，或对同一个图中的类和它的元类之间的关系建模时，要使用的实例（instanceOf）；然而通常还是用文本语法来表示。当要详述一个类创建另一个类的对象时，要使用实例化（instantiate）。　　【第 2 章中讨论类/对象的二分法。】

（6）幂类型（powertype）。表明目标是源的幂类型。幂类型是一个类目，其对象都是一个给定父类的子类。

136

对分类其他类的类建模时，要使用幂类型（powertype），例如对数据库建模时就会发现这种情况。　　【第 8 章中讨论对逻辑数据库建模，在第 30 章中讨论对物理数据库建模。】

（7）精化（refine）。表明源比目标处于更精细的抽象程度上。

---

① 作者在本节介绍的这些衍型，其中有许多已被 UML2 废除。详细情况可参阅 UML2 有关文献。——译者注

当在不同的抽象层次对代表相同概念的类建模时，要使用精化（refine）。例如，在分析时，可能要遇到类 Customer，在设计时，要将它精化为更详细的类 Customer，其详细的程度要达到可以交付去实现。

（8）使用（use）。表明源元素的语义依赖于目标元素的公共部分的语义。

当要显式地把一个依赖标记为使用关系时，就要应用使用（use），使之有别于其他衍型提供的各式各样的依赖。

接着，以下两个衍型可以应用到包之间的依赖关系。　【第 12 章中讨论包。】

（1）引入（import）。表明目标包中的公共内容加入到源包的公共命名空间中，好像它们在源中已经声明过似的。

（2）访问（access）。表明目标包中的公共内容加入到源包的私有命名空间中。可以在源中使用这些内容的不带限定的名字，但不可以再输出它们。

当要使用在其他包中声明的元素时，就利用访问（access）和引入（import）。引入元素避免了在文本表达式中以受限全名去引用另一个包的元素。

以下两种衍型用于用况间的依赖关系：　【第 17 章中讨论用况。】

（1）延伸（extend）。表明目标用况扩展了源用况的行为。

（2）包含（include）。表明源用况在源所指定的位置上显式地合并了另一个用况的行为。

当要把源用况分解为可复用的部分时，要使用延伸（extend）和包含（include）关系（以及简单的泛化）。

137

在对象之间的交互语境中会遇到一种衍型。

- 发送（send）。表明源类发送目标事件。

当对向目标对象（它可能有相关联的状态机）发送给定事件的操作（例如，在与状态转移相关的动作中就有这样的操作）建模时，要使用发送（send）。发送依赖在效果上是把若干独立的状态机结合在一起。　【第 22 章中讨论状态机。】

最后，在把系统的元素组织成子系统和模型的语境中，要遇到的一个衍型是跟踪。

【第 32 章中讨论系统和模型。】

- 跟踪（trace）。表明目标是源的早期开发阶段的祖先。

当对不同模型中的元素之间的关系建模时，要使用跟踪（trace）。例如，在系统的体系结构语境中，用况模型（描述功能需求）中的一个用况可能要跟踪到相关设计模型（表示实现这个用况的制品）中的一个包。　【第 2 章中讨论体系结构的 5 种视图。】

注解　概念上，包括泛化、关联和实现在内的所有关系都是某种依赖关系。泛化、关联和实现本身都有足够重要的语义，使之有理由作为 UML 中有别于其他种类的独立关系。以上列出的衍型描述了各式各样的依赖，每一个衍型都有自己的语义，

但其中的每一个在语义上又与简单依赖没有那么大的距离，所以不作为一种独立的关系来处理。这是对 UML 部分内容的一种看法，但经验表明，这样处理是在突出所遇到的重要的关系种类和不使建模者为过多的选择所困扰之间做出的一个平衡。如果先对泛化、关联和实现建模，然后把所有其他关系都看作是依赖，就不会犯错误。

10.2.2 泛化

泛化（generalization）是一般类目（称为超类或父类）和较特殊的类目（称为子类或孩子类）之间的关系。例如，可能遇到一般类 Window 和它的较特殊类 MultiPaneWindow。通过从子类到父类的泛化关系，子类（MultiPaneWindow）继承父类（Window）的所有结构和行为。在子类中可以增加新的结构和行为，也可以覆写父类的行为。在泛化关系中，子类的实例可以应用到父类的实例所应用的任何地方，这意味着可以用子类替代父类。

138

【第 5 章中讨论泛化的基本特性。】

在大多数情况下，会发现单继承就足够用了。一个类只有一个父类，被称为使用了单继承。然而，有时一个类要合并多个类的特征，那么用多继承对这些关系建模更为合适。例如，图 10-2 显示了取自一个财政服务应用系统中的一组类。可以看到类 Asset 有 3 个子类：BankAccount、RealEstate 和 Security。其中的两个子类（BankAccount 和 Security）有它们自己的子类。例如，Stock 和 Bond 是 Security 的两个子类。

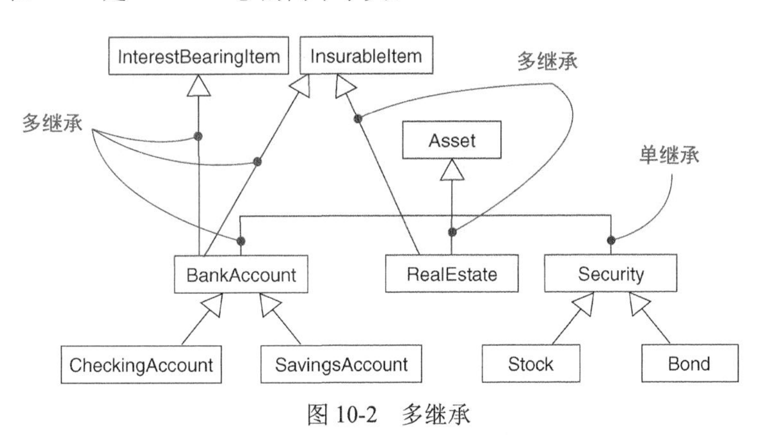

图 10-2 多继承

其中的两个子类 BankAccount 和 RealEstate 从多个父类继承。例如，RealEstate 是一种 Asset，也是一种 InsurableItem，而 BankAccount 是一种 Asset，也是一种 Interest-BearingItem，还是一种 InsurableItem。

一些超类仅用于向那些从普通的超类继承了主要结构的类中增加行为（经常）和结构（偶尔）。把这些附加的类称作混频，它们不单独存在，而总是在多重继承关系中作为增补的超类。例如：

139 在图 10-2 中类 InterestBearingItem 和类 InsurableItem 是混频。

注解　使用多继承要小心。如果一个子类有多个父类，并且这些父类的结构或行为出现重叠，那么就会出现问题。在很多情况下，可以用委派来代替多继承，其中子类仅从一个父类继承，然后用聚合来获得较次要的父类的结构和行为。例如：不是一方面把 Vehicle（交通工具）特化为 LandVehicle（陆地交通工具）、WaterVehicle（水上交通工具）和 AirVehicle（空中交通工具），另一方面把 Vehicle 特化为 GasPowered（汽油动力）、WindPowered（风动力）和 MusclePowered（肌肉动力），而是让 Vehicle 包含 meansOfPropulsion（推进方式）作为一个部分。这种方法的主要缺点是语义上丢失了这些次要父类的可替换性。

简单的、未加修饰的泛化关系足以满足所遇到的大多数继承关系。然而，如果要详述深层的含义，UML 定义了可以应用到泛化关系上的 4 个约束。 【第 6 章中讨论 UML 的扩展机制。】

（1）完全（complete）。表明已经在模型中给出了泛化关系中的所有子类（虽然有一些子类可能在图中省略），不允许再有更多的子类。

（2）不完全（incomplete）。表明没有给出泛化中的所有子类（即使有一些子类可能在图中省略），允许再增加子类。

除非有别的说明，否则可以假设任何图都只描述了继承网格结构的部分视图，因此它是省略的。然而，省略与模型的完整性不同。特别地，当要明确地表示已经充分地详述了模型中的层次时（虽然没有一幅图能够显示这样的层次），要使用完全（complete）约束；当要明确地表示还没有陈述模型中层次结构的完整描述时（虽然一幅图能够显示该模型的任何事物），则使用不完全（incomplete）约束。 【第 7 章中讨论图的基本特性。】

（3）互斥（disjoint）。表明父类的对象最多以给定的子类中的一个子类作为类型。例如：类 Person 可以特化为互斥的类 Woman 和 Man。

（4）重叠（overlapping）。表明父类的对象可能以给定的子类中的一个以上子类作为类型。例如：可以把类 Vehicle 特化为重叠的子类 LandVehicle 和 WaterVehicle（两栖交通工具同为二者的实例）。 140

这两个约束只应用于多继承语境中。用互斥来表示一组类是相互不兼容的，一个子类不可继承该组中一个以上的父类。用重叠来说明一个类能从这组类中一个以上的父类进行多继承。

注解　在大多数情况下，一个对象在运行时只有一种类型，这是静态分类的情况。如果在运行时一个对象能改变它的类型，那这就是动态分类的情况。对动态分类建模是复杂的。但在 UML 中，可以使用多继承（展示对象的潜在类型）、类型和交互（展示运行时对象类型的改变）的组合。

10.2.3　关联

关联（association）是一种结构关系，它详述了一个事物的对象与另一个事物的对象相联系。例如，类 Library 与类 Book 可能有一对多的关联，这表明每一个 Book 实例仅被一个 Library 实例所拥有。此外，给定一个 Book，能够找到它所属的 Library；给定一个 Library，能够找到它的全部 Book。在图形上，把关联画为连接相同或不同类的一条实线。当要表示结构关系时，就使用关联。【第 5 章中讨论关联的基本特性。】

有 4 种可应用到关联上的基本修饰：关联名、关联每一端的角色、关联每一端的多重性以及聚合。对于高级用法，还有一些可用于对微妙的细节建模的特性，如导航、限定和不同风格的聚合。

1．导航

给定两个类（如 Book 和 Library）之间的一个简单的、未加修饰的关联，从一个类的对象能够导航到另一个类的对象。除非另有指定，否则关联的导航是双向的。然而，有些情况要限制导航是单向的。如图 10-3 所示，当对操作系统的服务建模时，会发现在对象 User 和 Password 之间有一个关联。给定一个 User，需要找到对应的对象 Password，但给定一个 Password，就不需要能识别相应的 User。通过用一个指示走向的单向箭头修饰关联，可以显式地描述导航的方向。

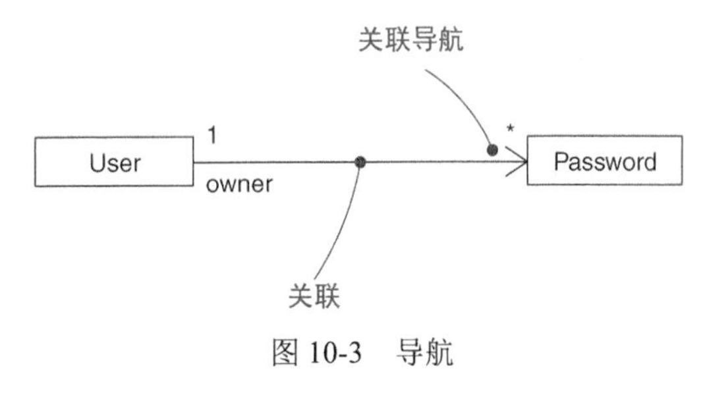

图 10-3　导航

141

注解　描述关联的走向未必意味着从关联的一端永远不能得到另一端的对象，导航只是陈述了一个类对另一个类的知识。例如，在图 10-3 中，通过其他的关联（涉及其他类，此图未显示）仍然能够发现与对象 Password 相关联的 User。描述一个关联是可导航的，是说给定关联一端的对象就能够容易并直接地得到另一端的对象，通常这是因为源对象存储了对目标对象的一些引用信息。

2．可见性

给定两个类之间的关联，除非另有显式的导航声明所规定的限制，否则一个类的对象能够看见并导航到另一个类的对象。然而，在有些情况下要限制关联外部的对象通过关联访问相关对象的可见性。如图 10-4 所示，在 UserGroup 和 User 之间有一个关联，在 User 和 Password 之间有另一个关联。给定一个对象 User，可能识别出它的相应的对象 Password。然而，对于 User 来说 Password 是私有的，因而从外部来说它应该是不可访问的（当然，除非 User 通过一些公共操作显式地暴露了对 Password 的访问）。因此，如图 10-4 所示，给定对象 UserGroup，可以导航到它的对象 User（反之亦然），但不能进一步看到对象 User 的对象 Password，因为 Password 是 User 私有的。在 UML 中，像处理类的特征那样，通过对角色名添加可见性符号，可以在 3 个级别上描述关联端点的可见性。除非有别的注解，否则角色的可见性是公共的。私有的可见性表明，位于关联该端的对象对关联外部的任何对象来说都是不可访问的；保护的可见性表明，位于关联该端的对象对关联外部除了另一端的子孙之外的任何对象来说都是不可访问的。包的可见性表明，在同一包中声明的类能够看见给定的元素，因此对关联端点不适用。

142

【第 9 章中讨论公共、保护、私有和包可见性。】

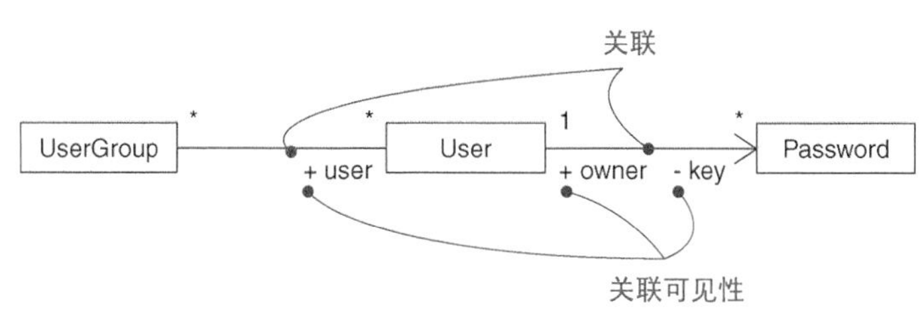

图 10-4　可见性

3．限定

在关联的语境中，最常见的一种建模的惯用法是查找。给定关联一端的对象，如何识别另一端的对象或对象集？例如，考虑对一个制造厂的工作台的建模问题，在工作台上对返回的工件进行修理。如图 10-5 所示，要对类 WorkDesk 和类 ReturnedItem 之间的关联建模。在 WorkDesk 的语境中应该有一个标识具体的 ReturnedItem 的 jobID。在这个意义上，jobID 是关联的属性，不是 ReturnedItem 的特征，这是因为工件没有诸如修理或加工这样的信息。然后，给定一个 WorkDesk 对象并给定 jobID 一个值，就可以找到 0 或 1 个 ReturnedItem 的对象。在 UML 中，用限定符（qualifier）来对这样的用法建模，该限定符是一个关联的属性，它的值通过一个关联划分了与一个对象相关的对象的子集合（通常是单个对象）。如图 10-5 所示，把限定符画成与关联的一端相连的小矩形，并把属性放于小矩形中。源对象连同限定符的属性值确定了目标对象（若目标端的多重性最多为 1）或对象集合（若目标端的多重性为多）。

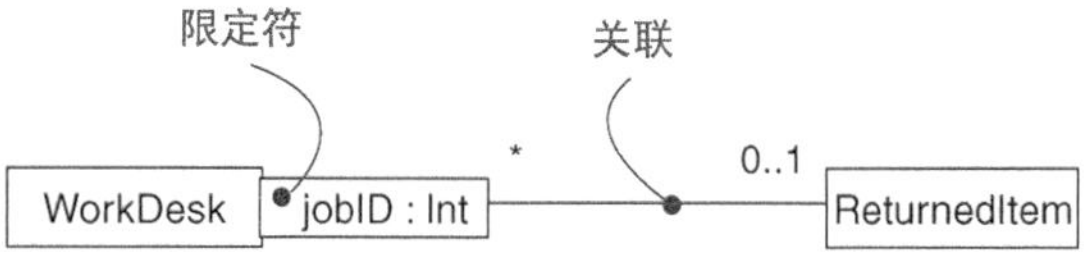

图 10-5　限定

【第 4 章和第 9 章中讨论属性。】

4．组合

聚合是一种有较深语义的简单概念。简单聚合完全是概念性的，只不过是要区分整体与部分。简单聚合既没有改变整体与部分之间跨越关联的导航含义，也不与整体和部分的生命周期相关。

143

【第 5 章中讨论简单聚合。】

然而，有一种简单聚合的变体，即组合，它的确增加了一些重要的语义。组合是聚合的一种形式，它具有强的拥有关系，而且整体与部分的生命周期是一致的。带有非确定多重性的部分可以在组合物自身之后创建，但一旦创建，它们就同生共死。这样的部分也可以在组合物死亡之前显式地撤销。【属性本质上是组合，在第 4 章和第 9 章中讨论属性。】

这意味着在组合式聚合中，一个对象在一个时间内只能是一个组合的一部分。例如，在窗口系统中，一个 Frame 只属于一个 Window。相比之下，在简单聚合中，一个部分可以由几个整体共享。例如，在房屋模型中，Wall 可以是一个或多个 Room 对象的公有部分。

此外，在组合式聚合中，整体负责对它的各个部分的处置，这意味着整体必须管理它的部分的创建与撤销。例如，当在窗口系统中创建一个 Frame 时，必须把它附加到一个它所归属的 Window。类似地，当撤销一个 Window 时，Window 对象必须依次撤销它的 Frame 部分。

如图 10-6 所示，组合确实只是一种特殊的关联，通过在整体端用一个实心菱形箭头所修饰的简单关联来表示。

注解　作为选择，可以使用结构化类并在的整体符号内嵌入部分符号来表示组合。当要强调只应用于整体语境的各个部分之间的关系时，这种形式是非常有用的。

【第 15 章中讨论内部结构。】

---

5. 关联类

在两个类之间的关联中，关联本身可以有特性。例如，在 Company 和 Person 之间的雇主/雇员关系中，有一个描述该关系特性的 Job，它只应用于一对 Company 与 Person。用从 Company 到 Job 的关联和从 Job 到 Person 的关联对这种情况建模是不适当的。这没有把 Job 的特定实例和特定的一对 Company 与 Person 联系在一起。【第 4 章和第 9 章中讨论属性。】 144

在 UML 中，把这种情况建模为关联类，关联类是一种既具有关联特性又具有类特性的建模元素。可以把关联类看成是具有类特性的关联，或者看成具有关联特性的类。把关联类画成一个类符号，并把它用一条虚线连接到相应的关联上，如图 10-7 所示。

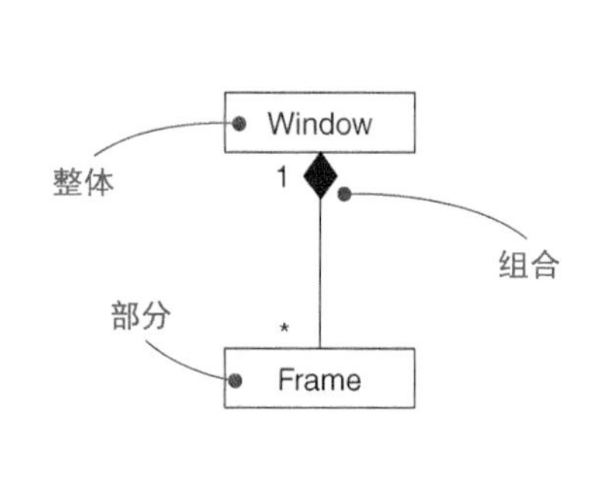

图 10-6　组合

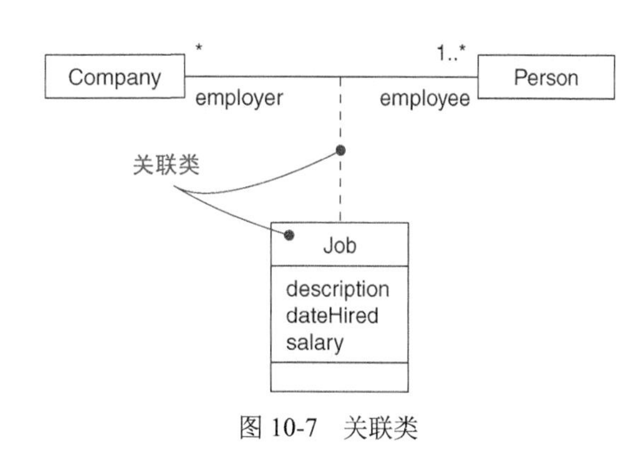

图 10-7　关联类

注解　有时可能想让几个不同的关联类具有相同的特性。然而，既然关联类本身也是一个关联，所以不能把一个关联类连接到多于一个的关联上。为了达到这种效果，定义一个类（C），让需要这些特征的关联类从 C 中去继承，或用 C 作为一个属性的类型。

6．约束

关联的这些简单的和高级的特性足以满足所遇到的大多数的结构关系。然而，如果要详述其含义的细微差别，UML 定义了 5 种可以用于关联关系的约束。

【第 6 章中讨论 UML 的扩展机制。】

首先，可以描述在关联一端的对象（多重性要大于 1）是有序还是无序。

（1）有序（ordered）。表示关联一端的对象集是显式有序的。

例如，在 User/Password 关联中，与 User 相关联的 Password 可以按最近被使用的时间排序，并被标明为 ordered。如果没有这个关键字，对象就是无序的。

145

其次，可以描述在关联一端的对象是唯一的，即它们形成了集合，或者是不唯一的，即它们形成了袋（bag）。

（2）集合（set）。对象唯一，不可以重复。

（3）袋（bag）。对象不唯一，可以重复。

（4）有序集合（order set）。对象唯一且有序。

（5）表（list）或序列（sequence）。对象有序但可以重复。

最后，还有一种约束限制了关联实例的可变性。

（6）只读（readonly）。一旦从关联的另一端的对象添加了一个链，就不可以修改或删除。在没有这种约束的情况下，默认可变性为无约束。

【可变性特性也适用于属性，这在第 9 章中讨论；第 16 章中讨论链。】

注解　准确地说，有序和只读是关联端点的特性，然而这里用约束表示法来表示它们。

10.2.4　实现

实现（realization）是类目之间的语义关系，在该关系中一个类目描述了由另一个类目保证实现的合约。在图形上，把实现画成一条带有空心三角箭头的虚线并指向描述合约的那个类目。

实现与依赖、泛化和关联很不相同，所以被处理成一种独立的关系。实现是依赖和泛化在语义上的一些交叉，其表示法是依赖和泛化表示法的结合。在接口的语境中和在协作的语境中都要用到实现关系。

在大多数情况下，要用实现来描述接口和（为其提供操作或服务的）类或构件之间的关系。接口是一组操作的集合，其中的每个操作用于描述类或构件的一个服务。因此，接口描述了类或构件必须实现的合约。一个接口可以由多个这样的类或构件实现，一个类或构件也可以实现多个接口。或许关于接口的最有趣的事情是它允许把合约的描述（接口本身）与实现（由类或构件完成）分离开来。此外，接口跨越了系统体系结构的逻辑部分和物理部分。例如，如图 10-8 所示，在系统设计视图中的类（如订单登记系统中的 AccountBusinessRules）可以实现一个给定的接口（如 IRuleAgent）。同一个接口（IRuleAgent）也可以由系统实现视图中的构件（如 acctrule.dll）来实现。注意可以用两种方式来表示实现：一种是规范方式（用衍型 interface 以及一条带有空心三角箭头的有向虚线）；另一种是省略方式（用接口的棒棒糖表示法来表示供接口）。【第 11 章中讨论接口，在第 4 章和第 9 章中讨论类，在第 15 章中讨论构件，在第 2 章中讨论体系结构的 5 种视图。】

146

也可以用实现来描述用况与实现该用况的协作之间的关系，如图 10-9 所示。在这种情况下，几乎总是要采用从实现出发的虚线箭头形式。【第 17 章中讨论用况，在第 28 章中讨论协作。】

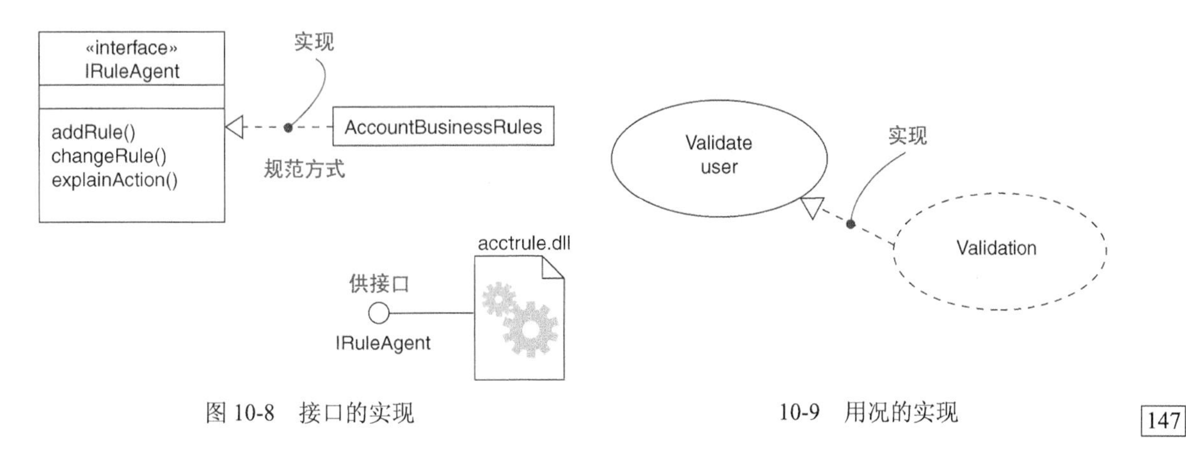

图 10-8　接口的实现　　　　10-9　用况的实现

147

注解　当一个类或构件实现一个接口时，则意味着客户能够依靠类或构件如实地执行由接口描述的行为。这也意味着类或构件实现了接口的所有操作，响应了接口的所有信号，并在各个方面遵循由接口为使用这些操作或发送这些信号的客户所建立的协议。

10.3　常用建模技术

对关系网建模

当对复杂系统的词汇建模时，可能要遇到数十个（如果不是成百上千的话）类、接口、构件、结点和用况。建立一个包围其中每个抽象的清晰边界是困难的。建立这些抽象之间的无数种关系更为困难，这要求在整体上对系统形成一个平衡的职责分布，并且各抽象是高内聚的，关系可得到表达，又是松耦合的。

【第 4 章中讨论对系统的词汇建模以及对系统的职责分布建模。】

当对这些关系网建模时，要遵循如下策略。

- 开始不要孤立地看问题。利用用况和脚本来驱使去发现一组抽象之间的关系。

【第 17 章中讨论用况。】

- 一般要从呈现的结构关系开始建模。这些关系反应了系统的静态视图，而且是相当明确的。
- 接下来，识别使用一般/特殊关系的机会；使用多继承要有节制。
- 只有在完成上述步骤后，才开始寻找依赖，它们一般表示语义连接的更精细的形式。

148

- 对各种关系，从其基本形式开始，只有在对表达意图绝对必要时，才应用高级特征。
- 要记住，不应该也不必要在一张图或视图内对一组抽象之间的所有关系建模，而是通过考虑系统的不同视图来建立系统的关系。要在各单个图中突出感兴趣的关系集合。

【第 2 章中讨论体系结构的 5 种视图，在附录 B 中总结 Rational 的统一过程。】

成功地对复杂关系网建模的关键是采用增量方式。随着系统体系结构的增加而建立起各种关系。当发现使用公共机制的机会时，就简化这些关系。对开发过程中的每一次发布，都要评估系统中的关键抽象之间的关系。

注解　在实际应用中，特别是在遵循增量和迭代开发过程时，从建模者的显式决策和对实现的逆向工程中导出模型中的关系。

10.4　提示和技巧

在 UML 中对高级关系建模时，要记住有各种可供使用的构造块，其范围从简单的关联到导航、限定和聚合等的更详细特性。必须对关系及其细节加以选择，以适合于你的抽象。一个结构良好的关系，应具备如下特点。

- 仅显示客户使用关系所需的那些特征，隐藏所有的其他特征。
- 关系的意图和语义要清晰。
- 不要过分地进行详述，以致使实现者没有自主的余地。
- 不要过分地进行简化，以致使关系含义的表述含糊不清。

在 UML 中绘制关系时，要遵循如下策略。

- 在一个语境中，仅显示对理解抽象来说重要的关系特性。

149

- 选择为关系的含义提供最佳可视化提示的衍型化的版本。

第11章

接口、类型和角色

本章内容

- ❑ 接口、类型、角色和实现
- ❑ 对系统中的接缝建模
- ❑ 对静态和动态类型建模
- ❑ 使接口易于理解和易于访问

接口在关于一个抽象做什么的描述与关于这个抽象如何做的实现之间定义了一条界线。接口是一组操作的集合，其中的每个操作用于描述类或构件的一个服务。

用接口对系统中的接缝进行可视化、详述、构造和文档化。类型和角色提供了在特定的语境下为抽象与接口之间的静态和动态一致性进行建模的机制。

结构良好的接口能够清楚地把抽象的外视图与内视图分开，这样就使理解和访问抽象成为可能，而不必探究它的实现细节。

11.1 入门

把房屋设计得每次重新粉刷墙壁都要毁坏建筑物，这是没有道理的。类似地，人们也不愿意生活在这样的地方：每当要换一个灯泡时，都要为这幢房子重接电线。大厦的主人更不高兴这样的情况发生：每当一个新的房客入住时，都要移动门或更换所有的电器和电话插座。

151

【第1章中讨论对房屋的设计。】

几个世纪的建筑经验已经提供了许多与建筑相关的实际知识，来帮助建筑者避免那些随着建筑物的建成和事后的变化所产生的明显的和不太明显的问题。按软件术语，称这样的设计具有清晰的关注分离。例如，在一个结构良好的建筑物中，可以对建筑物的表层或外观进行修饰或更换，而不妨碍建筑物的其他部分；类似地，可以容易地移动建筑物内的家具而不改变基础设施；改变贯穿于墙体的电线、暖气管、上下水管和废物处理设施会对建筑物有一定程度的损坏，并需要重新施工，但仍然不破坏建筑物的结构。

标准的建筑实践不仅有助于建造能够随时间演化的建筑物，而且有很多可用于建筑的标准接口，允许使用通用预制件，使用这些预制件最终将有助于降低建筑和维护的成本。例如，木材有标准尺寸，使得容易建造多种公共规格的墙；门窗有标准尺寸，这意味着不必对建筑物的每个墙洞都进行手工设计；甚至电插座和电话插头也有标准（虽然在各国之间有所不同），这使得很容易地对电气设备进行组合与匹配。

在软件中，以清晰的关注分离来建造系统是很重要的，这使得在系统演化时改变系统的一部分不会影响和破坏系统的其余部分。达到这种分离程度的一个重要方法是清楚地描述系统的接缝，即在能够独立变化的那些部分之间画出界线。此外，通过选择正确的接口，就能够选取标准的构件、库和框架来实现这些接口，而不必自己来构造它们。当发现更好的实现时，就可用来替换旧的实现，而不会影响其用户。【第 29 章中讨论框架。】

在 UML 中，用接口对系统中的接缝建模。接口是一组操作的集合，其中的每个操作用于描述类或构件的一个服务。通过声明一个接口，可以陈述对一个抽象所要得到的与其实现无关的行为。客户能够对照接口进行建造，你可以自己建造或购买接口的实现，只要接口的实现能满足接口所指定的职责和合约即可。【第 4 章和第 9 章中讨论类，在第 15 章中讨论构件。】

152

包括 Java 和 CORBA IDL 在内的很多编程语言都支持接口概念。接口不仅对分离类或构件的规约和实现是重要的，而且当系统较大时，还可以用接口详述包或子系统的外部视图。

【第 12 章中讨论包，在第 32 章中讨论子系统。】

UML 为接口提供了图形表示，如图 11-1 所示。这种表示法允许将抽象的规约与任何实现相分离而进行可视化。【第 25 章中讨论构件。】

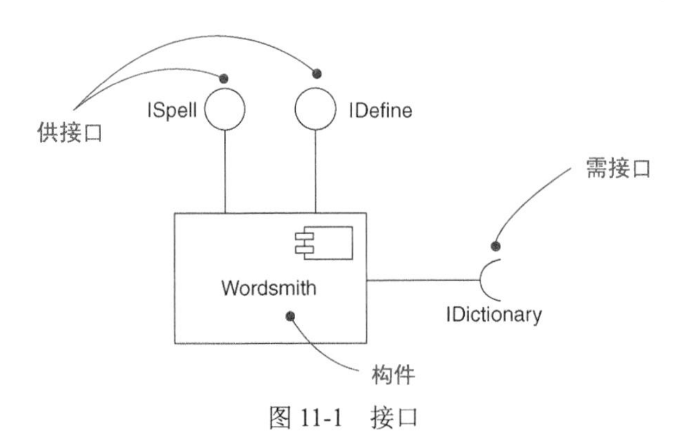

图 11-1　接口

11.2　术语和概念

接口（interface）是一组操作的集合，其中的每个操作用于描述类或构件的一个服务。类型（type）是类的一个衍型，用于描述一组对象的域以及作用于对象的操作（不是方法）。角色（role）是一个参与特定语境的实体的行为。

在图形上，把接口画成一个衍型化的类，以显露它的操作和其他性质。为了表示类和其接口之间的联系，提供了一种特殊的表示法。把供接口（表示类提供的服务）表示为与类框连接在一起的小圆圈。把需接口（表示类需要的别的类的服务）表示为与类框连接在一起的半个小圆圈。

> **注解**　也可用接口详述用况或子系统的合约。

153

11.2.1　名称

每个接口都必须有一个有别于其他接口的名称。名称（name）是一个文字串。单独的一个名称称作简单名（simple name），路径名（path name）是以接口所在的包的名称为前缀的接口名。绘制接口时可以仅显示接口的名称，如图 11-2 所示。

【在一个包中的各接口的名称必须是唯一的，在第 12 章中讨论这方面问题。】

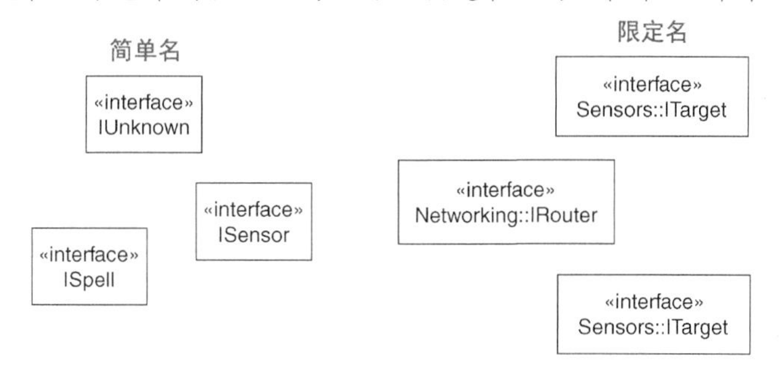

图 11-2　简单名和路径名

> **注解**　接口名可以是由任意数目的字母、数字和某些标点符号（像冒号那样的符号除外，它用于分隔接口名和接口所在包的包名）组成的正文，它可延续成几行。在实际应用中，接口名是从所建模的系统词汇中提取的短名词或名词短语。

11.2.2　操作

接口是一组已命名的操作，其中的每个操作用于描述类或构件的一个服务。接口不同于类或类型，它不描述任何实现（因此不包含任何实现操作的方法）。像类一样，接口可以有一些操作。这些操作可以用可见性、并发性、衍型、标记值和约束来修饰。

【第 4 章和第 9 章中讨论操作，第 6 章讨论 UML 的扩展机制。】

在声明一个接口时，把接口画成衍型化的类，并在合适的分栏列出它的操作。可以仅显示操作的名称，也可以显示出操作的全部特征标记和其他特性，如图 11-3 所示。

154

> **注解**　可以把信号与一个接口关联起来。

【第 21 章中讨论事件。】

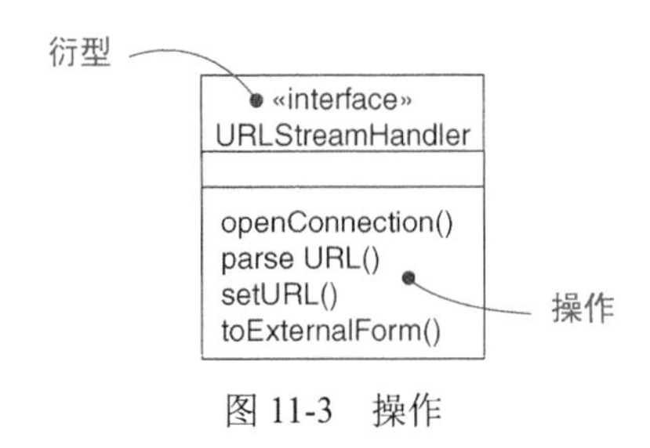

图 11-3　操作

11.2.3　关系

像类一样，接口也可以参与泛化、关联和依赖关系。此外，接口也可以参与实现关系。实现是两个类目之间的语义关系，其中一个类目描述了另一个类目保证实现的合约。

【第 5 章和第 10 章中讨论关系。】

接口详述了类或构件的合约而不指定其实现。一个类或构件可以实现多个接口。按照这种方式，类或构件负责如实地实现所有这些合约，这意味着它们提供了一组方法，以便能够正确地实现定义在接口中的那些操作。它承诺提供的一组服务是它的供接口（provided interface）。类似地，一个类或构件可以依赖很多接口。按照这种方式，它期望这些合约由一些实现它们的构件集所遵守。一个类所需要的来自其他类的服务集合是它的需接口（required interface）。这就是为什么说接口表示了系统接缝的原因。接口描述了合约，而合约每一边的客户和供给者都可以独立地变化，只要能履行各自的合约责任即可。

如图 11-4 所示，可以用两种方式来表现一个元素实现一个接口。第一种方式可以用简化形式，即把接口和它的实现关系画成一条位于类框和小圆（用于供接口）或者半圆（用于需接口）之间的连线。当要简单地显露系统的接缝时，这种形式是有用的，这通常是首选的形式。然而，这种方式的局限性是不能直接地对接口提供的操作或信号进行可视化。第二种方式是使用展开的形式，即把接口表示成衍型化的类，这种方式允许对接口的操作和其他的特性进行可视化，然后画一个从类目或构件到接口框的实现关系（用于供接口）或依赖（用于需接口）。在 UML 中，把实现关系画成一条带有空心三角箭头并指向接口的有向虚线。这种表示法是泛化和依赖的混合。

155

注解　接口类似于抽象类，例如它们都没有直接的实例。然而，抽象类可以实现它的具体操作。接口更像一个其所有的操作也都是抽象的抽象类。

【第 4 章中讨论抽象类，第 15 章中讨论构件。】

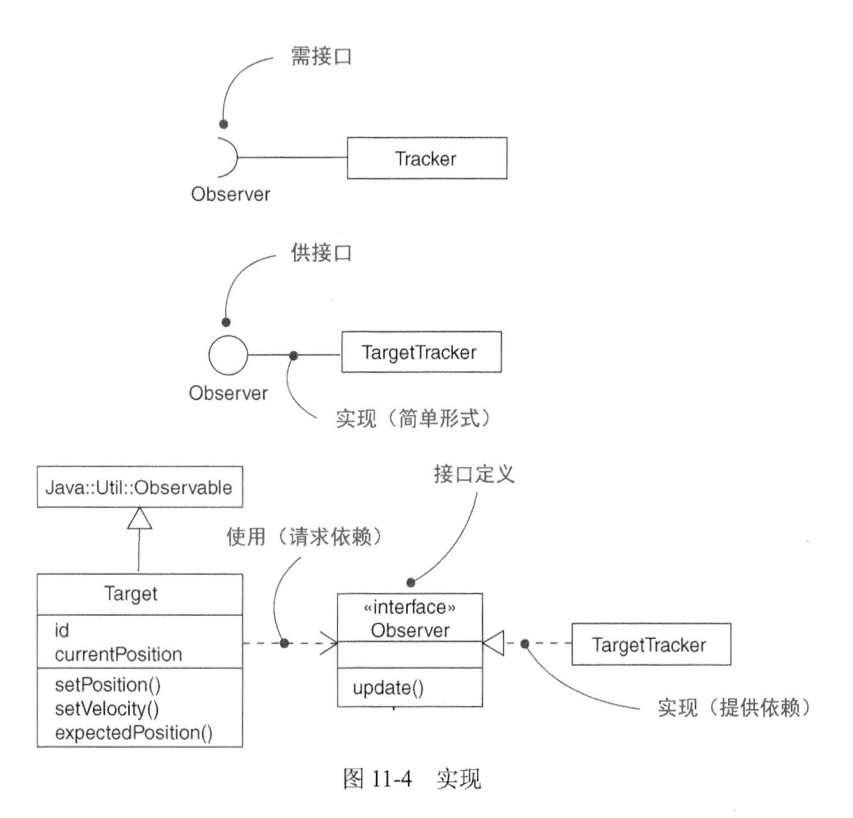

图 11-4　实现

156

11.2.4　理解接口

在处理一个接口时，首先看到的是一组操作，该组操作描述了类或构件的服务。看得更深些，会看到这些操作的全部特征标记，连同它们的各项具体特性，如可见性、范围和并发语义等。

【第 9 章中讨论操作及其特性，在第 24 章中讨论并发语义。】

这些特性是重要的，但是对于复杂接口来讲，这些特性还不足以帮助理解所描述的服务的语义，对如何正确地使用这些操作更是知之甚少。在缺少任何其他信息的情况下，必须深入到一些实现接口的抽象，以领会每个操作做什么以及想让这些操作如何协同工作。然而这样做违背了使用接口的目的，即要在系统中提供清楚的关注分离。

在 UML 中，为了使接口易于理解和处理，可以为接口提供更多的信息。首先，可以为各个操作附上前置和后置条件，以及为整个类或构件附上不变式。通过这样做，需要使用接口的客户就能理解接口做什么以及如何使用它，而不必深究其实现。若要求是严格的，可使用 UML 的 OCL 形式化地描述其语义。其次，给接口附上一个状态机。用状态机详述接口操作的合法的局部命令。最后，可以为接口附上协作。通过一系列的交互图，可以用协作详述接口的预期行为。

【第 9 章中讨论前置条件、后置条件和不变式，在第 22 章中讨论状态机，
在第 28 章中讨论协作，在第 6 章中讨论 OCL。】

11.3　常用建模技术

11.3.1　对系统中的接缝建模

使用接口的最常见的目的是对由软件构件组成的系统（如 Eclipse、.NET 或 Java Beans）中的接缝建模。将复用一些来自其他系统的或者购买的构件，也将从头创建一些构件。无论对哪种情况，都需要编写一些把这些构件组合在一起的黏合剂代码。这需要理解各构件所提供的和所需要的接口。157 【第 15 章中讨论构件，在第 32 章中讨论系统。】

识别系统中的接缝涉及到识别在系统体系结构中的明确的分界线。在这些分界线的每一边，都会发现一些可独立变化的构件，只要在分界线两边的构件遵循由接口描述的合约，在一边变化的构件就不会影响另一边的构件。

当复用来自其他系统的构件或购买构件时，可能得到一组操作，它们带有很少一点关于每个操作含义的文档。这虽然有用，但很不够。更重要的是理解调用每个操作的次序以及接口包含哪些基础机制。不幸的是，给定一个缺少文档的构件，能做到的最好的事情就是通过不断的实验和错误积累，建立一个关于接口如何工作的概念模型。然后可以通过使用 UML 接口对系统中的接缝建模而将理解文档化，这样以后就能较容易地访问该构件了。类似地，当创建自己的构件时，需要理解它的语境，这意味着要描述构件为完成其工作所依赖的接口，以及构件呈现给外部世界可由其他元素使用的接口。 【第 29 章中讨论模式和框架。】

注解　大多数构件系统（如 Eclipse、.NET 和 Enterprise JavaBeans）都提供了构件的自我检测，这意味着能够通过编程来查询接口，以决定它的操作。这样做是理解任何缺乏文档的构件特性的第一步。

对系统中的接缝建模，要遵循如下策略。

- 在系统中的类和构件的集合中，围绕着那些（与其他的类和构件集合相比）倾向于高耦合的类和构件划一条界线。
- 通过考虑变化的影响，精化分组。倾向于一起变化的类或构件应组织成协作。

【第 28 章中讨论协作。】

- 考虑跨越边界从一个类或构件集的实例到其他类或构件集的实例的操作和信号。
- 将那些在逻辑上相关的操作和信号的集合打包成为接口。
- 158 对系统中每一个这样的协作，识别它所请求（引入）的接口和它提供（引出）给其他协作的接口。用依赖关系对接口的引入建模，用实现关系对接口的引出建模。
- 对系统中每一个这样的接口，通过对每个操作使用前置条件和后置条件，并对整个接口使用用况和状态机，将接口的动态方面文档化。 【第 4 章和第 5 章中讨论行为建模。】

例如，图 11-5 展示了取自一个财务系统的构件 Ledger 周围的接缝。这个构件提供（实现）了 3 个接口：IUnknown、ILedger 和 IReports。在图中以展开形式显示了 IUnknown；另外两个接口以简单形式（棒棒糖形式）显示。这 3 个接口由 Ledger 实现，并向要使用它的其他构件引出。

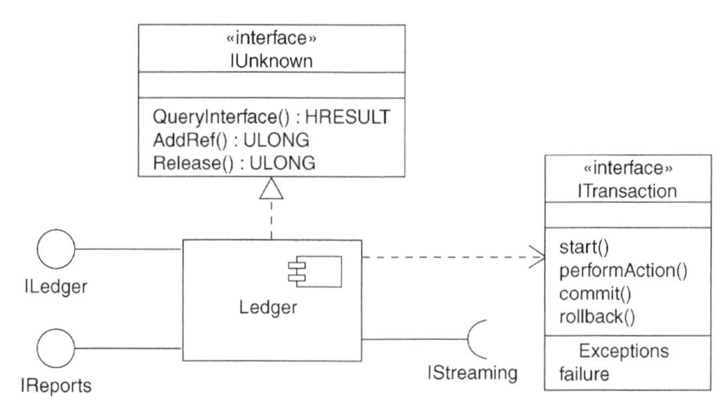

图 11-5 对系统中的接缝建模

该图还表示，Ledger 需要（使用）两个接口，即 IStreaming 和 ITransaction，后者以展开形式显示。Ledger 构件为其适当的操作而需要这两个接口。因此，在一个运行系统中，必须提供实现这两个接口的构件。通过识别诸如 ITransaction 这样的接口，已经有效地减弱了接口每一边的构件耦合，允许使用任何符合接口要求的构件。

像 ITransaction 这样的接口并不只是一堆操作。这种特殊的接口有一些关于其操作应被调用的次序的假设。可以向该接口附加用况，并枚举它的常用方式，虽然这里并未显示出来。

【第 17 章中讨论用况。】

159

11.3.2 对静态类型和动态类型建模

大多数面向对象的编程语言是静态类型化的，这意味着创建对象时就限定了对象的类型。即使如此，随着时间的推移，对象还可能要扮演不同的角色。这意味着使用对象的客户通过不同的接口集合与对象交互，这些接口表达了引起关注的、可能交迭的操作集合。

【第 13 章中讨论实例。】

对对象的静态性质建模可以在类图中进行可视化。然而，当对业务对象这样的事物建模时，这些对象在整个工作流中会自然地变化它们的角色，显式地对对象类型的动态性质建模有时是有用的。在这种情况下，对象在它的生存期内能获得或丢弃类型。也可以用状态机为对象的生存期建模。

【第 8 章中讨论类图。】

对动态类型建模，要遵循如下策略。

- 通过把每一个类型表示为类（若该抽象需要结构和行为）或接口（若该抽象仅需要行

为）来详述对象可能的各种不同类型。　　　　【第 5 章和第 10 章中讨论关联和泛化。】

- 对对象类在任何时间点上可能扮演的角色建模。可以用«dynamic»衍型（这不是一个预定义的 UML 衍型，但是可以增加这种衍型）来标记它们。
- 在交互图中，适当地表示每个被动态类型化的类的实例。在对象名下面的括号中指明实例的类型，就像一个声明一样。（我们以一种新颖异常的方式运用了 UML 语法，但感觉这与声明的意图是一致的）。

【第 19 章中讨论交互图，在第 5 章和第 10 章中讨论依赖。】

例如，图 11-6 显示类 `Person` 的实例在人力资源系统的语境中可扮演的角色。

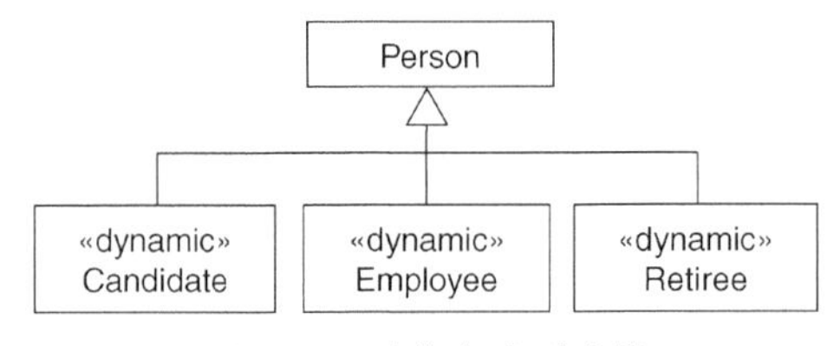

图 11-6　对静态类型建模

图 11-6 描述了类 `Person` 的实例可以是 3 种类型（`Candidate`、`Employee` 或 `Retiree`）中的任何一种。

160

11.4　提示和技巧

在用 UML 对接口建模时，要记住每一个接口应该表示系统中的一个接缝，它把规约与实现相分离。一个结构良好的接口，应满足如下要求。

- 是简单而完整的，提供对于详述一个单一服务必要而充分的所有操作。
- 是可理解的，为使用和实现接口提供了足够的信息，而不必考查现有的应用或实现。
- 是可访问的，为指导用户寻找关键特性提供了信息，而不至于陷入大量的操作细节。

在用 UML 绘制接口时，要遵循如下策略。

- 当要简单地描述系统中存在的接缝时，用棒棒糖或半圆标记的简单形式。在大多数情况下是对构件而不是对类这样做。
- 当需要可视化服务本身的细节时，用展开形式。在大多数情况下，这样做是为了描述系统中的附属于一个包或者子系统的接缝。

161

第12章

包

本章内容

- 包、可见性、引入、引出
- 对成组的元素建模
- 对体系结构视图建模
- 按比例增大到大型系统

可视化、详述、构造和文档化大型系统包括对大量潜在的类、接口、构件、结点、图和其他元素的处理。当按比例增大到这样的系统时，会发现有必要把这些元素组织成较大的组块。在UML中，包就是用于把建模元素组织成组的通用机制。

用包把建模元素安排成可作为一个组来处理的较大组块。可以控制这些元素的可见性，使一些元素在包外是可见的，而另一些元素要隐藏在包内。也可以用包表示系统体系结构的不同视图。

设计良好的包把一些在语义上接近并倾向于一起变化的元素组织在一起。因此结构良好的包是松耦合、高内聚的，而且对其内容的访问具有严密的控制。

163

12.1 入门

狗窝并不复杂：有四面墙，其中一面墙上有一个能让狗通过的洞，还有一个顶棚。在搭一个狗窝时，实际上只需要一小堆木材，仅此而已。 【第1章中讨论搭狗窝与建造大厦的不同。】

房屋比较复杂。墙、天花板和地板组成了较大的抽象体，称之为房间。甚至可以把这些房间组成更大的组块，如公共区、卧室区、工作区等。这些较大的组可能并不表明它们本身就是与物理房屋有关系的任何事物，而可能只是给出的在逻辑上有关的屋中一些房间的名称，当谈论怎样使用这幢房屋时就使用这些名称。

大厦非常复杂。不仅有墙、天花板和地板等基本结构体，而且还有公共区、零售侧厅和办公区等较大的组块。这样的组块甚至还可能归并成更大的组块，例如出租区和大厦服务区。这些组块与最终的大厦本身无关，而只是用来组织大厦设计的产物。

所有的大系统都是以这种方法组织的。事实上，理解复杂系统的唯一方法是把抽象组织成更大的组。大多数适度规模的组块（如房间）其自身都是像类那样的抽象，都有很多的实例。大多数较大的组块（如零售侧厅）都是纯概念性的，没有实际的实例。它们不是实际系统中明确的对象，而仅仅表示系统本身的视图。后一种组块在部署系统中并没有任何标识；它们表示系统中被选中部分的分组。

在 UML 中，把组织模型的组块称之为包。包是用来把元素组织成组的通用机制。包有助于组织模型中的元素，使得更容易理解它们。包也允许控制对包的内容的访问，从而控制系统体系结构中的接缝。【第 2 章中讨论软件的体系结构，在第 32 章中讨论对系统的体系结构建模。】

UML 提供了包的图形表示法，如图 12-1 所示。这种表示法允许对那些能够作为一个整体进行操纵的成组的元素进行可视化，并在某种程度上控制个体元素的可见性以及对它们的访问。

164

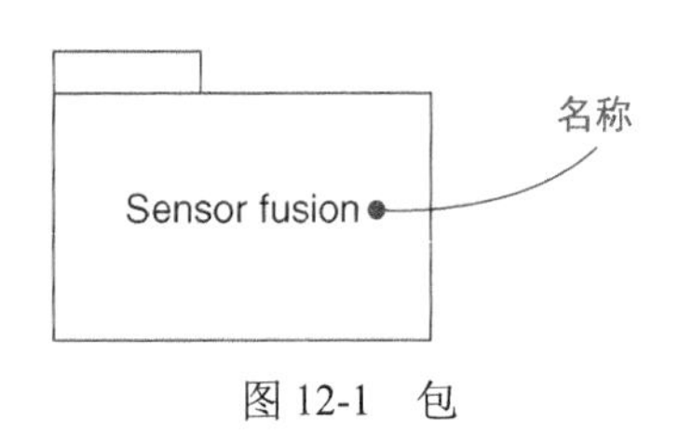

图 12-1　包

12.2　术语和概念

包（package）是用于把模型本身组织成层次结构的通用机制，它不能执行。在图形上，把包画成带标签的文件夹。把包的名字放在文件夹中（如果没有展示它的内容）或放在标签上（如果在文件夹里展示内容）。

12.2.1　名称

每个包都必须有一个有别于其他包的名称。名称（name）是一个文字串。单独的名称叫作简单名（simple name），限定名（qualified name）是以包所位于的外围包的名称作为前缀的包名。用双冒号（::）分隔包名。通常在图形中仅显示包名，如图 12-2 所示。就像类那样，可以绘制用标记值或附加的分栏作为修饰的包，以显示包的细节。

【一个包在其外围包内名称必须唯一。】

注解　包名可以是由任何数目的字母、数字和某些标点符号（有些符号除外，例如用于分隔包名和该包的外围包名的冒号）组成的文字，并且可以延续为几行。在实用中，包名是来自模型词汇中的短分组名词或名词短语。

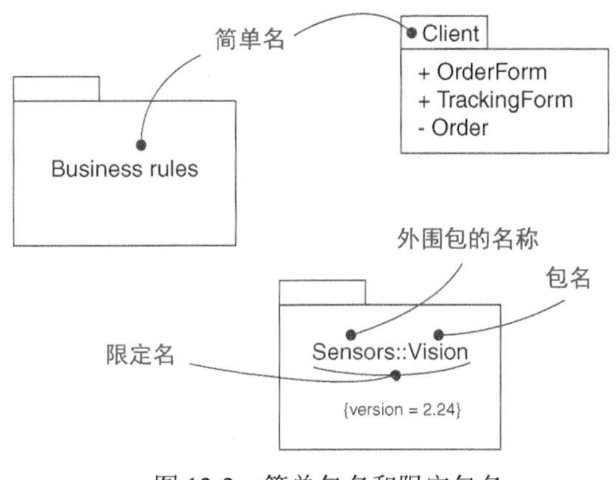

图 12-2　简单包名和限定包名

165

12.2.2　拥有的元素

包可以拥有其他元素，这些元素可以是类、接口、构件、结点、协作、用况和图，甚至可以是其他包。拥有是一种组成关系，这意味着元素被声明在包中。如果包被撤销了，则元素也要被撤销。一个元素只能被一个包所拥有。【第 10 章讨论组合。】

注解　包拥有在其内所声明的模型元素，它们可以是类、关联、泛化、依赖和注解等元素。它不拥有那些仅仅在包内引用的元素。

包形成了一个命名空间，这意味着在一个包的语境中同一种元素的名称必须是唯一的。例如，同一个包不能拥有两个名为 Queue 的类，但这种情况是允许的：在 P1 包中有一个名为 Queue 的类，而在 P2 包中又有另一个（不同的）名为 Queue 的类。实际上，类 P1::Queue 和类 P2::Queue 是不同的类，这可以由它们各自的路径名区别开来。不同种类的元素可以有相同的名称。

注解　如果可能的话，最好在不同的包中避免重复的名字，以避免造成混乱。

在一个包中不同种类的元素可以有相同的名称。这样，在同一个包中，对一个类命名为 Timer，对一个构件也可以命名为 Timer。然而，在实际中，为了不造成混乱，最好对一个包中的各种元素都唯一地命名。

包可以拥有别的包，这意味着可以按层次来分解模型。例如，在包 Vision 中有一个名为 Camera 的类，而包 Vision 又在包 Sensors 中。类 Camera 的全名为 Sensors::Vision::Camera。在实际使用中，最好避免过深地嵌套包，两三层的嵌套差不多是可管理的极限。对过多的嵌套，要用引入来组织包。【在本章的后面讨论引入。】

166

拥有关系的语义使包成为一种按规模来处理问题的重要机制。没有包，最后将得到一个庞大的、平铺的模型，其中的所有元素的名称都要唯一，这种情况很难管理。特别是在采用了由多个工作组开发的类和其他元素时，问题就更严重。包有助于控制那些组成系统而又以不同的速度随时间演化的元素。

如图 12-3 所示，可以显式地以文字方式或图形方式显示包的内容。注意，当显示这些被拥有的元素时，必须把包名放在标签中。在实际应用中，一般不愿意用这种方式显示包的内容，而是用图形工具去缩放包的内容。

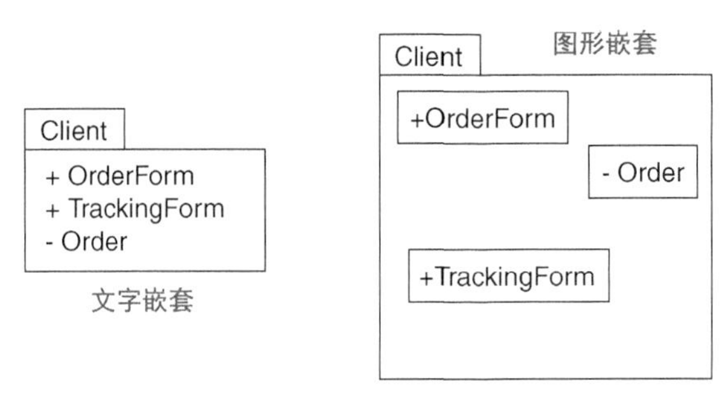

图 12-3　拥有的元素

注解　UML 假定在模型中有一个匿名的根包，其结果是，要求位于模型顶层的每一种元素都必须被唯一地命名。

12.2.3　可见性

正像可以控制类所拥有的属性和操作的可见性一样，也可以控制包所拥有的元素的可见性。包所拥有的元素通常是公共的，这意味着这些元素对引入它们所属包的任何包的内容都是可见的。相反地，受保护的元素仅对当前包的子包是可见的，私有的元素在声明它们的包的外部是不可见的。167在图 12-3 中，`OrderForm` 是 `Client` 包的公共部分，`Order` 是私有部分。引入 `Client` 包能看见 `OrderForm`，但不能看见 `Order`。从包的外部看，`OrderForm` 的受限全名应为 `Client::OrderForm`。【第 9 章中讨论可见性。】

可以通过在元素的名称前面加一个适当的可视符号，来描述包所拥有的元素的可见性。公共的（public）元素用“+”号作为名称的前缀，如图 12-3 中的 `OrderForm`。包的各公共部分一同构成包的接口。

像类一样，可以用“#”号或“-”号作为元素的名称的前缀指明元素是受保护的（protected）或私有的（private）。受保护的元素仅对从这个包继承的包可见，私有的元素在这个包外部完全不可见。

包的（package）[①]可见性表明一个类对于在同一包内声明的其他类是可见的，但是对于那些

① “包的”是除了“公共的”、“保护的”和“私有的”之外的另一个可见性类别。在这种上下文中是一个专门的技术术语。——译者注

在其他包中声明的类是不可见的。通过在类名前加前缀“~”符号来表示包的可见性。

12.2.4 引入与引出

假设有两个名称分别为 A 和 B 的并列的类。因为二者是对等的，A 能看见 B，B 也能看见 A，因此它们可以相互依赖。如果二者正好可以组成一个小系统，那么确实就不需要任何种类的包装机制了。

现在设想有几百个这样并列的类，对所能编织的错综复杂的关系网没有任何限制，而且又没有什么办法能理解如此庞大且未加组织的一群类。要使简单的、无约束的访问不至于按比例地增加，这对于大系统而言是一个非常现实的问题。对于这种情景，需要某种受控的包装机制来组织抽象。

现在假设 A 放在一个包中，B 放在另一个包中，而且这两个包是并列的。再假设 A 和 B 在各自的包中都被声明为公共的。这是一种非常不同的情形。虽然 A 和 B 都是公共的，但是一个类被另一个包中的类访问需要限定名。然而，如果 A 的包引入 B 的包，A 就可以直接看见 B，但若没有限定名那么 B 还是看不见 A。引入关系把来自目标包中的公共元素添加到进行引入的包的公共命名空间中。在 UML 中，用由衍型 import 修饰的依赖对引入关系建模。通过把抽象包装成有含义的组块，然后用引入关系控制对它们的访问，就能够控制大量抽象的复杂性。

168

【第 5 章中讨论依赖关系，在第 6 章中讨论 UML 的扩展机制。】

注解　实际上，这里使用了两个衍型，即引入（import）和访问（access），二者都描述了源包对目标包公共内容的直接访问。引入把目标包的内容增加到源包的公共命名空间中，因而不必对名称进行限定。这样就允许出现原本为保持模型形式良好而必须避免的命名冲突。访问把目标包的内容增加到了源包的私有命名空间里。所不同的情况是假如第三个包引入源包，就不能再引出已经被引入的目标包元素。在大多数情况下将使用引入。

包的公共部分称为它的引出（export）。例如，在图 12-4 中，包 GUI 引出两个类，它们是 Window 和 Form。EventHandler 没有被 GUI 引出，EventHandler 是包的受保护的部分。

【第 11 章中讨论接口。】

一个包引出的部分，对于那些可见到该包的其他包的内容是可见的。在本例中，Policies 显式地引入包 GUI。因此，对于类 GUI::Window 和类 GUI::Form，包 Policies 的内容使用简单名 Window 和 Form 就能访问它们。然而，由于 GUI::EventHandler 是受保护的，因此它是不可见的。由于包 Server 没有引入 GUI，Server 中的内容必须用限定名才能访问 GUI 的公共内容，例如，GUI::Window。类似地，由于 Server 中的内容是私有的，GUI 的内容无权访问 Server 中的任何内容，即使用限定名也不能访问它们。

169

引入和访问依赖是传递的。在本例中，Client 引入 Policies，Policies 引入 GUI，所以 Client 就传递地引入了 GUI。因此，Client 的内容可以访问 Policies 的引出，同样可以访问 GUI 的引出。如果 Policies 是访问 GUI，而不是引入它，则 Client 不能把 GUI 中的元素添加到自己的命名空间，但是仍然能通过限定名（如 GUI::Window）引用它们。

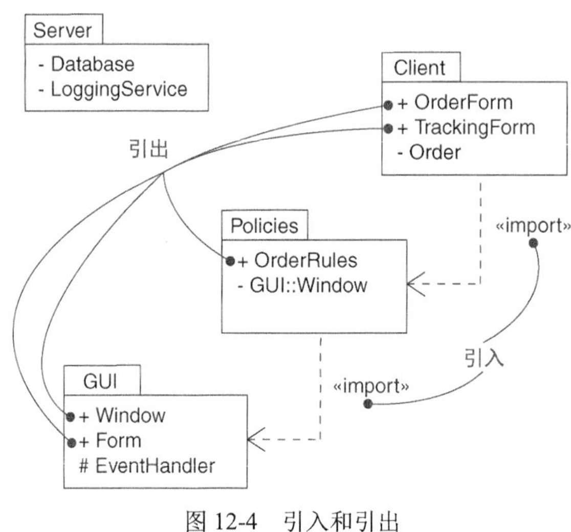

图 12-4　引入和引出

注解　如果一个元素在包中是可见的，那么这个元素对嵌套在该包内的所有的包就都是可见的。被嵌套的包能够看到容器包所能见到的所有事物。被嵌套包中的名字能够掩盖容器包中的名字，在这种情况需要用限定名引用它。

12.3　常用建模技术

12.3.1　对成组的元素建模

使用包的最常见的目的是把建模元素组织成能作为一个集合进行命名和处理的组。如果在开发一个微小的系统，那就不需要包，因为所有的抽象完全可以放在一个包中。然而，对于所有其他的系统，会发现系统中有很多的类、接口、构件和结点，它们倾向于自然地分成一些组。把这些组建模为包。

在类和包之间有一个重要的区别：类是从问题中或解中所发现的事物的抽象，包是用于组织模型中的事物的机制。包在系统运行时不出现，它们完全是组织设计的机制。

170

在大多数情况下，用包组合基本种类相同的元素。例如，可以从系统的设计视图中分离所有的类及其相应的关系，形成一系列的包，并用 UML 的引入依赖控制包之间的访问。用类似的方式，可以组织系统实现视图中的所有构件。　【第 2 章中讨论体系结构的 5 种视图。】

也可以用包组合不同种类的元素。例如，对于一个由分布于不同地域的工作组开发的系统，可以用包作为配置管理的单元，把类和图都放在其内，各工作组可以分别对包进行检入和检出。事实上，用包组合建模元素以及相关的图是很常见的。

对成组的元素建模，要遵循如下策略。

- 浏览特定体系结构视图中的建模元素，找出由概念或语义上相互接近的元素所定义的组块。
- 把每一个这样的组块围在一个包中。
- 对每一个包，判别哪些元素要在包外访问，把这些元素标记为公共的，把所有其他的元素标记为受保护的或私有的。当拿不准时，就隐藏该元素。
- 用引入依赖显式地连接建立在其他包之上的包。
- 在包的家族中，用泛化把特殊包连接到它们的较一般的包。

例如，图12-5显示了一组包，它们把信息系统设计视图中的类组织成一个标准的三级体系结构。包 `User Services` 中的元素提供了呈现信息和收集数据的可视化界面。包 `Data Services` 中的元素负责维护、访问和修改数据。包 `Business Services` 中的元素为另两个包的元素搭桥，并包含了管理用户请求（为了执行业务上的任务）的所有类和其他元素，包括支配数据操纵策略的业务规则。

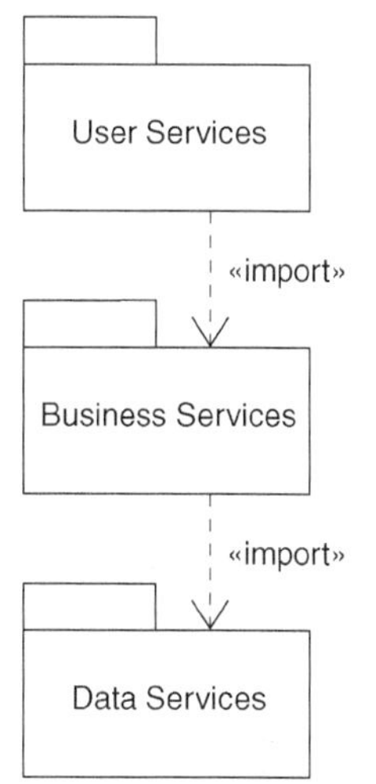

图12-5　对成组的元素建模

171

在小系统中，可以把所有的抽象混放到一个包中。然而，通过把系统设计视图的类和其他元素组织到3个包中，不仅使模型更加容易理解，而且也能通过隐藏一些元素和引出另一些元素来控制对模型中的元素的访问。

注解　在这样表示模型时，通常要显露对每个包都起核心作用的元素。为了解释各个包的用途，也可以显露出每个包的文档标记值。　【第6章中讨论文档标记值。】

12.3.2　对体系结构视图建模

用包组合相关的元素是重要的，不这样做就不能开发复杂的模型。这种方法对于组织类、接口、构件、结点和图等相关的元素是很有效的。当考虑软件系统体系结构的不同视图时，甚至需要更大的组块。可以用包对体系结构的视图建模。　【第2章中讨论体系结构的5种视图。】

记住，视图是对系统的组织和结构的投影，它关注系统的一个特定方面。该定义有两个含义：第一个含义是，可以把系统分解成若干几乎正交的包，每个包表达了一组体系结构上的重大决策。

172 例如，可以有设计视图、交互视图、实现视图、部署视图和用况视图。第二个含义是，这些包都拥有与相应视图密切相关的所有抽象。例如，模型中的所有构件都属于代表实现视图的包。然而，包可以引用其他包拥有的元素。　　【视图与模型有关，这在第 32 章中讨论。】

对体系结构视图建模，要遵从如下策略。

- 识别出问题语境中一组有重要作用的体系结构视图。在实际应用中，通常要包括设计视图、交互视图、实现视图、部署视图和用况视图。
- 把对于可视化、详述、构造和文档化每个视图的语义充分而必要的元素（和图）放到适当的包中。
- 如有必要，进一步地把这些元素组合到它们各自的包中。

通常在不同视图中的元素之间有依赖存在。因此，一般要让系统顶层的各视图对同层的其他视图开放。

例如，图 12-6 说明了一个规范的顶层分解，它甚至适用于可能遇到的最复杂的系统。

【第 31 章中讨论对系统建模。】

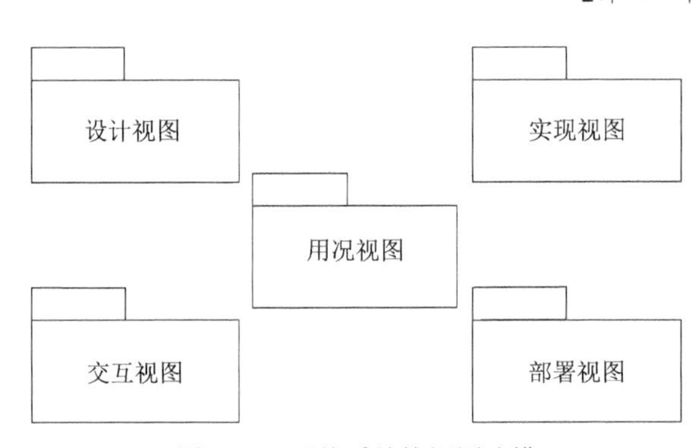

173 图 12-6　对体系结构视图建模

12.4　提示和技巧

在使用 UML 对包建模时，要记住，包的存在只是为了帮助组织模型的元素。如果在实际系统中有些抽象表明它们本身就是对象，就不要用包，而要用诸如类或构件这样的建模元素。一个结构良好的包，应满足如下要求。

- 是内聚的，给出环绕一组相关元素的清晰边界。
- 是松耦合的，仅引出其他包确实需要看到的那些元素，仅引入对本包元素完成其工作来说是充分而必要的那些元素。
- 嵌套层次不要过深，因为人对深层嵌套结构的理解能力是有限的。

- 内容要均衡，系统中的各个包彼此相称，既不要太大（必要时可进行分解），也不要过小（必要时可把所处理的元素组合成组）。

在 UML 中绘制包时，要遵循如下策略。

- 除非有必要显式地显示包的内容，否则用包的简单形式，即包的图标。
- 当要显示包的内容时，仅显示在语境中对理解包的含义确有必要的那些元素。
- 特别地，如果正在用包对配置管理环境下的事物建模，要显示出与版本有关的标记值。

174

第13章

实例

本章内容

- ❑ 实例和对象
- ❑ 对具体实例建模
- ❑ 对原型实例建模　　　【第15章讨论的内部结构更适合处理原型对象和角色】
- ❑ 实例的现实世界与概念世界

术语“实例”与“对象”在很大程度上是同义的，因而，在大多数情况下二者可以互换使用。实例是抽象的具体表现，可以对它施加一组操作，而且它可能有一组状态，来存储操作的结果。

实例用于对现实世界中的具体事物建模。几乎每一种UML中的构造块都有类/对象这样的二分法。例如，可以有用况和用况实例、结点和结点实例以及关联和关联实例等。

13.1 入门

假设你已经着手为你的家庭建造一所房屋。说“房屋”而不说“轿车”，就表明已经开始限定解空间的词汇。房屋是对“一个用于提供遮蔽的永久或半永久的居住场所”的抽象，轿车是“一个用于把人从一个地点运到另一个地点的、运动的、有动力驱使的交通工具”。在协调许多彼此对抗而形成问题的需求时，将精化这个房屋的抽象。例如，可能要选择“有三居室和一个地下室的房屋”，这是一种房屋，虽然是比较特殊的一种。

当建筑商最终把房屋的钥匙交给你，你和你的家人走进前门时，你就要涉及一些具体的和特定的事物。这时它就不再仅仅是三居室和一个地下室，而是“我的三居室和一个地下室，位于S. Moore街835号”。如果你是一个想象力丰富的人，甚至可能给你的房屋取个“避难所”或“我们的钱窖”之类的雅号。

175

在“三居室和一个地下室”与“命名为‘避难所’的我的三居室”之间存在着本质上的不同。前者是一个抽象，它描述了一种具有各种特性的房屋；后者是抽象的一个具体实例，它描述了其本身就在现实世界中，并对每个特性都有具体值的某个事物。

抽象表示事物的理想本质，实例表示事物的一个具体表现。在所要建模的每一个事物中，都会发现这种抽象和实例的分离。对于一个给定的抽象，可能有无数个实例；对于一个给定的实例，则存在某个抽象，它描述了所有这样的实例的共同特性。

在 UML 中可以表示抽象和它们的实例。UML 中的几乎每一个构造块（最显著的是类、构件、结点和用况）都可以对它们的本质方面或者对它们的实例方面建模。在大多数情况下是把它们作为抽象。当要对具体的表现建模时，就要用它们的实例。

【第 4 章和第 9 章中讨论类，第 15 章中讨论构件，第 27 章中讨论结点，第 17 章中讨论用况。UML 实际上使用“实例规约（instance specification）”这一术语，但是只在元模型上略有不同。】

UML 为实例提供了图形表示，如图 13-1 所示。这种表示法允许将具名实例以及匿名实例可视化。

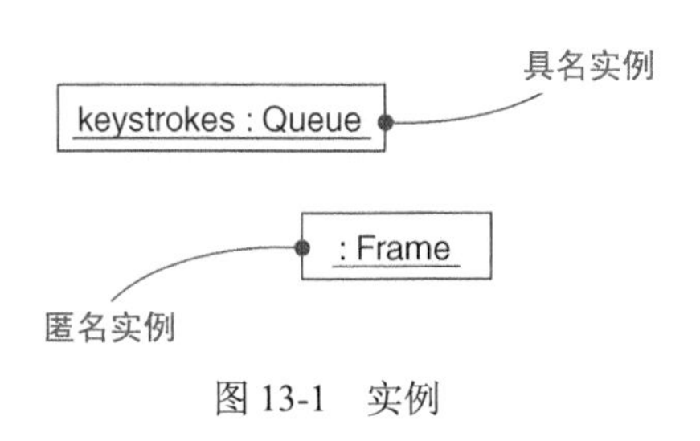

图 13-1　实例

13.2　术语和概念

实例（instance）是抽象的具体表现，可以对它施加一组操作，而且它可能有一组状态，用以存储操作的结果。实例和对象在很大程度上是同义的。在图形上，用带下划线的名字表示实例规约。 176

【第 2 章中讨论 UML 的类/对象二分法。】

注解　从一般的用法来看，类的具体表现称为对象。对象是类的实例，因此说所有的对象都是实例是极为恰当的，然而有些实例不是对象（例如，关联的实例不是真正的对象，它仅仅是一个实例，也把它称为链）。只有建模高手才真正地关心这样细微的区别。【第 5 章和第 10 章中讨论关联，第 14 章和第 16 章中讨论链。】

13.2.1　抽象和实例

实例不单独存在，它们几乎总是联系着一个抽象。用 UML 建模的大多数实例都是类的实例（称为对象），尽管也可以有构件、结点、用况和关联等事物的实例。在 UML 中，实例很容易与抽象区分。为了表明一个实例，就在它的名称下面画一条线。

【第 9 章中讨论类目。】

在一般意义上，对象是这样的一种事物，它在现实世界或概念世界中占有空间，并且能够对它做一些事情。例如，结点实例通常是一个确确实实要放在房间中的计算机；构件实例在文件系统中占据一定空间；客户记录实例要占用一些物理内存。类似地，飞机的飞行极限数据实例是一些可以用数学方法处理的东西。

可以用 UML 对这些物理实例建模，但也可以对不那么具体的事物建模。例如，按定义，抽象类就没有任何直接的实例。然而，可以对抽象类的非直接实例建模，以此表明抽象类的原型实例的使用。按字面意思，没有任何这样的对象可以存在。但在语用上，该实例可以让你命名抽象类的具体子类的任何一个潜在的实例。对接口也是如此。按其本身的定义，接口没有任何直接的实例，但能够对接口的原型实例建模，以此表示实现该接口的具体类的任何潜在的实例。

【第 9 章中讨论抽象类，第 11 章中讨论接口。】

在对实例建模时，要把它们放在对象图中（若想可视化它们的结构细节），或者放在交互图和活动图中（若想可视化它们在动态情景中的参与情况）。如果要显式地表示对象与它的抽象之间的关系，可以把对象放在类图中，尽管通常不需要这样做。【第 14 章中讨论对象图。】

177

13.2.2　类型

一个实例有一个类型。实例的类型必须是具体的类目，但是一个实例规约（不表示单个实例）可以有一个抽象类型。在表示法上，实例的名称后跟一个冒号再加上类型，例如：t : Transaction。

实例的类目通常是静态的。例如，一旦创建了一个类的实例，在该对象的生命周期内对象的类就不会改变。然而，在某些建模的情景中，以及在某些编程语言中，可能要改变实例的抽象。例如，对象 Caterpillar（毛虫）可能要变成对象 Butterfly（蝴蝶），二者是同一个对象，但属于不同的抽象。【第 19 章中讨论交互图，第 20 章中讨论活动图，第 11 章中讨论动态类型，第 9 章中讨论类目。】

注解　在开发期间，也可能存在着有实例但无相关类目的情况，即，给出一个对象而省去其抽象名，如图 13-2 所示。当需要对非常抽象的行为建模时，可以引入像这样的孤体对象，尽管如果要强化对象的语义，最终还必须把这样的实例联系到一个抽象上。

13.2.3　名称

实例可以有一个在其语境中与其他实例相区别的名称。通常，对象存在于一个操作、一个构件或一个结点的语境中。*名称*（name）是一个文字串，例如图 13-2 中的 t 和 myCustomer。单独的一个名称叫作*简单名*（simple name）。实例的抽象可以是简单名，例如 Transaction；也可以是*路径名*（path name），例如 Multimedia::AudioStream，它是以抽象所在的包名为前缀的抽象名。【第 4 章和第 9 章中讨论操作，第 15 章中讨论构件，第 27 章中讨论结点。】

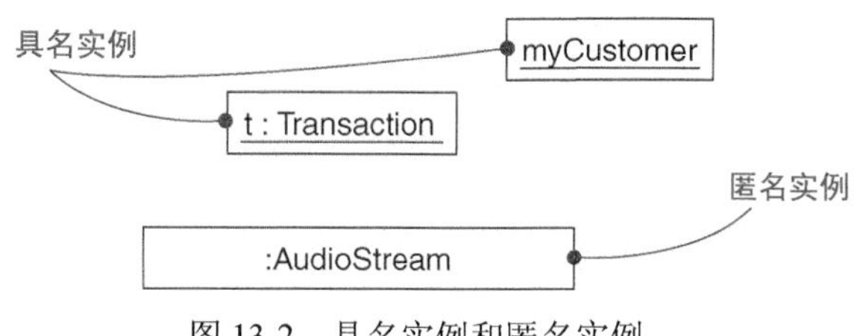

图 13-2　具名实例和匿名实例

178

当要显式地为对象命名时，是在真正给出一个能由人使用的名称（例如 myCustomer）。如果在给定的语境中对象是明显的，也可以简单地给出对象名（例如 myCustomer）而省略其抽象。然而，在很多情况下，只有对象所在的计算机知道该对象的实际名称，在这种情况下，可以给出一个匿名对象（例如:AudioStream）。匿名对象的每次出现都被认为是有别于所有其他出现。如果不知道与对象相联系的抽象，则至少要给它一个明确的名称（例如 agent:）。

在表示法上，对象的名称和类型形成一个串，例如，t : Transaction。对于一个对象（与结构化类中的角色相比），要在整个串下画一条下划线。　【第 15 章讨论角色和结构化类。】

注解　实例名可以是由任何数目的字母、数字和某些标点符号（像冒号这样的符号除外，它用于分隔实例名和它的抽象名）组成的文字，并且可以延续成几行。实际应用中，实例名来自被建模的系统的词汇中的短名词或名词短语。通常，实例名除第一个单词外的各单词的词首字母要大写，例如 t 或 myCustomer。

13.2.4　操作

对象不仅是通常在现实世界中占有空间的事物，而且可以对它做某些事。在对象的抽象中声明了可以在对象上进行的操作。例如，如果类 Transaction 定义了操作 commit，那么给定一个实例 t : Transaction，就可以写出像 t.commit()这样的表达式。这个表达式的执行意味着对象 t 由操作 commit 进行操纵。在与 Transaction 相关的继承网格结构中，这个操作可能被多态地调用，也可能不被多态地调用。

【第 4 章和第 9 章中讨论操作，第 9 章中讨论多态性。】

13.2.5　状态

对象也有状态，在这个意义上，它由对象的所有性质加上每个性质当前的取值（也可以根据你的观点包括链和相关的对象）组成。这些性质包括对象的属性和链以及所有它的组成部分。对象的状态因此是动态的。所以，当可视化对象的状态时，实际上是在给定的时间空间点上描述对象的状态值。在同一张交互图中，可以通过多次显示一个对象来表明它的状态变化，但每次出现都表示一个不同的状态。

179

【第 4 章中讨论属性；第 19 章中讨论交互图；也可以用状态机描述单个对象随时间所发生的状态变化，这在第 22 章中讨论。】

当操作对象时，通常要改变对象的状态；当查询对象时，则不会改变它的状态。例如，在预订飞机票时（用对象 `r : Reservation` 表示），可以设置它的一个属性的值（例如 `price = 395.75`）。如果改变了预订，比如增加了一段新航程，那么对象的状态要发生变化（例如 `price = 1024.86`）。

如图 13-3 所示，可以用 UML 表明对象的属性值。例如，显示 `myCustomer` 的属性 `id` 值是“`432-89-1783`”。这个例子中，显式地给出了 `id` 的类型（`SSN`），但是这是可以省略的（正如 `active = True`），因为其类型可以在 `myCustomer` 的类中对 `id` 的声明中找到。

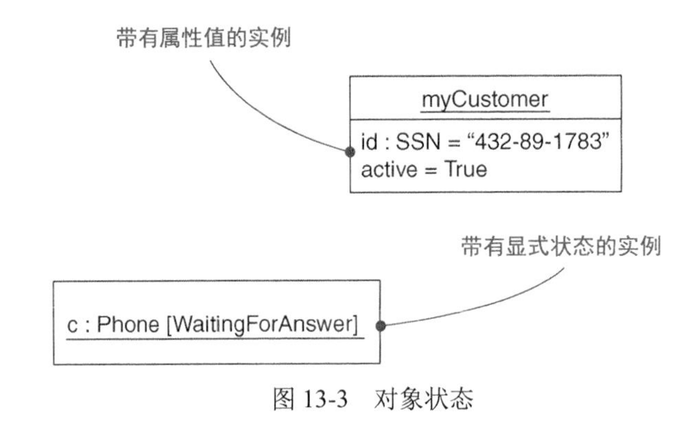

图 13-3　对象状态

可以把一个状态机和一个类联系起来，在对事件驱动的系统建模或者对类的生命期建模时，这是特别有用的。在这些情况下，也可以显示状态机对于给定对象在某一给定时刻的状态。把状态展示在类型后面的方括号内。如图 13-3 所示，对象 `c`（类 `Phone` 的实例）处于状态 `WaitingForAnswer`，它是一个在 `Phone` 的状态机中定义的命名状态。

注解　由于一个对象可以同时处于几个状态，所以也可以显示该对象当前状态的一个列表。

180

13.2.6　其他特征

进程和线程是系统交互视图的重要元素，所以 UML 提供了区别主动元素（它是进程或线程的一部分，表示控制流的根）与被动元素的可视化提示。可以声明使进程或线程具体化的主动类，也可以辨别主动类的实例，如图 13-4 所示。【第 23 章中讨论进程和线程。】

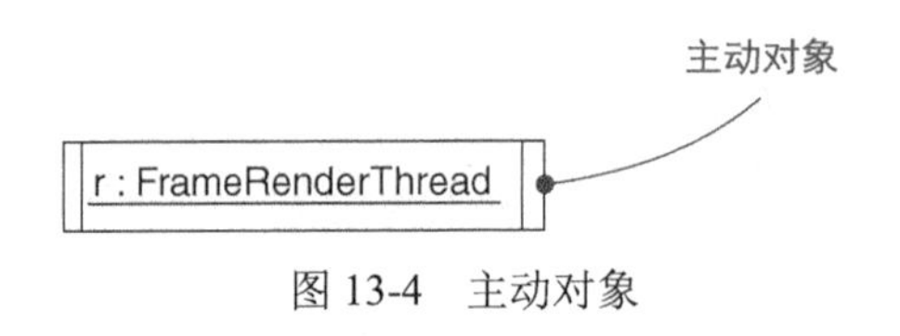

图 13-4　主动对象

注解　在大多数情况下，将在交互图的语境中使用主动对象为多控制流建模。每个主动对象代表一个控制流的根，可用于命名不同的流。【第 19 章中讨论交互图。】

在 UML 中还有另外两种可以有实例的元素。一种是关联，关联的实例称为链。链是对象之间的语义联系。像关联一样，把链表示成一条直线，但能把链与关联区别开来，因为链连接的是对象。【第 14 章和第 16 章中讨论链。】

另一种实例是静态（类范围内的）属性。实际上，静态属性是类拥有的对象，类的所有实例都可以访问这个对象。因此，可以在类声明中把它表示为带有下划线的属性。

【第 9 章中讨论静态范围的属性和操作。】

13.2.7　标准元素

UML 中的所有扩展机制都可应用到对象上。然而，通常不直接地将实例衍型化，也不给出实例的标记值。相反，对象的衍型和标记值可从它的抽象中所定义的衍型和标记值派生出来。例如，如图 13-5 所示，可以显式地指明对象的衍型以及它的抽象。

【第 6 章中讨论 UML 的扩展机制。】　181

UML 定义了以下两个应用于对象之间和类之间的依赖关系的标准衍型。

（1）的实例（`instanceOf`）描述了客户对象是供应者类目的一个实例。它很少以图形的形式来表示，通常用一个后跟冒号的文本表示法来表示它。

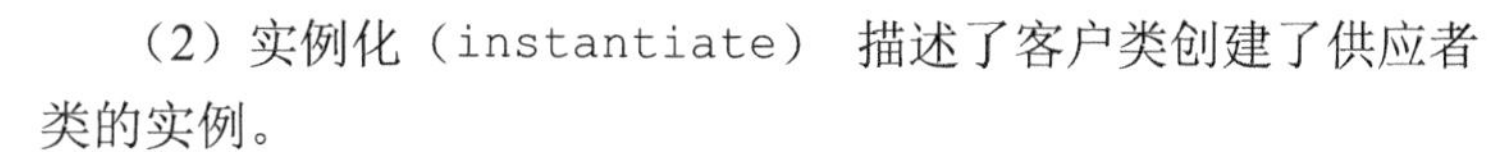

（2）实例化（`instantiate`）描述了客户类创建了供应者类的实例。

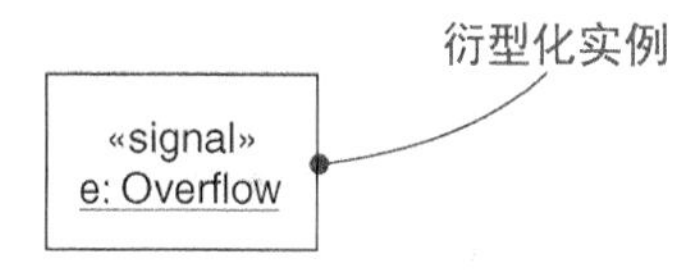

图 13-5　衍型化对象

13.3　常用建模技术

对具体实例建模

当对具体实例建模时，实际上是将存在于现实世界中的事物可视化。例如，除非一个 `Customer` 对象站在身边，否则不能精确地看到类 `Customer` 的实例，但在程序调试器中，可以看到该对象的表示。

使用对象的情况之一是对现实世界中的具体实例建模。例如，若要对公司的网络拓扑建模，就要使用包含结点实例的部署图。类似地，若要对网络中物理结点上的构件建模，就要使用包含构件实例的构件图。最后，假设有一个与运行系统相连接的程序调试器，就可以通过绘制对象图来表示实例之间的结构关系。

【第 15 章讨论构件图，第 31 章中讨论部署图，第 14 章中讨论对象图。】

对具体实例建模，要遵循如下策略。

182

- ❑ 识别对于被建模问题的可视化、详述、构造或文档化是充分而又必要的实例。
- ❑ 在 UML 中把这些对象表示成实例。如果可能，则给各对象一个名称。若不能给对象一个有意义的名称，就把对象表示为匿名的对象。
- ❑ 显露对于问题建模充分而又必要的每个实例的衍型、标记值和属性（及它们的值）。
- ❑ 在对象图或适合于这种实例的其他图中，表示出这些实例以及它们之间的关系。

例如，图 13-6 显示了取自一个信用卡验证系统的执行的对象图，通过用来探测运行系统的程序调试器或许能看见这个图。

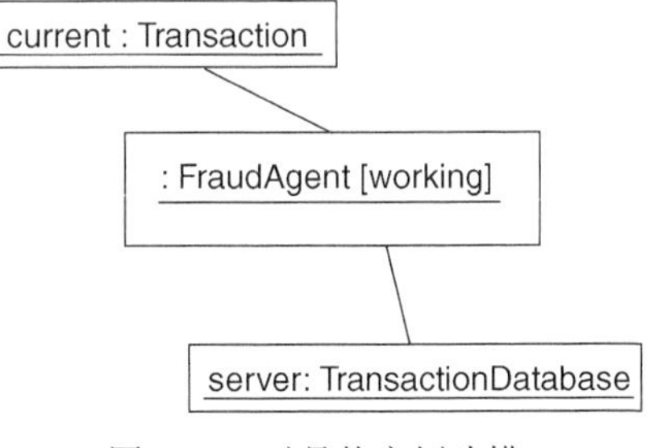

图 13-6　对具体实例建模

13.4　提示和技巧

在用 UML 对实例建模时，要记住，每个实例都表示某些抽象的具体体现，抽象通常可以是类、构件、结点、用况或关联。一个结构良好的实例，应满足如下要求。

- ❑ 明确地联系到一个特定的抽象。
- ❑ 有一个从问题域或解域词汇中提取的唯一的名称。

在用 UML 绘制实例时，要遵循如下策略。

- ❑ 显示实例所属于的抽象的名称，除非它在语境中是明显的。
- ❑ 根据在语境中理解对象的需要，显示实例的衍型和状态。

183

- ❑ 当属性及其值的列表很长时，就按种类分组。

第14章

对象图

本章内容

- 为对象结构建模
- 逆向工程

对象图对包含在类图中的事物的实例建模。对象图显示了在某一时间点上一组对象以及它们之间的关系。

对象图用于对系统的静态设计视图或静态交互视图建模。这包括对某一时刻的系统快照建模，表示出对象集、对象的状态以及对象之间的关系。

对象图不仅对可视化、详述和文档化结构模型是重要的，而且对通过正向工程和逆向工程构造系统的静态方面也是重要的。

14.1 入门

如果不习惯于英式足球，这种竞赛看起来就像是一种极其简单的运动，即一群人在一块场地上疯狂地追逐一个白球。观看躯体运动的模糊场面，是难以察觉到什么细微之处或什么风格的。

如果把运动暂停一下，就可以区分出各个球员，并显现出一幅与前者很不相同的比赛画面。不再是一群人，现在能够区分出前锋、前卫和后卫。更深一步地，可以明白这些球员如何协作。他们用一定的策略去守门、运球、抢球和进攻。在获胜的队伍中，不会看到球员们胡乱地在场地上站位。相反，在比赛的每一瞬间，都可以发现球员在场地中的位置以及与其他球员之间的关系是很恰当的。

尝试可视化、详述、构造和文档化一个软件密集型的系统，也与此类似。如果想跟踪一个运行系统的控制流，很快就会忘记关于系统的各个部分如何被组织的较大场面，特别是在有多个控制线程的情况下就更是如此。类似地，如果有一个复杂的数据结构，那么只看一个对象在某一时刻的状态不会得到多少帮助，相反，需要研究对象、对象的邻居以及它们之间的关系的快照。在

185

所有的面向对象的系统中（最简单的系统除外），都会发现有众多的对象存在，每个对象与其他对象之间的关系是确定的。事实上，当一个面向对象系统垮掉时，通常并不是由于逻辑上的失败，而是由于对象之间的连接有毛病或者由于个体对象中的状态被搞错。

用 UML，可以使用类图来可视化系统构造块的静态方面。还可以使用交互图来可视化系统的动态方面，交互图由构造块的实例和在它们中间分发的消息组成。对象图包含一组类图中事物的实例。因此，对象图表达了交互的静态部分，它由协作的对象组成，但不包含在对象之间传递的任何消息。在这两种情况下，对象图都表示冻结了的系统运动的某一瞬间，如图 14-1 所示。

【第 8 章中讨论类图，第 16 章中讨论交互，第 19 章中讨论交互图。】

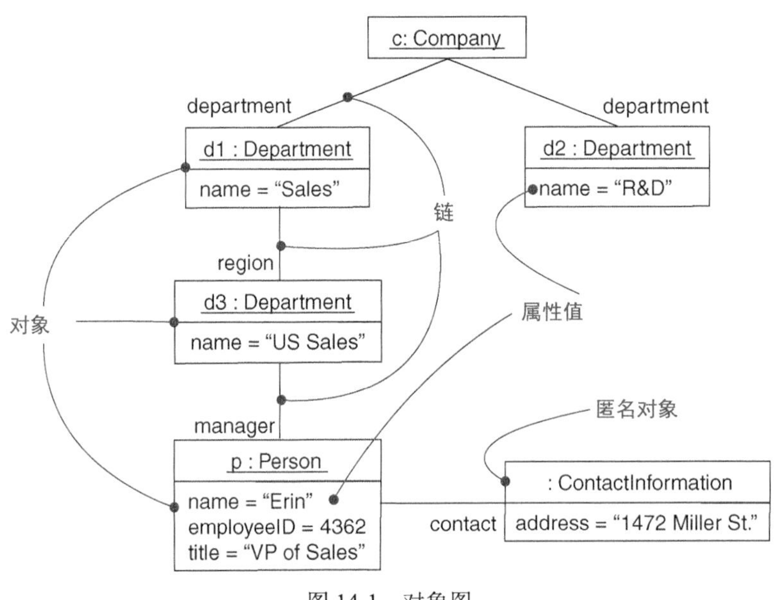

186

图 14-1　对象图

14.2　术语和概念

对象图（object diagram）是表示在某一时间点上一组对象以及它们之间的关系的图。在图形上，对象图是顶点和弧的集合。

14.2.1　普通特性

对象图是一种特殊的图，具有与所有其他的图共同的特性，即都有名称和投影到一个模型上的图形内容。对象图与所有其他种类的图的区别是它的特殊内容。

【第 7 章中讨论图的普通特性。】

14.2.2　内容

对象图一般包括：　【第 13 章中讨论对象，第 16 章中讨论链。】

- 对象
- 链

像所有的其他图一样，对象图可包含注解和约束。

有时也要把类放在对象图中，特别是要把各实例背后的类可视化时，就更是如此。

注解　对象图和类图相关：类图描述了一般的情形，实例图描述了从类图派生的具体实例。对象图主要包含对象和链。部署图也可以按照一般的和实例的形式出现：一般形式的部署图描述结点类型，实例形式的部署图描述了由这些类型描述的结点实例的具体配置。　【第 8 章中讨论类图，第 19 章中讨论交互图。】

14.2.3　一般用法

与使用类图一样，可以使用对象图对系统的静态设计视图或静态交互视图建模，但是对象图着眼于现实或原型化的实例。这种视图主要支持系统的功能需求，即系统应该提供给最终用户的服务。对象图使你可以对静态数据结构建模。　【第 2 章中讨论设计视图。】

187

在对系统的静态设计视图或静态交互视图建模时，通常使用对象图来为对象结构建模。

为对象结构建模涉及到在给定时刻抓取系统中的对象的快照。对象图表示了由交互图所表示的动态场景中的一个静态画面。可以使用对象图来可视化、详述、构造和文档化系统中存在的实例以及它们之间的相互关系。可以把动态行为和执行表示为一系列的画面。

【第 19 章中讨论交互图。】

14.3　常用建模技术

14.3.1　对对象结构建模

在构造类图、构件图或部署图时，真正要做的是获取一组感兴趣的抽象，形成一个组，在这样的语境下，要显现出组中各抽象的语义及其相互之间的关系。这些图只表示出潜在的可能性。如果类 A 到类 B 有一对多的关联，那么类 A 的一个实例就可能对应着类 B 的 5 个实例，类 A 的另一个实例还可能只对应着类 B 的一个实例。此外，在某一给定的时刻，A 的实例和相关的 B 的实例，它们的属性和状态机都有一定的值。

如果冻结一个运行的系统，或者只想象被建模的系统的某一瞬间，就会发现这样的一组对象：每一个对象都处于一个特定的状态，并与其他对象有特定的关系。可以用对象图来可视化、详述、构造和文档化这些快照的结构。对象图对于复杂的数据结构建模特别有用。

在为系统的设计视图建模时，可以用一组类图完整地详述抽象的语义以及它们之间的关系。然而，用对象图则不能完整地详述系统的对象结构。对于一个类，可以有多个可能的实例，对于相互间存在关系的一组类，对象间可能的配置是相当多的。因此，在使用对象图时，只能有意义地显示一组感兴趣的具体对象或原型对象。这就是所谓的为对象结构建模，即对象图显示了在某一时刻相互联系的一组对象。

188

为对象结构建模，要遵循如下策略。

- 识别想为之建模的机制。机制描述了正建模的系统部分的某些功能或行为，它由一组类、接口和其他事物的交互产生。

【像这样的机制经常被耦合为用况，这在第 17 章和第 29 章中讨论。】

- 创建协作来描述机制。
- 对于每个机制，识别参与协作的类、接口和其他元素，也要识别这些事物之间的关系。
- 考虑贯穿这个机制的一个脚本。在某一时刻冻结该脚本，描绘参与这个机制的各个对象。
- 为了理解脚本，按需要显露出每个这样的对象的状态和属性值。
- 同样地，显露出这些对象之间的链，它代表这些对象之间关联的实例。

例如，图 14-2 显示了取自一个自主机器人的实现中的一组对象。该图关注机器人为了计算一个在其中移动的世界模型而使用的机制中所涉及的对象。运行系统还涉及更多的对象，但是这幅图只关注直接涉及到创建这个世界视图的那些抽象。

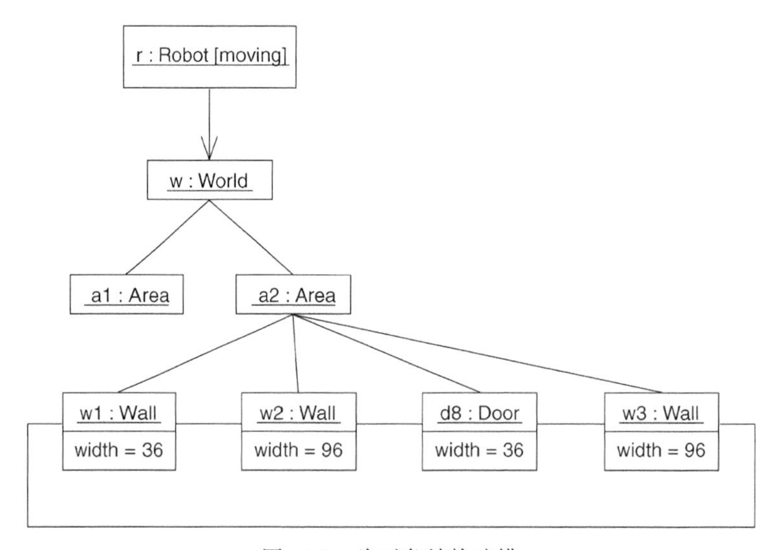

189

图 14-2　为对象结构建模

如图 14-2 所示，一个对象表示机器人自身（`r` 是 `Robot` 的实例），而 `r` 当前处于被标记为 `moving` 的状态中。这个对象有一个到 `w`（`World` 的一个实例）的链，`World` 表示该机器人的世界模型的一个抽象。

此时，w 被连接到 Area 的两个实例。其中之一（a2）具有分别连接到 3 个 Wall 对象和一个 Door 对象的链。Wall 的每个对象都标有各自的当前宽度，并且都与相邻的 Wall 对象相连。像这个对象图显示的那样，机器人已经识别出其所在的区域，该区域三面有墙，另一面有门。

14.3.2　逆向工程

为对象图进行逆向工程（从代码创建模型）是有用的。事实上，当对系统进行调试时，这种事总是要由你或者你的工具来做。例如，如果要寻找一个虚悬的链，就要从文字上或脑海中勾画一个受影响对象的对象图，以考查在给定时刻对象的状态或者与其他对象的关系在哪里被损坏了。

为对象图进行逆向工程，要遵循如下策略。

- 选择要进行逆向工程的目标。通常将语境设为一个操作的内部，或者与一个特定类的实例相关。
- 通过使用工具或简单地走查脚本，在特定的时刻停止执行。
- 识别出在该语境中相互协作的一组感兴趣的对象，并在对象图中表示它们。
- 按照理解语义的需要，显露这些对象的状态。
- 按照理解语义的需要，识别这些对象之间存在的链。
- 若最终的图过于复杂，则要修剪它——通过删除与需要回答的关于脚本的问题无密切关系的对象来实现。若图过于简化，则把某些感兴趣的对象的邻居扩充进来，并更深入地显露出各对象的状态。
- 通常，必须手工地添加或标记目标代码中非显式的结构。丢失的信息提供了隐含在最终的代码中的设计意图。

190

14.4　提示和技巧

在 UML 中创建对象图时，要记住，每一个对象图只是系统的静态设计视图或静态交互视图的图形表示。这意味着，并不需要用单个的对象图来获取系统的设计视图或交互视图中的每一个事物。事实上，对于所有系统（微小的系统除外），都会遇到数百个（如果不是数千个）对象，其中的大多数对象都是匿名的。这样看来，完全详述系统的所有对象或者这些对象可能相互联系的所有方式是不可能的。因此，对象图反映了部分存在于运行系统中的具体的或原型的对象。

一个结构良好的对象图，应满足如下要求。

- 注重于表达系统静态设计视图或静态交互视图的一个方面。

- 表示由一个交互图描绘的动态场景中的一个画面。
- 只包含对理解该方面不可缺少的那些元素。
- 提供与它的抽象层次相一致的细节，应该只显露出对理解是不可缺少的那些属性值和其他修饰。
- 不要过分地简化，这样会使读者对重要的语义产生误解。

当绘制一个对象图时，要遵循如下策略。

- 给出能表达其用途的名称。
- 对图中元素进行布局，尽量减少线段交叉。
- 在空间上组织元素，使得在语义上接近的事物在物理位置上也靠近。
- 用注解和颜色作为可视化提示，以引起对图的重要特征的注意。
- 根据表达意图的需要，在图中包括每个对象的值和状态。

191

第15章

构件

本章内容

- ❑ 构件、接口和实现
- ❑ 内部结构、端口、部件和连接件
- ❑ 把子构件连接在一起
- ❑ 对 API 建模

构件是系统中逻辑的并且可替换的部分，它遵循并提供对一组接口的实现。

好的构件用定义良好的接口来定义灵活的抽象，这样就可能容易用新的兼容构件代替旧的构件。

接口是连接逻辑模型和设计模型的桥梁。例如，可以为逻辑模型中的一个类定义一个接口，而这同一个接口将延续到一些实现它的设计构件。

通过把构件上的端口连接在一起，接口允许用小的构件来建造对大构件的实现。

15.1 入门

当建造一所房屋时，可能会选择安装一套家庭娱乐系统。可以购买一个单件套，包括电视、调谐器、VCR、DVD 播放器和扬声器。如果满足了你的需求，这种系统是很容易安装的，并且很好用。然而，买一个单件套不够灵活，必须把厂商提供的各种特征综合起来考虑。你可能得不到一个高品质的扬声器。如果想安装一个新的高清晰电视机屏幕，就要把整套扔掉，包括工作得很好的 VCR 和 DVD 播放器。如果你有一套收藏的唱片（有些读者可能还记得这是什么东西），那么你就不幸了。

193

一个比较灵活的办法是把娱乐系统分成单独的部件，每个部件着重一种功能。显示器显示画面；独立的扬声器播放音乐，并且可以放在屋子中能听到声音的任何地方；调谐器、VCR、DVD 播放器都是独立的个体，它们的性能可以调节到适合你的需求和预算。你可以把它们放在想放的地方并用线把它们连接起来，而不是以一种固定的方式把它们锁定在一起。每根线都有适合一个部件的特定插头，因此不会把扬声器的线插到视频的输出端上。如果愿意，还可以将你的旧唱片机也连在上面。如果想升级系统，可以一次换一个部件而不是报废整个系统而重来。如果你需要并支付得起，这些部件可以更灵活并提供更高质量的服务。

【可以把放大器的输入插到视频的输出，因为二者碰巧使用相同的接口。软件的优点是有无限多的“可插”类型。】

软件也类似。可以把应用程序做成一个单一的大单元，但是当需求改变时，它太僵化并很难修改。此外，也无法利用一些现有的功能。即使一个现存的系统有很多你需要的功能，它也会有许多你不想要的部分，并且很难或者不可能被剔除。对于软件系统的解决方法类似于电气系统：把程序做成可灵活连接起来的、定义良好的构件，当需求发生变化时，这些构件可以单独被替换。

15.2 术语和概念

接口（interface）是一组操作的集合，其中的每个操作描述了一个由类或构件所请求或者所提供的服务。

【第 11 章中讨论接口，第 4 章和第 9 章中讨论类。】

构件（component）是系统中可替换的部分，它遵循并提供了一组接口的实现。

端口（port）是被封装的构件的特定窗口，符合特定接口的构件通过它来收发消息。

194

内部结构（internal structure）是由一组以特定方式连接起来的部件来表示的构件实现。

部件（part）是角色的规约，该角色组成构件的局部实现。在构件的实例中，有相应的部件实例。

连接件（connector）是在构件语境中的两个部件或者端口之间的通信关系。

15.2.1 构件和接口

接口是一组操作的集合，其中的每个操作用于描述类或构件的一个服务。构件和接口之间的关系是非常重要的。几乎所有流行的基于构件的操作系统工具（例如 COM+、CORBA 和 Enterprise Java Beans）都以接口作为把构件绑定在一起的粘合剂。 【第 11 章中讨论接口。】

基于构件来构造系统，通过描述接口（表示系统中的主要接缝）来分解系统。然后提供实现这些接口的构件和通过访问接口获得服务的其他构件。这样的机制允许部署一个系统，它的服务在某种程度上独立于位置，而且（如下一节所述）是可以替换的。

【第 24 章中讨论对分布式系统建模。】

构件所实现的接口称为供接口（provided interface），意思是构件向其他构件提供的作为一个服务的接口。一个构件可以声明许多供接口。构件所使用的接口称为需接口（required interface），意思是一个构件向其他构件请求服务时所遵从的接口。一个构件可以遵从许多需接口。此外，一个构件可以既有供接口也有需接口。 【第 10 章中讨论实现。】

如图 15-1 所示，构件被表示成右上角标有 图标的矩形。矩形中有构件的名字。构件可以有属性和操作，但在图中这些经常被省略。构件可以表示内部结构，这将在本章后面讨论。

可以用两种方式来表示构件和接口之间的关系。第一种方式（最通用的）是用简略的图符形式表示接口。供接口表示成用线连着构件的一个圆（一个“棒棒糖”）。需接口表示成用线连着构件的一个半圆（一个“插口”）。这两种情况下，接口的名字都写在图形符号的旁边。第二种方法是用展开形式来表示，这种方式可以显示出接口的操作。实现接口的构件用一个完整实现关系连接到接口上。通过接口访问其他构件的服务的构件用一个依赖关系与该接口相连。 195

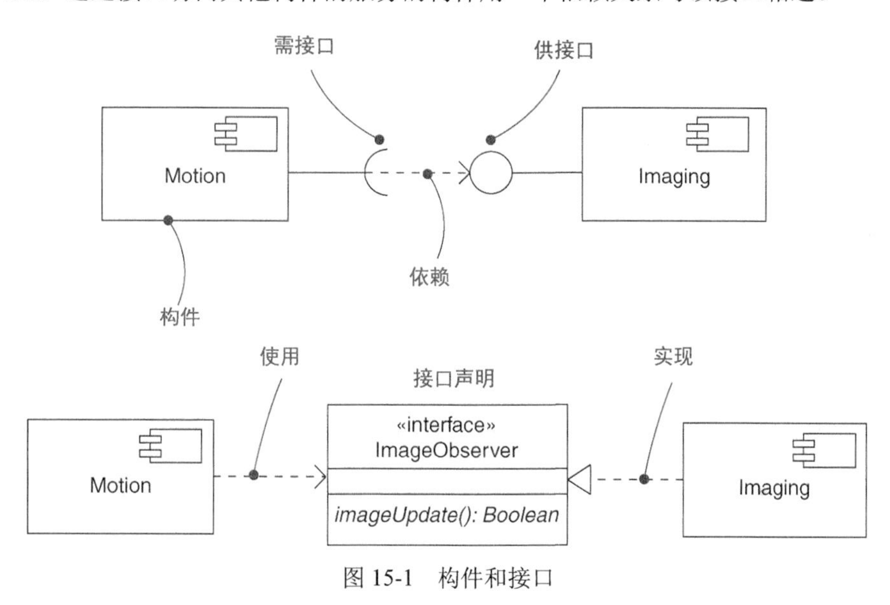

图 15-1　构件和接口

一个给定的接口可以由一个构件提供，由另一个构件使用。这就形成一个事实：两个构件间的这种接口打破了构件间的直接依赖关系。不管接口是用什么构件实现的，使用给定接口的构件都能正常运行。当然，一个构件当且仅当在这样的语境中可以被使用：它的所有需接口都由其他构件作为其供接口实现了。

注解　正如其他元素一样，接口应用在多个层次上。由构件使用的或者实现的设计层接口将映射到实现层接口上，后者是由实现构件的制品来使用或者实现的。

15.2.2　可替换性

所有基于构件的操作系统工具的基本目的都是允许用二进制可替换的制品来集成系统。这就意味着可以用构件来设计系统，然后用制品来实现这些构件，并可以用添加新构件和替换老构件的方式来更新系统，而无须重新构造系统。接口是实现上述方法的关键。在可执行的系统中，可以使用任何实现构件的制品，该构件提供或遵从指定的接口。可以用以下方法扩展系统：使构件 196

通过其他接口提供新的服务，而这些接口又能被其他构件发现和使用。这些语义解释了UML中构件定义的背后意图。构件遵循或提供一组接口的实现，并使逻辑设计和基于其上的物理实现的可替换性成为可能。 【第26章中讨论制品。】

构件是可替换的。一个构件可以用遵循相同接口的其他构件来替换。在设计时期，你选择一个不同的构件。一般情况下，在运行时系统中插入或替换制品的机制对于构件使用者来说是透明的，它通过对象模型（例如COM+和Enterprise Java Beans）或通过自动实现这种机制的工具而成为现实，上述对象模型很少需要或根本不需要人为干预转换。

构件是系统的一部分。构件很少单独存在，相反，一个给定的构件通常与其他构件协作，并且存在于打算使用它的体系结构或技术语境中。构件在逻辑上和物理上是内聚的，代表一个较大系统的有意义的结构和（或）行为块。构件可以在多个系统中复用。因此，构件表示了设计和组成系统的基础构造块。这个定义是递归的，某个抽象层次上的系统可能是其他更高抽象层次上系统的一个构件。 【第32章讨论系统和子系统。】

最后，如前所述，构件遵从一组接口并提供对这组接口的实现。

15.2.3　组织构件

可以用组织类的方式来组织构件，用包将构件分组。 【第12章讨论包。】

也可以通过描述构件之间的依赖、泛化、关联（包括聚合）和实现关系来组织构件。

【第5章和第10章讨论关系。】

197

构件可以由其他构件来构造，本章随后的内部结构部分将会讨论这个问题。

15.2.4　端口

接口对构件的总体行为声明是十分的有用的，但它们没有个体的标识，构件的实现只需要保证它的全部供接口的全部操作都被实现。使用端口就是为了进一步控制这种实现。

端口（port）是一个被封装的构件的对外窗口。在封装的构件中，所有出入构件的交互都要通过端口。构件对外可见的行为恰好是它端口的总和。此外，端口是有标识的。别的构件可以通过一个特定端口与一个构件通信。该通信完全是通过由端口支持的接口来描述的，即使这个构件也支持其他的接口。在实现时，构件的内部部件通过特定的外部端口来与外界交互，因此，构件的每个部件都独立于其他部件的需求。端口允许把构件的接口划分成离散的并且可以独立使用的包。端口提供的封装性和独立性更大程度上保证了构件的封装性和可替换性。

端口被表示成跨坐在构件边界上的小方块——它表示一个穿过构件的封闭边界的洞。供接口和需接口都附着到端口符号上。供接口表示一个可以通过那个端口来请求的服务，需接口表示一个该端口需要从其他构件获得的服务。每个端口都有一个名字，因此可以通过构件和端口名来唯一标识它。构件内部的部件用端口名来识别要通过哪个端口接收和发送消息。构件名和端口名合在一起唯一地标识了一个被其他构件使用的特定构件的特定端口。

端口是构件的一部分，端口的实例随着它们所属构件的实例被创建和撤销。端口也具有多重性，以指明在构件实例中特定端口实例的可能数目。构件实例中的每一个端口都有一组端口实例。虽然一组端口实例都满足同样的接口并接受同样的请求，但它们可能有不同的状态和数据值。例如，组中每个实例都有一个不同的优先级，具有较高优先级的端口实例优先被满足。

【部件也有多重性，因此一个构件实例中的一个部件可能对应于多个实例。】

图 15-2 显示了一个带有端口的构件 Ticket Seller（售票）的模型，每个端口有一个名字，还可以有一个可选的类型来说明它是哪种类型的端口。这个构件有用于售票、节目和信用卡收费的端口。

198

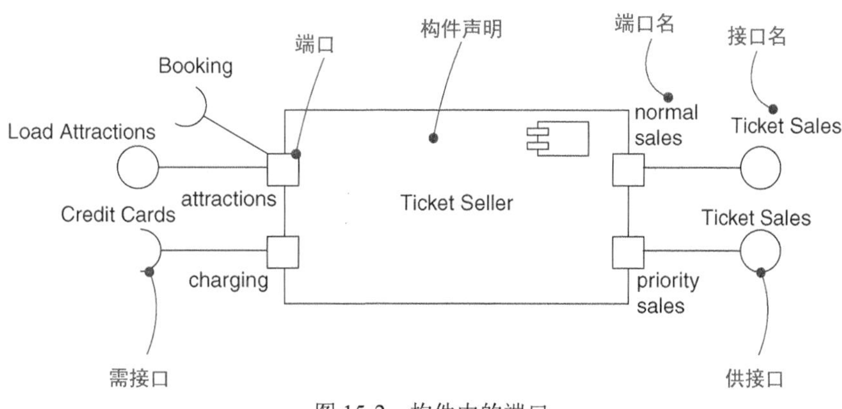

图 15-2 构件中的端口

有两个用于售票的端口，一个供普通用户使用，另一个供优先用户使用。它们都有相同的类型为 Ticket Sales 的供接口。信用卡处理端口有一个需接口，任何提供该服务的构件都能满足它的要求。节目端口既有供接口也有需接口。使用 Load Attractions 接口，剧院可以把戏剧表演和其他节目录入售票数据库以便售票。利用 Booking 接口，Ticket Seller 构件可以查询剧院是否有票并真正地售票。

15.2.5 内部结构

构件可以被作为一段单独的代码来实现，但是在一个大型系统中，理想的做法是用一些小的构件作为构造块来组建一些大构件。构件的内部结构是一些部件，这些部件以及它们之间的连接一起组合成构件的实现。在许多情况下，内部部件可以是较小的构件的实例，它们静态地连接在一起，通过端口提供必要的行为而不需要建模者额外地描述逻辑。

部件（part）是构件的实现单元。部件有名字和类型。在构件实例中，每个部件有一个或多个实例对应于部件指明的类型。部件在其所在构件内有多重性。如果一个部件的多重性数目大于 1，就可能在一个给定的构件实例中有多于 1 个的部件实例。如果多重性数目不是一个单一的整数，那么部件实例的个数可能在不同的构件实例中有所不同。一个构件实例是和最小个数的部件

199

一起创建的，以后再加入额外的部件。类的属性是一种部件：它有类型和多重性，并且类的每个实例都包含一个或多个给定类型的实例。

图 15-3 表明一个编译器构件是由四个部件组成的：一个词法分析器（lexical analyzer）、一个代码生成器（code generator）、一个语法分析器（parser）和一到三个优化器（optimizer）。许多编译器的完整版本是由不同层次的优化构成的，在一个给定的版本中，运行时可以选择一个恰当的优化器。

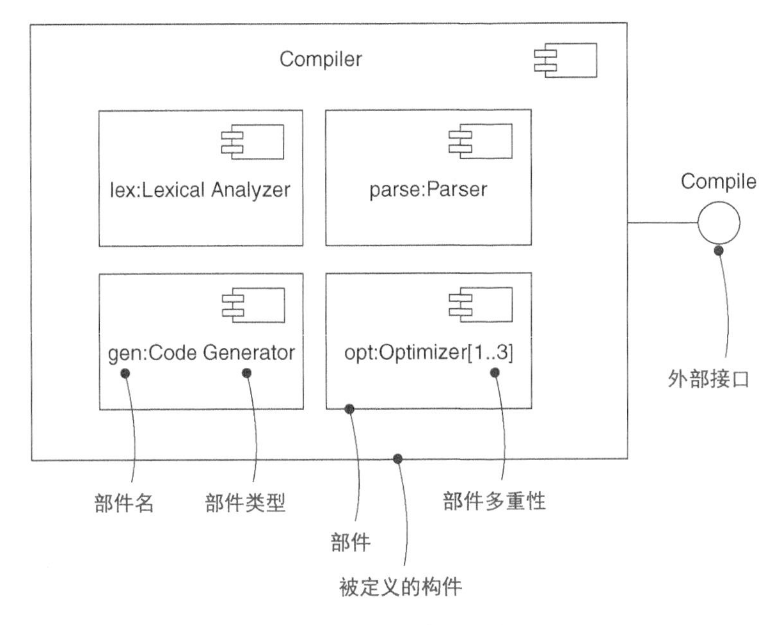

图 15-3　构件内的部件

注意，部件和类是不同的。每一个部件潜在地由其名字来区别，正如类中的每一个属性是可区分的。同一类型的部件可能有多个，但是可以通过它们名字来区别，并且假定它们在构件中的功能也不同。例如，在图 15-4 中 `Air Ticket Sales`（航空售票）构件为常客和普通顾客提供了不同的 `Sales`（售票）部件，它们工作相同，但常客部件是只为特殊顾客服务的，很少有需要排队的情况，而且还可能提供额外的特别待遇。因为这些构件的类型相同，所以必须用名字来区别它们。另外的两个类型为 `SeatAssignment` 和 `InventoryManagement` 的构件不需要名字，因为在航空售票构件中这两个类型都只有一个构件。

如果部件是有端口的构件，可以通过端口把它们连接起来。规则很简单：如果一个端口提供了一个给定的接口而另一个端口需要这个接口，那么这两个端口便是可连接的。端口的连接意味着请求端口将调用提供端口来获得服务。端口和接口的优点就是不需要了解其他的东西，如果接口是可兼容的，那么就可以连接端口。工具能自动生成从一个构件到另一个构件的调用代码。如果有了新的构件，这些端口也可以改接到提供相同接口的其他构件上。两个端口之间的连线被称

200

作连接件（connector）。在整个构件的实例中，它表示一个链或一个暂时链。链是普通关联的实例，暂时链表示两个构件之间的使用关系。暂时链可能由作为操作目标的过程参数或局部变量来提供，而不是普通关联。端口和接口的优点是在设计时两个构件不需要互相了解，只要它们的接口是相互兼容的就可以了。

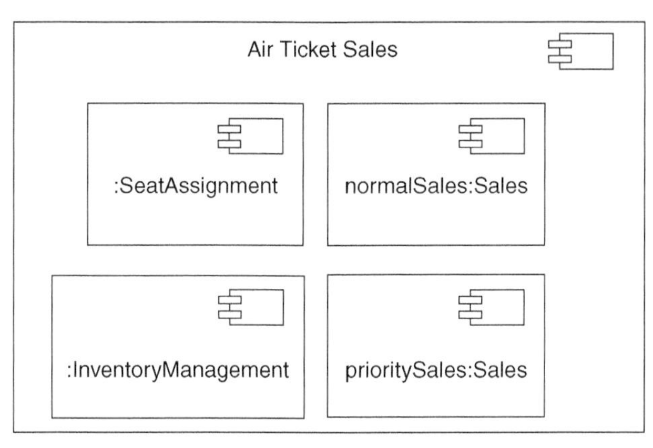

图 15-4　类型相同的部件

连接件有两种表示方式（如图 15-5 所示）。第一种方式是：如果两个构件明确地捆绑在一起，无论是直接地还是通过端口，则只在它们之间或它们的端口之间画一条线即可。第二种方式是：如果两个构件相连是由于它们有能兼容的接口，则可以使用“托球－托座”表示法来表明构件之间没有固定的关系，尽管是在构件内部连接的，可以用满足接口的其他构件来代替。

也可以将内部端口连接到整体构件的外部端口上，这称为委派连接件，因为外部端口的消息被委派给内部端口。这可以用一个从外部端口指向内部端口的箭头来表示。对此可采取两种看法，第一种看法是把内部端口和外部端口同样对待，它已经被移到边界上并且可以通过它进行观察。第二种看法是，任何传到外部端口的消息被立即传送到内部端口，反之亦然。采用哪一种看法无关紧要，在两种情况下它们行为都是相同的。

201

图 15-5 显示了一个带有内部端口和不同种类的连接件的例子。在 `OrderEntry` 端口上的外部请求被委派给 `OrderTaking` 子构件的内部端口来处理，这个构件进而把它的结果输出到它的 `OrderHandoff` 端口。这个端口用“球－插口”图形符号与 `OrderHandling` 子构件相连。这种连接意味着在两个构件之间无须特别的知识，输出可以被连到任何遵从 `OrderHandoff` 端口的构件上。`OrderHandling` 构件与 `Inventory` 构件通信去查询库中的条目。这被描述为一个直接的连接件，因为没有任何接口被显示，这试图表明二者之间的结合更紧密。一旦找到了库中的项目，`OrderHandling` 构件就可以访问外部的 `Credit`（信用卡）服务，这由连到外部端口 `charging` 的委派连接件来显示。如果外部信用卡服务有回应，`OrderHandling` 构件就与 `Inventory` 构件上的 `ShipItems` 端口通信，来准备订单以备配送。`Inventory` 构件访问外部 `FulFillment` 服务来真正实现订货。

202

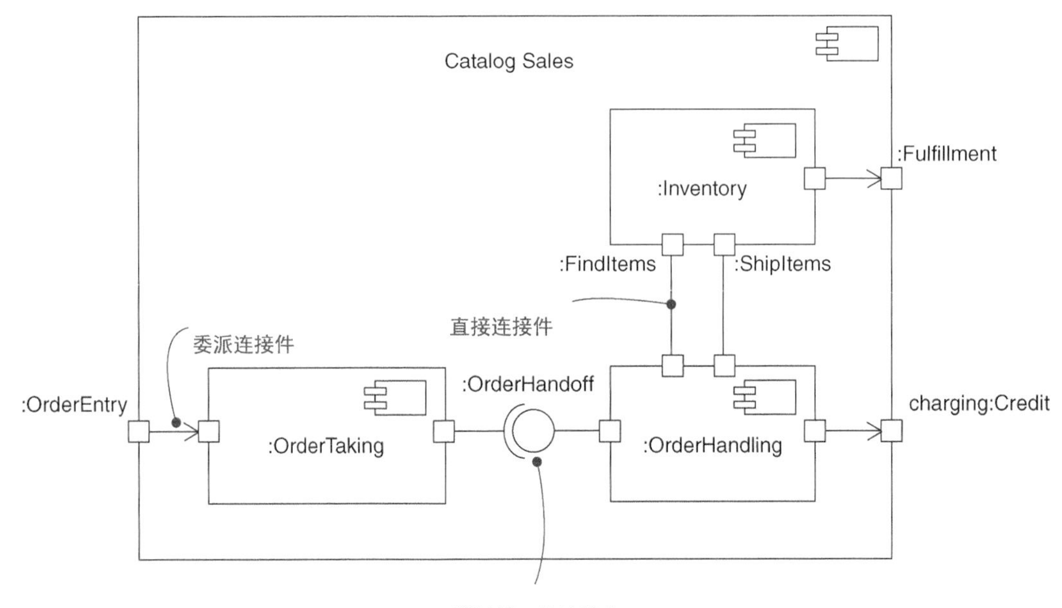

图 15-5　连接件

注意，构件图展示了构件的结构和潜在的消息路径。构件图本身并不能通过构件展示消息的序列。序列和其他种类的动态信息可以用交互图来表示。　　【第 19 章讨论交互图。】

注解　内部结构（包括端口、部件和连接件）可用于实现任意的类而不仅仅是构件。在语义上，类和构件的确没有什么区别。然而从惯例上说，构件在表示带有内部结构的封装概念，特别是那些在实现中不能直接映射到一个单一类的概念时，往往很有效。

15.3　常用建模技术

15.3.1　对结构类建模

结构类可用于对数据结构建模，这些数据结构中的部件仅在该类中有语义联系。普通属性和关联可以定义一个类的组成部件，但是在普通类图中，这些部件不能彼此相连。用部件和连接件来表示类的内部结构则避免了这个问题。

对结构类建模，要遵循如下策略。

- 识别类的内部部件及其类型。
- 对每个部件给出一个名字来指明其在结构类中的用途，而不是给出它的一般类型。
- 在彼此间通信或有上下文关系的部件间画出连接件。

- 可以用其他结构类作为部件的类型，但是要记住，不能连接到另一个结构类内部的部件，要连接到它的外部端口上。

图 15-6 显示了结构类 TicketOrder 的设计，这个类包括四个部件和一个普通属性 price。customer 是 Person 类的一个对象。customer 可以有一个或者没有 priority（优先级）状态，因此 priority 部件的多重性被表示成 0..1，从 customer 到 priority 的连接件也具有相同的多重性。有一个或多个预订坐位，seat 具有多重性值。由于 customer 和 seat 处在同一个结构类中，在它们之间就没有必要画一个连接件。注意，Attraction 的边框是用虚线画出的，这说明，这一部件是对一个不属于这个结构类的对象的引用。该引用随着 TicketOrder 类的实例被创建和撤销，但是 Attraction 的实例是独立于 TicketOrder 类的。Seat 部件与 Attraction 的引用相连，因为该订单可能包含针对多个 Attraction（节目）的座位，而每个预订座位都和一个特定的节目相关。从连接件的多重性可以看出每个 Seat 预订都与正好一个 Attraction 对象相连。 203

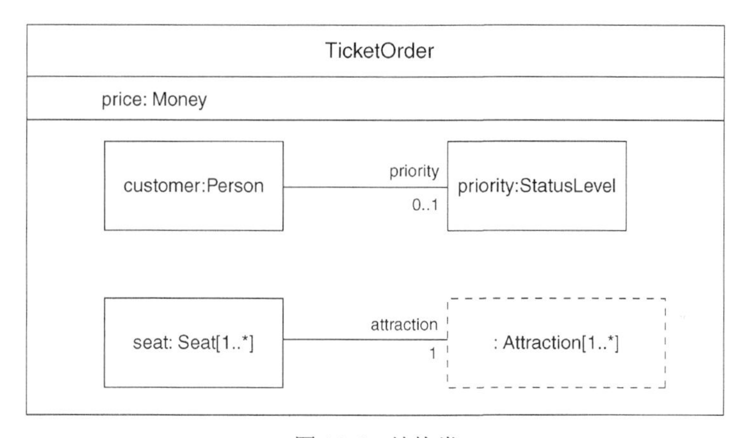

图 15-6　结构类

15.3.2　对 API 建模

对于一个正在将构件组装成系统的开发者，会经常想看到把这些部件黏合到一起的应用程序编程接口（API）。API 代表系统中的程序接缝，可以用接口和构件对它建模。

API 本质上是由一个或多个构件实现的接口。作为开发者，实际上只需要考虑接口本身，只要有构件实现这个接口，则哪一个构件实现了接口操作是无关紧要的。但是，从系统的配置管理角度来说，这些实现是很重要的，因为要确保在发布一个 API 时存在着一些可以完成 API 职能的实现。幸运的是，在 UML 中可以对这些建模。 204

与语义丰富的 API 相关的操作是相当广泛的，因此大多数时候不用一次性地将所有这些操作可视化。相反，往往要将这些操作放在模型的底板上，并用接口作为找到这组操作的句柄。如果想靠这些 API 构造一个可执行系统，则必须添加足够的细节，使得开发工具可以利用接口的特性进行编译。除了每个操作的特征标记之外，可能也希望包括解释如何使用每个接口的用况。

对 API 建模，要遵循如下原则。

- ❑ 识别系统中的接缝，将每个接缝建模为一个接口，并收集形成边界的属性和操作。
- ❑ 只显露那些对于在给定语境中进行可视化来说是比较重要的接口特性，隐藏那些不重要的特性，必要时可以将这些特性保存在接口的规约中作为参考。
- ❑ 仅当 API 对于展示特定实现的配置重要时，才对其实现建模。

图 15-7 给出了构件 `Animator` 的 API，可以看到形成这个 API 的 4 个接口：`IApplication`、`IModels`、`IRendring` 和 `IScripts`。根据需求，其他构件可以使用一个或多个这样的接口。

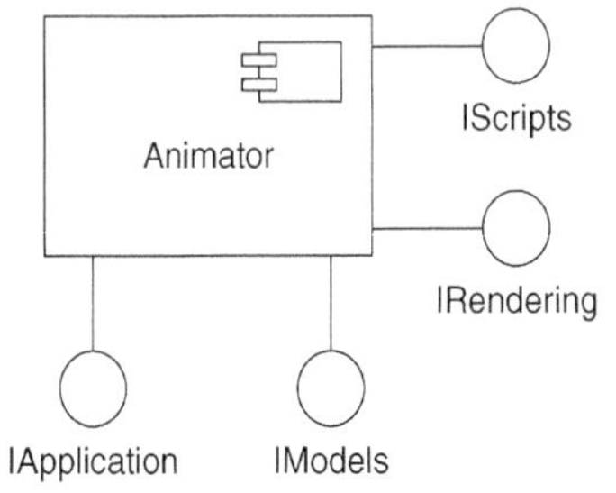

图 15-7　对 API 建模

205

15.4　提示和技巧

构件使你能够封装系统的部件来减少依赖，使它们明确而清晰，并且在将来系统必须变化时能增强其可替换性和灵活性。好的构件应满足如下要求。

- ❑ 封装一个具有良好定义的接口和边界的服务。
- ❑ 拥有充足的值得描述的内部结构。
- ❑ 不把无关功能结合到一个单元中。
- ❑ 用少量的接口和端口来组织它的外部行为。
- ❑ 只通过所声明的端口进行交互。

如果使用嵌套子构件来展示一个构件的实现，应满足如下要求。

- ❑ 子构件的数量要适度，如果子构件太多，用一页不能很好地显示，就对一些子构件使用额外的分解层次。
- ❑ 确保子构件仅通过定义的端口和连接件进行交互。
- ❑ 确定哪些子构件直接与外部世界交互，用委派连接件对它们建模。

在用 UML 绘制一个构件时，要遵循如下策略。

- ❑ 给出能清晰表明构件用途的名字。用同样的方式为接口命名。
- ❑ 如果不能从子构件或者端口的类型清晰地看出其含义，或者同一个类型有多个部件，则为它们命名。
- ❑ 隐藏不必要的细节，在构件图中无须显示出实现的每一个细节。
- ❑ 用交互图来显示构件的动态方面。

206

第四部分　对基本行为建模

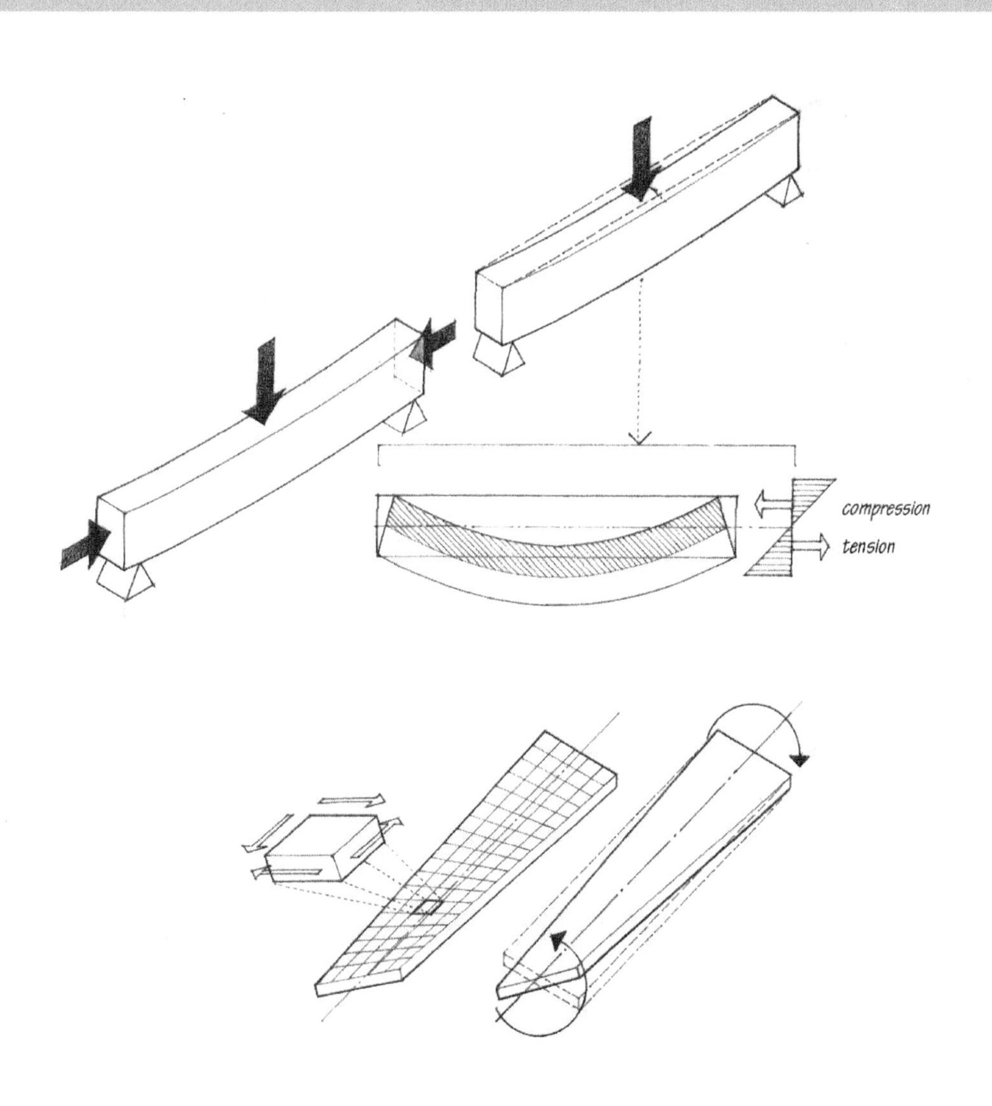

第16章

交互

本章内容

- ❑ 角色、链、消息、动作和序列
- ❑ 对控制流建模
- ❑ 创建结构良好的算法

在任何有意义的系统中，对象都不是孤立存在的，它们相互之间通过传递消息进行交互。交互是一种行为，这种行为由语境中的一组对象为达到某一目的而交换的一组消息构成。

可以用交互对协作的动态方面建模，以表示扮演特定角色的对象的群体通过共同工作来完成一些超出其中各个元素行为总和的行为。这些角色表示类、接口、构件、结点和用况的原型实例。它们的动态方面被可视化、详述、构造和文档化为控制流，控制流可以是系统中的简单的、顺序的线程，也可以是涉及分支、循环、递归和并发的更复杂的流。可以用两种方式来对一个交互建模：一种方式是强调消息的时间顺序；另一种方式是强调在对象的某些结构组织的语境中消息的排列顺序。

209

结构良好的交互如同结构良好的算法——是高效的、简单的、易于修改的和可理解的。

16.1 入门

建筑物是用于居住的。尽管每一幢建筑物都是由砖、灰浆、木材、塑料、玻璃和钢材等静态的原料构成的，但它们总是一起动态地工作，完成有益于建筑物使用者的行为。门窗可以打开和关闭，灯可以开和关。一幢大楼的火炉、空调、恒温器以及通风管道一起工作来调控大楼的温度。在智能大厦中，传感器探测事件的存在和消失，随着条件的变化调节灯光、冷热度和音乐。大厦被设计得更适宜于人们居住和活动。更巧妙的是，它还可以因白天、黑夜或季节的不同而调节温度的变化。所有结构良好的建筑物都被设计得能够对动力（如风、地震或居住者的移动等）做出反应，并在各方面保持建筑的平衡。

【第1章讨论建造一个狗窝和建造一幢房屋的区别。】

软件密集型系统是同样的道理。一个航空公司的系统可能要管理数万亿字节的信息，在大部分时间，它们被放在磁盘中，只有在诸如预订机票、飞机起飞或规划飞行时刻表等外部事件发生时才被取出。在反应式系统（如微波炉中的计算机系统）中，对象是在被某个事件激发时才有生命，并开始工作，激发系统的事件可以是使用者按下按钮或经过一段时间。

在 UML 中，使用像类图和对象图这样的元素来对系统的静态方面建模。通过这些图，可以可视化、详述、构造和文档化系统中的事物，包括类、接口、构件、结点、用况和它们的实例，以及这些事物相互之间的关系。

在 UML 中，使用交互来对系统的动态方面建模。像对象图那样，交互通过引入所有共同完成某些动作的对象，来静态地设置它的行为环境。但是除此之外，交互图还要引入在对象之间传送的消息。通常，消息引发一个操作的启用或一个信号的发送，消息还可以创建和撤销其他对象。【第二部分和第三部分中讨论对系统的结构方面建模；可以用状态机对系统的动态方面建模，这在第 22 章讨论；第 14 章讨论对象图；第 19 章讨论交互图；第 28 章讨论协作。】

可以使用交互对操作、类、构件、用况或整个系统中的控制流进行建模。使用交互图，可以按两种方式来解释这些流：一种方式着眼于消息是如何按照时间顺序调度的；另一种方式则着眼于交互中对象间的结构关系，并考虑消息是如何在这个结构的语境中被传递的。

210

UML 提供了对消息的图形化表示，如图 16-1 所示。这种可视化的消息表示法强调了消息的最重要的部分：名称、参数（若有的话）和顺序。在图形上，把消息表示为一条有向直线，并且通常还包含相应的操作名。

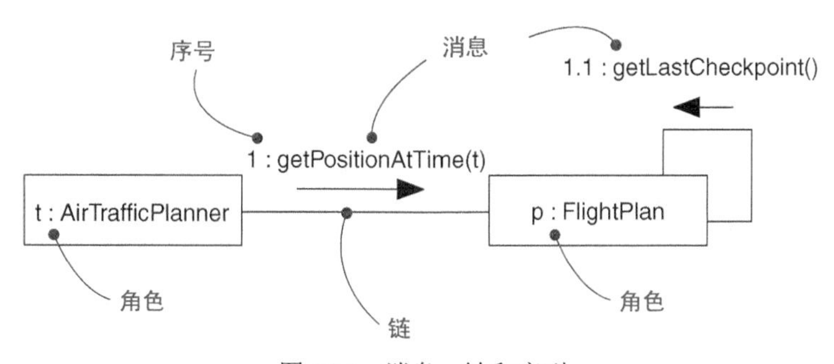

图 16-1　消息、链和序列

16.2　术语和概念

交互（interaction）是一种行为，这种行为由语境中的一组对象为达到某一目的而交换的一组消息构成。消息（message）是对传送信息的对象之间所进行的通信的规约，其中带有对将要发生的活动的期望。

【第 15 章讨论的内部结构图展示了角色之间的结构连接，第 14 章讨论对象。】

16.2.1　语境

在有对象相互链接的地方，到处可以发现交互。可以在系统或子系统语境中的对象协作中发现交互，也可以在操作的语境中发现交互，还可以在类的语境中发现交互。

【第 32 章讨论系统和子系统，第 28 章讨论协作。】

通常，可以从总体上在存在于系统或子系统语境中的对象协作中发现交互。举例来说，在一个 Web 商务系统中，会发现客户端的对象（如类 BookOrder 和 OrderForm 的实例）是彼此交互的。还会发现客户端的对象（如 BookOrder 的实例）和服务器端的对象（如 BackOrderManager 的实例）也是彼此交互的。因此，这些交互不仅涉及对象间局部的协作（如围绕 OrderForm 的交互），而且还可能跨越系统的多个概念层（如围绕 BackOrderManager 的交互）。

211

在操作的实现中也可以发现对象之间的交互。操作的参数、操作的任何局部变量以及操作的全局对象（但对操作仍可见）都可发生互交互以完成操作所实现的算法。例如，为移动式机器人中的一个类所定义的操作 MoveToPosition(p : Positon)，将涉及关于一个参数（p）、该操作的一个全局对象（如对象 currentPosition）和一些可能的局部对象（如该操作用来计算到一个新位置的路径上的中间点的局部变量）的交互。

【第 4 章和第 9 章讨论操作，第 20 章和第 28 章讨论对操作建模。】

最后，在类的语境中也存在交互。可以用交互来可视化、详述、构造和文档化一个类的语义。例如，为了理解类 RayTraceAgent 的含义，可能需要创建交互来显示这个类的属性是如何相互协作的（以及属性是如何与类的实例的全局对象以及类的操作中定义的参数协作的）。

【第 4 章和第 9 章讨论类。】

注解　交互还可以在构件、结点或用况的表示中发现，这些实质上都是 UML 的一种类目。在用况的语境中，交互描绘了一个脚本，而脚本描绘了一条贯穿着用况动作的线。【第 15 章讨论构件，第 27 章讨论结点，第 17 章讨论用况，第 28 章讨论对用况的实现建模，第 9 章讨论类目。】

16.2.2　对象和角色

参与交互的对象既可以是具体的事物，又可以是原型化的事物。作为具体的事物，一个对象代表现实世界中的某个东西，例如，p 作为类 Person 的一个实例，代表一个特定的人；而作为原型化的事物，p 可以代表类 Person 的任何实例。

注解　虽然描述特定对象之间的协作有时候也是有意义的，但是在一个协作中，交互者通常是那些扮演一定角色的原型化的事物，而不是现实世界中的特定对象。

可以在交互的语境中发现类、构件、结点和用况的实例。尽管从定义来说抽象类和接口没有直接的实例，但可以在交互中表现这些事物的实例。这些实例并不代表抽象类或接口的直接实例，而是分别代表抽象类的具体子类或实现接口的具体类的间接（或原型化）实例。

【第 4 章讨论抽象类，第 11 章讨论接口。】 212

可以把对象图看作是对交互的静态方面的表示，它通过说明所有一起工作的对象来设置交互的场所。交互则通过引入可以沿着连接这些对象的链传递的消息的动态序列来进一步展示交互。

【第 13 章讨论实例，第 14 章讨论对象图。】

16.2.3　链和连接件

链是对象之间的语义连接。一般来说，链是关联的实例。如图 16-2 所示，在一个类与另一个类之间有关联的情况下，这两个类的实例之间就可能有链；在两个对象之间有链存在的情况下，一个对象就能向另一个对象发送消息。

【第 5 章和第 10 章讨论关联，第 15 章讨论连接件和角色。】

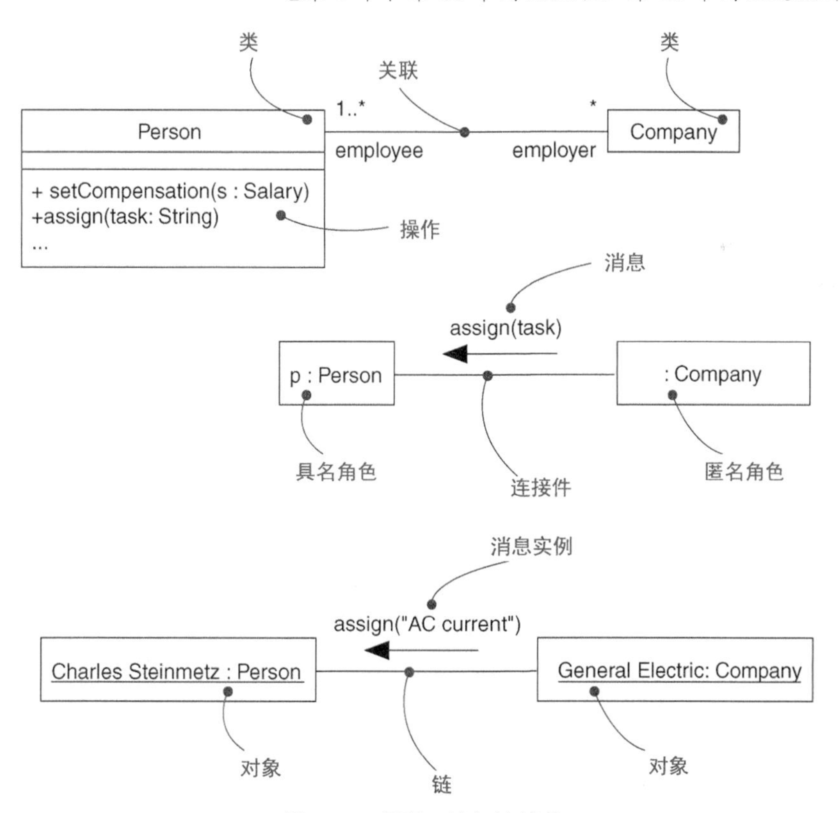

图 16-2　关联、链与连接件

链指明了一个对象向另一个对象（或自身）发送消息的路径。多数时候，指明存在着这样一 213

个路径就足够了。如果需要更精细地表示路径是如何存在的，可以用下面任意一种约束来修饰链的有关端点。

- 关联（association）　说明对应的对象对关联是可见的。
- 自身（self）　说明对应的对象因为是本操作的调遣者，所以是可见的。
- 全局（global）　说明对应的对象在全局范围内可见。
- 局部（local）　说明对应的对象在局部范围内可见。
- 参数（parameter）　说明对应的对象因为是一个参数，所以是可见的。

注解　作为关联的一个实例，可以用大多数适用于关联的修饰来表示链，如名称、关联角色名称、导航和聚合。然而，多重性不能用于链，因为链是关联的实例。

在大多数模型中，更感兴趣的是特定语境下的原型化的对象和链，而不是单个的对象和链。原型化的对象称为角色，原型化的链则称为连接件，其语境就是某个协作或者某个类目的内部结构。角色与连接件的多重性定义是针对其语境而言的。例如，某个角色的多重性为 1，意味着对于表示语境的每个对象，由一个对象扮演该角色。一个协作或者内部结构可以像类的声明一样被多次使用，每次使用要针对其语境、角色和链，绑定到一个特定的对象和链的集合。

【第 15 章讨论角色、连接件和内部结构，第 28 章讨论协作。】

图 16-2 给出了一个例子。图的顶部是一个类图，其中声明了类 Person 和 Company 以及这两个类之间的多对多关联 employee-employer。图的中部展示了协作 WorkAssignment 的内容：为某个员工分配某个工作。这个协作包括两个角色以及二者之间的一个连接件。图的底部是该协作的一个实例，其中有分别绑定到角色和连接件的对象和链。底部的一个具体消息表示在该协作中的原型消息的声明。

214

16.2.4　消息

假设有一组对象和一组连接这些对象的链，如果这就是所拥有的全部，那么就有了一个可以用对象图表示的完全静态的模型。用对象图为某一时刻一组对象的状态建模，当想要可视化、详述、构造或文档化静态对象结构时，对象图是有用的。【第 14 章讨论对象图。】

假设想对一组对象在一段时间内状态的变化情况建模。可以把它想象为一组对象的一种运动画面：每一幅画面描述这个连续时间段上的某个时刻。如果这些对象不是全都空闲着，将看到一些对象向其他的对象传送消息、发送事件和调用操作。此外，在每一幅画面上都可以显式地可视化个体实例当前的状态和角色。

【第 4 章和第 9 章讨论操作，第 21 章讨论事件，第 13 章讨论实例。】

消息是对传送信息的对象之间所进行的通信的规约，其中带有对将要发生的活动的期望。对一个消息实例的接收可以看作一个事件的发生（发生（occurrence）是事件实例的 UML 名称）。

在传送一个消息时，对消息的接收通常会产生一个动作。这个动作可能引发目标对象以及该对象可以访问的其他对象的状态改变。

在 UML 中，有以下几种动作。

- 调用（call）。调用某个对象的一个操作。对象也可以给自己发送消息，引起本地的操作调用。【第 4 章和第 9 章讨论操作。】
- 返回（return）。给调用者返回一个值。
- 发送（send）。向对象发送一个信号。【第 21 章讨论信号。】
- 创建（create）。创建一个对象
- 撤销（destroy）。撤销一个对象。对象也可以撤销自身。

注解　UML 中也可以对复杂的动作建模。除了以上列出的 5 种基本动作之外，还可以给出单个对象上的动作。UML 并没有指明这些动作的语法或语义，期望由工具来提供各种动作语言，或者使用编程语言的语法。

215

UML 规定了这些种类的消息之间在视觉上的区别，如图 16-3 所示。

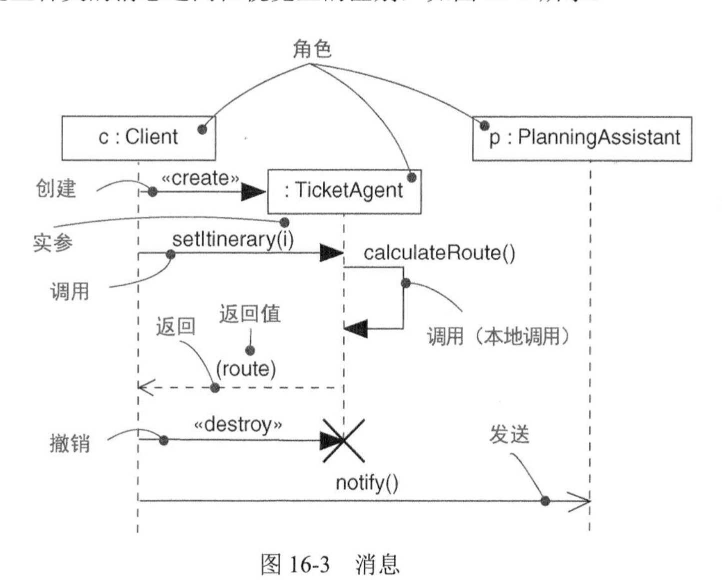

图 16-3　消息

【创建和撤销是用衍型显示的，这在第 6 章讨论；同步消息和异步消息的区别，在并发的语境中是最相关的，这在第 23 章讨论。】

建模时最常用的一种消息就是调用：一个对象可以调用另一个对象（或同一对象）上的操作。并不是任何操作都可以被调用的。如果一个对象，如上例中的 c，调用类 `TicketAgent` 的实例上的操作 `setItinerary`，则操作 `setItinerary` 必须是在类 `TicketAgent` 上定义的（也就是说，它必须在类 TicketAgent 或它的一个父类上被声明），而且它还必须对调用者 c 是可见的。
【第 4 章和第 9 章讨论类。】

注解　像 C++这样的语言是静态类型的（尽管支持多态），这意味着调用的合法性是在编译时检查的。而像 Smalltalk 这样的语言是动态类型的，这意味着只有在执行时才能确定一个对象是否能正确地接收一个消息。在 UML 中，一个形式良好的模型一般能够通过工具静态地进行检查，因为开发者在建模时通常应该知道操作的意图。

当一个对象调用另一个对象的操作或者向它发送一个信号时，可以向消息提供实参。类似地，当一个对象将控制返回给另一个对象时，也可以对返回的值建模。

消息也适应于信号发送。信号是向目标对象异步传送的对象值。发送信号之后，发送对象将继续自身的执行，目标对象在收到信号消息时将自行决定如何处理该信号。通常信号将触发目标对象的状态机中的状态转移。触发一个状态转移将引发目标对象执行一些动作并转移到一个新的状态。在异步消息传输系统中，进行通信的对象将并发且独立地执行。它们只是通过传送消息而共享一些值，所以不存在共享内存冲突的危险。

216

注解　也可以用操作所在的类或者接口来限定该操作。例如，调用 Student 实例上的操作 register，相当于多态地调用类 Student 的层次结构上任何匹配这个操作名称的操作。调用 IMember::register 相当于调用接口 IMember 中描述的操作（并由某个也在类 Student 的层次结构中的合适的类来实现）。【第 11 章讨论接口。】

16.2.5　序列

当一个对象向另一个对象发送消息（实际上是将某个动作委派给了消息的接收者）时，接收对象可能接着会向另一个对象发送消息，这个对象又可能发送消息给下一个不同的对象，如此一直传下去。这个消息流形成了一个序列。任何序列都有开始，每个消息序列都是从某个进程或线程开始的。而且只要进程或线程还在活动，消息序列也就会继续。一个不间断的系统（如实时的设备控制），只要它在其上运行的结点没关闭，它就会一直执行。

【第 23 章讨论进程和线程。】

系统中的每个进程和线程都定义了一个清晰的控制流。在每一个流中，消息是按时间顺序排列的。为了在图形上更好地可视化一个消息的序列，可以显式地对消息在序列开始后的次序建模，即在每个消息的前面加上一个用冒号隔开的序号作为前缀。

【第 32 章讨论系统。】

通信图展示一个协作中角色之间的消息流。如图 16-4 所示，消息沿着协作中的连接流动。

通常可以用带填充箭头的实线来表示过程式的或嵌套的控制流，如图 16-4 所示。其中消息 findAt 的序号为 2.1，表示它是嵌套在第 2 个消息里的第 1 个消息。 217

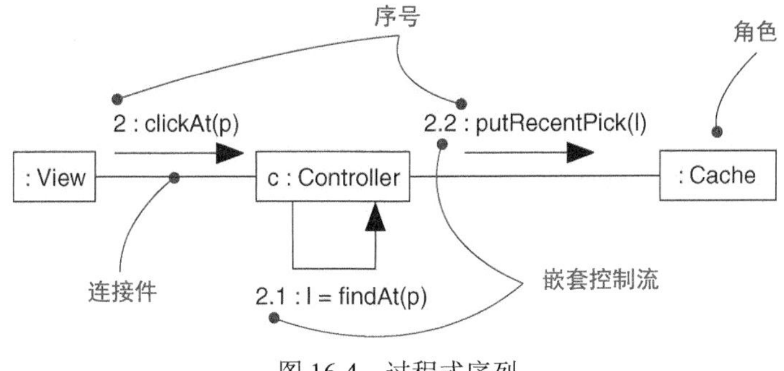

图 16-4　过程式序列

还有一种可能发生、但较少遇到的情况，如图 16-5 所示。可以用枝杈形箭头表示的单调控制流来描述非过程式控制的每一步。在图 16-5 中，消息 assertCall 的序号为 2，表明它是序列中第二个消息。

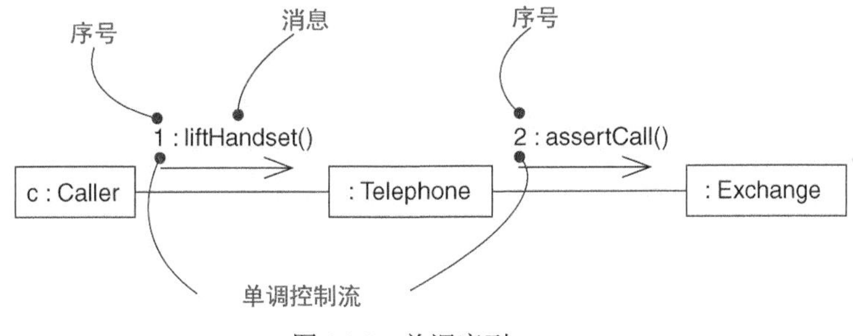

图 16-5　单调序列

注解　异步序列和过程式序列的区别在现代的并发计算领域中是重要的。要展示并发对象系统的整体行为，就使用异步消息传输。这是最常见的情况。如果进行调用的对象在发出调用请求后等待回应，则可以使用过程式控制流。过程式控制流在传统的编程语言中很常见，但是要记住：一系列的嵌套过程调用将导致暂时不能做任何事的对象在堆栈中形成阻塞，因此，如果这些对象表示服务器或者共享资源，这种办法就不太实用了。 218

对包含多重控制流的交互建模时，指明发送某一特定消息的进程或线程是很重要的。在 UML 中，可以把位于该序列根部的进程或线程的名称加到消息的序号之前，以此区分不同的控制流。例如，表达式：

```
D5 : ejectHach(3)
```

表明作为序列中第五个消息的操作 ejectHatch（具有实参 3）以进程或线程 D 为根。

【第 23 章讨论进程和线程；可以详述异步控制流，它用一个半边枝杈形的箭头表示，这在第 23 章讨论。】

不仅可以在一个交互的语境中表示操作或信号的实际参数，还可以表示一个函数的返回值。如下面的表达式所示，具有实参“Rachelle”的操作 find 的返回值是 p。这是一个嵌套的序列，表明第二个消息嵌套于第三个消息中，而第三个消息又嵌套于第一个消息中。在同一张图中，p 还可以在其他的消息中作为实际参数使用。

```
1.3.2 : p := find ("Rachelle")
```

注解　在 UML 中，还可以对更复杂形式的序列建模，如迭代消息、分支消息和监护消息。此外，为了给诸如实时系统中可以见到的那种时间约束建模，可以将时间标记与序列相关联。对其他更特殊的消息形式（如阻塞消息和限时消息），则可通过定义适当的消息衍型来建模。　【第 19 章讨论迭代消息、分支消息和监护消息，第 24 章讨论时间标记，第 6 章讨论衍型和约束。】

16.2.6　创建、修改和撤销

多数情况下，参与交互的对象将在整个交互过程中存在，但是在某些交互中对象可以被创建（由 create 消息来说明）和撤销（由 destroy 消息来说明）。链也是一样：对象之间的关系可以建立（come）和消失（go）。为了指明一个对象或链在一个交互过程中是否出现和/或消失，可以在通信图中为它的角色附加一个注解。

219

在交互过程中，对象的属性值、状态和角色是经常改变的。可以通过在顺序图的生命线上显示对象的状态或者值来反映对象的改变。　【第 19 章讨论生命线。】

在顺序图中，对象或角色的生命期、创建与撤销都通过其生命线的垂直延伸而显式地表示出来。在通信图中，必须使用注解表示创建和撤销。如果展示对象的生命期是重要的，就使用顺序图。

16.2.7　表示法

在为交互建模时，通常既包括角色（每个角色代表交互实例中的对象），又包括消息（每个消息都代表对象之间的通信活动，并导致某些动作发生）。

可以采用两种方式来可视化地表示交互中所涉及的角色和消息：一种方式是强调消息的时间顺序，另一种方式是强调发送和接收消息的角色的结构组织。在 UML 中，第一种表示法称为顺序图；第二种表示法称为通信图。顺序图和通信图都属于交互图。（UML 还有一种名为定时图的特殊交互图，它展示角色之间交换消息的准确时间。本书并没有包括定时图，请参考 *The Unified Modeling Language Reference*。）　【第 19 章讨论交互图。】

顺序图和通信图是相似的，这意味着可以把一种图转换成另一种，尽管由于它们常常表示不同的信息，所以其来回转换并不那么有用。二者之间在视觉上存在一些差异。顺序图中允许对一个对象的生命线建模。一个对象的生命线代表该对象在某一特定时间内的存在，并可能覆盖该对象的创建和撤销。通信图允许对交互中的对象之间可能存在的结构上的链建模。

220

16.3 常用建模技术

对控制流建模

使用交互的最常见的目的是对刻画整个系统的行为的控制流建模，包括用况、模式、机制和框架，或是一个类的行为，还可以是一个单独的操作。类、接口、构件、结点以及它们之间的关系是对系统的静态方面建模，而交互则是对系统的动态方面建模。

【第 17 章讨论用况；第 29 章讨论模式和框架；第 4 章和第 9 章讨论类和操作；第 11 章讨论接口；第 15 章讨论构件；第 27 章讨论结点；也可以用状态机对系统的动态方面建模，这在第 22 章讨论。】

当对交互建模时，实质上是为一组对象之间所发生的动作建立一个故事板。某些技术（如 CRC 卡）特别有助于发现交互，并对交互进行分析。

对控制流建模，要遵循如下策略。

- ❑ 设置交互的语境，无论它是整个系统、一个类，还是一个单独的操作。
- ❑ 通过识别哪些对象在其中扮演角色来设置交互的场所，设置它们的初始特性，包括属性值、状态和角色。命名这些角色。
- ❑ 如果模型想强调这些对象之间的结构组织，则需识别连接它们的链，这些链与发生在这个交互中的通信的路径密切相关。必要时，用 UML 的标准衍型和约束来描述链的性质。
- ❑ 按照时间顺序，描述从对象传向对象的消息。必要时，可区分消息的不同类型，并可包括参数和返回值，以表达该交互的必要细节。
- ❑ 为了表达交互的必要细节，还可用每个对象在每个时刻的状态和角色来修饰该对象。

例如，图 16-6 展示了在一个发行和订阅机构语境中进行交互的一组角色（观察者设计模式的一个实例）。图中包括 3 个角色：`p`（`StockQuotePublisher` 的实例）、`s1` 和 `s2`（都是 `StockQuoteSubscriber` 的实例）。该图是一个顺序图，强调消息的时间顺序。

221

【第 19 章讨论顺序图。】

图 16-7 在语义上等同于前者，但它是一幅强调对象的结构组织的通信图。该图展示了与前面相同的控制流，但是它还提供了这些对象之间的链的可视化表示。

【第 19 章讨论通信图。】

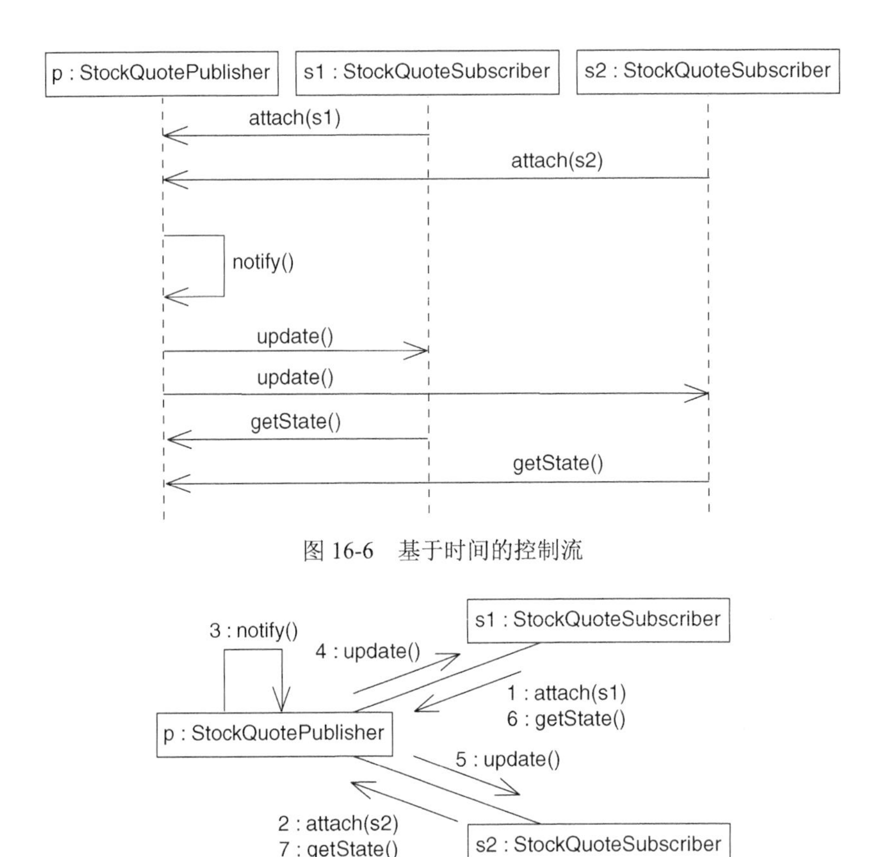

图 16-6　基于时间的控制流

图 16-7　基于结构的控制流

16.4　提示和技巧

在用 UML 对交互建模时，要记住每个交互表示对象群体的动态方面。一个结构良好的交互，应满足如下要求。

222

- 它是简单的，仅包括那些共同工作来完成超出所有这些元素的行为总和的某些行为的对象。
- 它具有清晰的语境，并且能在操作、类或整个系统的语境中表示对象之间的交互。
- 它是有效的，应该在时间和资源的优化平衡下完成它的行为。
- 它是可适应的，在交互中可能变化的元素应该是独立的，以便于修改。
- 它是可理解的，应该是直接而明确的，没有隐蔽的副作用或模糊的语义。

在用 UML 中绘制交互图时，要遵循如下策略。

- 选择交互所强调的重点。既可以强调消息的时间顺序，也可以强调处于对象的结构组织语境中的消息序列。但不能同时强调两者。
- 注意，在独立子序列中的事件只能是偏序关系。每个子序列内部都是有序的，但是不同子序列中的事件的相对时间并不固定。
- 仅显示对于理解该语境中的交互较为重要的对象的特征（如属性值、角色和状态）。
- 仅显示对于理解该语境中的交互较为重要的消息的特征（如参数、并发语义和返回值）。 223

第17章

用况

本章内容

- 用况、参与者、包含和延伸
- 对元素的行为建模
- 用协作来实现用况

没有任何一个系统是孤立存在的。每个有意义的系统都会与为了某些目的而使用该系统的人或自动的参与者进行交互，这些参与者期望系统以可预料的方式运行。一个用况代表一个主题（系统或系统的一部分）的行为，是对一组动作序列的描述，主题执行该动作序列（其中包括变体）来为参与者产生一个可观察的结果值。

可以用用况来描述正在开发的系统想要实现的行为，而不必说明这些行为如何实现。用况为开发者提供了一种途径，使他们与系统的最终用户和领域专家达到共同的理解。另外，用况还帮助我们在开发过程中验证体系结构，并随着系统的演化对系统进行校验。在实现系统时，这些用况是通过协作来实现的，协作中的元素一起工作以完成每一个用况。

结构良好的用况只表示系统或子系统的基本行为，而且既不过于笼统也不过于详细。

17.1 入门

一个经过精心设计的房子，要比用几堵墙简单围起来再撑起一个屋顶来挡风避雨的房子强上百倍。当你和建筑师一起设计房子时，会更仔细地考虑怎样使用房子。如果喜欢招待客人，会考虑到让人们很方便地穿过起居室，避免死角。当你考虑到为家人准备饭菜时，会想到把厨房设计得更易于储藏，更有效地摆放器具。甚至在规划从车库到厨房的路径以便于卸货时，也将影响到最终如何连通房间。如果你有一个大家庭，则还要考虑浴室的使用。及早地在设计中考虑到浴室的数目和设置，会极大地降低早晨家人都忙着上学和上班时所产生的拥挤。如果家中有十来岁的小孩，这个问题显得尤为重要。

225

推断你和你的家人将如何使用房子，是基于用况进行分析的一个例子。你要考虑使用房子的各种方式，而这些使用情况将推进建筑结构。许多家庭对房子有相同的使用情况，如吃饭、睡觉、哺育孩子和保存纪念品。每个家庭也都有自己特殊的使用情况或有这些基本使用情况的不同变种。比如，一个大家庭的需要与一个刚刚走出校门的单身成年人的需要是不同的。正是这些不同极大地影响着房子的最后形状。

创建这样的用况的一个关键因素是不用指定用况是如何被实现的。例如，可以通过在用况中陈述用户与系统如何交互来描述一个 ATM 系统的行为，而完全不必知道 ATM 内部的任何东西。用况说明想要的行为，而不说明行为是如何被执行的。这样做的最大好处是让你（作为最终用户和领域专家）与你的开发者（建造系统以满足你的需求的人）之间不必为细节所累。当然，将来肯定会考虑这些细节，但用况使你把焦点集中在对你最具风险的问题。

在 UML 中，所有这些行为都可以建模为用况，而用况的描述可以独立于它们的实现。一个用况是对一组动作序列（包括变体）的描述，主题执行这些动作序列来为参与者产生一个可观察的结果值。这个定义中有许多重要的部分。

在系统层次上，一个用况描述一组序列。每一个序列表示系统外部的事物（系统的参与者）与系统本身（和它的关键抽象）的交互。这些行为实际上是系统级的功能，用来可视化、详述、构造和文档化在需求获取和分析过程中所希望的系统行为。一个用况描述了系统的一个完整的功能需求。例如，银行的一个重要的用况是处理贷款。

【第 16 章讨论交互，第 6 章讨论需求。】

226

用况包含参与者与系统或者其他主题的交互。参与者表示用况的使用者在与这些用况进行交互时所扮演的角色的一个紧密的集合。参与者可以是人或自动的系统。例如，在对一个银行建模时，处理一笔贷款涉及顾客与贷款员之间的交互。

用况可以有变体。在所有有趣的系统中，将发现作为其他用况的特化版本的用况，被包含在其他用况中作为其中一部分的用况，以及延伸其他核心用况的行为的用况。可以按照这 3 种关系来组织一组用况，从而分解出其中的公共的、可复用的行为。例如对一个银行建模时，在处理贷款的基本用况中有许多变体，如处理大型抵押贷款与处理小型的商务贷款是不同的。然而，这些用况在某种程度上共享了公共的行为，如审查顾客贷款资格的用况是处理任何一种贷款都有的行为。

用况要完成一些确定的工作。从一个给定的参与者的角度看，用况将完成一些对参与者有价值的事情，如计算结果、产生一个新的对象或改变另一个对象的状态。在对银行建模的例子中，处理一笔贷款将导致发放一项已被批准的贷款，把一大笔钱交到客户手中。

用况可以应用于整个系统，也可以应用于系统的一部分，包括子系统，甚至单个的类和接口。在各种情况下，这些用况不仅代表这些元素被期望的行为，而且还可以作为这些元素在开发过程中演化时的测试用例的基础。应用于子系统的用况是回归测试的极好的来源；应用于整个系统的用况，是集成测试和系统测试的极好的来源。UML 提供了用况和参与者的图形表示法，如图 17-1

所示。这种表示法允许忽略用况的实现来可视化这个用况以及与其他用况的语境。

【第 32 章讨论子系统，第 4 章和第 9 章讨论类，第 11 章讨论接口。】

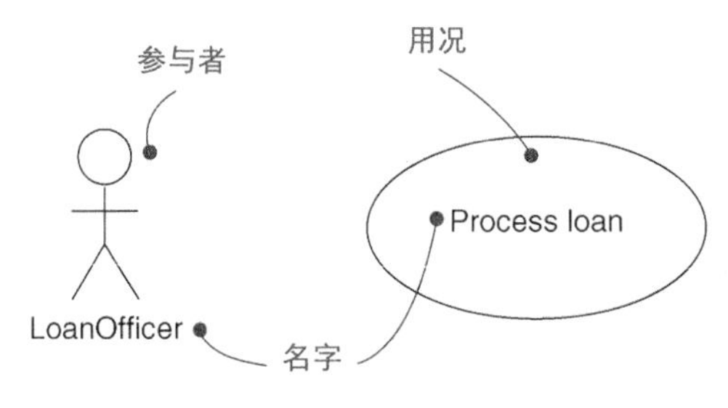

227

图 17-1　参与者与用况

17.2　术语和概念

用况（use case）是对一组动作序列（其中包括变体）的描述，系统执行这些动作序列来为参与者产生一个可观察的结果值。在图形上，用椭圆表示用况。

【用况的表示法与协作的表示法相似，这在第 28 章讨论。】

17.2.1　主题

主题（subject）是由一组用况所描述的一个类。这个类通常是一个系统或者子系统。用况描述了这个类的行为方面。参与者则表示与该主题交互的其他类的方面。放在一起来看，用况描述了主题的完整行为。

17.2.2　名称

每个用况都必须有一个区别于其他用况的名称。名称（name）是一个文字串。单独的名称叫作简单名（simple name），在用况名前面加上它所属的包的名称为受限名（qualified name）。用况通常仅显示它的名称，如图 17-2 所示。

【用况的名称在包含它的包中应是唯一的，这在第 12 章讨论。】

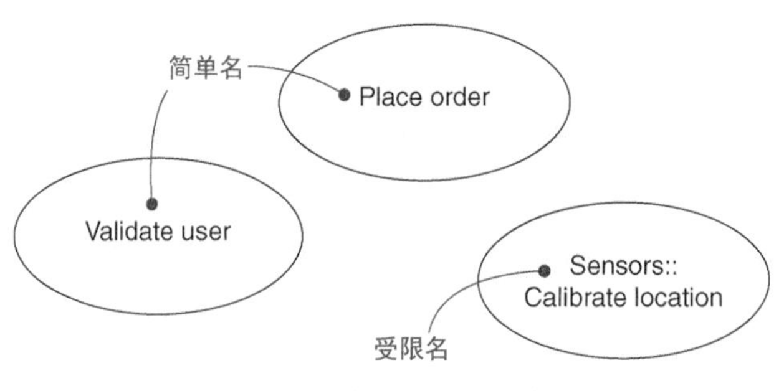

图 17-2　简单名与受限名

注解　用况名可以是一个文字串，其中包括任意数目的字母、数字和大多数标点符号（冒号除外，它用来将类名与它所属于的包的名称分隔开来），并且可以连续多行。在实际应用中，用况的名称是简短的主动语态动词短语，用来命名被建模的系统的词汇表中的某些行为。

228

17.2.3　用况与参与者

参与者表示用况的使用者在与这些用况进行交互时所扮演的角色的一个紧密的集合。通常，参与者代表人、硬件设备或者甚至另一个系统所扮演的角色。例如，如果你在银行工作，你可能是一个贷款员（LoanOfficer）；如果你又在那里有私人的银行业务，那么你同时也扮演一名客户（Customer）的角色。所以，参与者的一个实例代表以一种特定的方式与系统进行的单独的交互。尽管在模型中使用参与者，但参与者实际上并不是系统的一部分。它们存在于系统之外的周围环境。

在一个运行系统中，参与者并不一定作为独立的实体存在。一个对象可以扮演多个参与者。例如，一个 Person 可以既是 LoanOfficer 又是 Customer。参与者代表了对象的一个方面。

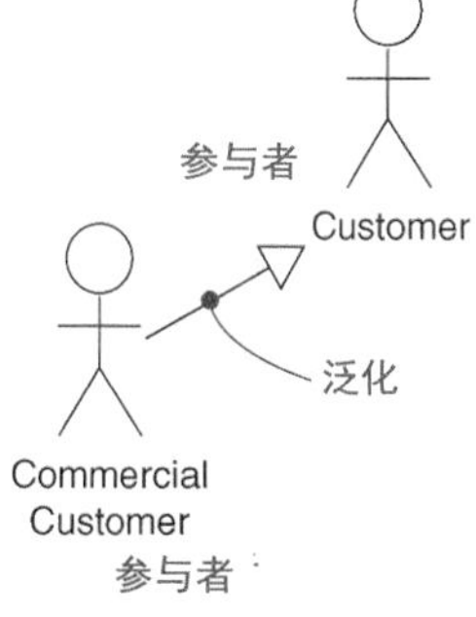

图 17-3　参与者

如图 17-3 所示，参与者用人形图符表示。可以定义参与者的一般种类（如 Customer）并通过泛化关系将它们特殊化（如 CommercialCustomer）。

【第 5 章和第 10 章讨论泛化。】

注解　可以用 UML 提供的扩展机制来将参与者衍型化，以提供一个不同的图标，这个图标可能对你的意图呈现更好的可视化提示。【第 6 章讨论衍型。】

参与者仅通过关联与用况相连，一个参与者和一个用况之间的关联表示两者之间的通信，任何一方都可发送和接收消息。【第 5 章和第 10 章讨论关联关系，在第 16 章讨论消息。】

229

17.2.4　用况与事件流

用况描述的是一个系统（或一个子系统、类、接口）做什么（what），而不是说明它怎么做（how）。在建模时，重要的是区分清楚外部与内部视图的界限。

可以通过用足够清晰的、外部人员很容易理解的文字描述一个事件流，来说明一个用况的行为。书写这个事件流时，应该包含用况何时以及怎样开始和结束，用况何时和参与者交互，交换了什么对象，以及该行为的基本流和可选择的流。

例如，在 ATM 系统中，描述一个用况 ValidateUser 可以采用以下方式。

- 主事件流：在系统提示顾客输入 PIN 编号时，用况开始。顾客通过按键输入 PIN 号。

顾客按“输入”按钮确认登录。系统校验这个 PIN 号是否有效。如果有效，系统承认这次登录，该用况结束。

- 异常事件流：顾客可以在任何时间通过按“取消”按钮取消一个事务，这样，该用况重新开始。顾客的账户未发生改变。
- 异常事件流：顾客可以在确认之前的任何时刻清除 PIN 号，并重新输入一个新的 PIN 号。
- 异常事件流：如果顾客输入了一个无效的 PIN 号，用况重新开始。如果连续 3 次无效，系统将取消整个事务，并在 60 秒内阻止该顾客与 ATM 进行交易。

注解　可以用许多方式来说明一个用况的事件流，包括非形式化的结构化文字（如上例）、形式化的结构化文字（使用前置条件或后置条件）、状态机（特别是用于反应式系统）、活动图（特别是用于工作流）以及伪码。

230

17.2.5　用况与脚本

通常，会先用文字来描述一个用况的事件流。然而，随着对系统需求的理解进一步精化，也会想用交互图以图形化的方式来说明这些流。一般将用一个顺序图来说明一个用况的主流，并用这种图的一些变体来说明该用况的异常流。

【交互图包括顺序图和通信图，这在第 19 章讨论。】

将主事件流与可选流分开描述是合适的，因为用况描述的是一组序列，而不只是一个单独的序列，将一个用况的全部细节仅用一个序列来表达是不可能的。例如，在一个人力资源系统中有一个用况为 `Hire employee`。这种一般的业务功能可能会有许多变体。可能会从另一家公司雇佣一个人（这是最常见的脚本）；也可能从一个分部调配一个人到另一个分部（常见于跨国公司中）；或者，也可能雇佣一个外国人（此脚本包含它自身的特殊规则）。这些变体中的任一个都可被表示在另外一个序列中。

这个用况（`Hire employee`）实际上描述了一组序列，其中每个序列通过所有这些变体代表一个可能的流。每个序列被称作一个脚本。脚本是一个表示行为的特定动作序列。脚本对于用况，相当于实例对于类，也就是说一个脚本基本上是用况的一个实例。

【第 13 章讨论实例。】

注解　从用况到脚本含有扩充的因素。一个比较复杂的系统可能包含几十个表示行为的用况，而每个用况可能扩充为几十个脚本。对于每个用况，都可以发现主要脚本（定义基本序列）和次要脚本（定义可选择序列）。

17.2.6　用况与协作

用况捕获被开发的系统（或子系统、类或接口）想要实现的行为，而不必说明这些行为是怎样实现的。行为与实现的分离非常重要，因为系统分析（说明行为）应尽可能地不涉及实现问题（说明行为如何被完成）。然而，最后还是要实现用况，通过创建由一起工作以实现这个用况的行为的类和其他元素所构成的群体来实现用况。这组元素的群体，既包括静态的结构也包括动态的结构，在 UML 中被建模为一个协作。 231 【第 28 章讨论协作。】

如图 17-4 所示，通过协作可以显式地说明用况的实现。因为在大多数情况下，一个给定的用况恰好是通过一个协作实现的，所以不必在模型中显式地对这个关系建模。

【第 9 章和第 10 章讨论实现。】

注解　尽管可以不在图中显式地可视化这种关系，但所使用的管理模型的工具可能会维持这种关系。

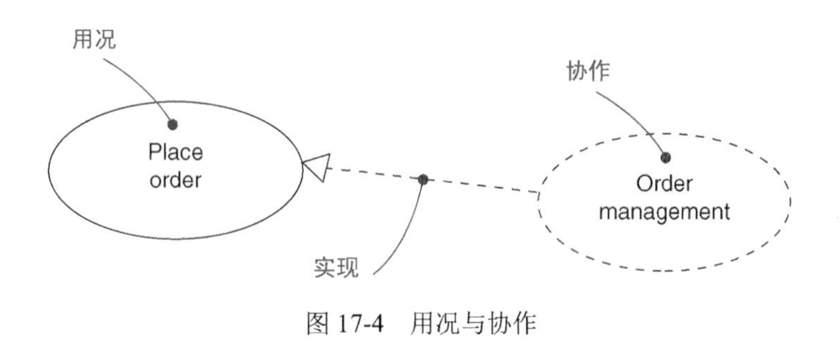

图 17-4　用况与协作

注解　寻找能够满足系统的所有用况中说明的事件流的最小的结构良好的协作集合，是一个系统的体系结构的焦点。　【第 2 章讨论体系结构。】

17.2.7　组织用况

可以采用与把类组织到包中相同的方式，将用况组织到包中。　【第 12 章讨论包。】

也可以通过描述用况之间的泛化、包含和延伸关系来组织用况。可以应用以上这些关系来分解公共的行为（通过从它所包含的其他用况中提取这样的行为）和分解变体（把这样的行为放入延伸它的其他用况中）。 232

用况之间的泛化关系就像类之间的泛化关系一样。子用况继承父用况的行为和含义；子用况还可以增加或覆盖父用况的行为；子用况可以出现在父用况出现的任何位置（父和子均有具体的实例）。例如在一个银行系统中，有一个用况 `Validate User`，用来验证用户的身份。它有两个特殊的子用况（`Check Password` 和 `Retinal Scan`），它们都有父用况 `Validate User` 那样的行为，并且可以出现在父用况出现的任何地方，它们还添加了它们自己的行为（前者检查文字密码，后者检查用户独特的视网膜模式）。如图 17-5 所示，用况间的泛化关系用一条带有大的空心三角形箭头的有向实线表示，就像类之间泛化关系的表示法一样。

【第 5 章和第 10 章讨论泛化。】

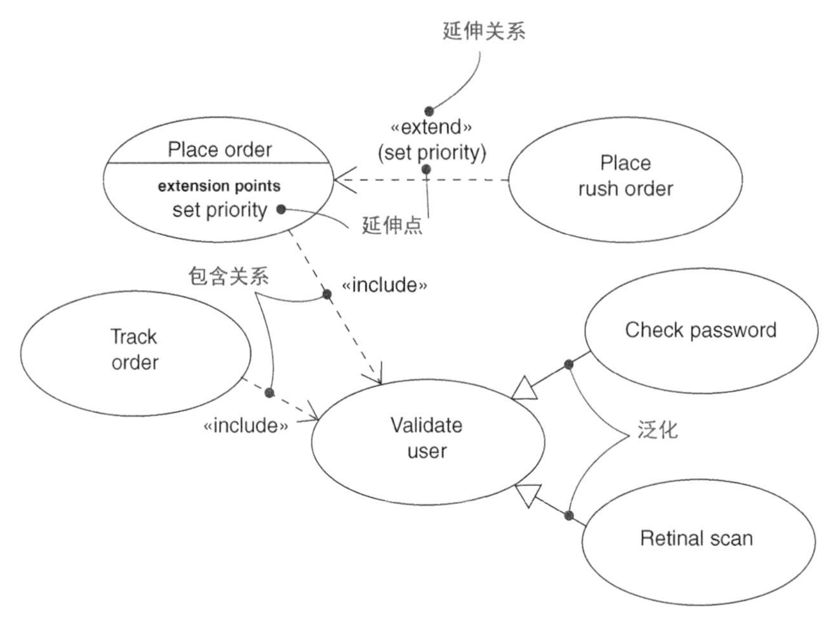

图 17-5　泛化、包含和延伸

用况之间的包含关系表示基用况在它内部说明的某一位置上显式地合并了另一个用况的行为。被包含的用况从不孤立存在，仅作为某些包含它的更大的基用况的一部分出现。可以把包含关系想象为基用况从供应者用况中提取行为。

233

运用包含关系，通过把公共的行为放到它自己的一个用况中（该用况被一个基用况所包含），可以避免多次描述相同的事件流。包含关系本质上是一个委派的例子，可以获得系统的一组职责并在一个地方（即被包含的用况）来描述它，然后，每当系统的所有其他部分（其他的用况）需要使用这些功能时就去包含这个新的职责聚合。

可以把包含关系表示成一个其衍型为 `include` 的依赖关系。为了在事件流中表明基用况包含另一个用况的行为的位置，只需在这一点简单地写一个 `include`，后面跟着被包含的用况的名称即可，例如下面的 `Track order` 用况。

【第 5 章和第 10 章讨论依赖关系，第 6 章讨论衍型。】

```
Track order:
  获取和校验订单号;
  include 'Validate user';
  对于订单中的每一部分,
    查询订单状态;
  向用户报告全部状态。
```

注解 UML 没有预先定义用来表示用况脚本的表示法。此处的语法是一种结构化的自然语言。有几位作者建议非形式化的表示法是最适宜的，因为不应该把用况作为自动生成代码的严格规约；其他人认为应该给出形式化的表示法。

用况之间的延伸关系意味着，基用况在由延伸用况间接指出的一个位置上隐式地合并了延伸用况的行为。基用况可以单独存在，但是在一定的条件下，它的行为可以被另一个用况的行为所延伸。基用况只能在它的某些确定的点上被延伸，这种点叫延伸点。可以将延伸关系理解为延伸用况把行为放入基用况中。

234

延伸关系用来对用户可能视为可选系统行为的用况的一部分建模。通过这种方式，可以把可选的行为从必需的行为中分离出来。使用延伸关系还可以描述一个只有在给定条件下才能执行的独立的子流。最后，还可以用延伸关系对一些可在某一确定点被插入，并通过与参与者显式地交互而进行控制的流建模。也可以用扩展关系来区分可实现系统的可配置部分。这就意味着有没有扩展系统都能存在。

可以把延伸关系表示为一个其衍型为 extend 的依赖关系。可以在一个附加栏里列出基用况的延伸点，这些延伸点其实就是在基用况的流中出现的标号。例如，流 Place order 可以像下面这样读。

【第 5 章和第 10 章讨论依赖关系，第 6 章讨论衍型和附加栏。】

```
Place order:
  include 'Validate user';
  收集用户的订单项;
  set priority: 延伸点;
  呈交待处理的订单。
```

在这个例子中，set priority 就是一个延伸点。一个用况可以有多个延伸点（可出现多次），并且总是与名字匹配。正常情况下，这个基用况是在不考虑订单的优先级的情况下执行的。然而，如果这是一个优先订单的实例，基用况流将会按照上面的叙述执行。但是在延伸点（set priority）上，延伸用况（Place rush order）的行为将被执行，然后流将继续。如果有多个延伸点，延伸用况将会按其顺序简单地插入流中。

注解 通过提取公共行为（包含关系）和区分变体（延伸关系）来组织用况，这对于为系统创建一个简单、平衡和易于理解的用况集合是很重要的。

17.2.8 其他特性

用况是一种类目，所以它可以像类一样具有属性和操作。可以把这些属性想象为用况中需要描述其外部行为的对象。类似地，可以把这些操作想象成需要描述其事件流的系统的动作。这些对象和操作可以在交互图中用来描述用况的行为。

【第 4 章讨论属性和操作，第 22 章讨论状态机。】

235 作为类目，也可以为用况附加上状态机。状态机是描述用况所代表的行为的另一种方式。

17.3　常用建模技术

对元素的行为建模

用况最常见的使用方式是对元素的行为建模，不论该元素是整个系统、一个子系统或是一个类。在对这些事物的行为建模时，重要的是关心元素做什么，而不是怎么做。

【第 32 章讨论系统和子系统，第 4 章和第 9 章讨论类。】

以这种方式把用况应用于元素是重要的，理由有三：第一，通过用况对元素的行为建模，可以向领域专家提供一种说明元素的外部视图的方法，达到开发者足以利用它来构造其内部视图的程度。用况为领域专家、最终用户和开发者提供了一个相互交流的论坛。第二，用况为开发者提供了一种认识和理解元素的途径。系统、子系统或类可能很复杂，充满了操作和其他部件。通过说明一个元素的用况，就可以帮助这些元素的使用者根据他们将如何使用这些元素来直接地认识它们。如果没有这些用况，用户将不得不自己搞清楚怎样使用这些元素。用况可以让一个元素的作者就如何使用这个元素交流他们的意图。第三，用况为开发期间随着演化而测试每个元素提供了基础。通过不断地从用况导出测试并加以应用，可以不间断地校验它的实现。这些用况不仅为回归测试提供了依据，而且每当向一个元素中加入新的用况时，还可以促使我们审视实现是否能确保这个元素易于修改。如果不是，就必须适当地调整体系结构。

对元素的行为建模，要遵循如下策略。

- 识别与这个元素交互的参与者。候选参与者包括：需要某些行为来执行其任务的小组，或者需要直接或间接地完成这个元素功能的小组。
- 通过识别一般的或较特殊的角色来组织参与者。
- 对于每个参与者，考虑它与这个元素进行交互的主要方式，还要考虑改变这个元素的状态或环境的交互，以及涉及对某些事件响应的交互。
- 考虑每个参与者与这个元素进行交互的异常的方式。
- 236 把这些行为组织为用况，利用包含关系和延伸关系分解公共行为，并区分异常的行为。

例如，一个零售系统将与顾客进行交互。顾客发出和跟踪订单，而系统将装运货物，并通告顾客付账。如图 17-6 所示，可以通过把这些行为声明为用况（Place order、Track order、Ship order 和 Bill customer）来对系统的行为建模。公共的行为（Validate customer）可以被分解出来，变体（Ship partial order）也被区分开来。对每个用况可以建立一个行为规约，既可以通过文字、状态机，也可以通过交互来表示。

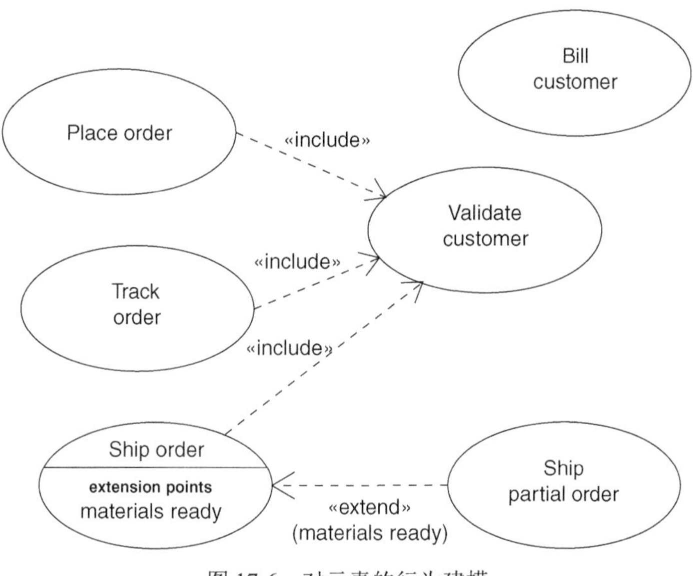

图 17-6　对元素的行为建模

随着模型越来越大，会发现有许多用况应该簇集在一起形成一些概念和语义上相关的组。在 UML 中，用包来对这些类簇建模。 【第 12 章讨论包。】

17.4　提示和技巧

在用 UML 对用况建模时，每个用况应该表示系统或其局部的可区分和可标识的行为。一个结构良好的用况，应满足如下要求。

237

- 为系统或其局部中单个的、可标识的和合理的原子行为命名。
- 通过从它所包含的其他用况中提取公共的行为，来分解出公共行为。
- 通过把这些行为放入延伸它的其他用况中，来分解出变体。
- 清晰地描述事件流，足以使局外人轻而易举地理解。
- 是通过说明该用况的正常语义和变体语义的最小脚本集来描述的。

在用 UML 绘制一个用况时，要遵循如下策略。

- 只表现那些对于理解系统或其局部在其语境中的行为比较重要的用况。
- 只表现那些与这些用况有关的参与者。

238

第 18 章

用况图

本章内容

- ❑ 对系统的语境建模
- ❑ 对系统的需求建模
- ❑ 正向工程与逆向工程

UML 中的用况图是对系统的动态方面建模的 5 种图之一（对系统的动态方面建模的其他 4 种图是活动图、状态图、顺序图和通信图）[①]。用况图是对系统、子系统或类的行为进行建模的核心。每张图都显示一组用况、参与者以及它们之间的关系。

【第 20 章讨论活动图，第 25 章讨论状态图，第 19 章讨论顺序图和通信图。】

用况图用于对系统的用况视图建模。多数情况下包括对系统、子系统或类的语境建模，或者对这些元素的行为需求建模。

用况图对可视化、详述和文档化一个元素的行为是很重要的，它们通过呈现元素在语境中如何被使用的外部视图，使系统、子系统和类易于探讨和理解。另外，用况图对通过正向工程来测试可执行的系统和通过逆向工程来理解可执行的系统也是很重要的。

18.1 入门

假设别人递给你一个盒子，在盒子的一面上有一些按钮和一个小小的液晶显示器。除了这些，盒子上没有任何说明信息，你甚至得不到一点关于如何使用它的暗示。那么你只能随机地按动按钮，并观察会发生什么。若不经过许多次的尝试和实验，就很难立即说出这盒子是干什么的或如何正确使用它。

239

软件密集型系统也是这样。如果你是一位用户，人家可能交给你一个应用系统让你去使用。如果这个系统遵循你所熟悉的操作系统的一般使用惯例，那你可以勉强用它来做一些有用的事，但你不可能以这种方式理解其更复杂、更精细的行为。类似地，如果你是一位开发者，人家可能

① 作者的原文如此。UML2 还有另外两种用来对系统的动态方面建模的图，即交互概览图和时序图，并且将 UML1 的“状态图”改称“状态机图”。在本书后面某些章也存在着同样的问题，不再重复指出。——译者注

会交给你一个遗产系统或一组构件让你去使用。在你对它们的用法形成一个概念模型之前，你很难立即知道如何使用哪些元素。

在 UML 中，用况图用于对系统、子系统或类的行为进行可视化，使用户能够理解如何使用这些元素，并使开发者能够实现这些元素。如图 18-1 所示，可提供一个用况图来对蜂窝网移动电话（手机）的行为进行建模。

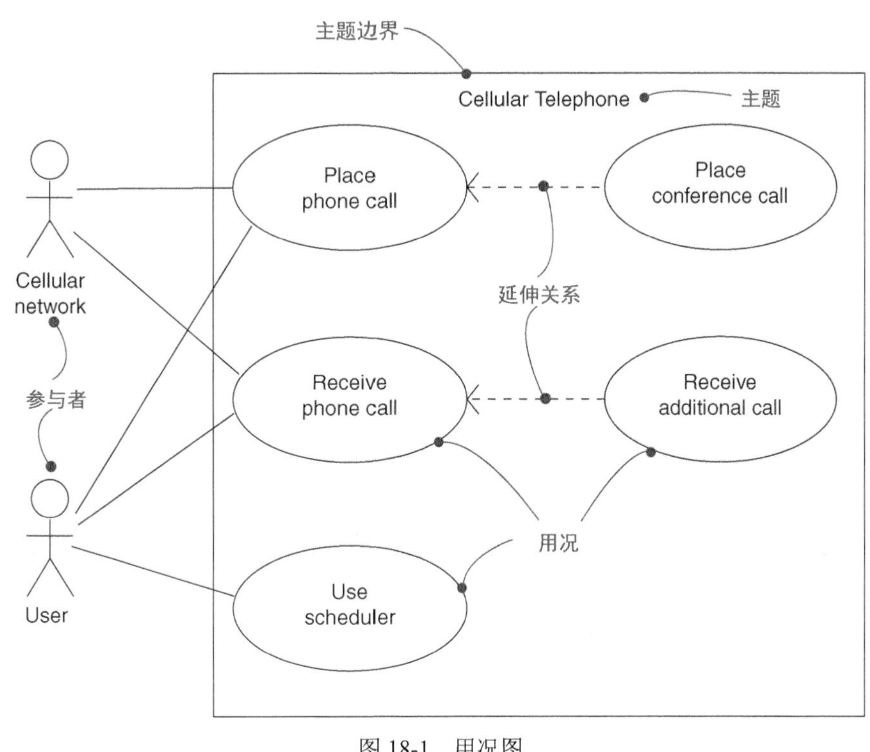

图 18-1　用况图

240

18.2　术语和概念

用况图（use case diagram）是表现一组用况、参与者以及它们之间关系的图。

18.2.1　公共特性

用况图只是图的一种特殊类型，它具有与所有其他图一样的公共特性，即一个名字以及投影到模型上的图形化的内容。用况图与其他各种图不同的是其特殊的内容。【第 7 章讨论图的一般特性。】

18.2.2　内容

用况图通常包括：

- 主题；
- 用况；
- 参与者；
- 依赖、泛化以及关联关系。

与所有其他图一样，用况图可以包含注解和约束。

用况图还可以含有包，用来将模型中的元素组合成更大的组块。偶尔，尤其是要把一个特殊的执行系统可视化时，还可以把用况的实例放到图中。

【第 17 章讨论用况和参与者，第 5 章和第 10 章讨论关系，第 12 章讨论包，第 13 章讨论实例。】

18.2.3　表示法

把主题表示为一个矩形，其中包含一组表示用况的椭圆，主题的名字标在矩形内。用人形图表示参与者，放在矩形外面，名字放在其图符的下方。从参与者图符到与之通信的用况椭圆之间用线条连接。用况之间的关系（如延伸和包含）画在矩形之内。

241

18.2.4　一般用法

用况图用于对诸如系统这样的主题的用况视图进行建模。这个视图主要对主题的外部行为（即该主题在它的周边环境的语境中所提供的外部可见服务）建模。【第 2 章讨论用况视图。】

当对主题的用况视图建模时，通常会用以下两种方式之一来使用用况图。

（1）对主题的语境建模：对一个主题的语境建模，包括围绕整个系统画一个框，并声明有哪些参与者位于系统之外并与它进行交互。在这里，用况图说明了参与者以及他们所扮演的角色的含义。

（2）对主题的需求建模：对一个主题的需求进行建模，包括说明这个主题应该做什么（从主题外部的视点来看），而不考虑主题应该怎样做。在这里，用况图说明了主题所希望的行为。在这种方式下，用况图使我们把整个主题看作一个黑盒子；可以观察到主题外部有什么，主题对那些外部事物的反应，但却看不到主题内部是如何工作的。【第 4 章和第 6 章讨论需求。】

18.3　常用建模技术

18.3.1　对系统的语境建模

给定一个系统（任意系统），会有一些事物存在于它内部，一些事物存在于它的外部。例如，在一个信用卡验证系统中，账户、事务处理和欺诈行为检测代理均存在于系统内部，而像信用卡顾客和零售机构这样的事物则存在于系统的外部。存在于系统内部的事物的职责是完成系统外部事物期望系统提供的行为。所有存在于系统外部并与系统进行交互的事物构成了该系统的语境，语境定义了系统存在的环境。

242

用 UML 的用况图对系统的语境进行建模，所强调的是围绕在系统周围的参与者。决定什么作为参与者是重要的，因为这样做说明了与系统进行交互的一类事物。决定什么不作为参与者也同样重要，甚至更为重要，因为它限定了系统的环境，使之只包含那些在系统的生命周期中所必需的参与者。【第 32 章讨论系统。】

对系统的语境建模，要遵循如下策略。

- 决定哪些行为是系统的一部分以及哪些行为是由外部实体所执行的，以此识别系统边界。这也同时定义了主题。
- 考虑以下几组事物来识别系统周围的参与者：需要从系统中得到帮助以完成其任务的组；执行系统的功能时所需要的组；与外部硬件或其他软件系统进行交互的组；为了管理和维护而执行某些辅助功能的组。
- 将彼此类似的参与者组织成一般-特殊层次结构。
- 在需要加深理解的地方，为每个参与者提供一个衍型。

将这些参与者放入用况图中，并说明从每个参与者到系统的用况之间的通信路径。

例如，图 18-2 显示了一个信用卡验证系统的语境，它强调围绕在系统周围的参与者。其中有顾客（`Customer`），分为两类：个人顾客（`Individual customer`）和团体顾客（`Corporate customer`）。这些参与者是人与系统交互时所扮演的角色。在这个语境中，还有表示其他机构的参与者，如零售机构（`Retail institution`）（顾客通过该机构刷卡，购买商品或服务）、主办财务机构（Sponsoring financial institution）（负责信用卡账户的结算服务）。在现实世界中，后两个参与者本身就可能是一个软件密集型系统。

243

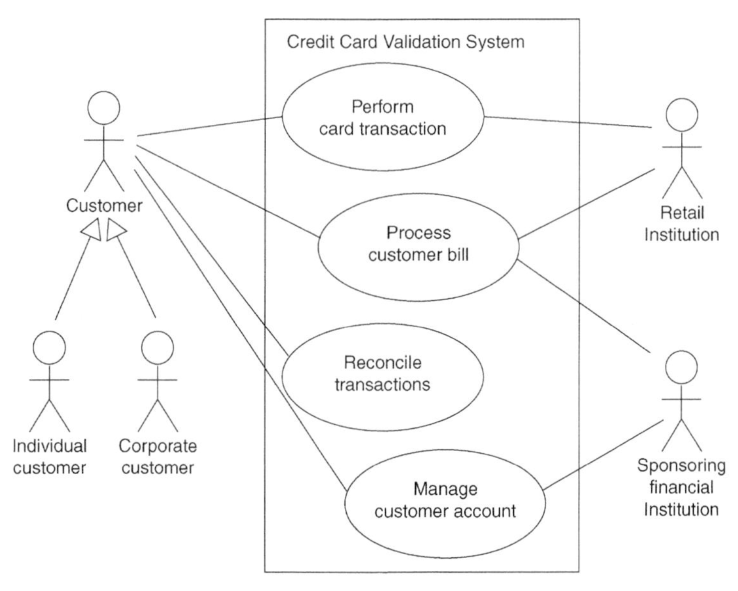

图 18-2　对系统的语境建模

同样的技术也用于对子系统的语境建模。处于某一抽象层次上的系统常常是处于更高抽象层次上的一个更大的系统的子系统。因此，在建造由若干相互连接的系统构成的大系统时，对子系统的语境建模是非常有用的。【第 32 章讨论子系统。】

18.3.2　对系统的需求建模

需求是系统的设计特征、特性或行为。陈述系统的需求，相当于陈述系统外部的事物与系统之间建立的一份合约，该合约声明了希望系统做什么事。在大多数情况下，并不关心系统怎么做，只关心它做什么。一个行为良好的系统能够可信地、可预料地和可靠地完成其所有的需求。当建造一个系统时，重要的是以关于系统应该做什么的协定为起始点，尽管当迭代地、增量地实现系统时，对那些需求的理解肯定还会演化。类似地，当把一个系统交付使用时，知道它将怎样行动是正确使用它的关键。

244

可以用各种形式表达需求，从非结构化的文字到形式语言的表达式，以及介于二者之间的其他任意形式皆可。大多数（如果不是全部的话）系统的功能需求都可以表示成用况，UML 的用况图对管理这些需求是不可缺少的。【可以用注解来陈述需求，这在第 6 章讨论。】

对系统的需求建模，要遵循如下策略。

- 通过识别系统周围的参与者来建立系统的语境。
- 对于每个参与者，考虑它期望的或需要系统提供的行为。
- 把这些公共的行为命名为用况。
- 分解公共行为，放入新的用况中以供其他的用况使用；分解异常行为，放入新的用况中以延伸较为主要的控制流。
- 在用况图中对这些用况、参与者以及它们的关系进行建模。
- 用陈述非功能需求的注解或约束来修饰这些用况，可能还要把其中的一些附加到整个系统。

图 18-3 是对上一个用况图的扩充。尽管没有画出参与者与用况之间的关系，但加入了额外的用况，这些用况对于一般的顾客不可见，但仍是系统的基本行为。这张图是有价值的，因为它为最终用户、领域专家以及开发者提供了一个共同的起点，以便可视化、详述、构造和文档化他们关于系统的功能需求的决策。例如，检测信用卡欺诈（Detect card fraud）对于零售机构（Retail institution）和主办财务机构（Sponsoring financial institution）都是很重要的行为。类似地，报告账户的状态（Report on account status）是系统语境中不同机构所需要的另一个行为。

由用况 Manage Network outage 所建模的需求，与所有其他的用况有一点不同，因为它表示的是为保证系统的可靠性和不间断操作所需的辅助行为。

【第 24 章讨论对负载均衡和网络再配置的动态建模。】

一旦确定了用况的结构，就必须描述每个用况的行为。通常要为每个主线情况绘制一个或多个顺序图，然后要为每种变体情况绘制顺序图。最后，为了说明对各种错误和异常情况的处理，至少还要绘制一个顺序图；对错误的处理是用况的一部分，要和正常行为一起考虑。

这一技术同样可以应用于对子系统的需求建模。【第 32 章讨论子系统。】 245

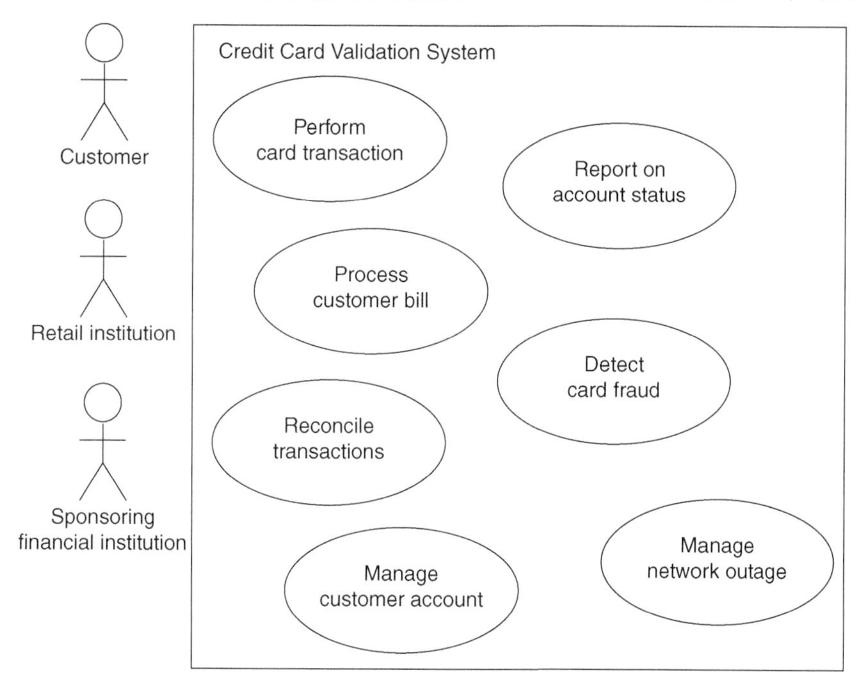

图 18-3　对系统的需求建模

18.3.3　正向工程和逆向工程

UML 中的其他大部分图，包括类图、构件图和状态图，都完全可以在正向工程和逆向工程中选用，因为它们在可执行的系统中有类似之处。用况图则有一点不同，它反映但并不详述一个系统、子系统或类的实现。用况描述元素怎样行动，而不描述该行为如何被实现，所以，不能直接地对它进行正向工程或逆向工程。【第 7 章讨论图，第 17 章讨论用况。】

正向工程（forward engineering）是通过映射到一个实现语言而把模型转换为代码的过程。用况图可通过正向工程，形成对它所应用的元素的测试。用况图中的每个用况说明了一个事件流（或这些流的变体），这些流说明了元素被期望如何行动——这正是值得测试的。一个结构良好的用况甚至说明了前置条件和后置条件，来定义一个测试的初态和它的成功判定标准。对于用况图中的每个用况，都可以创建一个测试用例，每当发布这个元素的新版本时都可以运行它，从而在其他元素使用它之前就保证它能像要求的那样工作。 246

对用况图进行正向工程，应遵循如下策略。

- 识别与系统交互的对象。尝试找出每个外部对象可能扮演的各种角色。

- ❑ 设立参与者，以表示每一种不同的交互角色。
- ❑ 对于图中的每个用况，识别它的事件流和异常事件流。
- ❑ 根据选择的测试深度，为每个流产生一个测试脚本，把流的前置条件作为测试的初态，把流的后置条件作为测试的成功判定标准。
- ❑ 必要时生成一个测试支架来表示每个与用况交互的参与者。把信息传给元素或者是通过元素来执行的参与者都可以被现实世界的等价物模拟或替换。
- ❑ 每次发布用况图描绘的元素时，都用工具来运行相应的测试。

逆向工程（reverse engineering）是通过把特定的实现语言映射成一幅图，来把代码转换为模型的过程。自动地对用况图进行逆向工程，大大地超出了当前的技艺范畴，原因是从说明一个元素如何动作到说明它如何实现，会丢失一些信息。但是，可以研究一个现有的系统，并手工地辨别出它想要实现的行为，然后生成一个用况图。事实上，每当拿到一个没有文档的软件体时，人们正是这样做的。UML 的用况图只是提供一种标准的、表现力强的语言，来陈述你的发现。

对用况图进行逆向工程，要遵循如下策略。

- ❑ 识别与系统进行交互的每一个参与者。
- ❑ 对于每个参与者，考虑它与系统交互的方式——改变该系统的状态或环境，或响应某些事件。
- ❑ 跟踪可执行系统中与每个参与者有关的事件流。从主要的流开始，然后考虑可选择的路径。
- ❑ 通过声明一个相应的用况，将相关的流簇集在一起。考虑用延伸关系对变体建模，用包含关系对公共的流建模。
- ❑ 将这些参与者和用况放入一个用况图中，并建立它们之间的关系。

247

18.4 提示和技巧

在用 UML 创建用况图时，应当记住每个用况图只是系统的静态用况视图的一个图形化表示。也就是说，一个单独的用况图不必捕捉系统的用况视图的所有事情。将一个系统的所有用况图收集在一起，就表示该系统的完整的静态用况视图，每一个用况图只独自表示了一个方面。

一个结构良好的用况图，应满足如下要求。

- ❑ 关注与系统的静态用况视图的一个方面的通信。
- ❑ 只包含那些对于理解这个方面必不可少的用况和参与者。
- ❑ 提供与它的抽象层次相一致的详细表示，只能加入那些对于理解问题必不可少的修饰（如延伸点）。
- ❑ 没有简化到使读者误解其重要的语义的程度。

当绘制一个用况图时，要遵循如下策略。

- ❑ 给出一个表达其用途的名称。
- ❑ 摆放元素时，尽量减少线的交叉。
- ❑ 从空间上组织元素，使得在语义上接近的行为和角色在物理位置上也接近。
- ❑ 用注解和颜色作为可视化提示，以突出图的重要的特征。
- ❑ 尝试不显示太多的关系种类。一般来说，如果含有很复杂的包含关系和延伸关系，要将这些元素放入另一张图中。

248

第19章

交互图

本章内容

- ❑ 按时间顺序对控制流建模
- ❑ 按组织对控制流建模
- ❑ 正向工程和逆向工程

顺序图和通信图（两者均被称为交互图）是UML中用于对系统的动态方面进行建模的5种图中的两种。交互图表现的是一个交互，由一组对象和它们之间的关系组成，包括它们之间可能传递的消息。顺序图是强调消息时间顺序的交互图，通信图则是强调接收和发送消息的对象的结构组织的交互图。

【UML中用于对系统的动态方面建模的其他3种图是活动图、状态图和用况图。第20章讨论活动图，第25章讨论状态图，第18章讨论用况图。】

交互图用于对系统的动态方面建模。在多数情况下，它包括对类、接口、构件和结点的具体的或原型化的实例以及它们之间传递的消息进行建模，所有这些都在一个阐明行为的脚本的语境中。交互图可以独立地可视化、详述、构造和文档化一个特定的对象群体的动态方面，也可以用来对用况的特定的控制流进行建模。

交互图不仅对一个系统的动态方面建模很重要，而且对通过正向工程和逆向工程构造可执行的系统也是重要的。

249

19.1 入门

当你观看电影胶片放映或电视播放的电影时，你的大脑实际上是在欺骗你自己，其实在放映过程中所看到的并不是像真实生活中那样连续的运动，而是一系列静态的图画，只是放映速度足够快，给你以不间断的运动错觉而已。

当导演和演员在策划一部电影时，他们使用同样的技术，但逼真度更低。通过对关键画面制作故事板，他们为每一场景建立一个模型，其详细程度足以向制作组中的所有人员传达意图。事实上，创建这个故事板是制作过程中的一项主要活动，它可以帮助小组可视化、详述、构造和文档化电影的一个模型，这包括从开始、构造到最后的实施。

在对软件密集型系统建模时，存在类似的问题：如何对它的动态方面建模？想象一下，怎样才能可视化一个运行的系统？如果有一个附在这个系统上的交互式调试器，你可能看到一段内存，并能观察它的内容是如何随着时间变化的。更进一步，甚至可以监视一些感兴趣的对象。随着时间的推移，将看到一些对象的创建，其属性值的改变，以及其中的一些对象的撤销。

【第二部分和第三部分讨论对系统的结构方面建模。】

用这种方法来可视化系统的动态方面，其价值是很有限的，尤其是对于存在多个并发控制流的分布式系统来说，就更是如此。你也可能试图通过观察一段时间内流过一条动脉上某一点的血液，来理解人的循环系统。对系统的动态方面建模的较好方法是建立脚本的故事板，其中包括某些感兴趣的对象之间的交互以及在这些对象之间传递的消息。

可以用 UML 的交互图对这些故事板建模。如图 19-1 所示，建立这些故事板有两种方式：一种方式强调消息的时间顺序，另一种方式则强调进行交互的对象之间的结构组织。用两种方式建立的图具有等价的语义，并且可以从一个图转换为另一个图而不丢失信息。

250

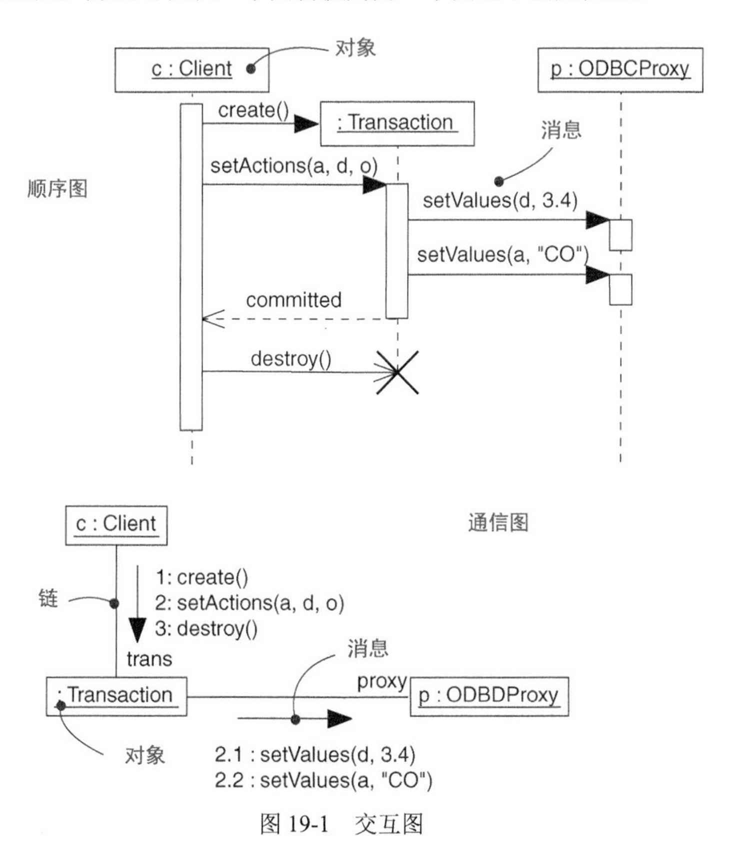

图 19-1　交互图

19.2　术语和概念

交互图（interaction diagram）显示一个交互，由一组对象和它们之间的关系构成，其中包括在对象之间传递的消息。顺序图（sequence diagram）是强调消息的时间顺序的交互图。在图形上，顺序图是一个表，其中显示的对象沿 X 轴排列，而消息则沿 Y 轴按时间顺序排序。通信图（communication diagram）是强调发送和接收消息的对象的结构组织的交互图。在图形上，通信图是顶点和弧的集合。

251

19.2.1　公共特性

交互图只是一种特殊类型的图，它具有与所有其他图相同的公共特征——即一个名称以及投影到一个模型上的图形内容。交互图有别于所有其他图的是它的特殊内容。

【第 7 章讨论图的一般特性。】

19.2.2　内容

交互图一般包括：

- 角色或对象；
- 通信或者链；
- 消息。

【第 13 章讨论对象；第 14 章和第 16 章讨论链；第 16 章讨论消息和交互；第 15 章讨论内部结构；第 28 章讨论协作。】

注解　交互图基本上是在交互中所能见到的元素的投影。交互的语境、对象与角色、链与连接件、消息以及顺序等概念的语义都将应用于交互图。

像所有的其他图一样，交互图也可以包括注解和约束。

19.2.3　顺序图

顺序图强调消息的时间顺序。如图 19-2 所示，形成顺序图时，首先把参加交互的对象或角色放在图的上方，沿水平轴方向排列。通常把发起交互的对象或角色放在左边，较下级对象或角色依次放在右边。然后，把这些对象发送和接收的消息沿垂直轴方向按时间顺序从上到下放置。这样，就向读者提供了控制流随时间推移的清晰的可视化轨迹。

252

顺序图有两个不同于通信图的特征。第一，顺序图有对象生命线。对象生命线是一条垂直的虚线，表示一个对象在一段时间内存在。在交互图中出现的大多数对象存在于整个交互过程中，所以这些对象全都排列在图的顶部，其生命线从图的顶部画到图的底部。

也可以在交互的过程中创建对象，它们的生命线从接收到 `create` 消息时开始（画到生命线顶部的盒子上)。也可以在交互的过程中撤销对象，它们的生命线在接收到 destroy 消息时处结束(并且给出一个大 X 的标记表明对象生命的结束)。

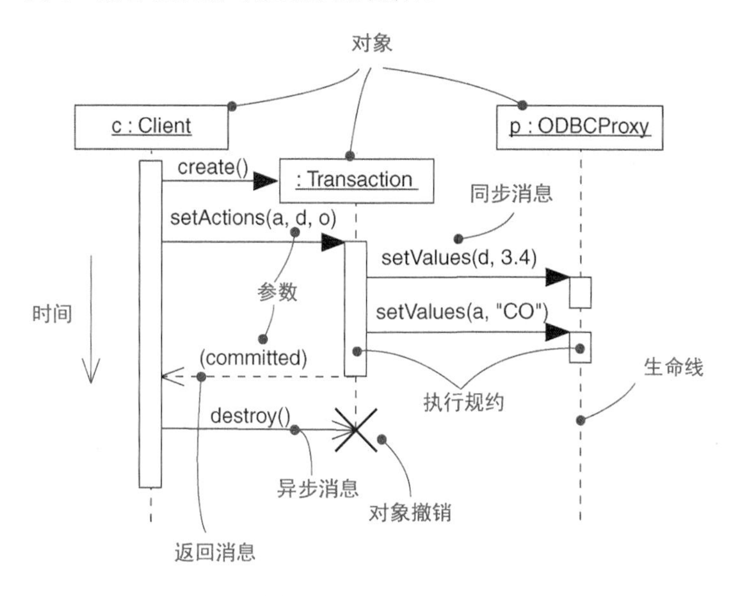

图 19-2　顺序图

如果交互表示特定的个体对象的历史，就把名字带下划线的对象符号放在生命线的顶部。然而，通常要展示的是原型化的交互。此时生命线表示的不是特定的对象，而是原型化的角色，它们代表交互的每个实例中的不同对象。在这种正规的情况下，无须为它们的名字加下划线，因为它们不是特定的对象。

注解　如果一个对象改变它的属性值、状态或角色，则可以在它的生命线上发生变化的那一点放置这个对象图标的一个拷贝，用来显示那些修改。

第二，顺序图有控制焦点[①]。控制焦点是一个瘦高的矩形，表示对象执行一个动作所经历的时间段，既可以是直接执行，也可以是通过下级过程执行。矩形的顶部表示动作的开始，底部表示动作的结束(可以由一个返回消息来标记)。还可以通过将一个控制焦点放在它的父控制焦点的右边来表示(由循环、自身操作调用或从另一个对象的回调所引起的)控制焦点的嵌套(其嵌套深度可以任意)。如果想特别精确地表示控制焦点在哪里，也可以在对象的方法被实际执行(并且控制还没传给另一个对象)期间，将那段矩形区域阴影化，但这也过于注重细节了。

253

顺序图的主要内容是消息。把消息表示为从一条生命线到另一条生命线的箭线，箭线指向接

① 控制焦点(focus of control)是 UML1 对顺序图中这种模型元素的称呼，UML2 改称执行规约(execution specification)。作者在本书的某些地方(例如图 19-2)已经采用了 UML2 的术语，另一些地方(例如此处)仍然沿用 UML 的术语。

收者。如果消息是异步的，则箭线带有一个枝状箭头；如果消息是同步的（调用），则箭线带有实心三角箭头。用带有枝状箭头的虚箭线表示对同步消息的回复（调用返回）。因为每个调用之后都隐含一个返回，所以可以省略返回消息。但要展示返回值，使用返回消息还是有用的。

同一条生命线上的时序是重要的。通常精确的时距并不重要，生命线只表示相对时序，所以生命线不是一个时间标尺。通常，不同生命线上的消息位置并不意味着它们的顺序关系，这些消息可能以任意顺序发生。各个生命线上的消息集合形成一个偏序关系。然而，一系列的消息建立了一个因果链，这样，任何位于链的末端的另一条生命线上的一点总是跟随着位于链开始处的源生命线上的一点。

19.2.4　顺序图中的结构化控制

一系列消息能很好地说明单一的线性的序列，但是通常需要展示条件和循环。有时候想要展示多个序列的并发执行。在顺序图中用结构化控制操作符能展示这种高层控制。

把控制操作符表示为顺序图上的一个矩形区域，其左上角有一个写在小五边形内的文字标签，用来表明控制操作符的类型。操作符作用于穿过它的生命线，这是操作符的主体。如果一条生命线并不在某个控制操作符的覆盖范围之内，那么这条生命线可能在操作符的顶部中断，然后在其底部重新开始。下面是几种最常见的控制类型。

1. 可选执行

标签是 opt。如果进入操作符的时候监护条件成立，那么该控制操作符的主体就会得到执行。监护条件是一个用方括号括起来的布尔表达式，它可能出现在主体内部任何一条生命线的顶端，它可以引用该对象的属性。

254

2. 条件执行

标签是 alt。控制操作符的主体用水平虚线分割成几个分区。每个分区表示一个条件分支并有一个监护条件。如果一个分区的监护条件为真，就执行这个分区。但是，最多只能执行一个分区，如果有多于一个监护条件为真，那么选择哪个分区是不确定的，而且每次执行的选择可能不同。如果所有的监护条件都不为真，那么控制将跨过这个控制操作符而继续执行。其中的一个分区可以用特殊的监护条件[else]，如果其他所有区域的监护条件都为假，那么执行该分区。

3. 并行执行

标签是 par。用水平虚线把控制操作符的主体分割为几个分区，每个分区表示一个并行（并发）计算。通常情况下，不同分区覆盖不同的生命线。当进入控制操作符时并发地执行所有的分区。每个分区内的消息是顺序执行的，但是并行分区之中的消息的相对次序则是任意的。如果不同的计算之间有交互存在，那么就不能用这种操作符。然而，现实世界中大量存在这种可分解为独立、并行活动的情况，因此这是一个很有用的操作符。

4. 循环（迭代）执行

标签是 loop。在主体内的某个生命线的顶端给出一个监护条件。只要在每次迭代之前监护条件成立，那么循环的主体就会重复地执行。一旦在主体顶部中的监护条件为假，控制就会跳过该控制操作符。

还有其他的一些控制操作符类型，但是上文介绍的这些是最有用的。

为了清晰地指出顺序图的边界，通常可以把顺序图用一个封闭的矩形包围起来，并在矩形的左上角放一个标签。标签为 sd，后面可以跟着给出图的名字。

图 19-3 展示了一个简化了的例子，其中有一些控制操作符。用户启动这个序列。第一个操作符是循环操作符，圆括号内的数字(1,3)表示循环主体应当执行的最少次数和最多次数。因为最少是一次，所以在检测条件之前主体至少执行一次。在循环内，用户输入密码，系统验证它。只要密码不正确，那么该循环就会继续。但是，如果超过了三次，那么无论如何循环都会结束。

下一个操作符是可选操作符。如果密码是正确的，那么就执行这个操作符的主体，否则就跳过该顺序图后面的部分。这个可选操作符的主体内还包括了一个并行操作符。正如图 19-3 中所表明的，操作符可以嵌套。

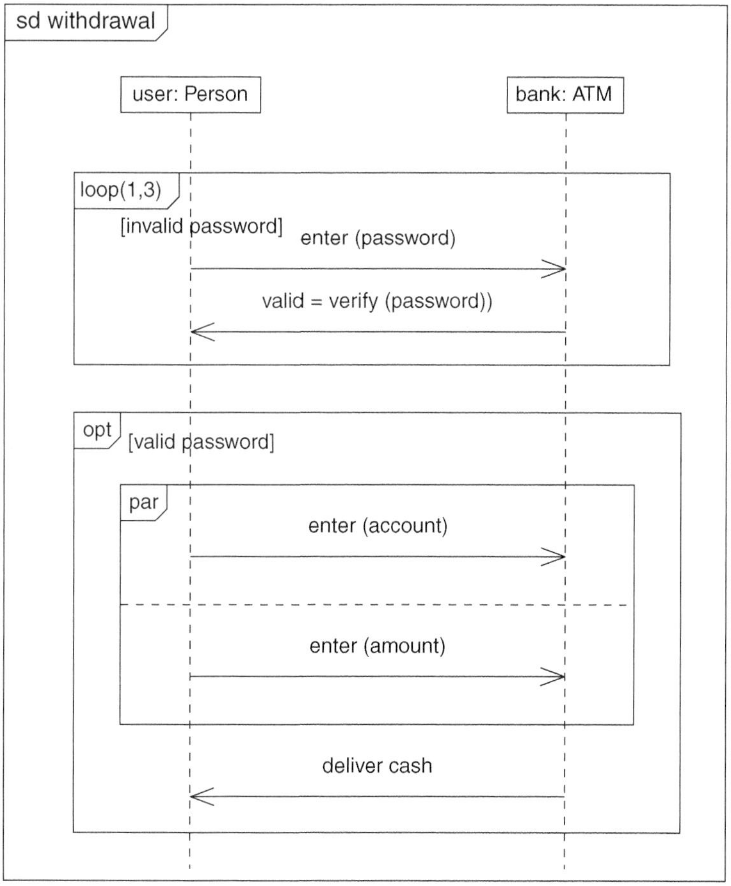

255

图 19-3　结构化控制操作符

并行操作符有两个分区：一个让用户输入账号，另一个让用户输入数额。因为这两个分区是并行的，所以没有规定应该按照什么次序输入这两者，按照什么次序输入都可以。需要强调的是，并发并不总是意味着物理上的同时执行。并发其实是说两个动作没有协作关系，而且可按任意次序发生。如果它们确实是独立的动作，那么它们就可以交叠；而如果它们是顺序的动作，那么它们可以按任意的次序发生。

一旦并行操作符的两个动作都被执行过，那么该并行操作符也就执行完毕。在可选操作符中的下一个动作是银行向给用户交付现金。至此，顺序图执行完毕。 256

19.2.5　嵌套活动图

太大的活动图可能难以理解。可以把活动的结构片段组织为子活动，特别是当子活动在主活动内出现多次时更应该如此。把主活动与子活动分别绘制在不同的图中。在主活动图内，通过用一个左上角带 ref 标签的矩形表示对子活动的引用，子行为的名字放到矩形内。描述子行为不限于使用活动图，也可以使用状态机、顺序图或者其他行为规约。图 19-4 是对图 19-3 的重新组织，把两个片段分别放到两个独立的活动图中，然后在主图中引用它们。

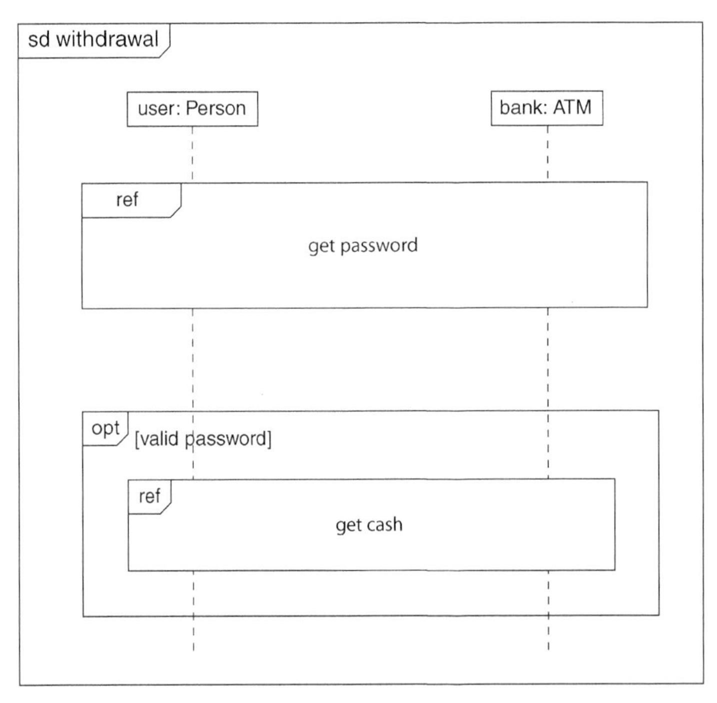

257 图 19-4　嵌套活动图

19.2.6　通信图

通信图强调参加交互的对象的组织。如图 19-5 所示，构造通信图的第一步就是将参加交互的对象作为图的顶点。然后，把连接这些对象的链表示为图的弧，链上可能有标识这些对象的角色名。最后，用对象发送和接收的消息来修饰这些链。这就向读者提供了在协作对象的结构组织语境中观察控制流的一个清晰的可视化轨迹。

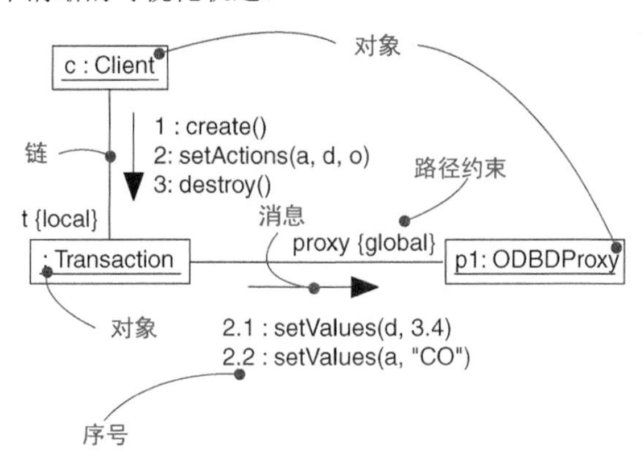

图 19-5　通信图

注解　与顺序图不同，通信图中不能显式地展示对象的生命线，尽管可以展示 create 和 destroy 消息。另外，在通信图中不能显式地展示控制焦点，尽管各消息的序号能够表示嵌套。

通信图有两个不同于顺序图的特征。第一，通信图有路径。可以根据关联画一个路径，也可以根据本地变量、参数、全局变量和自访问呈现路径。路径表示一个对象的知识源。

258

第二，通信图中有序号。为表示消息的时间顺序，可以给消息加一个数字前缀（从 1 号消息开始），在控制流中，每个新消息的序号单调增加（如 2、3 等）。为了显示嵌套，可使用杜威十进分类号（1 表示第一个消息，1.1 表示嵌套在消息 1 中的第一个消息，1.2 表示嵌套在消息 1 中的第二个消息，等等）。嵌套可为任意深度。还要注意的是，沿同一个链，可以显示许多消息（可能发自不同的方向），并且每个消息都各有唯一的序号。

【可以用序号的高级格式来区别并发控制流，这在第 23 章讨论；第 18 章讨论路径衍型；在活动图中更易于描述复杂的分支和迭代，这在第 20 章讨论。】

多数情况下，是对单调的、顺序的控制流建模。然而，也可以对包括迭代和分支在内的更复杂的流建模。迭代表示消息的重复序列。为了对迭代建模，在消息的序号前加一个迭代表达式，如*[i : =1..n]（如果仅想表明迭代，并不想说明它的细节，则只加*号）。迭代表示该消息（以及任何嵌套消息）将按照给定的表达式重复。类似地，条件表示消息执行与否取决于一个布尔表达式的值。对条件建模时，在消息序号前面加一个条件子句，如[x>0]。一个分支点上的多个可选择的路径采用相同的序号，但每个路径必须由不重叠的条件唯一区分。

对于迭代和分支，UML 并没规定括号中表达式的格式，可以使用伪码或一种特定的编程语言的语法。

注解 顺序图中不显式地表示对象之间的链。顺序图中也不显式地表示消息的序号：其序号隐含在从图的顶部到底部的消息的物理次序中。然而，可以用顺序图的控制结构表示迭代和分支。

19.2.7　语义等价

因为顺序图和通信图都来自 UML 的元模型中相同的信息，所以二者在语义上是等价的。因此，它们可以从一种形式换为另一种形式，而不丢失任何信息，这可以从前面的两个插图看出，它们在语义上是等价的[①]。然而，这并不意味着两种图能够显式地可视化同样的信息。例如，在前两幅图中，通信图显示对象之间是如何被链接的（注意{local}和{global}注释），而相应的顺序图则不显示这些；同样，顺序图显示消息的返回（标注返回值 committed），而相应的通信图则不显示这些。在两种情况下，两种图都共享相同的基本模型，但每种图都可以表示另一种图没有表示的某些东西。然而以一种格式输入的模型可能缺少另一种格式所显示的某些信息。所以，尽管基本模型可以包含两种信息，这两种图却可能导致不同的模型。

259

19.2.8　一般用法

交互图用于对系统的动态方面建模。这些动态方面可能涉及系统的体系结构的任意视图中的任何种类的实例的交互，包括类（含主动类）、接口、构件和结点的实例的交互。

【第 2 章讨论体系结构的 5 种视图，第 13 章讨论实例，第 4 章和第 9 章讨论类，第 23 章讨论主动类，第 11 章讨论接口，第 15 章讨论构件，第 27 章讨论结点。】

当使用交互图对系统的某些动态方面建模时，是在整个系统、一个子系统、一个操作或一个类的语境中进行建模。也可以把交互图附在用况（对一个脚本建模）和协作（对一个对象群体的动态方面建模）上。

【第 32 章讨论系统和子系统，第 4 章和第 9 章讨论操作，第 17 章讨论用况，第 28 章讨论协作。】

当对系统的动态方面建模时，通常以两种方式使用交互图。

（1）按时间顺序对控制流建模：此时使用顺序图。按时间顺序对控制流建模，强调按时间展开的消息的传送，这对于在一个用况脚本的语境中对动态行为可视化尤其有用。顺序图对简单的迭代和分支的可视化要比通信图好。

（2）按组织对控制流建模：此时使用通信图。按组织对控制流建模，强调交互中实例之间的结构关系，沿着这些关系可以传送消息。

260

① 原文如此。这里所说的“前面的两个插图”应该是指前面的图 19-2 和图 19-5。——译者注

19.3　常用建模技术

19.3.1　按时间顺序对控制流建模

考虑存在于系统、子系统、操作或者类的语境中的对象。也要考虑参加一个用况或协作的对象和角色。对贯穿这些对象和角色的控制流建模时，使用交互图；当强调按时间展开的消息的传送时，使用交互图的一种，即顺序图。

【第 32 章讨论系统和子系统，第 4 章和第 9 章讨论操作和类，第 17 章讨论用况，第 28 章讨论协作。】

按时间顺序对控制流建模，要遵循如下策略。

- 设置交互的语境，不管它是系统、子系统、操作、类，还是用况或协作的脚本。
- 通过识别有哪些对象在交互中扮演了角色而设置交互的场景。将它们从左到右放在顺序图的上方，比较重要的对象放在左边，它们邻近的对象放在右边。
- 为每个对象设置生命线。在多数情况下，对象存在于整个交互过程中。对于那些在交互期间创建和撤销的对象，在适当的时刻设置它们的生命线，用适当的衍型化消息显式地指明它们的创建和撤销。
- 从引发这个交互的消息开始，在生命线之间画出从顶到底依次展开的消息，显示每个消息的特性（如它的参量）。如果需要，解释交互的语义。
- 如果需要可视化消息的嵌套，或可视化实际计算发生时的时间点，则用控制焦点修饰每个对象的生命线。
- 如果需要说明时间或空间的约束，则用时间标记修饰每个消息，并附上合适的时间和空间约束。【第 24 章讨论时间标记，第 4 章讨论前置条件和后置条件。】
- 如果需要更形式化地说明这个控制流，则为每个消息附上前置条件和后置条件。

一个单独的顺序图只能显示一个控制流（尽管可以用结构控制成分表示结构上的并发）。一般来说，将会有多个交互图，其中一些是主要的，另一些显示的是可选择的路径或例外条件。可以使用包来组织这些顺序图的集合，并给每个图起一个合适的名称，以便与其他图相区别。

【第 12 章讨论包。】　261

例如，如图 19-6 所示的顺序图描述了一个双方打电话的简单的控制流。在这个抽象层次上涉及四个对象：两个通话者 Caller（s 和 r），一个未命名的电话交换机 Switch，还有一个是 c，它是两个通话者之间的交谈（Conversation）的具体化。

这个序列从 Caller（s）发送一个信号（liftReceiver）给对象 Switch 开始。接下去，Switch 给 Caller 发送 setDialTone，而 Caller 迭代地执行消息 dialDigit。注意，就像约束所说明的那样，这个序列不能超过 30 秒。这张图并不表示如果超出这个时间约束会发生什么。如果想表示就需要包含一个分支或一个完全独立的顺序图。对象 Switch 接下去调用它自己以执行 routeCall 操作，然后创建一个 Conversation 对象（c），把剩余的工作分配给它。尽管这个交互中没有显示，但 c 还应在电话付账系统（应在另一个交互图中表示）中负有更多的职责。Conversation 对象（c）发振铃信息 ring()给 Caller（r），后者异步地发送消息 liftReceiver。然后 Conversation 对象告诉 Switch 去接通（connect）电话，并告诉两个 Caller 对象进行 connect，在这之后他们就可以通话了，如附加的注解所示。

【第 21 章讨论信号，第 24 章讨论时间标记，第 6 章讨论约束，第 4 章讨论职责，第 6 章讨论结点。】

262

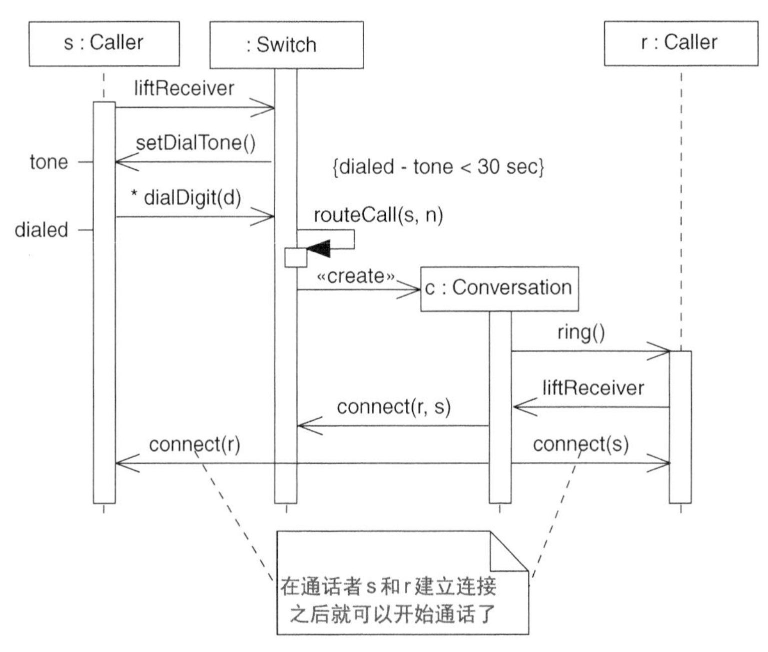

图 19-6　按时间顺序对控制流建模

交互图可以在序列的任意点开始和结束。一个完整的控制流轨迹肯定是相当复杂的，因此将一个较大的流分为几部分放在不同的图中是合理的。

19.3.2　按组织对控制流建模

考虑存在于系统、子系统、操作或者类的语境中的对象，也要考虑参加一个用况或协作的对象和角色。对贯穿这些对象和角色的控制流建模时，使用交互图；当强调它们在结构的语境中的消息的传送时，使用交互图的一种，即通信图。

【第 32 章讨论系统和子系统，第 4 章和第 9 章讨论操作和类，第 17 章讨论用况，第 28 章讨论协作。】

按组织对控制流建模，要遵循如下策略。

- 设置交互的语境，不管它是一个系统、子系统、操作、类，还是用况或协作的脚本。
- 通过识别有哪些对象在交互中扮演了角色而设置交互的场景。将它们作为图的顶点放在通信图中，较重要的对象放在图的中央，它们邻近的对象向外放置。

【第 5 章和第 10 章讨论依赖关系，第 16 章讨论路径约束。】

- 描述这些对象之间可能有消息沿着它传递的链。
- 首先安排关联的链。这些链是最主要的，因为它们代表结构的连接。
- 然后安排其他的链，用合适的路径注释（如 global 和 local）修饰它们，显式地说明这些对象是如何互相联系的。
- 从引发这个交互的消息开始，然后将随后的每个消息附到适当的链上，恰当地设置其序号。用带小数点的编号来显示嵌套。
- 如果需要说明时间或空间约束，则用时间标记修饰每个消息，并附上合适的时间和空间约束。【第 24 章讨论时间标记。】
- 如果需要更形式化地说明这个控制流，则为每个消息附上前置条件和后置条件。

【第 4 章讨论前置条件和后置条件。】

像顺序图一样，一个单独的通信图只能显示一个控制流（尽管你可以用 UML 对迭代和分支的表示法来显示简单的变体）。一般来说，将有多个交互图，其中一些是主要的，另一些显示的是可选择的路径或异常条件。可以使用包来组织这些通信图的集合，并给每个图起一个合适的名称，以便与其他图相区别。【第 12 章讨论包。】

263

例如，图 19-7 所示的通信图描述了学校里登记一个新生的控制流，它强调这些对象间的结构关系。可以看到有 4 个角色：一个登记代理 RegistrarAgent（r），一个学生 Student（s），一个课程 Course（c），和一个未命名的学校角色 School。控制流被显式地编号。活动从

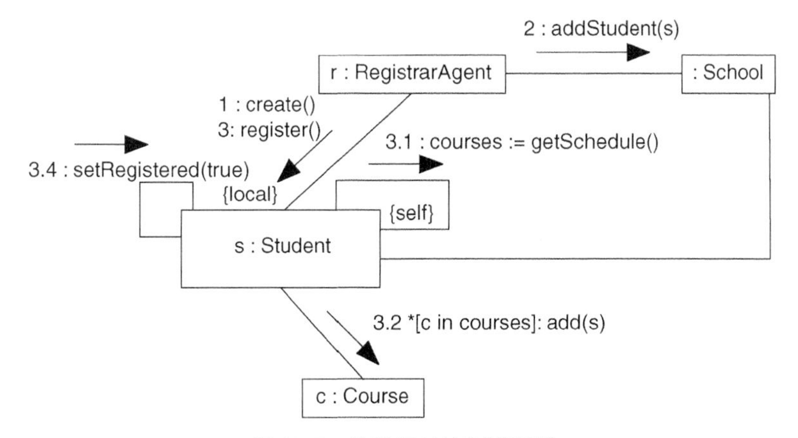

图 19-7 按组织对控制流建模

RegistrarAgent 创建一个 Student 对象开始，并把学生加入到学校中（用 addStudent 消息），然后告诉 Student 对象自己去登记。Student 对象调用自己的 getSchedule，得到一个必须注册的 Course 对象集合。然后，Student 对象把自己加入到每个 Course 对象中。

19.3.3　正向工程和逆向工程

对顺序图和通信图都可能进行*正向工程*（从模型产生代码），尤其是当图的语境是一个操作时就更有这种可能。例如，使用前面的通信图，一个适度聪明的正向工程工具便可为操作 register 生成下述 Java 代码，并附加到 Student 类中。

```
public void register() {
  CourseCollection courses = getSchedule();
  for (int i = 0; i < courses.size(); i++)
    courses.item(i).add(this);
  this.registered = true;
}
```

264

“适度聪明”意味着该工具必须认识到 getSchedule 要返回一个 CourseCollection 对象。它可以通过观察这个操作的特征标记而做出这一判断。用一个标准的迭代习惯用法（工具能够隐式地知道它）遍历这个对象的内容，代码就能产生出任意数量的课程。

对顺序图和通信图也都可能进行*逆向工程*（从代码产生模型），尤其是当代码的语境是一个操作体时就更有这种可能。上图的片段就能够由一个工具从操作 register 的原型化执行中产生出来。

注解　正向工程是易于实现的，逆向工程则比较难实现。很容易从一个简单的逆向工程获得太多的信息，难的是怎样聪明地决定哪些细节需要保留。

然而，比从代码到一个模型的逆向工程更有趣的是针对靠一个被部署系统的执行来进行模型模拟。例如，对于上面给出的图，工具能够随着图中的消息在一个运行系统中被派发的同时来模拟它们。更好的是，在一个调试器的控制下使用这个工具，能够控制执行的速度，并能在感兴趣的点上设置断点来停止动作，以检测单个对象的属性值。

19.4　提示和技巧

在用 UML 创建交互图时，要记住顺序图和通信图都是一个系统的动态方面在同一模型上的投影。没有一个单独的交互图能捕捉与系统的动态方面有关的所有事情。相反，要使用许多交互图来对整个系统以及它的子系统、操作、类、用况和协作的动态特性建模。

一个结构良好的交互图，应满足如下要求。

- 关注与系统动态特性的一个方面的交流。
- 只包含那些对于理解这个方面必不可少的元素。

- 提供与它的抽象层次相一致的细节，只能加入那些对于理解问题必不可少的修饰。 265
- 不要过分简化，以致使读者误解重要的语义。

当绘制一个交互图时，要遵循如下策略。

- 给出一个能表达其用途的名称。
- 如果想强调消息的时间顺序，则使用顺序图；如果想强调参加交互的对象的组织，则使用通信图。
- 其元素的摆放尽量减少线的交叉。
- 用注解和颜色作为可视化提示，以突出图中重要的特征。
- 少使用分支，用活动图来表示复杂的分支要好得多。 266

第20章

活动图

本章内容

- ❑ 对工作流建模
- ❑ 对操作建模
- ❑ 正向工程和逆向工程

活动图是 UML 中用于对系统的动态方面建模的 5 种图之一。一个活动图从本质上说是一个流程图，展现从活动到活动[①]的控制流。与传统的流程图不同的是，活动图能够展示并发和控制分支。

【顺序图、通信图、状态图和用况图也可对系统的动态方面建模。第 19 章讨论顺序图和通信图，第 25 章讨论状态图，第 18 章讨论用况图，第 16 章讨论动作。】

活动图用于对系统的动态方面建模。多数情况下，它包括对计算过程中顺序的（也可能是并发的）步骤进行建模。也可以用活动图对步骤之间的值的流动进行建模。活动图可以单独用来可视化、详述、构造和文档化对象群体的动态特性，也可以用于对一个操作的控制流建模。交互图强调的是从对象到对象的控制流，而活动图强调的是从步骤到步骤的控制流。一个活动是行为的一个持续发生的结构化执行。活动的执行最终延伸为一些单独动作的执行，每个动作都可能改变系统的状态或者传送消息。

活动图不仅对系统的动态特性建模相当重要，而且对于通过正向工程和逆向工程构造可执行的系统也很重要。

267

20.1 入门

考虑关于建房的工作流。首先，你要选择一个地址。然后，委托一个建筑师对房子进行设计。当你确定了计划以后，开发商对房子进行投标竞价。一旦你同意了一种价格和设计计划，就可以开始建造房子了。接下去获取执照、破土动工、挖地基和搭建框架等，直到建成房子。最后，你拿到房门钥匙和居住权证书，你就拥有了自己的房子。

① 原文如此。按 UML 规范及本书 20.2 节的解释，在活动图中被控制流贯穿的基本成分是动作（action）或活动结点（activity node），而不是活动（activity）。——译者注

尽管在整个建造过程中实际发生的琐事还有许多，但是，上例还是捕获了工作流中的关键路径。在一个实际的工程中，多种事务之间存在着许多并行的活动。例如，电工活与管工和木工活能够同时进行。工作流中还会有条件和分支。例如，可能要根据土壤测试结果进行爆破、挖掘或注水。工作流中甚至还会有迭代。例如，对一个建筑物的验收，可能发现不符合标准，结果是拆毁和重新施工。

在建筑工业领域，诸如甘特图（Gantt chart）和 PERT 图这样的技术被广泛用于可视化、详述、构造和文档化项目工程的工作流。

在对软件密集系统建模时，存在着类似的问题。如何最好地模拟系统动态方面的工作流或操作？回答是你有两个与使用甘特图和 PERT 图类似的基本选择。

【第二部分和第三部分中讨论对系统的结构建模，第 19 章讨论交互图。】

一方面，可以建立脚本的故事板，其中包括某些感兴趣的对象之间的交互以及它们之间传递的消息。在 UML 中，有两种方法对这些故事板建模：强调消息的时间顺序（使用顺序图）或强调参加交互的对象间的结构关系（使用通信图[①]）。这些交互图与甘特图类似，着眼于随着时间的前进而完成某些活动的对象（资源）。

另一方面，可以用活动图对这些动态方面建模，它首先关注于对象间发生的活动，如图 20-1

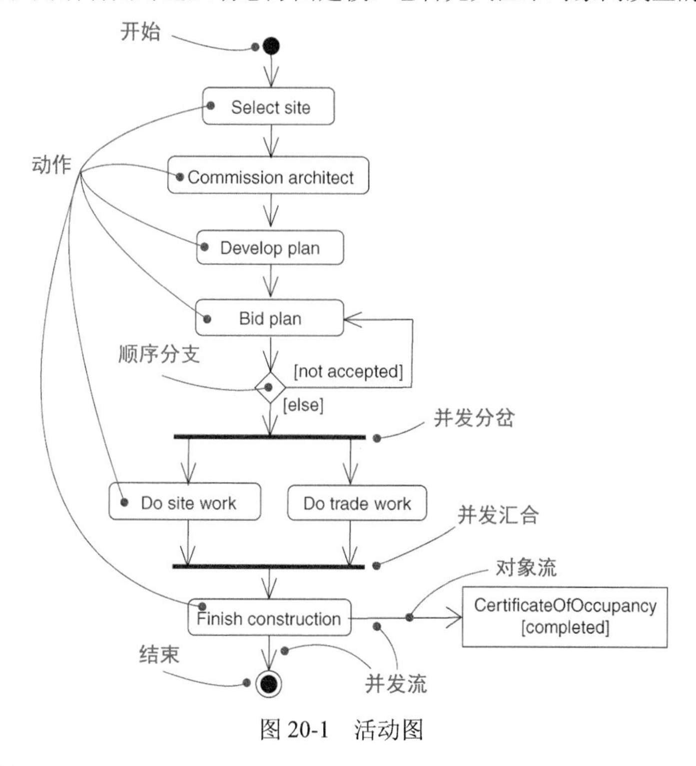

图 20-1　活动图

① 原文误作 collaboration diagram（协作图）。由于 UML2 将原先的协作图改称通信图，作者在本书新版原文也做了相应的变化，但是有些地方没有彻底改过来，译文中做了订正。其他各章节对这种情况不再另加说明。——译者注

所示。从这方面看，活动图与 PERT 图类似。活动图本质上是流程图，它强调随着时间的前进而发生的活动。你可以把活动图看作翻新花样的交互图。交互图观察的是传送消息的对象，而活动图观察的是对象之间传送的操作。二者在语义上的区别是细微的，但看待世界的方式却是非常不同的。

268

【第 16 章讨论动作。】

20.2　术语和概念

活动图（activity diagram）显示从活动到活动的流。一个活动（activity）是一个状态机中进行的非原子的执行单元。活动的执行最终延伸为一些独立动作（action）的执行，每个动作将导致系统状态的改变或消息传送。动作包括调用另一个操作，发送一个信号，创建或撤销一个对象，或者某些纯计算（例如对一个表达式求值）。在图形上，活动图是顶点和弧的集合。

269

20.2.1　公共特性

活动图是一种特殊的图，它具有与所有其他图一样的公共特征，即一个名称以及投影到一个模型上的图形内容。活动图与所有其他图不同的是它的特殊内容。

【第 7 章讨论图的一般属性。】

20.2.2　内容

活动图一般包括：

- 动作；
- 活动结点；
- 流；
- 对象值。

像所有其他图一样，活动图可以包括注解和约束。

【第 22 章讨论状态、转移和状态机，第 13 章讨论对象。】

20.2.3　动作和活动结点

在一个用活动图建模的控制流中，有一些事情发生。可能要计算一个设置属性值或返回某个值的表达式。也可能要调用一个对象的操作，发送一个信号给对象，甚至创建或撤销一个对象。这些可执行的原子计算被称为动作。如图 20-2 所示，用一个两头为圆形的盒子来表示一个动作。在这个图符内部可以写一个表达式。

【第 4 章和第 9 章讨论属性和操作，第 21 章讨论信号，第 16 章讨论对象的创建和撤销，第 22 章讨论状态和状态机。】

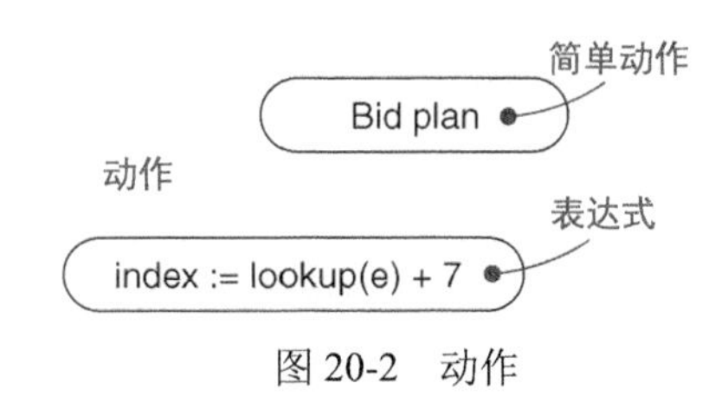

图 20-2　动作

注解　UML 并不规定这些表达式所使用的语言。较抽象地，可以仅使用结构化的文字描述；较具体地，可以使用特定编程语言的语法和语义。

动作不能被分解。此外，动作是原子的，也就是说事件可以发生，但动作状态[①]的内部行为是不可见的。不能只执行动作的一部分，动作要么全部执行，要么就一点都不执行。最后，动作声明的工作所占用的执行时间常常被看作是无关紧要的，但是有些动作还是会持续一段实在的时间。

270

注解　当然，在现实世界中，每个计算都要占用一定数量的时间和空间。尤其是对于硬实时系统，对这些特性建模就更加重要。

【第 24 章讨论对时间和空间建模。】

活动结点（activity node）是活动的组织单元。通常，活动结点是内嵌的动作组，或者是其他嵌套的活动结点。此外，活动结点具有可见的子结构。一般来说，活动结点会持续一段时间来完成。可以把动作看成是活动结点的特例。动作是一个不能被进一步分解的活动结点。类似地，可以把活动结点看作一个组合，它的控制流由其他的活动结点和动作组成。放大一个活动结点的细节，就会发现另一个活动图。如图 20-3 所示，在活动结点和动作之间没有表示法上的差别，只是活动结点可以有附加的部分，这些附加部分通常由编辑工具在后台维护。

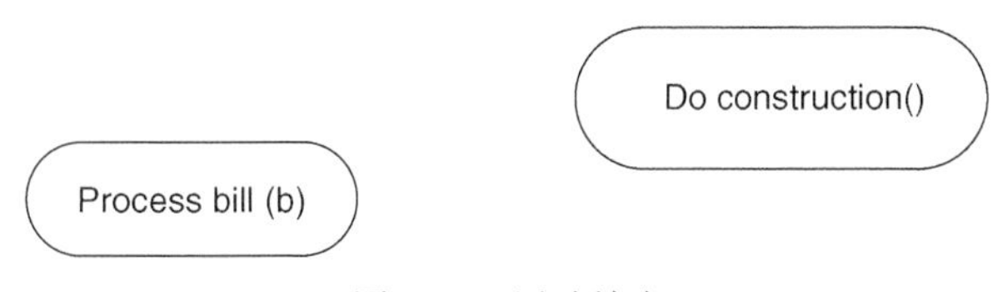

图 20-3　活动结点

① UML1 曾经把活动图解释为状态图的变种，因此常常把“动作”、“活动”称为“动作状态”和“活动状态”。UML2 抛弃了这种说法，但本书的原文还残留着一些历史的痕迹。书中的“动作状态”和“活动状态”均可理解为“动作”和“活动”。——译者注

20.2.4　控制流

当一个动作或活动结点结束执行时，控制流将马上传递到下一个动作或活动结点。可以用流箭头来说明这个流，显示从一个动作或活动结点到下一个动作或活动结点的控制路径。如图 20-4 所示，UML 中用一条从前一动作指向后续动作不带事件标签的简单箭头表示一个流。

271

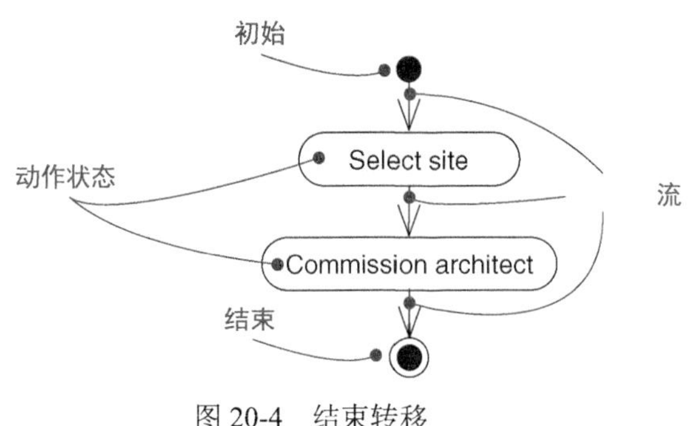

图 20-4　结束转移

事实上，控制流会从某个地方开始，然后在某个地方结束（除非它是一个只有开始没有结束的无穷的流）。所以，如图 20-4 所示，可以用特殊的符号说明控制流的初始（一个实心圆）和结束（一个圆圈内的实心圆）。

20.2.5　分支

简单的、顺序的流是常见的，但这并不是对控制流建模的唯一路径。它和流程图一样可以包含分支，描述基于某个布尔表达式的可选择的路径。如图 20-5 所示，用一个菱形来表示分支。一个分支可以有一个进入流和两个或多个离去流。在每个离去流上放置一个布尔表达式，在进入这个分支时被判断一次。在所有这些离去流中，其监护条件不应该重叠（否则，控制流会有二义性），但是它们应该覆盖所有的可能性（否则，控制流可能会冻结）。

【分支是为了表示法的便捷，其语义与通过监护进行多路转移是等价的，这在第 22 章讨论。】

为了方便，可以使用关键字 else 来标记一个离去转移，它表示如果其他的监护表达式都不为真时所执行的路径。

当两个控制路径重新合并时，也可以用带有两个输入箭头和一个输出箭头的菱形符号来表示。对于合并来说，无需监护条件。

为了获得迭代的效应，可以用一个动作设置迭代器的值，用另一个动作增加该迭代器的值，并用一个分支来判断该迭代是否结束。虽然 UML 提供了用于循环的结点类型，但是通常用文字比用图能更容易地表达这些。　　【在交互图中可能会有分支和迭代，这在第 19 章讨论。】

272

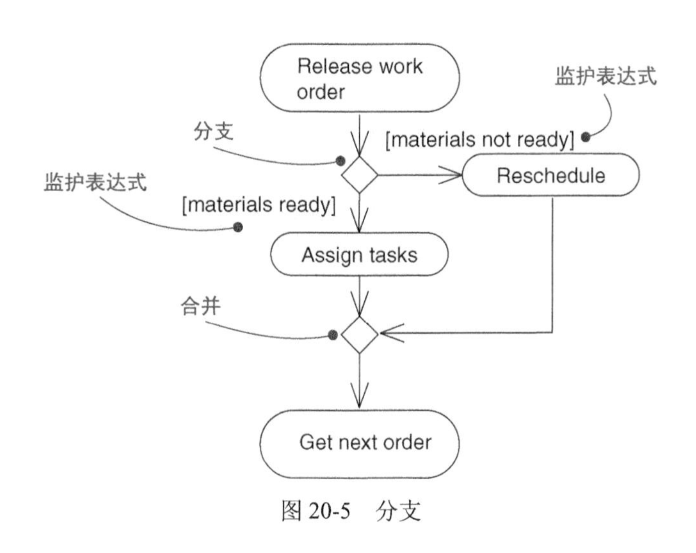

图 20-5　分支

注解　UML 并不规定这些表达式所使用的语言。较抽象地，可以仅使用结构化的文字描述；较具体地，可以使用一种特定的编程语言的语法和语义。

20.2.6　分岔和汇合

简单的和具有分支的顺序转移是活动图中最常见的路径。然而，可能会遇到并发流——尤其当对业务过程的工作流建模时。在 UML 中，用同步棒来说明这些并行控制流的分岔和汇合。一个同步棒是一条水平或垂直粗线。

【并发控制流经常存在于独立的主动对象的语境中，而主动对象通常被建模为一个进程或线程，这些将在第 23 章讨论；第 27 章讨论结点。】

例如，考虑在模拟人讲话和做手势的声音和动作同步的仿真装置内的并发控制流。如图 20-6 所示，分岔表示把一个单独的控制流分成两个或更多的并发控制流。一个分岔可以有一个进入转移和两个或更多的离去转移，每一个离去转移表示一个独立的控制流。在这个分岔之下，与每一个路径相关的活动将并行地继续。从概念上说，这些流中的每一个流的活动都是真实地并行的，尽管在一个运行系统中，这些流既可以是真实并发的（当系统被部署在多个结点上的情况下），也可以是顺序但交替的（在系统只部署在一个结点上的情况下），因此只给出真实并发的图示。

273

该图还表明，一个汇合表示两个或更多的并发控制流的同步。一个汇合可以有两个或多个进入转移和一个离去转移。在这个汇合上面，与每一个路径相关的活动并行地执行。在汇合处，并发的流取得同步，这意味着每个流都等待着，直到所有进入流都到达这个汇合处，然后，在这个汇合的下面，只有一个控制流从这一点继续执行。

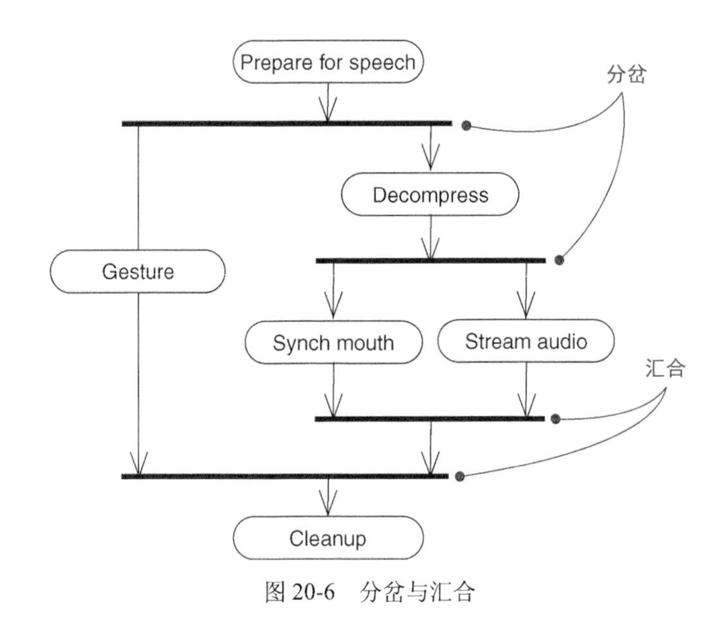

图 20-6　分岔与汇合

注解　汇合和分岔应该是平衡的，即离开一个分岔的流的数目应该和进入与它对应的汇合的流的数目相匹配。位于并行控制流中的活动也可以通过发送信号而相互通信。这种风格的通信顺序进程被称作协同例程（coroutine）。多数情况下，用主动对象来对这种通信方式建模。【第 23 章讨论主动对象，第 21 章讨论信号。】

20.2.7　泳道

在对业务过程的工作流建模时，可以将一个活动图中的活动状态分组，每一组表示负责那些活动的业务机构。这样分组是有用的。在 UML 中，每个组被称为一个泳道，因为从视觉上，每组用一条垂直的实线把它与邻居分开，如图 20-7 所示。一个泳道说明一组共享某个机构特性的活动。

274

每个泳道在图中都有一个唯一的名称。泳道可能代表现实世界的某些实体，例如，公司内部的一个机构单元，除此之外它没有很深的语义。每个泳道表示一个活动图的全部活动中部分活动的高层职责，并且每个泳道最终可能由一个或多个类实施。在一个被划分为泳道的活动图中，每个活动严格地属于一个泳道，而转移可以跨越泳道。

【泳道是包的一种。第 12 章讨论包，第 4 章和第 9 章讨论类，第 23 章讨论进程和线程。】

注解　在泳道和并发的控制流之间有一种松散的关系。从概念上讲，每个泳道的活动一般（但不总是）被看作是与其邻近泳道的活动分开的。这很有意义，因为在现实世界中，映射到这些泳道上的业务组织一般是独立的和并发的。

275

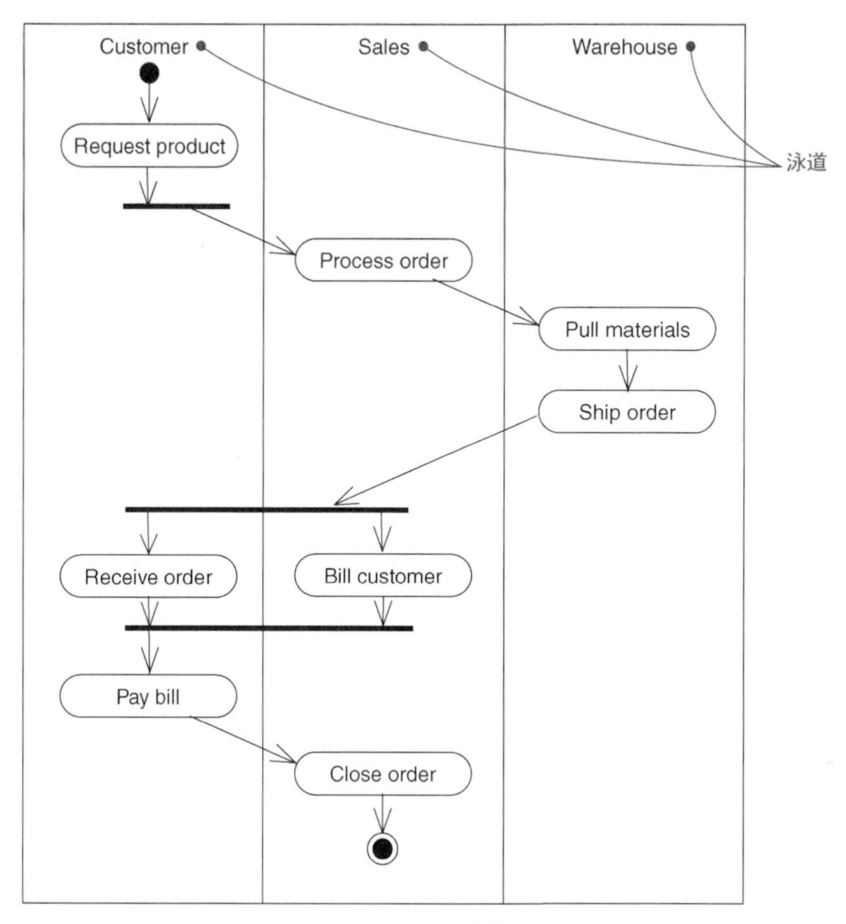

图 20-7　泳道

20.2.8　对象流

对象可以被包含在与一个活动图相关的控制流中。例如，在上图处理订单的工作流中，问题空间的词汇中也将包括像 `Order`（订单）和 `Bill`（账单）这样的类。这两个类的实例将由一定的活动生成（例如 `Process order` 将创建一个 `Order` 对象），其他的活动可能使用或修改这些对象（例如 `Ship order` 将把 `Order` 对象的状态变为 `filled`）。

【第 13 章讨论对象，第 4 章讨论对系统的词汇建模。】

如图 20-8 所示，可以通过如下方式描述活动图中所涉及的事物：把这些对象放置在活动图中，并用箭头将它们连接到产生或使用这些对象的活动上。

【第 5 章和第 10 章讨论依赖关系。】

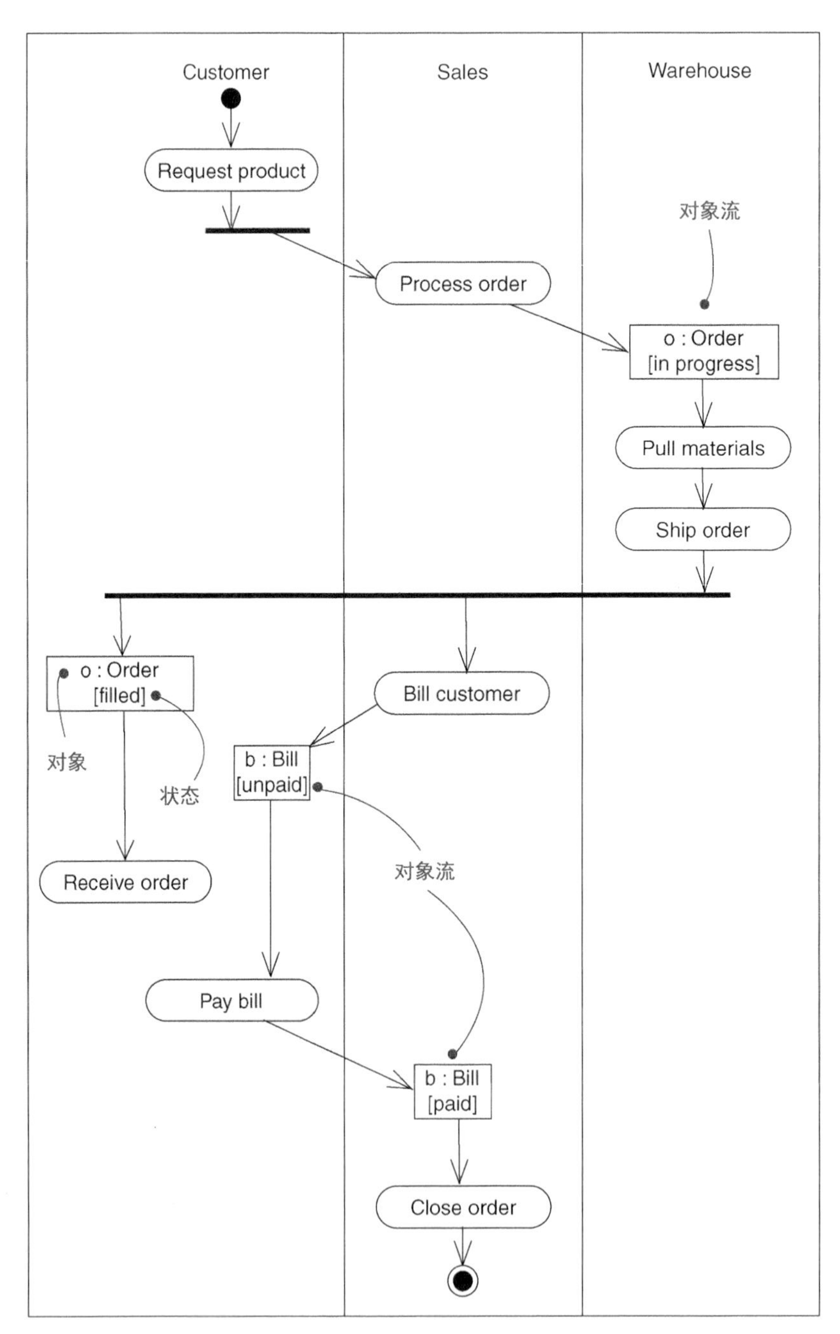

图 20-8　对象流

这被称为对象流，因为它描述了一个对象值从一个动作流向另一个动作。对象流本质上意味着控制流（没有对象值，就无法执行一个需要该对象值的动作），因而无须在由对象流连接的动作之间再画出控制流。

除了可以用活动图显示一个对象的流之外，也可以显示对象状态是如何改变的。如图 20-8 所示，通过在对象名下面的方括号中命名它的状态来表示对象的状态。

【第 13 章讨论对象的属性值和状态，第 4 章和第 9 章讨论属性。】

20.2.9　扩展区域

经常要在一组元素上执行同一个操作。例如，若订单包含一组订单行项，那么订单处理程序就必须对每一行都执行相同的操作：检查有效性、查询价格、检查是否要收税等。作用于数据列表上的操作经常建模为循环，不过建模者必须在这些元素上迭代，每次取出一个元素，执行操作，把结果汇集到输出数组，增加索引值并检查是否处理完毕。这种执行循环的机制隐藏了操作的实际意义。可以用扩展区域（expansion region）来直接对这种极其常见的模式建模。

扩展区域表示在元素列表或集合上执行的活动模型片断。在活动图中，围绕着一个区域画一条虚线来表示扩展区域。区域的输入和输出都是值的集合，例如，订单中的行项。把输入和输出的值集表示为一行相连的小方块（代表一个数组）。当来自活动模型的其余部分的数组值到达扩展区域上的输入集时，这个数组值就会解散为单个的值。执行区域将为数组中的每个元素执行一次。没有必要对迭代建模，因为在扩展区域中隐含了迭代。可能的话，不同的执行可以并发进行。当扩展区域的每一次执行都完成时，如果有输出值就按照与相应的输入一样的顺序把输出值放到输出数组中。换句话说，扩展区域就是对一个数组的元素执行一个“forall”操作，从而生成一个新数组。

276～277

在最简单的情况下，一个扩展区域有一个输入数组和一个输出数组，它还可以有一个或多个输入数组及零个或多个输出数组。所有的这些数组都必须具有同样的大小，但不必包含相同类型的值。在相应位置上的输入值都一起执行，以产生相同位置上的输出值。如果所有的操作都作为数组元素上的副作用而执行，那么区域将没有输出。

扩展区域允许把对集合的操作和对集合中单独元素的操作都画在同一张图上了，除了直接的迭代机制之外不需要显示所有的细节。

图 20-9 给出了一个扩展区域的示例。在图的主体中，接收了一个订单。这样就产生了一个类型为 Order 的值，该值包含了一个类型为 LineItem 的数组。Order 值是向扩展区域的输入。扩展区域的每次执行都作用于 Order 集合中的一个元素。所以，在区域内部输入值的类型对应于 Order 数组的一个元素，即 LineItem。扩展区域活动分岔到两个动作：一个动作找到 Product（产品）并将它加到送货队列；另一个动作计算货物的价格。没有必要按顺序处理 LineItems，扩展区域的不同执行可以并发进行。当扩展区域中所有的执行都结束时，货物被放入 Shipment（Products 的集合），价格也被放入 Bill（Money

值的集合）。值 Shipment 是动作 ShipOrder 的输入，而值 Bill 是动作 SendBill 的输入。

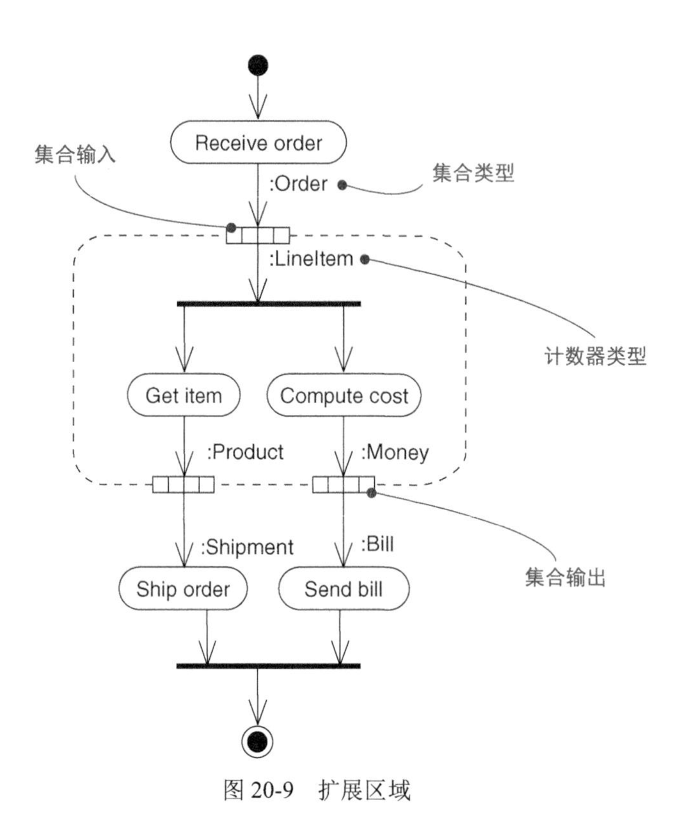

278

图 20-9　扩展区域

20.2.10　一般用法

活动图用于对系统的动态方面建模，这些动态方面可涉及系统体系结构的任意视图中任何类型抽象的活动，这些抽象类型包括类（含主动类）、接口、构件和结点。

【第 2 章讨论体系结构的 5 种视图，第 4 章和第 9 章讨论类，第 23 章讨论主动类，第 11 章讨论接口，第 4 章和第 9 章讨论操作，第 17 章讨论用况和参与者，第 15 章讨论构件，第 27 章讨论结点，第 32 章讨论系统和子系统。】

当使用活动图对系统的某些动态方面建模时，事实上可以在任意建模元素的语境中这样做。但通常是在整个系统、子系统、操作或类的语境中使用活动图。还可以把活动图附在用况（对脚本建模）和协作（为对象群体的动态方面建模）上。

在对一个系统的动态方面建模时，通常有两种使用活动图的方式。

（1）对工作流建模：此时，要关注与系统进行协作的参与者所观察到的活动。工作流常常位于软件密集系统的边缘，用于可视化、详述、构造和文档化被开发的系统所涉及的业务过程。在活动图的这种用法中，为对象流建模特别重要。

（2）对操作建模：此时，要把活动图作为流程图来使用，对一个计算的细节建模。在活动图的这种用法中，对分支、分岔和汇合状态的建模特别重要。用于这种方式的活动图语境包括该操作的参数和局部对象。 279

20.3　常用建模技术

20.3.1　对工作流建模

没有任何一个软件密集系统是孤立存在的，系统总是存在于某种语境中，而这种语境总是包含与该系统进行交互的参与者。特别是对于任务关键型的企业软件，将发现工作在较高层次的业务过程语境中的自动化系统。这些业务过程是一种工作流，因为它们代表了工作的流程以及贯穿于业务之中的对象。例如，在一个零售业务中，将有某些自动系统（例如与市场和仓库系统交互的销售点系统），还有人员系统（工作在各零售点、远程销售、市场、购买和货运部门的人员）。通过使用活动图，可以对业务过程中的各种自动系统和人员系统的协作建立业务处理模型。 【第 18 章讨论对系统的语境建模。】

对工作流建模，要遵循如下策略。

- 为工作流建立一个焦点。除非很小的系统，否则不可能在一张图中显示所有感兴趣的工作流。
- 选择对总体工作流中的各个部分具有高层职责的业务对象。这些业务对象可以是系统词汇中的真实事物，也可能较为抽象。无论哪种情况，为每个重要的业务对象或组织建立一个泳道。 【第 4 章讨论对系统的词汇建模。】
- 识别该工作流初始状态的前置条件和该工作流终止状态的后置条件。这对于帮助对工作流的边界建模是重要的。 【第 9 章讨论前置条件和后置条件。】
- 从该工作流的初始状态开始，说明随着时间发生的动作，并在活动图中表示它们。
- 将复杂的动作或多次出现的动作集分解到一个单独活动图中来调用。
- 找出连接这些动作和活动结点的流。首先从工作流的顺序流开始，然后考虑分支，接着再考虑分岔和汇合。
- 如果工作流中涉及重要的对象，则把它们也加入到活动图中。如果对表达对象流的意图是必要的，则显示其变化的值和状态。

例如，图 20-10 显示了一个零售业务的活动图，它所说明的是当一个顾客从邮件订单中返回一个项目时的工作流。工作从顾客对象 `Customer` 的动作 `Request return` 开始，然后通过 `Telesales`（`Get return number`），回到 `Customer`（`Ship item`），然后到仓库对象 280

Warehouse（先到 Receive item，后到 Restock item），最后，以会计对象 Accounting 的 Credit account 结束。如图 20-10 所示，一个重要对象（Item 的一个实例）也在过程中流动，并且从 returned 状态变化到 available 状态。

注解 工作流常常是业务过程，但也不总是。例如，也可以用活动图说明软件开发过程，如配置管理的过程。此外，可以用活动图对非软件系统建模，如贯穿一个保健系统的病人的流。

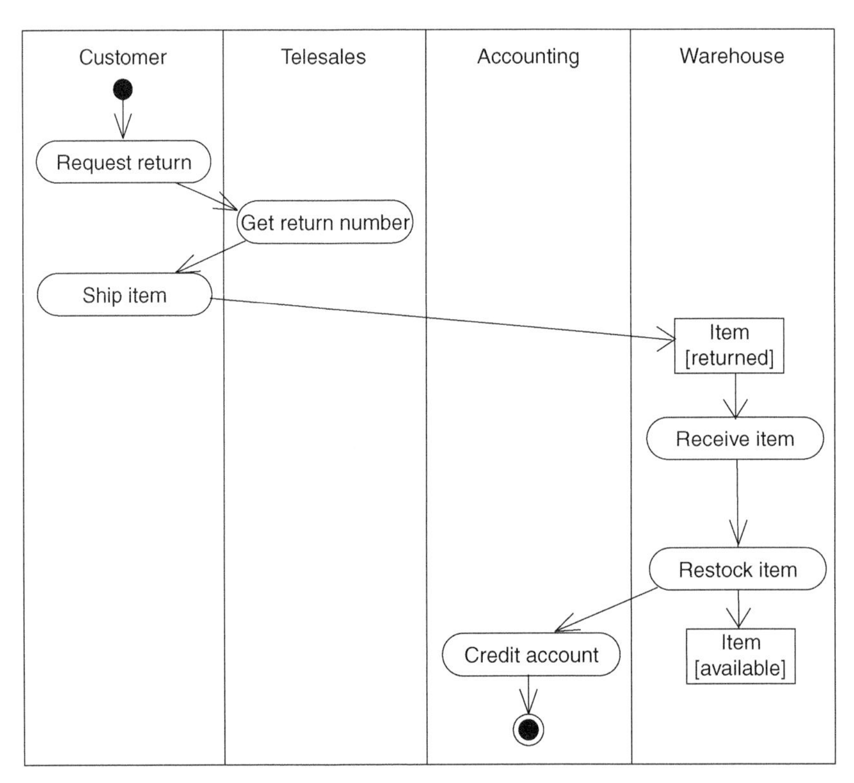

图 20-10 对一个工作流建模

281 在这个例子中没有分支、分岔和汇合，在更复杂的工作流中将遇到这些特征。

20.3.2 对操作建模

为了可视化、详述、构造和文档化元素的行为，可以将活动图附加到任意建模元素之上。可以将活动图附加到类、接口、构件、结点、用况和协作上。其中，最常见的是向一个操作附加活动图。 【第 4 章和第 9 章讨论类和操作，第 11 章讨论接口，第 15 章讨论构件，第 27 章讨论结点，第 17 章讨论用况，第 28 章讨论协作。】

用于这种方式时，活动图只是一个操作中的动作的流程图。活动图的主要优点是图中所有的元素在语义上都与一个丰富的底层模型相联系。例如，一个动作状态所引用的任何其他操作或信号都可以靠目标对象的类进行类型检查。

对操作建模，要遵循如下策略。

- 收集这个操作所涉及的抽象。包括操作的参数（及其返回类型，如果有）、所属类的属性以及某些邻近的类。
- 识别该操作的初始状态的前置条件和终止状态的后置条件，也要识别操作所属的类在操作执行期间必须保持的不变式。　　【第 9 章讨论前置条件和后置条件以及不变式。】
- 从该操作的初始状态开始，说明随着时间发生的活动和动作，并在活动图中将它们表示为活动状态或者动作状态。
- 如果需要，使用分支来说明条件路径和迭代。
- 仅当这个操作属于一个主动类时，才在必要时用分岔和汇合来说明并行的控制流。

【第 23 章讨论主动类。】

例如，图 20-11 显示了一个在类 `Line` 的语境中描述操作 `intersection` 的算法的活动图，它的特征标记包含一个参数（`line`，属于类 `Line`）和一个返回值（属于类 `Point`）。类 `Line` 有两个关注的属性：`slope`（线段斜率）和 `delta`（线段相对原点的偏移量）。

这个操作的算法很简单，如下面的活动图所示。首先，检测当前线段的斜率 `slope` 是否和参数 `line` 的 `slope` 相同。如果相同，线段不交叉，并返回一点 `Point(0,0)`。否则，操作首先计算交叉点的 `x` 值，然后计算 `y` 值，`x` 和 `y` 都是操作的局部对象。最后，返回一个点 `Point(x,y)`。

【如果一个操作涉及对象群体之间的交互，也可以用协作对该操作的实现建模，这在第 28 章讨论。】　282

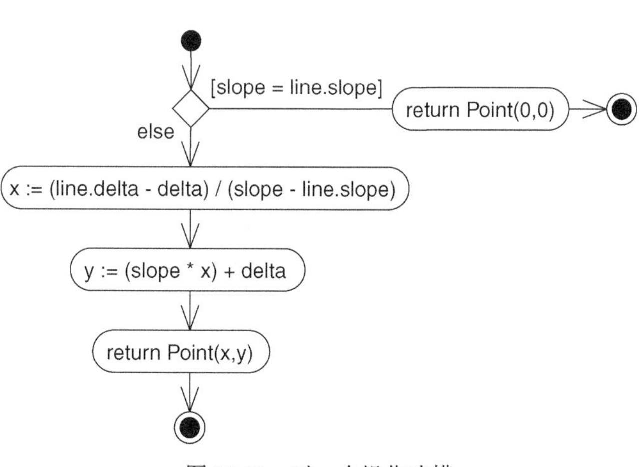

图 20-11　对一个操作建模

注解　使用活动图对一个操作建立流程图将 UML 推向可视化编程语言的边缘。可以对每个操作都建立流程图，但实际中并不想这样做。用特定的编程语言书写操作体通常更为直接。当操作的行为很复杂因而仅从代码来看很难理解时，会想到用活动图来对操作建模。流程图将展示关于算法的一些信息，而这些信息如果只看代码，是看不到的。

20.3.3　正向工程和逆向工程

对于活动图可进行*正向工程*（forward engineering）（从模型生成代码），尤其当图的语境是一个操作时就更有这种可能。例如，对于前一个活动图，一个正向工程工具可以生成以下关于 intersection 操作的 C++代码：

```
Point Line::intersection (line : Line) {
  if (slope == line.slope) return Point(0,0);
  int x = (line.delta - delta) /
                  (slope - line.slope);
  int y = (slope * x) + delta;
  return Point(x, y);
}
```

这里对两个局部变量的声明有一点技巧。一个不太精细的工具可能会首先声明这两个变量，然后对它们赋值。 283

对活动图也可以进行*逆向工程*（reverse engineering）（从代码生成模型），尤其当代码的语境是一个操作体时就更有这种可能。特别地，前一张图能够从类 Line 的实现中生成出来。

比从代码到模型的逆向工程更有趣的是靠一个已部署系统的执行来进行模型模拟。例如，对图 20-11 给出的图，一个工具能够在运行系统达到图中的活动状态时来模拟它们。更好的是，在一个调试器的控制下使用这个工具，能够控制执行的速度，并可在感兴趣的点上设置断点来及时停止动作，以检查单个对象的属性值。

20.4　提示和技巧

在用 UML 创建活动图时，要记住活动图只是系统的动态方面在同一模型上的投影。没有任何一个单独的活动图能捕捉关于系统动态方面的所有事情。相反，将使用许多活动图对一个工作流或一个操作的动态方面建模。

一个结构良好的活动图，应满足如下要求。

- 集中表达系统动态特性的一个方面。
- 只包含那些对于理解这个方面必不可少的元素。
- 提供与它的抽象层次相一致的细节，只加入那些对于理解问题必不可少的修饰。

- 不要过分简化，以致使读者误解重要的语义。

当绘制活动图时，要遵循如下策略。

- 给出一个能反映其用途的名称。
- 首先对主要的流建模。其次标出分支、并发和对象流，它们也可能被放在几张分开的图中。
- 摆放它的元素以尽量减少线的交叉。
- 使用注解和颜色作为可视化提示，以突出图形中重要的特征。

284

第五部分　对高级行为建模

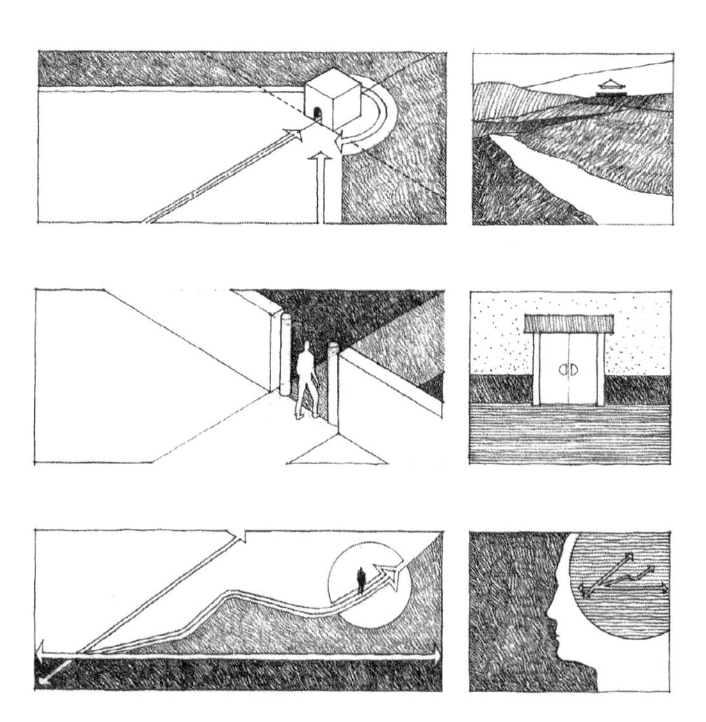

第21章

事件和信号

本章内容

- 信号事件、调用事件、时间事件和变化事件
- 对信号族建模
- 对异常建模
- 处理发生在主动对象或被动对象中的事件

在现实世界中，事情在发生。不仅事情在发生，许多事情可以都在同一时间发生，而且发生在最意想不到的时间。“发生的事情”称作事件，每个事件表示一个在时间和空间上占据一定位置的有意义的发生的规约。

在状态机语境中，使用事件对能够触发状态转移的激励建模。事件包括信号、调用、时间推移或状态改变。

事件可以是同步的，也可以是异步的，因此对事件的建模涉及对进程和线程的建模。

21.1 入门

完全静态的系统是极端无趣的，因为没有事情发生。所有真实系统自身都含有某些动态特性，并且这些动态特性是由内部或外部发生的事情所触发的。在一个 ATM 机上，动作是由一个用户按下按钮来启动一个事务而引发的。在一个自主机器人中，动作是由机器人碰上一个物体而引发的。在一个网络路由器中，动作是由检测到消息缓冲区溢出而引发的。在一个化工厂中，动作是由化学反应所需的时间段用满而引发的。

287

在 UML 中，每件发生的事情都被建模为一个事件。事件是对在时间和空间上占据一定位置的有意义的发生的规约。信号、时间推移和状态改变是异步事件，表示能在任何时间发生的事件。调用一般是同步事件，表示对一个操作的引用。

UML 提供了对事件的图形化表示，如图 21-1 所示。这种表示法允许可视化事件的声明（如信号 `OffHook`）以及用来触发一个状态转移的事件的使用(如信号 `OffHook`,它导致了从 `Active`

到 Idle 的状态转移及对动作 dropConnection 的执行）。

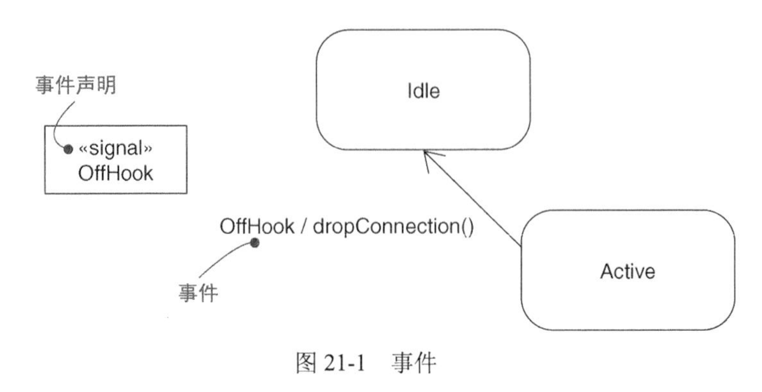

图 21-1　事件

21.2　术语和概念

事件（event）是对一个在时间和空间上占有一定位置的有意义的发生的规约。在状态机的语境中，一个事件是一次激励的发生，激励能够触发状态转移。信号（signal）是一种事件，表示在实例间进行通信的异步消息的规约。

21.2.1　事件的种类

事件可以是内部的事件或外部的事件。外部的事件是在系统和它的参与者之间传送的事件。例如，一个按钮的按下和一个来自碰撞传感器的中断都是外部事件。内部事件是在系统内部的对象之间传送的事件。溢出异常是一个内部事件的例子。

288

【第 17 章讨论参与者，第 32 章讨论系统。】

可以用 UML 对 4 种事件进行建模：信号、调用、时间推移和状态的一次改变。

【对象的创建和撤销也是一种信号，这在第 16 章讨论。】

21.2.2　信号

消息是一个具名对象，它由一个对象异步地发送，然后由另一对象接收。信号是消息的类目，它是消息的类型。

信号和简单类有许多共同之处。例如，信号有实例，尽管一般不需要对其实例进行显式的建模。信号还可以包含在泛化关系中，以便对事件的层次结构建模，有些信号是一般的（如信号 NetworkFailure），有些信号是特殊的（如对 NetworkFailure 的一个特化 WarehouseServerFailure）。像类一样，信号也可以有属性和操作。在一个对象发送它之前或者在另一个对象接收之后，信号只是一个普通的数据对象。

【第 4 章和第 9 章讨论类，第 5 章和第 10 章讨论泛化。】

注解 信号的属性以它的参数形式出现。例如，当发送一个信号 Collision 时，可以用参数的形式说明它的属性值，例如 Collision (5.3)。

信号可以由状态机中转移动作来发送。也可以把信号建模为交互中的两个角色间的消息。方法的执行也可以发送信号。事实上，当为一个类或一个接口建模时，说明该元素行为的一个重要部分就是说明它的操作所能发送的信号。

【第 22 章讨论状态机，第 16 章讨论交互，第 11 章讨论接口。】

在 UML 中，如图 21-2 所示，可以将信号建模为衍型化的类。可以用一个衍型为 send 的依赖来表示一个操作发送了一个特定的信号。 【第 5 章讨论依赖，第 6 章讨论衍型。】

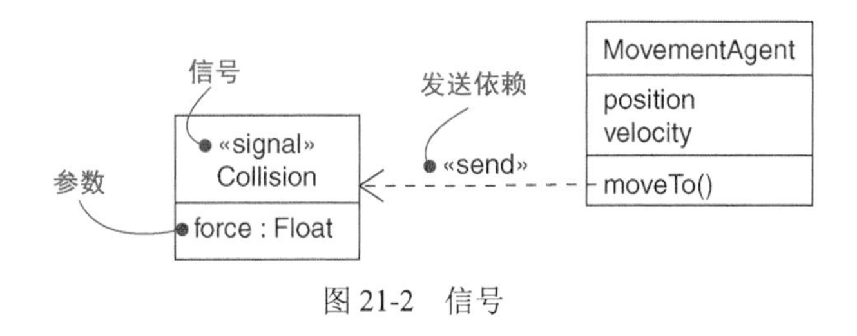

图 21-2 信号

21.2.3 调用事件

就像一个信号事件代表一个信号的发生一样，一个调用事件表示对象接收到一个操作调用请求。调用事件可能触发状态机中的一个状态转移，或者调用目标对象的一个方法。这种选择由类定义中的操作定义来说明。 【第 22 章讨论状态机。】

信号是一个异步事件，而调用事件一般是同步的。也就是说，当一个对象调用另一个具有状态机的对象的一个操作时，控制就从发送者传送到接收者，该事件触发转移，完成操作后，接收者转移到一个新的状态，控制返还给发送者。如果调用者无须等待回应，那么可以把这个调用指定为异步调用。

如图 21-3 所示，对调用事件的建模和对信号事件的建模没有区别。两种情况下都把事件连同其参数表示成状态转移的触发器。

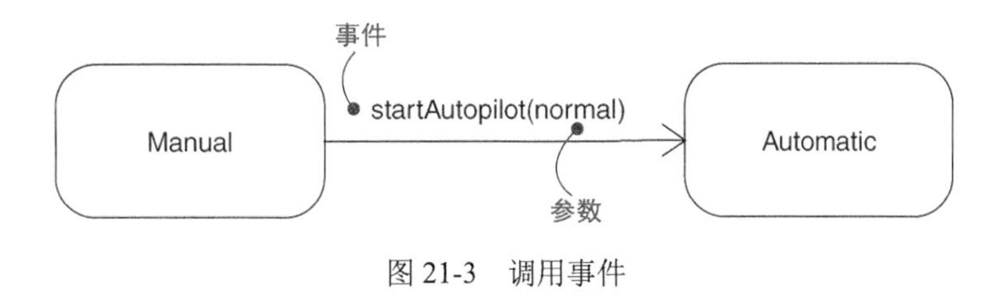

图 21-3 调用事件

注解　尽管没有可视的线索能够区分信号事件和调用事件，但在模型的基架上它们的区别还是显而易见的。通过在操作列表中标明该操作，事件的接收者将知道其中的区别。通常，一个信号由它的状态机来处理，而一个调用事件则由一个方法来处理。可以利用工具进行从事件到信号或到操作的导航。

21.2.4　时间事件和变化事件

时间事件是表示一段时间推移的事件。如图 21-4 所示，在 UML 中，用关键字 `after`，后面跟着计算一段时间的表达式来对一个时间事件建模。表达式可以是简单的（如 `after 2 seconds`），也可以是复杂的（如 `after 1 ms since exiting Idle`）。除非显式说明，否则，这样一个表达式的开始时间是进入当前状态的时间。使用关键字 `at` 来指出在某个绝对时间点上发生的时间事件。例如，时间事件 `at(1 Jan 2005, 1200 UT)` 指出该事件发生在格林尼治时间 2005 年 1 月 1 日的中午。

290

变化事件是表示状态的一个变化或某些条件得到满足的事件。如图 21-4 所示，在 UML 中，用关键字 `when` 后面跟随布尔表达式来对一个变化事件建模。可以用这样的表达式连续地进行测试（如 `when altitude < 1000`）。

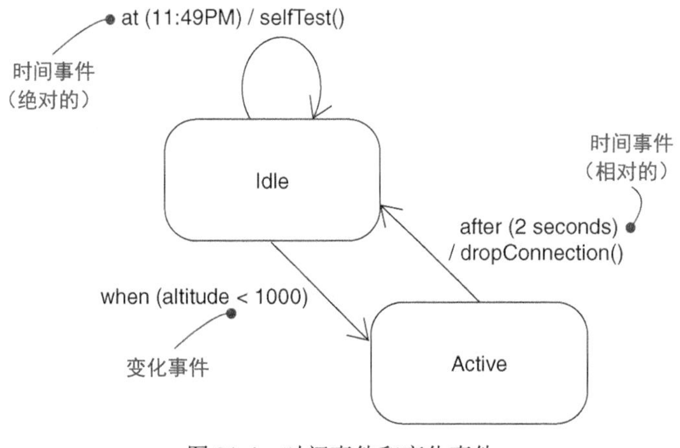

图 21-4　时间事件和变化事件

一旦某个条件的值从假变为真，就会引发变化事件。当条件的值由真变为假时，不会引发变化事件。当事件一直为真时，不会重复地引发变化事件。

注解　尽管变化事件可以对一个被不断测试的条件建模，但是通常还是可以分析情况，以发现何时在离散的点上及时地测试条件。

21.2.5 发送和接收事件

信号事件和调用事件至少涉及两个对象：一个是发送信号或调用操作的对象，另一个是事件指向的对象。因为信号是异步的，而且异步调用本身也是信号，所以事件的语义与主动对象和被动对象的语义是相互影响的。【第 23 章讨论进程和线程。】

291

任何类的任何实例都可以向一个接收对象发送信号或者调用其操作。当对象发送信号时，发送者发出信号后沿着它的控制流继续进行，并不等待接收者的任何响应。例如，一个与 ATM 系统交互的参与者如果发送了信号 `pushButton`，该参与者可以沿着自己的路线继续进行，而不依赖信号被发送到的系统。相反，当对象调用了一个操作时，发送者就分派了这个操作，然后等待接收者的响应。例如，在一个商务系统中，类 `Trader` 的一个实例可能调用在类 `Trade` 的某个实例上的操作 `confirmTransaction`，从而影响对象 `Trade` 的状态。如果这是一个同步的调用，那么对象 `Trader` 将一直等待直到该操作结束。

【第 13 章讨论实例。】

注解 在某些情况下，可能想要显示一个对象向一组对象发送信号（多点传送），或者向系统中的监听对象发送信号（广播）。对多点传送建模时，应显示一个对象向一组接收者集合上发送信号。对广播建模时，应显示一个对象，它发送信号到代表整个系统的另一个对象。

任何类的任何实例都能接收调用事件或信号。如果这是一个同步调用事件，那么发送者和接收者都处在该操作执行期间的一个汇集点上。也就是说，发送者的控制流一直被挂起，直至该操作的执行完成。如果这是一个信号，那么发送者和接收者并不汇合：发送者送出信号后并不等待接收者的响应。在这两种情况下，这个事件都可能丢失（如果没有定义对该事件的响应），它也可能触发接收者的状态机（如果有的话）或者引起一个常规的方法调用。

【第 22 章讨论状态机，第 23 章讨论主动对象。】

注解 调用也可能是异步的。在这种情况下，调用者发出调用之后就立刻继续运行。消息向接收者的传送以及接收者对消息的执行都和调用者的后续执行并发进行。在方法执行完时就结束。如果方法试图返回值，则将被忽略。

292

在 UML 中，将一个对象可能接收的调用事件建模为这个对象的类的操作。在 UML 中，可以通过在类的附加栏中对信号命名来为对象可能接收的具名信号进行建模，如图 21-5 所示。

【第 4 章讨论操作，第 4 章讨论类的附加栏。】

注解 也可以将具名信号以相同的方式附加到一个接口上。在两者中的任何一种情况下，在这个附加栏列出的信号并不是信号的声明，而只是对信号的使用。

【第 11 章讨论接口，第 23 章讨论异步操作。】

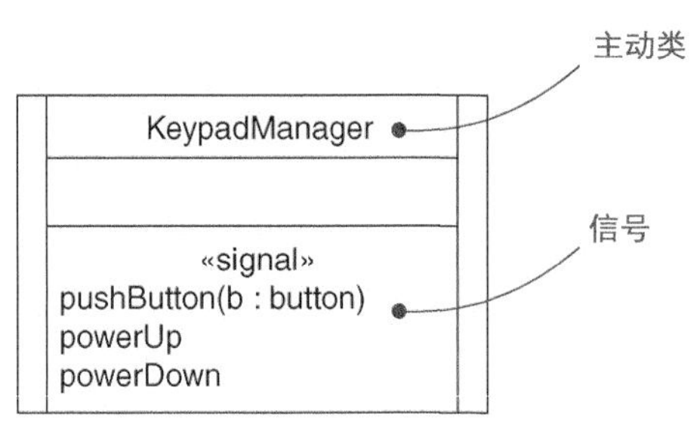

图 21-5　信号和主动类

21.3　常用建模技术

21.3.1　对信号族建模

在大多数事件驱动的系统中，信号事件是分层的。例如，一个自主机器人可以辨别外部信号（如 Collision）和内部信号（如 HardwareFault）。不过，内部信号和外部信号未必是互斥的。在这两种粗略的分类中，可以发现特化情况。例如，信号 HardwareFault 可以进一步特化为 BatteryFault 和 MovementFault。这些信号甚至还可以进一步被特化，如 MotorStall 是 MovementFault 的一种。【第 5 章和第 10 章讨论泛化。】

以这种方式对信号的层次建模，可以说明多态的事件。例如，考虑一个状态机，它有一个仅当接收到 MotorStall 才能触发的转移。作为这个层次中的叶子信号，该转移只能被这个信号触发，因此它不是多态的。相反，假如状态机存在一个由 HardwareFault 的接收所触发的转移，则这个转移是多态的。它能被一个 HardwareFault 或它的任何一种特化信号（包括 BatteryFault、MovementFault 和 MotorStall）触发。【第 22 章讨论状态机。】

293

对信号族建模，要遵循如下策略。

- 考虑一组给定的主动对象可能响应的所有不同种类的信号。
- 寻找信号的公共种类，并使用继承将它们放在一般/特殊层次结构中。提升较为一般的信号层次，降低较为特殊信号层次。
- 在这些主动对象的状态机中寻找多态性，在发现多态性的地方，必要时通过引入中间的抽象信号来调整层次结构。

图 21-6 是对一个由自主机器人处理的信号族建模。注意根信号（RobotSignal）是抽象的，它没有任何直接的实例。这个信号有两个具体的直接特化信号（Collision 和 HardwareFault），其中 HardwareFault 还被进一步特化。注意信号 Collision 有一个参数。

【第 5 章和第 9 章讨论抽象类。】

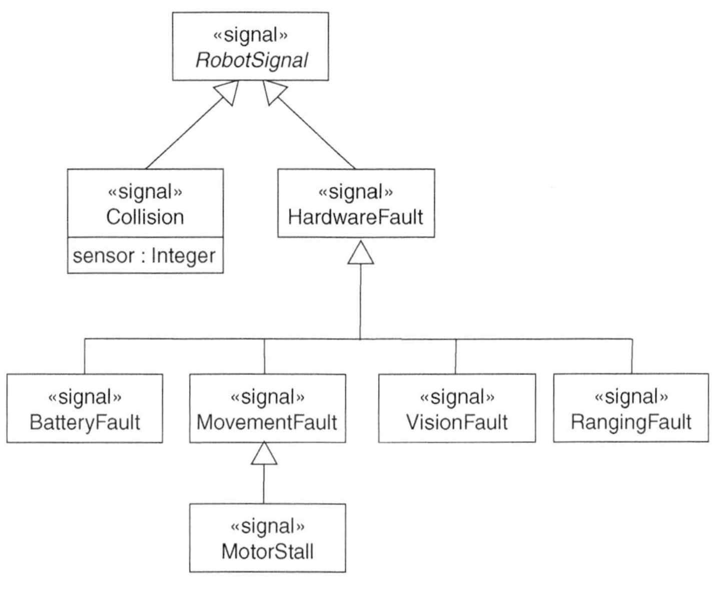

图 21-6　对信号族建模

294

21.3.2　对异常建模

可视化、详述和文档化类或接口的行为的一个重要部分是说明它的操作所能产生的异常情况。如果交给你一个类或接口，可以调用的操作是很清楚的，但每个操作可能引发的异常则不清楚，除非显式地对它们建模。　【第 4 章和第 9 章讨论类，第 11 章讨论接口，第 6 章讨论衍型。】

在 UML 中，异常发生只是一种额外的事件，可以建模为信号。出错事件可以附加到操作的说明中。对异常建模在某种程度上与对一般信号族的建模相反。对一个信号族的建模主要是说明一个主动对象可能接收的各种信号；而对异常建模主要是说明一个对象可能产生的各种异常。

对异常建模，要遵循如下策略。

- 考虑每个类和接口以及这些元素的每个操作正常情况下发生的事情。然后考虑会出错的事情并把它们建模为对象之间的信号。
- 把这些信号安排在一个层次结构中。提升一般的异常，降低特殊的异常，必要时引入中间异常。
- 对于每个操作，描述可能出现的异常信号。可以显式地表示（通过显示从操作到它的信号的 send 依赖关系），也可以通过顺序图来说明各种脚本。

图 21-7 是对异常的一个层次结构建模，这些异常是由容器类（如模板类 Set）的标准库产生的。这个层次结构以抽象信号 Error 为根，它包括 3 种特殊错误：Duplicate、Overflow

和 Underflow。如图 21-7 所示，操作 add 可能引发信号 Duplicate 和 Overflow，操作 remove 仅引发信号 Underflow。换一种做法，可以通过在每个操作的规约中命名异常，将这些依赖放置在后台中。不论哪种方法，通过了解每个操作可能发送的所有信号，就可以创建正确地使用类 Set 的客户端。 【第 9 章讨论模板类。】

295

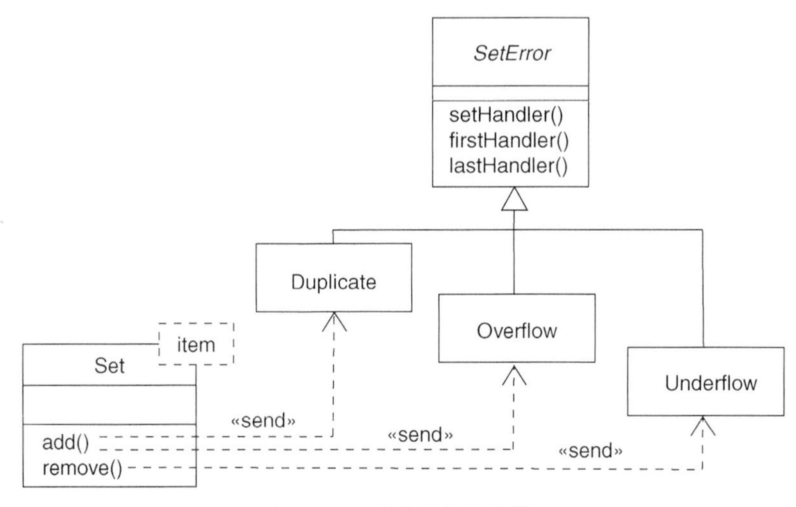

图 21-7　对出错条件建模

注解　包括异常发生信号在内的所有信号都是对象之间的异步事件。UML 也包含了诸如 Ada 和 C++中那样的例外。例外是一种条件，它们导致主执行路径作废，并用一个次要的执行路径取而代之。例外并不是信号，而是一种用于说明在单一的同步执行线程中的可选控制流的便利机制。

21.4　提示和技巧

对事件建模时，应遵循如下策略。

- 建立信号的层次结构，以发掘相关信号的公共特性。
- 确保每个可能接收事件的元素背后都有一个适当的状态机。
- 确保不仅对那些可能接收事件的元素建模，而且还对那些可能发送事件的元素建模。

在用 UML 绘制事件时，要遵循如下策略。

- 一般来说，要显式地对事件的层次结构建模，但要在每个发送或接收这个事件的类的基架中对它们的使用建模。

296

第 22 章

状态机

本章内容

- ❑ 状态、转移和活动
- ❑ 为对象的生命期建模
- ❑ 创建结构良好的算法

使用交互，可以对共同工作的对象群体的行为建模。使用状态机，可以对单个对象的行为建模。状态机是一个行为，它说明对象在它的生命期中响应事件所经历的状态序列以及对那些事件做出的反应。 【第 16 章讨论交互，第 13 章讨论对象。】

状态机用于对系统的动态方面建模。在大多数情况下，这包括描述一个类、一个用况或整个系统的实例的生命期。这些实例可能响应诸如信号、操作或计时这样的事件。当事件发生时，某些效应将依赖对象的当前状态而发生。效应（effect）是对状态机中的行为执行的规约。效应最后将细化为某些引起对象状态改变或值的返回的动作的执行。对象的状态（state）是指对象满足某些条件、执行某些活动或等待某些事件的一段时间。

【第 4 章和第 9 章讨论类，第 17 章讨论用况，第 32 章讨论系统。】

可以用两种方式来可视化执行的动态：一种是强调从活动到活动的控制流（使用活动图），另一种是强调对象可能呈现的状态和这些状态之间的转移（使用状态图）。

【第 20 章讨论活动图，第 25 章讨论状态图。】

结构良好的状态机就像结构良好的算法一样：简单、高效、易适应而且易理解。 297

22.1 入门

想象一下你家里的恒温器在一个清冷的秋日里的工作情况。在凌晨的几个小时中，对恒温器而言事情相对平静。屋内的温度和屋外的温度（除了一些阵风或瞬时大风）都是稳定的。然而，到了拂晓，事情就变得有趣了。太阳从地平线升起，周围的温度渐渐升高。家庭成员开始醒来，某人可能翻身从床上起来，扭动恒温器的刻度盘。这些事件对于房间的加热和制冷系统很重要。

恒温器就像所有好的恒温器应该做的那样开始工作，指挥房间的加热器来提高屋内的温度，或者指挥空调机来降低屋内的温度。

一旦所有的人都去上班或上学，周围渐渐安静下来，屋内的温度又一次稳定下来。然而，这时一个自动的程序可能启动，指示恒温器降低温度以节约电力和燃气，恒温器又回到工作中。在这一天的晚些时候，程序会再一次启动，这次将指示恒温器升高温度，以保证家庭成员回来时，有一个温暖舒适的家迎接他们。

在晚上，随着房间里有了温暖的身体，以及来自烹饪的热量，恒温器需要做许多工作，高效地运转加热器和制冷器，以使室内温度保持恒温。最后，在夜里，一切又回到一个安静的状态。

许多软件密集系统就像恒温器一样运转。例如，起搏器要不间断地工作，但要适应活动或心搏方式的变化。网络路由器要不间断地工作，静静地引导异步的比特流，有时要响应网络管理者发来的命令而调整其行为。移动电话一旦需要就进行工作，响应来自用户的输入和来自本地移动网的消息。

在 UML 中，使用像类图和对象图这样的元素对系统的静态方面建模。这些图允许对系统中的事物（包括类、接口、构件、结点、用况以及它们的实例）以及它们之间的相互关系进行可视化、详述、构造和文档化。

【第二部分和第三部分中讨论对系统的结构方面建模。】

298

在 UML 中，使用状态机对系统的动态方面建模。交互是对共同完成某些动作的对象群体建模，而状态机是对单个对象的生命期建模，不管它是一个类、用况还是整个系统的实例。在一个对象的生命期中，可能出现各种各样的事件，如信号、操作的调用、对象的创建和撤销、时间的推移或某些条件的改变。在响应这些事件时，对象通过某些动作（某种计算）做出反应，这些动作导致对象状态改变。因此，这样一个对象的行为是受过去影响的，至少当过去的情况在当前状态中有所反映时是这样。一个对象可以接收一个事件，并通过一个动作来响应，然后改变它的状态。一个对象还可以接收另一个事件，根据响应前一个事件产生的当前状态而做出不同的响应。

【可以用交互来对系统的动态方面建模，这在第 16 章讨论；第 21 章讨论事件。】

可以使用状态机来对任何建模元素（通常是类、用况，或是整个系统）的行为建模。状态机可以用状态图来可视化。可以关注由事件引发的对象行为，这对反应式系统建模很有用。

【第 20 章讨论活动图，第 25 章讨论状态图。】

UML 提供了对状态、转移、事件以及效应的图形表示，如图 22-1 所示。这种表示法允许以一种强调对象生命期中的重要元素的方式来可视化该对象的行为。

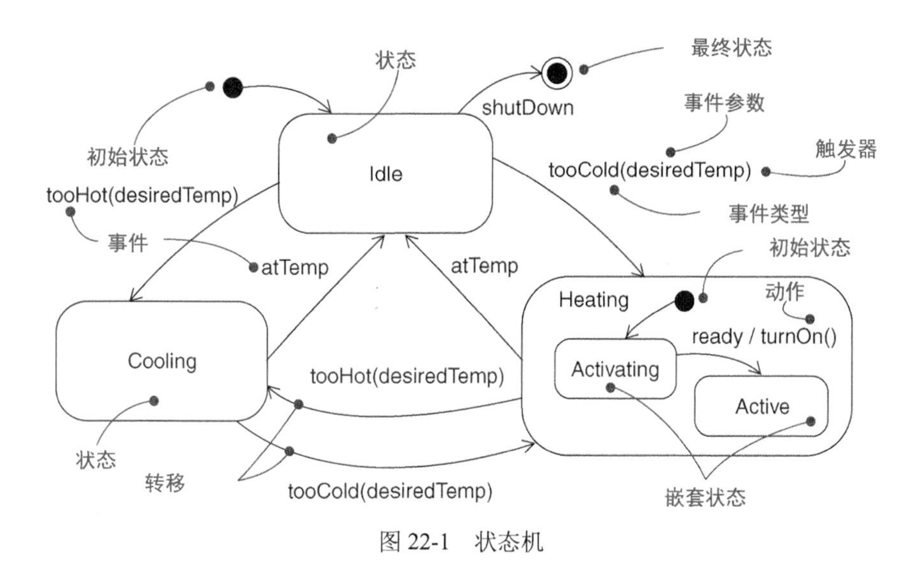

图 22-1　状态机

299

22.2　术语和概念

状态机（state machine）是一种行为，它说明对象在它的生命期中响应事件所经历的状态序列以及它们对那些事件的响应。状态（state）是指对象的生命期中的条件或状况，在此期间对象将满足某些条件、执行某些活动或等待某些事件。事件（event）是对一个在时间和空间上占有一定位置的有意义的发生的规约。在状态机的语境中，一个事件是一个激励的发生，它能够触发一个状态转移。转移（transition）是两个状态之间的一种关系，它指明对象在第一个状态中执行一定的动作，并当特定事件发生或特定的条件满足时进入第二个状态。活动（activity）是状态机中进行的非原子执行。动作（action）是一个可执行的原子计算，它引起模型状态改变或值的返回。在图形上，状态用一个圆角的矩形表示，转移用一条从源状态指向新状态的有向实线表示。

22.2.1　语境

每个对象都有一个生命期。创建时，一个对象诞生；撤销时，一个对象终止其存在。在此期间，一个对象可以（通过发送消息）作用于其他的对象，或者（通过作为一个消息的目标）承受其他对象的作用。在许多情况下，这些消息将是简单的、同步的操作调用。例如，类 `Customer` 的一个实例可能调用在类 `BankAccount` 的一个实例上的操作 `getAccountBalance`。像这样的对象不需要一个状态机来说明它们的行为，因为它们当前的行为并不依赖它们的过去。

【第 13 章讨论对象，第 16 章讨论消息。】

在其他种类的系统中，可能会遇到必须响应信号的对象，这些信号是在实例之间进行通信的异步消息。例如，一个移动电话必须响应随机的呼叫（来自其他电话）、按键事件（来自客户，开始一次电话呼叫）以及来自网络的事件（当电话从一个呼叫转到另一个呼叫时）。类似地，还会遇到当前行为依赖过去行为的对象。例如，一个空对空导弹制导系统的行为依赖于它的当前状态，如NotFlying（当装载导弹的飞机还停在地上时，发射导弹并不是一个好主意）或Searching（在确定要攻击的目标之前，不需要装备导弹）。

300

【第 21 章讨论信号。】

用状态机能最好地说明对象的行为必须响应异步消息，或者它的当前行为依赖于过去。这包括能够接收信号的类的实例，其中包括许多主动对象。实际上，一个对象接收了信号，但是在当前状态下没有针对这个信号的转移，而又不延迟该信号，那么它将简单地忽略这个信号。换句话说，缺少对一个信号的转移并不是错误，它只是意味着在那个点上对该信号不感兴趣。也可以使用状态机对整个系统的行为建模，尤其是对反应式系统，此类系统必须对来自系统之外的参与者的信号做出响应。【第 23 章讨论主动对象，第 25 章讨论对反应式系统建模，第 17 章讨论用况和参与者，第 16 章讨论交互，第 11 章讨论接口。】

注解 在多数时间，将用交互对用况的行为建模，但是也可以为了同样的用途而使用状态机。类似地，可以用状态机来对接口的行为建模。尽管接口没有任何直接的实例，但实现该接口的类可以有实例。这样一个类必须遵从该接口的状态机所说明的行为。

22.2.2 状态

状态是对象的生命期中的一个条件或状况，在此期间对象将满足某些条件、执行某些活动或等待某些事件。对象在一个状态下逗留有限的时间。例如，房间的加热器（Heater）可能处于如下4种状态中的任何一个：空闲（Idle）——等待开始加热房间的命令；启动（Activating）——热气打开，但等待达到某个温度；活动（Active）——热气和鼓风机都打开；关闭（ShuttingDown）——热气关闭，但鼓风机打开，吹散系统的剩余热量。

当一个对象的状态机处于一个给定的状态时，就说这个对象处于这个状态。例如，Heater的一个实例可能处于Idle状态，或可能处于ShuttingDown状态。

【可以在一个交互中可视化对象的状态，这在第 13 章讨论。状态的后四部分在本章的后面介绍。】

一个状态有以下几个部分。

（1）名称（name）。一个将本状态与其他状态区分开的文本串；状态可以是匿名的，即没有名称。

（2）进入/退出效应（entry/exit effect）。分别为进入和退出该状态时所执行的动作。

(3)内部转移(internal transition)。不导致状态改变的转移。 301

(4)子状态(substate)。状态的嵌套结构,包括非正交(顺序活动的)或正交(并发活动的)子状态。

(5)延迟事件(deferred event)。指在该状态下暂不处理,将推迟到该对象的另一个状态下排队处理的事件列表。

注解 状态的名称中可以包含任意数量的字母、数字和某些标点符号(有些标点符号除外,如冒号),并且可以连续几行。在实际应用中,状态名是取自所建模的系统的词汇中的短名词或名词短语。通常,将状态名中的每个单词的首字母大写,如 `Idle` 或 `ShuttingDown`。

如图 22-2 所示,用一个圆角的矩形代表一个状态。

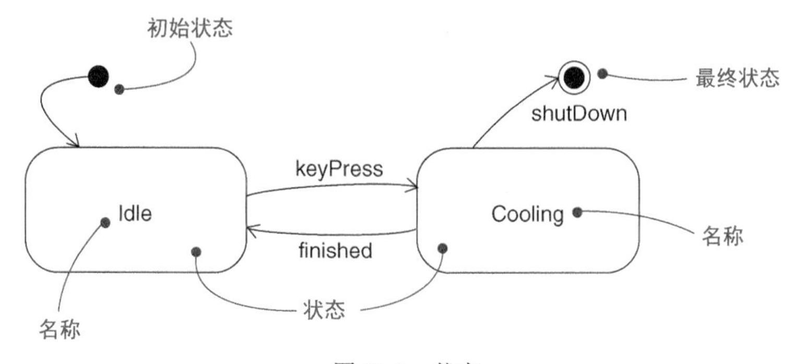

图 22-2 状态

初始状态和最终状态

如图所示,在对象的状态机中有两个可能要定义的特殊状态。第一个是初始状态,表示状态机或子状态的默认开始位置。初始状态用一个实心的圆表示。第二个是最终状态,表示该状态机或外围状态的执行已经完成。最终状态用一个内部含有一个实心圆的圆圈表示(牛眼睛)。

注解 初始状态和最终状态实际上都是伪状态。它们除了名称外,都没有正规状态的通常部分。从初始状态到正常状态的转移可以有详尽的特征补充,其中包括一个监护条件和动作(但不包含触发事件)。

22.2.3 转移

转移是两个状态之间的一种关系,表示对象在某个特定事件发生而且特定的条件满足时将在第一个状态中执行一定的动作,并进入第二个状态。当状态发生这样的转变时,转移被称作激活了。在转移激活之前,称对象处于源状态;激活后,则称对象处于目标状态。例如,当 `tooCold`(带有 302

参数 desiredTemp）这样的事件发生时，Heater 可能从 Idle 状态转移到 Activating 状态。

一个转移由以下 5 部分组成。

（1）源状态（source state）即受转移影响的状态，如果一个对象处于源状态，当该对象接收到转移的触发事件而且监护条件（如果有）满足时，将激活一个离出的转移。

（2）事件触发器（event trigger）是一个事件，源状态中的对象识别了这个事件，则在监护条件满足的情况下激活转移。【第 21 章讨论事件。】

（3）监护条件（guard condition）是一个布尔表达式，当因事件触发器的接收而触发转移时，对这个布尔表达式求值：若表达式取值为真则激活转移；若为假则不激活，此时若没有其他的转移能被这个事件触发，则该事件丢失。

（4）效应（effect）是一个可执行的行为(比如动作)，它可以直接作用于拥有状态机的对象，并间接作用于对该对象可见的其他对象。

（5）目标状态（target state）即在转移完成后的活动状态。

如图 22-3 所示，一个转移用一条从源状态到目标状态的有向实线表示。自身转移是指源状态和目标状态相同的转移。

注解　一个转移可能有多个源（在这种情况下，它表示来自多个并发状态的一个汇合），也可能有多个目标（在这种情况下，它表示发往多个并发状态的一个分岔）。详情请参看后面的正交子状态。

303

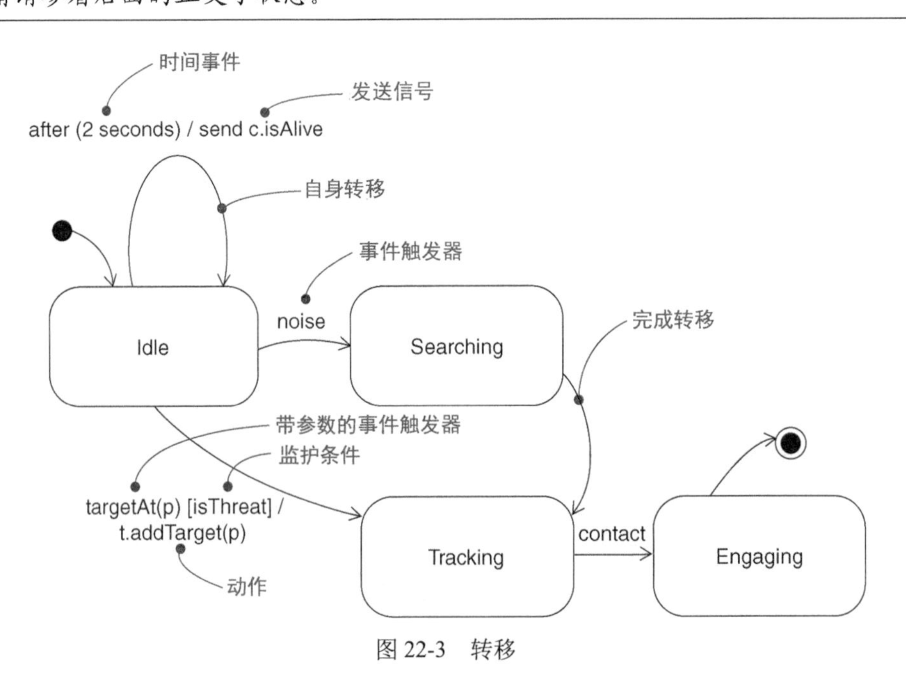

图 22-3　转移

1. 事件触发器

事件是对在时间和空间上占有一定位置的有意义的发生的规约。在状态机的语境中，事件是一个能够触发状态转移的激励的发生。如图 22-2 所示，事件可以包括信号、调用、时间推移或状态的改变。信号或调用可以带有参数，参数值对转移（包括监护条件和动作的表达式）是可见的。

【第 21 章讨论事件。】

也可能有完成转移，它由一个没有事件触发器的转移表示。完成转移在源状态完成其行为（如果有）时被隐式地触发。

注解 事件触发器可能是多态的。例如，如果定义了一个信号族，那么，一个触发事件是 S 的转移就能被 S 触发，也能被 S 的任何子类触发。

【第 21 章讨论详述一个信号族，第 20 章讨论多个不重叠的监护条件形成一个分支。】

---

2. 监护条件

如图 22-2 所示，监护条件由一个用方括号括起来的布尔表达式表示，放在触发器事件的后面。监护条件只在引起转移的触发器事件发生后才被计算。只要监护条件不重叠，就可能存在来自同一个源状态的、带有相同事件触发器的多个转移。

304

对于每一个转移，一个监护条件只在事件发生时被计算一次，但如果该转移被重新触发，则监护条件会被再次计算。在布尔表达式中可以包含关于对象状态的条件（例如，表达式 `aHeater in Idle`，如果对象 `Heater` 当前处于 `Idle` 状态，则它的值为真）。如果测算的时候条件不成立，那么以后条件成立的时候该事件也不会再发生了。用变化事件对这种行为建模。

【第 21 章讨论变化事件。】

注解 虽然只是在每次转移触发时才对监护条件求值一次，但是变化事件却不断被潜在地求值。

---

3. 效应

效应是在转移激活时所执行的行为。效应可以包括在线计算、操作调用（调用拥有状态机的对象或其他可见的对象）、另一个对象的创建或撤销，或者向一个对象发送信号。为了表明发送一个信号，可以在信号名前加一个关键字 `send` 作为可视化提示。

转移只发生在状态机静止时，即在它不在执行来自前一个转移的效应时。一个转移的效应以及任何相关的进入和退出效应都必须执行完毕，才允许另外的事件引发新的转移。相比之下，do 活动（在本章的后面讲述）是可以被事件中断的。

【在本章后面讨论活动，第 5 章和第 10 章讨论依赖。】

注解 可以用一个衍型为 `send` 的依赖来显式地显示一个信号发送到的对象，该依赖的源为状态，目标为这个对象。

22.2.4　高级状态和转移

在 UML 中，可以只使用状态和转移的基本特征来对广泛的、各种各样的行为建模。使用这些特征，最终可以产生简单状态机，它意味着行为模型中除了弧（转移）和顶点（状态）之外不包括其他东西。

然而，UML 的状态机具有许多可以帮助管理复杂行为模型的高级特征。这些特征常常可以减少所需的状态和转移的数量，并且将使用简单状态机时遇到的许多通用的而且有点复杂的惯用法编集在一起。这些高级特征包括进入效应、退出效应、内部转移、do 活动和延迟事件。这些特征作为一个文本串显示在状态符号的文本分栏内（如图 22-4 所示）。

305

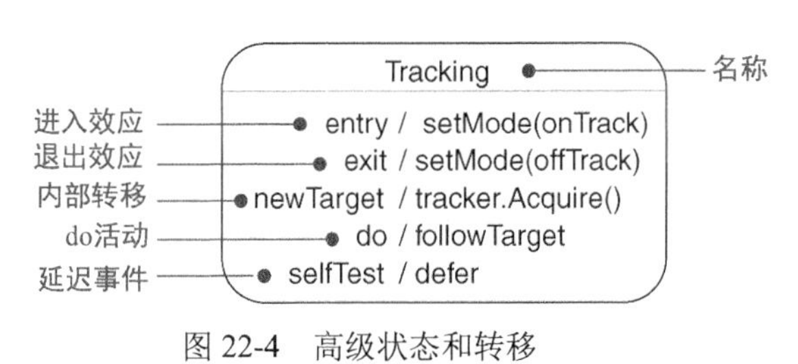

图 22-4　高级状态和转移

1．进入效应和退出效应

在许多建模情况下，每当进入一个状态时，不管是什么转移使你进入，都想执行某个设置动作；同样，当离开一个状态时，不管是什么转移使你离开，也都想执行某个清理动作。例如，在一个导弹制导系统中，可能想：每当它进入 `Tracking` 状态时，显式地声明系统是 `onTrack` 的；每当它离开该状态时，声明系统是 `offTrack` 的。使用简单状态机，可以把那些动作放在每个相应的进入和退出的转移上来达到这种效应。然而，这样就会有出错的危险，不得不在每次添加一个新的转移时记住增加这些动作。而且，修改这个动作意味着不得不触及每个相邻的转移。

如图 22-4 所示，UML 为这种惯用法提供了简捷的表示。在状态符号中包括一个进入效应（以关键字 `entry` 标记）和一个退出效应（以关键字 `exit` 标记），各自带有一个适当的动作。每当进入该状态时，就执行它的进入动作；每当离开该状态时，就执行它的退出动作。

进入效应和退出效应不可以有参数或监护条件。然而，位于一个类的状态机顶层的进入效应可以有参数，用来表示当创建该对象时状态机接收到的参数。

2．内部转移

一旦处于一个状态内，将遇到想在不离开该状态的情况下处理的事件，这被称为内部转移，它与自身转移有一些细微的不同。在自身转移中，正如在图 22-3 所看到的，事件触发了转移后，就离开了这个状态，一个动作（如果有）被执行，然后又重新进入同一个状态。因为这个转移先退出并且随后又进入该状态，所以，自身转移先执行该状态的退出动作，接着执行自身转移动作，最后执行该状态的进入动作。

306

然而，假设想处理这个事件，但并不想执行该状态的进入和退出动作，UML 用内部转移为这种用法提供了一个便捷方式。内部转移（internal transition）是这样一种转移：它通过执行一个效应来响应事件，但不改变状态。在图 22-4 中，事件 newTarget 标记了一个内部转移：如果在对象处于 Tracking 状态时该事件发生，则执行动作 tracker.acquire，但状态维持不变，而且不执行进入或退出动作。内部转移不用转移箭头表示，而是表示为状态符号内部的一个转移串（包括事件名字、可选的监护条件和效应）。要注意的是，关键字 entry、exit 和 do 都是保留字，不能用作事件的名字。如果对象处于某个状态，而且该状态内的某个内部转移事件发生了，那么就执行相应的效应，而不用离开和再进入该状态。因此，处理这样的事件不用调用状态的退出和进入动作。

注解 内部转移可以有带参数和监护条件的事件。

---

3. do 活动

当对象处于一个状态时，它一般是空闲的，在等待着一个事件的发生。但是某些时候，可能希望对一个持续的活动建模。在处于一个状态的同时，对象做着某些工作，并一直继续直到被一个事件所中断。例如，若一个对象处于 Tracking 状态，只要它在该状态中，它就执行 followTarget。如图 22-4 所示，在 UML 中用特殊的 do 转移来描述执行了进入动作后在一个状态内部所做的工作。也可以说明一个行为，如动作序列——do/op1(a); op2(b); op3(c)。如果某个事件的发生导致一个离开当前状态的转移，那么当前状态中任何正在进行的 do 活动将会立刻被终止。

注解 do 活动等效于两个效应：在进入状态时的进入效应和退出状态时的退出效应。

---

4. 延迟事件

考虑一个像 Tracking 的状态。如图 22-3 所示，假定只有一个离开这个状态、并由事件 contact 触发的转移。当处于 Tracking 状态时，除了事件 contact 和那些由其子状态处理的事件之外，其他事件都将被丢弃。也就是说事件可以发生，但它将被忽略，而且不因为该事件的出现而产生任何动作。 【第 21 章讨论事件。】

307

在各种建模情况下，可能想识别一些事件，而忽略另一些事件。识别那些作为转移的事件触发器的事件，忽略那些直接扔掉的事件。然而，在某些建模情况下，可能想接受某些事件，但延迟到以后对其响应。例如，当处于 Tracking 状态时，可能想要延迟响应 selfTest 这样的信号，它们或许是由系统中的某些维护代理发送的。

在 UML 中，可以用延迟事件来描述这种行为。延迟事件是在该状态中被延迟处理的事件，直到另一个状态被激活才对其进行处理。如果这个事件在那个状态中没有被延迟，那么这个事件就会像刚发生一样被处理而且可能触发转移。如果状态机通过了一系列的延迟该事件的状态，那么事件会保持到某个不会延迟该事件的状态出现为止。在此期间也会发生其他非延迟事件。如图 22-4 中所看到的那样，带有特殊动作 `defer` 的事件表示一个延迟事件。在这个例子中，事件 `selfTest` 可能会在 `Tracking` 状态中发生，但它被延迟直到该对象处于 `Engaging` 状态时才出现，就像刚刚发生一样。

注解　延迟事件的实现需要有一个内部事件队列。如果一个事件发生，并被列为延迟事件，则进入队列。一旦对象进入一个不延迟这些事件的状态，这些事件就会从这个队列中取走。

5．子状态机

在一个状态机中可以引用另一个状态机。被引用的状态机称为子状态机（submachine）。这在建立结构化的大型状态模型时是有用的。有关更多的细节请参考 *UML Reference Manual*。

22.2.5　子状态

状态与转移的这些高级特征解决了许多常见的状态机建模问题。然而，UML 状态机还有另一个特征，即子状态，它更能帮助简化对复杂行为的建模。子状态是嵌套在另一个状态中的状态。例如，一个加热器 `Heater` 可能处于 `Heating` 状态，而在 `Heating` 状态中还有一个嵌套状态 `Activating`。在这种情况下，应该称这个对象既处于 `Heating` 状态，又处于 `Activating` 状态。

308

简单的状态是没有子结构的状态。一个含有子状态（即嵌套状态）的状态被称作组合状态。组合状态既可能包含并发（正交的）子状态也可能包含顺序（非正交的）子状态。在 UML 中，表示组合状态就像表示一个简单状态一样，但还要用一个可选的图形分栏来显示一个嵌套的状态机。子状态可以嵌套到任何层次。

【组合状态具有与组合相似的嵌套结构，这在第 5 章和第 10 章讨论。】

1．非正交子状态

考虑对一个 ATM 的行为建模的问题。这个系统可能有 3 个基本状态：“空闲” `Idle`（等待与顾客交互）、“活动” `Active`（处理一个顾客的事务）和“维护” `Maintenance`（可能是重新装满现金夹）。在 `Active` 状态下，ATM 的行为沿一条简单路径执行：验证顾客，选择事务，处理这个事务，然后打印收据。打印之后，ATM 机返回到 `Idle` 状态。可以把行为的这些阶段表示为状态 `Validating`、`Selecting`、`Processing` 和 `Printing`。更理想的是，能让顾客在“验证” `Validating` 账号之后和“打印” `Printing` 最后收据之前选择和处理多种事务。

问题在于，在这个行为的任何阶段，顾客都可能决定取消事务，使 ATM 返回到它的“空闲” `Idle` 状态。使用简单状态机可以表示这种情况，但相当麻烦。因为顾客可能在任意点上取消事务，不得不为 `Active` 序列中的每一个状态加入一个合适的转移。这很麻烦，因为很容易忘记在所有适当的位置都包含这些转移，并且许多这样的中断事件意味着，将画上许多对准同一目标状态、来自不同的源、但带有相同的事件触发器、监护条件和动作的转移。

如图 22-5 所示，通过使用嵌套子状态，可用一个较为简单的办法来对这个问题建模。这里，Active 状态有一个子结构，包括子状态 Validating、Selecting、Processing 和 Printing。当顾客将信用卡插入 ATM 机时，ATM 的状态从 Idle 转移到 Active。在进入 Active 状态时，执行进入动作 readCard。从子结构的初始状态开始，控制从 Validating 状态传递到 Selecting 状态，再到 Processing 状态。在 Processing 状态之后，控制可能返回到 Selecting 状态（如顾客选择另一个事务）或可能转移到 Printing 状态。在 Printing 状态之后，有一个完成转移返回到 Idle 状态。注意，Active 状态有一个退出动作来吐出顾客的信用卡。

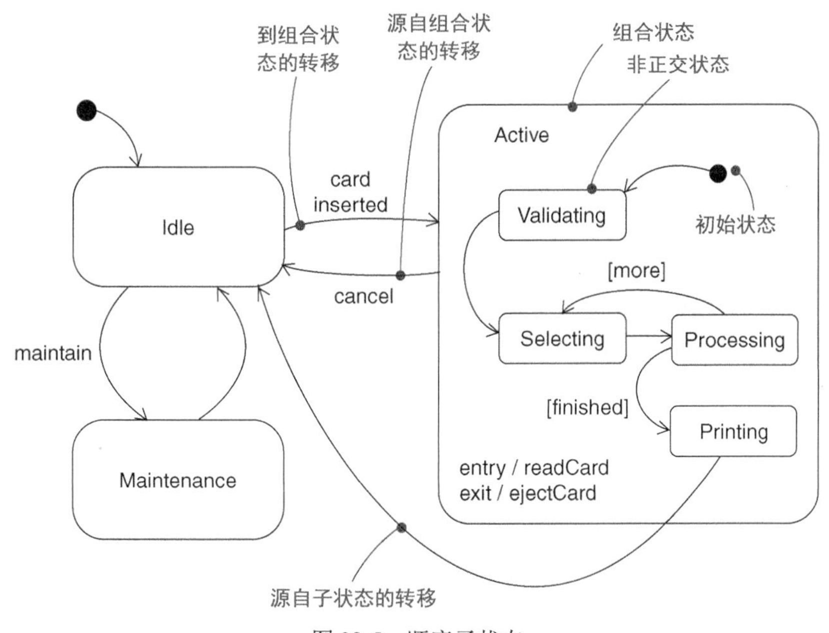

图 22-5　顺序子状态

注意由 cancel 事件触发的从 Active 状态到 Idle 状态的转移。在 Active 的任何子状态中，顾客都可能取消这个事务，并使 ATM 返回到 Idle 状态（但只能在吐出顾客的信用卡之后，它是离开 Active 状态时执行的退出动作，不管是什么原因导致了离开该状态的转移都是如此）。如果没有子状态，在每个子结构状态中，都将需要一个由 cancel 触发的转移。

309

像 Validating 和 Processing 这样的子状态，被称作是非正交或不相交的子状态。在一个封闭的组合状态的语境中给定一组不相交的子状态，对象被称为处在该组合状态中，而且一次只能处于这些子状态（或最终状态）中的一个子状态上。因此，非正交子状态将组合状态的状态空间分成一些不相交的状态。

从一个封闭的组合状态外面的一个源状态出发，一个转移可以把组合状态作为目标，也可以把一个子状态作为目标。如果它的目标为一个组合状态，则这个嵌套状态机一定包括一个初始状态，以便在进入组合状态并执行它的进入动作（如有）后，将控制传送给初始状态。如果它的目标是一个嵌套状态[1]，在执行组合状态的进入动作（如有）和子状态的进入动作（如果有）后，将控制传送给嵌套状态。

一个导致离开组合状态的转移，可能以组合状态或一个子状态来作为它的源。无论哪种情况下，控制都是首先离开嵌套状态（如有退出动作则执行之），然后离开组合状态（如有退出动作则执行之）。其源是组合状态的转移，本质上是切断（中断）了这个嵌套状态机的活动。当控制到达组合状态的最终子状态时，就触发一个完成转移。

310

注解 一个嵌套的非正交状态机最多有一个初始子状态和一个最终子状态。

2．历史状态

状态机描述对象的动态方面，它的当前行为依赖于过去。状态机实际上描述了一个对象在它的生命期中可能经过的合法的状态序列。

除非另有说明，当一个转移进入一个组合状态时，嵌套状态机的动作就又处于它的初始状态（当然，除非这个转移直接以一个子状态为目标）。然而，有时对一个对象建模，想要它记住在离开组合状态之前最后活动着的子状态。例如，在对一个通过网络进行无人值守的计算机备份的代理的行为建模时，如果它曾被中断（例如，被一个操作员的查询中断），希望它记住是在该过程的什么地方被中断的。

使用简单状态机也可以对这个问题建模，但显得很麻烦。对于每一个顺序子状态，都需要让它的退出动作给组合状态的某个局部变量赋一个值。然后这个组合状态的初始状态将需要一个到每个子状态的转移，它带有一个监护条件来查询这个变量。采用这种方法，离开组合状态将导致最后的子状态被记住，进入组合状态将转移到合适的子状态。这是很麻烦的，因为它要求记住去触及每个子状态，并设置适当的退出动作。它留给你这样一大堆转移：这些带有非常类似（但不同）的监护条件的转移从同一个初始状态出发，发散到不同的目标子状态。

在 UML 中，对这种惯用法建模的一个比较简单的方法是使用历史状态。历史状态允许一个包含非正交子状态的组合状态来记住源自组合状态的转移之前最后的活动子状态。如图 22-6 所示，用一个包含符号 `H` 的小圆圈来表示一个浅历史状态。

如果想用一个转移来激活最后的子状态，就显示从该组合状态之外直接指向该历史状态的一个转移。当第一次进入一个组合状态时，它没有历史。这就是从历史状态单纯转移到一个非正交子状态（如 `Collecting`）的意义。这个转移的目标指明了嵌套状态机首次进入时的初始状态。

311

---

[1] “嵌套状态”原文为被动语态 nested state，指嵌套在组合状态内部的子状态。——译者注

接下去，假定处于 BackingUp 和 Copying 状态中时，事件 query 被发出。控制离开 Copying 和 BackingUp（必要时执行其退出动作），并返回到 Command 状态。当 Command 的动作完成后，完成转移返回到组合状态 BackingUp 的历史状态。这一次，由于这个嵌套状态机有了历史，所以控制传回到 Copying 状态（绕过了 Collecting 状态），因为 Copying 是从 BackingUp 转移之前的最后一个活动子状态。

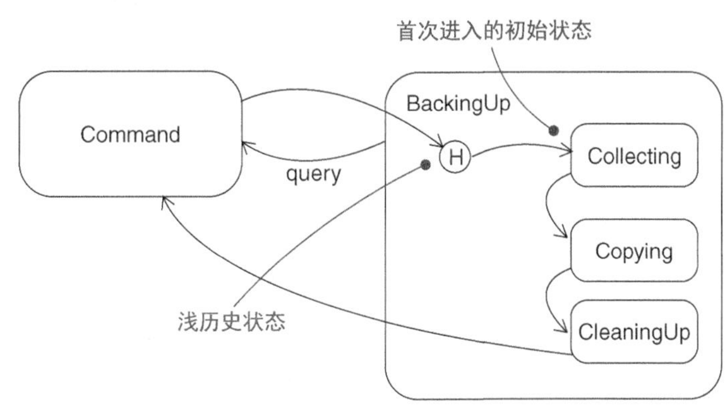

图 22-6 历史状态

注解 符号 H 表示浅历史，它只记住直接嵌套的状态机历史。也可以说明深历史，用包含符号 H*的小圆圈表示。深历史将在任何深度上记住最深的嵌套状态。如果仅有一层嵌套，那么深历史和浅历史状态在语义上是等同的。如果有多于一层的嵌套，那么浅历史只能记住最外层的嵌套状态，而深历史则可以在任何深度上记住最深层的嵌套状态。

无论哪种情况，如果嵌套状态机到达最终状态，则将丢失它储存的历史，就像它从未进入一样。

3. 正交子状态

非正交子状态是一种最常见的嵌套状态机。然而，在某些建模情况下，可能要说明一些正交的区域。这些区域使你可以说明在一个对象的语境中并行执行的两个或多个状态机。

312

例如，图 22-7 显示了对图 22-5 中的 Maintenance 状态的一个扩展。Maintenance 被分解为两个正交区域：Testing 和 Commanding，它们在 Maintenance 状态中嵌套显示，并用一条虚线分开。每个正交区域进一步分解为非正交子状态。当控制从 Idle 状态传送到 Maintenance 状态时，控制就分岔为两个并发的流——这个对象将同时处于 Testing 区域和 Commanding 区域。而且，当处于 Commanding 区域时，这个对象将处于 Waiting 状态或者 Command 状态。

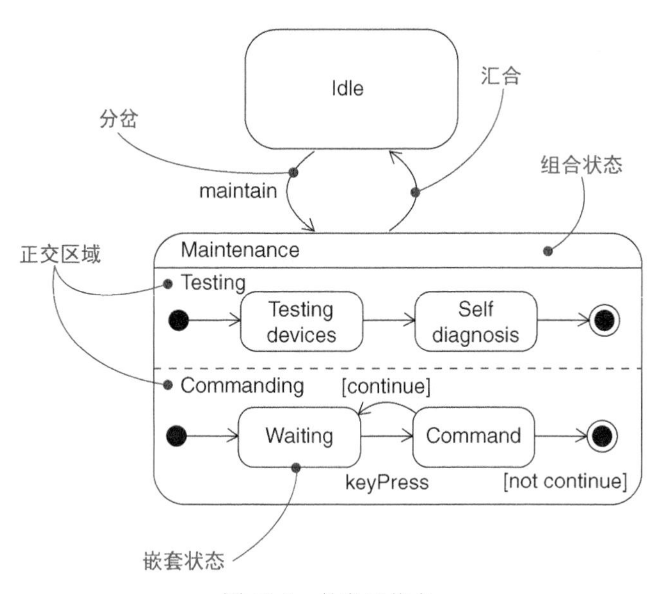

图 22-7　并发子状态

注解　这就是非正交子状态和正交子状态的区别所在。在同一层次给出两个或更多的非正交子状态，对象将处于这些子状态中的一个子状态或另一个子状态中。而在同一层次给出两个或更多的正交子状态，对象将处于来自每一个正交区域的一个状态中。

这两个正交区域的执行是并行的。最终，每个嵌套状态机都到达它的最终状态。如果一个正交区域先于另一个到达它的最终状态，那么这个区域的控制将在它的最终状态等待。当两个嵌套状态机都到达它们的最终状态时，来自两个正交区域的控制就汇合成一个流。

313

每当一个转移到达一个被分解为多个正交区域的组合状态时，控制就分成与正交区域一样多的并发流。类似地，每当一个转移来自一个被分解为多个正交区域的组合子状态时，控制就汇合成一个流。这在所有情况下都成立。如果所有的正交区域都到达它们的最终状态，或者有一个离开封闭的组合状态的显式的转移，那么，控制就重新汇合成一个流。

注解　每个正交区域可以拥有一个初始状态、最终状态或历史状态。

4．分岔和汇合

进入一个带正交区域的组合状态通常就是进入每个正交区域的初始状态。也可能从一个外部状态直接转移到一个或多个正交状态。这叫作分岔，因为控制从一个单一状态进入多个正交状态。在图形上把分岔表示为一条粗的黑线，线上带有一个进入箭头和多个离去箭头，其中每个离去箭头都到达一个正交区域。每个正交区域内必须至多有一个目标状态。如果有一个或者多个正交区域内没有目标状态，那么隐式地选择区域的初始状态作为目标状态。向组合状态内的单独一个正交状态的转移也是一个隐含的分岔，所有其他区域的初始状态都隐含地是该分岔的一部分。

类似地，从带有正交区域的组合状态内的任一状态离开的转移导致控制离开所有的其他正交区域。这种转移通常表示有错误发生，从而迫使所有并行计算都被中断。

汇合是具有两个或两个以上的进入箭头而只有一个离去箭头的转移。每个进入箭头必须来自同一个组合状态的不同正交区域中的状态。汇合可能有一个触发事件。只有当所有的源状态都是活动的，汇合转移才是有效的；与组合状态中的其他正交区域的状况不相关。一旦事件发生，控制会离开组合状态中的所有正交区域，而不仅仅是带离去箭头的区域。

图 22-8 显示的是前一个例子的变体，它具有显式的分岔和汇合。进入组合状态 Maintenance 的转移 maintain 仍然是一个到所有正交区域的默认初始状态的隐含分岔。然而，这个例子也有显式的分岔，它从 Idle 状态转到两个嵌套状态，即 Self diagnose 和区域 Commanding 的最终状态。（最终状态也是一个真实的状态，可以作为转移的目标）。如果在 Self diagnose 状态活动时发生了错误，就会激活到 Repair 的隐式的汇合转移：无论是 Self diagnose 状态，还是 Commanding 区域内的任意活动状态都会被退出。图中还有一个到状态 Offline 的显式的汇合转移。只有当 Testing devices 状态和 Commanding 区域的最终状态是活动的，而且 disconnect 事件发生，才会激活这个转移；如果两个状态都不活动，则该事件无效。

314

5. 主动对象

对并发建模的另一种方式是使用主动对象。因而，不是把一个对象的状态机划分成两个或多个并发区域，而是定义两个主动对象，每个负责一个并发区域的行为。如果这些并发控制流中的一个控制流的行为受到其他控制流状态的影响，就用正交区域来建模。如果这些并发流中的一个控制流的行为受到与其他控制流来往的消息的影响，就用主动对象来建模。如果并发流之间的通信很少或根本就没有，那么选择哪种建模方法就全凭个人感觉了，通常用主动对象建模会使设计决策更明显。 【第 23 章讨论主动对象。】

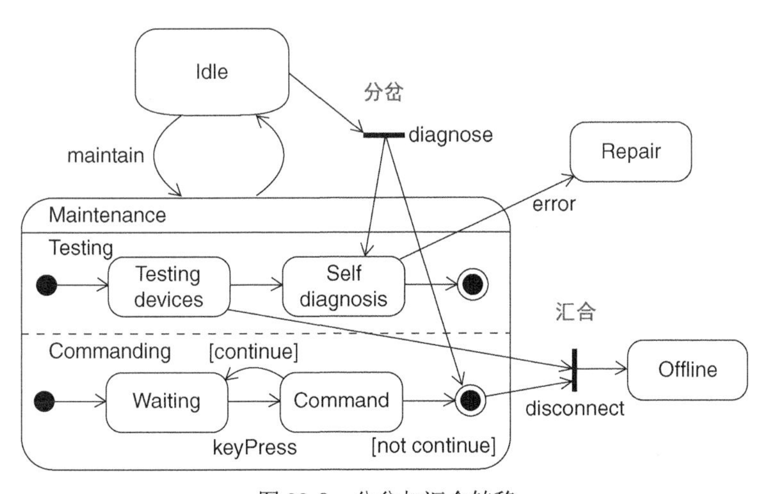

图 22-8　分岔与汇合转移

22.3　常用建模技术

为对象的生命期建模

使用状态机最通常的目的是为对象（尤其是类、用况和整个系统的实例）的生命期建模。交互用来对一起工作的对象群体的行为建模，而状态机用来对单个对象的整个生命期的行为建模，正如从用户界面、控制器和设备所看到的那样。

315

在为对象的生命期建模时，主要描述以下 3 种事物：对象能够响应的事件，对这些事件的响应，以及过去对当前行为的影响。为对象的生命期建模，还包括决定该对象能够有意义地响应事件的次序，从对象的创建时开始，一直到它被撤销。

为对象的生命期建模，要遵循如下策略。

- 设置状态机的语境，不管它是一个类、一个用况，还是整个系统。
- 如果语境是一个类或一个用况，则找出相邻的类，包括这个类的所有父类和通过依赖或关联到达的所有类。这些邻居是动作的候选目标或在监护条件中包含的候选项。
- 如果语境是整个系统，则将注意力集中到这个系统的一个行为上。理论上，系统中每个对象都可以是系统生命期模型中的一个参加者，而且除了最微小的系统之外，建立一个完整的模型将是非常棘手的。
- 建立这个对象的初始状态和最终状态。为了指导模型的剩余部分，可能要分别声明初始状态和最终状态的前置条件和后置条件。
- 判断这个对象可能响应的事件。如果已经说明，则将在对象的接口中发现这些事件；如果还没说明，就要考虑在语境中哪个对象可能与该对象交互，然后发现它们可能发送哪些事件。
- 从初始状态开始到最终状态，列出这个对象可能处于的顶层状态。用由适当的事件触发的转移将这些状态连接起来，接着向这些转移中添加动作。
- 识别任何进入动作或退出动作（尤其当发现它们所适用的惯用法被用于状态机时）。
- 如果需要，通过使用子状态来扩充这些状态。
- 检查在状态机中提供的所有事件是否和该对象接口所期望的事件相匹配。类似地，检查该对象的接口所期望的所有事件是否都被状态机所处理。最后，留意明显地想忽略这些事件的地方。

316

- 检查在状态机中提到的所有动作是否由对象的关系、方法和操作所支持。
- 通过跟踪状态机（不管是手工地还是通过工具），根据期望的事件顺序及其响应进行检查。尤其要努力寻找那些不可达状态和可能导致机器停止的状态。
- 在重新安排状态机之后，按所期望的顺序再一次检查，以确保没有改变该对象的语义。

【第 13 章讨论对象，第 4 章和第 9 章讨论类，第 17 章讨论用况，第 32 章讨论系统，第 16 章讨论交互，第 28 章讨论协作，第 10 章讨论前置条件和后置条件，第 11 章讨论接口。】

例如，图 22-9 显示了家庭安全系统中控制器的状态机，它负责监视房屋周围的各种传感器。

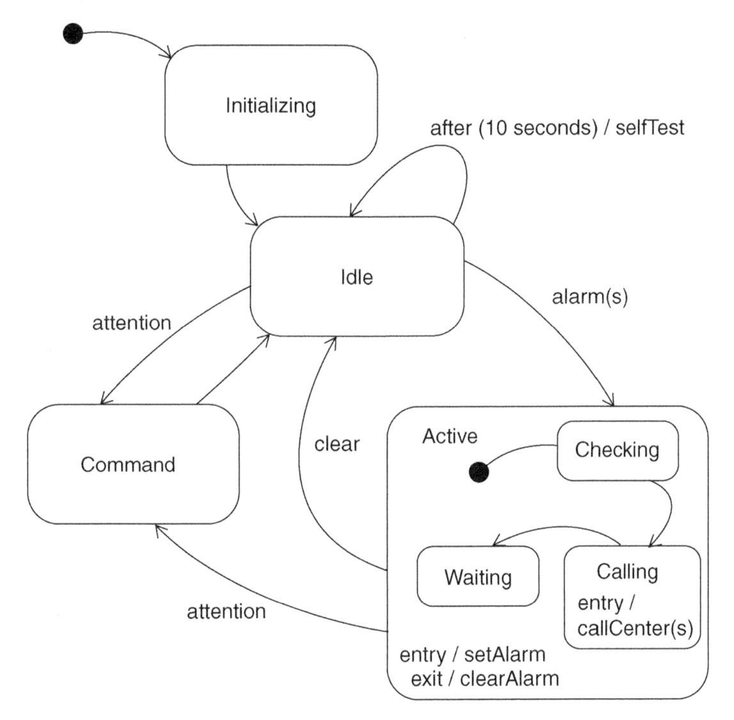

图 22-9 为对象的生命期建模

在这个控制器类的生命期中有 4 个主要的状态：“初始化” Initializing（控制器开始运行）、“空闲” Idle（控制器准备好，并等待警报或来自用户的命令）、“命令” Command（控制器正在处理来自用户的命令）和“活动” Active（控制器正在处理一个警报条件）。当第一次创建这个控制器对象时，首先进入 Initializing 状态，然后无条件地进入 Idle 状态。这两个状态的详细信息并不显示，但要显示 Idle 状态中带有时间事件的自转移。这种时间事件在嵌入式系统中是常见的，它常常有一个心跳定时器，每隔一段时间就检查一下系统的健康状况。

317

当接收到一个“警报” alarm 事件（包括参数 s，表示发生错误的传感器）时，控制从 Idle 状态转移到 Active 状态。进入 Active 状态时，setAlarm 作为进入动作执行，控制首先传送到 Checking 状态（验证这个警报），然后传送到 Calling 状态（呼叫警报公司以登记这个警报），最后传送到 Waiting 状态。仅当“清除” clearing 警报时，或是用户向控制器发“注意” attention 信号以通知可能发布一个命令时，才退出状态 Active 和 Waiting。

注意这里没有最终状态。这在嵌入式系统中也是常见的，希望系统无限期地运行。

22.4 提示和技巧

在用 UML 对状态机建模时，要记住每个状态机表示的是单个对象的动态方面，该对象通常代表一个类、一个用况，或整个系统的实例。一个结构良好的状态机，应满足如下要求。

- 是简单的，因此不应包含任何多余的状态或转移。
- 具有清晰的语境，因而可以访问对于正为其建立状态机的对象可见的所有对象（仅当对执行状态机描述的行为是必需的时才使用这些邻近对象）。
- 是有效的，因此应该根据分派动作的需要，以时间和资源的最优平衡来完成其行为。
- 是可理解的，因此应该使用来自系统词汇表中的词汇，来命名它的状态和转移。

【第 4 章讨论对系统的词汇表建模。】

- 不要太深层地嵌套（一层或两层的嵌套子状态能够解决大多数复杂行为）。
- 有节制地使用正交子状态，因为使用主动类常常是更好的选择。

用 UML 绘制状态机时，要遵循如下的策略。

- 避免交叉的转移线。
- 只在对于理解图形是必须时才扩充组合状态。

318

第23章

进程和线程

本章内容

- ❑ 主动对象、进程和线程
- ❑ 对多控制流建模
- ❑ 对进程间通信建模
- ❑ 建立线程安全的抽象

现实世界不仅是一个严厉无情的地方，而且还是一个非常忙碌的地方。一些事件和事情都在同一时间发生。因此，当对现实世界的系统建模时，必须考虑它的进程视图，包括形成系统的并发与同步机制的线程和进程。 【第2章讨论软件体系结构语境中的交互视图。】

在UML中，可以将每一个独立的控制流建模为一个主动对象，它代表一个能够启动控制活动的进程或线程。进程是一个能与其他进程并发执行的重量级的流；而线程是一个能与同一进程中的其他线程并发执行的轻量级的流。

建立抽象，使它们在多控制流同时存在的情况下安全地工作，这是困难的。特别是，不得不考虑比顺序系统更复杂的通信和同步方法。还得非常小心，对进程视图的工程化程度既不能过度（太多的并发流会使系统产生颠簸），也不能过低（并发不足则不能优化系统的吞吐量）。

319

23.1 入门

一条狗生活在它的狗窝中，世界对它来说是相当简单而有序的。它整日里吃了睡，睡了吃，偶尔追一追猫，然后再吃了睡，梦里想着继续追逐小猫。因为只有狗需要从狗窝的门进进出出，所以对狗来说，在狗窝里睡觉或遮风避雨从来不成问题。这里没有任何对资源的争夺。 【第1章讨论对狗窝和高层大厦建模。】

在一个家庭的生活以及所住的房子中，世界就不那么简单了。实际上，家庭的每个成员都有他或她自己的生活，并且要与家庭的其他成员打交道（一起进餐、看电视、玩游戏和清扫）。家庭成员们将分享某些资源：孩子们可能共享一间卧室；整个家庭可能共享一部电话或一台计算机。

家庭成员们还共同承担家务：爸爸洗衣服和去杂货店购物；妈妈管理账务和打扫庭院；孩子们帮助打扫和烹饪。这些共享资源间的争用以及这些独立家务之间的协调问题是富于挑战性的：当每个人都准备去上学或上班时，共享一个盥洗室就成了问题；如果爸爸不先去购物，那么晚餐就不能做好。

在高层大厦和它的租户的生活中，世界真正变得复杂了。数百的（如果不是成千的）人可能在同一座建筑物中工作，每个人都遵循着他或她的日程。大家都必须通过一些有限的入口，都必须乘坐同一排电梯，共享同一个加热、制冷、水、电、卫生设备和停车场设施。如果他们想一起最优化地工作，那他们就必须保持通信，并使他们的交互适当地同步。

在 UML 中，每个独立的控制流被建模为一个主动对象。主动对象是一个可以启动控制活动的进程或线程。像所有的对象一样，主动对象是类的一个实例，在这种情况下，它是主动类的实例。同样也像所有的对象一样，主动对象通过传送消息进行互相之间的通信，然而在这里，消息的传送必须扩充某些并发语义，以帮助同步相互独立的流之间的交互。

【第 13 章讨论对象。】

在软件中，许多编程语言直接支持主动对象的概念。Java、Smalltalk 和 Ada 都有内置的并发。C++通过在宿主操作系统的并发机制上建立的各种库来支持并发。用 UML 来可视化、详述、构造、文档化这些抽象是非常重要的，因为不这样做，研究并发、通信和同步等问题几乎是不可能的。

320

UML 提供了对主动类的图形化表示，如图 23-1 所示。主动类是类的一种，所以具有类的所有通常部分，包括类名、属性和操作。主动类经常接收信号，通常把这些信号列在一个附加栏中。

【第 4 章和第 9 章讨论类，第 21 章讨论信号。】

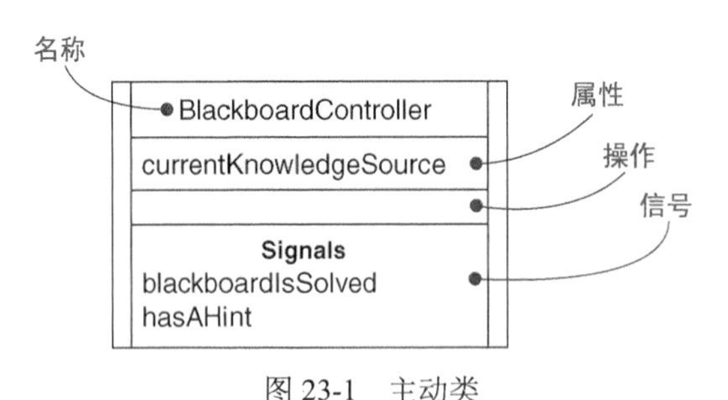

图 23-1　主动类

23.2　术语和概念

主动对象（active object）是拥有进程或线程，并能够启动控制活动的对象。主动类（active class）是其实例为主动对象的类。进程（process）是能同其他的进程并发执行的重量级的流；而线程（thread）是能与同一进程中的其他线程并发执行的轻量级的流。在图形上，主动类用一个左右边为双线的矩形来表示。进程和线程用衍型化的主动类来表示（而且也在交互图中作为一个序列出现）。 【第 19 章讨论交互图。】

23.2.1　控制流

在一个纯顺序系统中，只有一个控制流，这意味着在一个时间有且仅有一件事情在发生。当一个顺序程序启动时，控制处于程序的开头，操作一个接一个地被执行。即使在系统外的参与者之间有并发的事情发生，顺序程序在一个时间也只处理一个事件，任何并发的外部事件都要排队或者被丢弃。 【第 17 章讨论参与者。】

这就是它为什么被称作一个控制流的原因。如果跟踪一个顺序程序的执行过程，就会看到流的执行轨迹是顺序地从一个程序语句到另一个程序语句。可能看到动作的分支、循环和跳转，而且，如果有任何递归或迭代，会看到这个流在其自身循环。尽管如此，在一个顺序的系统中，将只有单独一个执行流。 【第 16 章讨论动作。】

321

在一个并发系统中，存在着多个控制流——也就是说，在一个时间有多件事情发生。在一个并发系统中，有多个同时发生的控制流，每个控制流都以一个独立的进程或线程的头部为根。如果在并发系统运行时给它拍一个快照，在逻辑上，将看到多个执行点。

在 UML 中，用主动类来表示进程或线程。进程或线程是一个独立的控制流的根，并且与所有同样的控制流并发。 【第 27 章讨论结点。】

注解　可以用下面三种方法之一获得真正的并发：一是把主动对象分布到多个结点上；二是把主动对象放在具有多个处理器的结点上；三是以上两种方法的结合。

23.2.2　类和事件

主动类依然是类，尽管它具有很特殊的性质。一个主动类表示一个独立的控制流，而普通的类不能体现这样的流。与主动类相比，普通类隐含地被称作被动的，因为它们不能独立地启动控制活动。 【第 4 章和第 9 章讨论类。】

主动类用于对进程或线程的公共家族建模。在技术术语中，这意味着一个主动对象（主动类的一个实例）将一个进程或线程具体化（或者说它是进程或线程的一个表现）。通过用主动对象对并发系统进行建模，就为每个独立的控制流起了一个名字。当创建一个主动对象时，其相关的控制流就被启动；当撤销这个主动对象时，其相关的控制流就被终止。

【第 13 章讨论对象。】

主动类拥有与所有其他类相同的特性。主动类可以有实例；主动类可以有属性和操作；主动类也可以参与到依赖、泛化和关联（包括聚合）关系中；主动类可以使用 UML 的任何扩展机制，包括衍型、标记值和约束；主动类可以是接口的实现；主动类可以由协作实现，它的行为可以用状态机来说明；主动类还可以参与协作。

【第 4 章讨论属性和操作，第 4 章和第 10 章讨论关系，第 6 章讨论扩展机制，第 11 章讨论接口；第 22 章讨论状态机。】

322

在模型图中，主动对象可以出现在被动对象出现的任何地方。你可以用交互图（包括顺序图和通信图）对主动对象和被动对象的协作建模。主动对象在状态机中可以作为事件的目标而出现。【第 21 章讨论事件。】

说到状态机，被动对象和主动对象均可发送和接收信号事件及调用事件。

注解　主动类的使用是可选的。实际上它没有增加太多的语义。

23.2.3　通信

当对象相互协作时，它们通过从一个对象向另一个对象发送消息来进行交互。在一个既有主动对象又有被动对象的系统中，有 4 种必须考虑的可能的交互组合。

【第 16 章讨论交互。】

第一种，消息可以在被动对象之间传递。假定在一个时间点只有一个控制流通过这些对象，这样的一个交互其实就是对一个操作的简单引用。

第二种，消息从一个主动对象传送到另一个主动对象。当这种情况发生时，就有了进程间的通信，并且有两种可能的通信类型：一种类型是，一个主动对象可能同步地调用另一个主动对象的操作。这种通信具有会合的语义，即：调用者调用操作；调用者等待接受者接受这个调用；操作被引用；为基于接收者对象的操作和类的执行选择一个方法；方法被执行；一个返回对象（如果有）被回送给调用者；然后二者分别继续它们的各自独立的路径。在调用过程中，两个控制流的步调是固定的。另一种类型是，一个主动对象可能异步地发送一个信号或调用另一个对象的一个操作。这种通信具有邮箱的语义，这意味着调用者发送信号或调用操作，然后就继续它自己的独立的路径。在此期间，接收者在（通过插入事件或调用队列）做好准备时才接受信号或调用，完成后继续执行它的路径。之所以称这种通信为邮箱，是因为这两个对象不是同步的，而是一个对象给另一个对象留下一个消息后就离开。【第 21 章讨论信号事件和调用事件。】

323

在 UML 中，用实心箭头来表示同步消息，用枝状箭头来表示异步消息，如图 23-2 所示。

第三种，消息从一个主动对象传送到一个被动对象。如果在一个时间点上，有多于一个主动对象通过一个被动对象传送它们的控制流，那么就出现了潜在的冲突。如果同时有多个对象写或者读写同一个属性，那就是真正的冲突了。在这种情况下，必须非常仔细地对这两个流的同步问题建模，这将在下一节讨论。

第四种，消息从一个被动对象传送到一个主动对象。初看起来，这显得不合法，但如果记住每个控制流都是以某些主动对象为根，就会理解，从被动对象传送消息到主动对象与从主动对象传送消息到主动对象具有相同的语义。

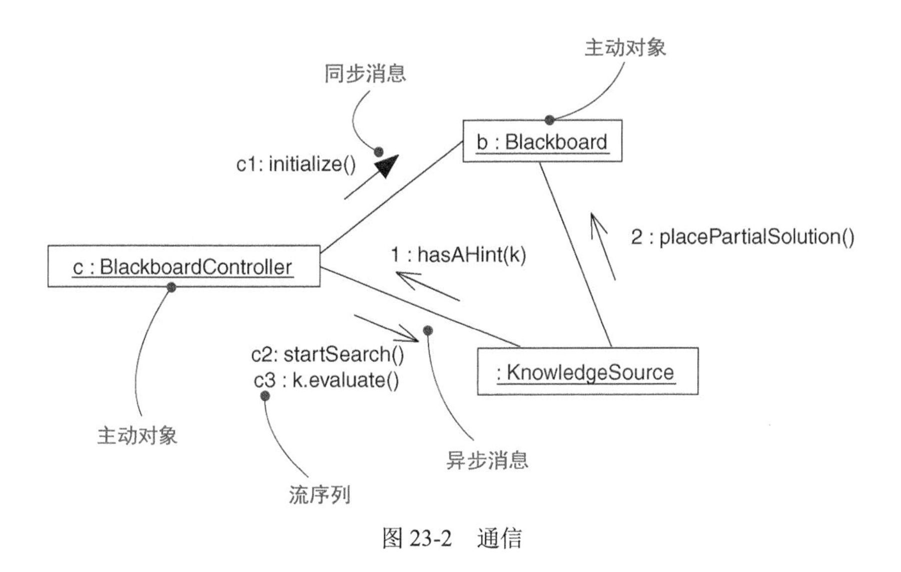

图 23-2　通信

注解　可以用约束对同步或异步消息传送的变体建模。例如，对于可在 Ada 中见到的那种阻塞会和建模，可以使用带有一个约束（例如{wait=0}）的同步消息，表示调用者不等待接收者的响应。类似地，使用一个约束（例如{wait=1 ms}）来对一个限时消息建模，表示调用者等待接收者接受消息的时间不超过 1 ms。

【第 6 章讨论约束。】

324

23.2.4 同步

想象一下交织穿梭于一个并发系统的多个控制流。当一个流通过一个操作时，就说在给定的时刻控制焦点在这个操作中。如果这个操作是为某些类定义的，那也可以说在给定的时刻控制焦点在这个类的一个特定实例中。在一个操作中可以有多个控制流（因而在一个对象中也是如此），并且在不同的操作中也可以有不同的控制流（但仍将导致在一个对象中有多个控制流）。

当同一时间在一个对象中有多个控制流时，就出现了问题。如果不小心，可能有一个以上的流来修改同一属性，破坏对象的状态或丢失信息。这是典型的相互排斥问题。对这个问题处理的失败可能会产生各种竞争条件和冲突，导致并发系统以一种神秘的而不可再现的方式失败。

解决这一问题的关键是逐个进行对临界对象的存取。有 3 种可供选择的方法，每一种方法都包括向类中所定义的操作附加某些同步特性。在 UML 中，可以对这 3 种方法建模。

（1）顺序的（sequential）。调用者必须在对象外部进行协调，使得在一个时刻对象中只有一个流。当有多个控制流出现时，就无法保证该对象的语义和完整性。

（2）监护的（guarded）。当有多个控制流出现时，该对象的语义和完整性是通过把所有对受监护的对象操作的调用顺序化来保证的。其效果是，在一个时刻对象恰好只有一个操作能够执行，使之简化为顺序的语义。如果没有设计好，就会有死锁的危险。

（3）并发的（concurrent）。当有多个控制流出现时，该对象的语义和完整性得到保证是因为多个控制流存取不相交的数据集合，或者只读取数据。可以通过仔细设计的规则来安排这种情况。

某些编程语言直接支持这些构想。如 Java，它具有 synchronized 特性，这个特性等价于 UML 中的 concurrent 特性。在每种支持并发的语言中，可以用信号量来构造它们，从而为所有这些特性提供支持。

325

如图 23-3 所示，可以将这些特性附加到一个操作上，在 UML 中可以用约束符号来表示。需要注意的是，必须对每个操作以及整个对象分别给出其并发性。声明一个操作的并发性意味着可以并发地执行这个操作而无危险。声明一个对象的并发性意味着对其不同的操作调用可以同时进行而无危险，这是一个更严格的条件。

【第 6 章讨论约束。】

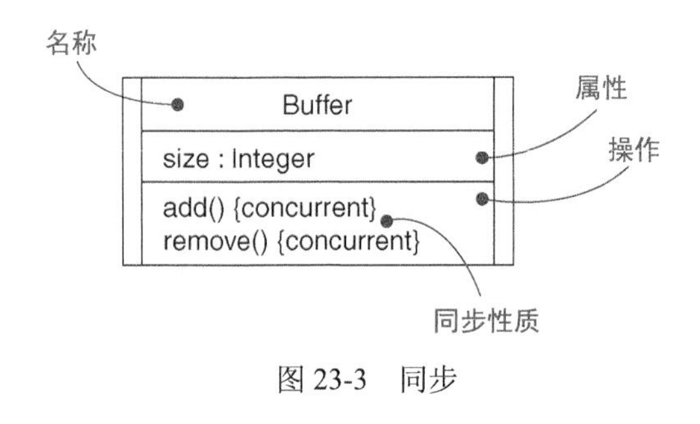

图 23-3　同步

注解　使用约束可以对这些同步原语的变体建模。例如，可以允许同时有多个读者，但只允许有单独一个写入者来修改 concurrent 特性。

23.3　常用建模技术

23.3.1　对多控制流建模

建造含有多个控制流的系统是困难的。不仅要决定如何最好地在并发的主动对象之间划分工作，而且即使做好了这些，还得为系统中主动对象和被动对象之间的通信与同步设计正确的机制，以确保它们在多控制流出现时可以正确地工作。因此，它有助于可视化这些流之间彼此交互的方式。在 UML 中，可以使用包含主动类和主动对象的类图（捕捉它们的静态语义）和交互图（捕捉它们的动态语义）来做此事。

326

【第 29 章讨论机制，第 8 章讨论类图，第 19 章讨论交互图。】

对多控制流建模，要遵循如下策略。

- ❑ 识别并发执行的机会，把每个流具体化为一个主动类。将主动对象的共同集合泛化为一个主动类。注意不要引入不必要的并发，以免使系统设计过度。

【第 19 章讨论进程视图，第 4 章和第 9 章讨论类，第 5 章和第 10 章讨论关系。】

- ❑ 考虑这些主动类之间职责的均衡分布，然后检查每个与之静态协作的其他主动类和被动类。保证每个主动类是紧密内聚的，与相关的邻居类之间既又是松散耦合的，并且每个主动类都具有合理的属性、操作和信号集合。
- ❑ 在类图中捕捉这些静态决策，显式地突出表示每个主动类。
- ❑ 考虑每一组类之间是如何动态协作的。在交互图中捕捉这些决策。显式地表示作为这些流的根的主动对象。用主动对象的名称来标识每个相关的序列。
- ❑ 密切注意这些主动对象之间的通信。恰当地运用同步和异步消息。
- ❑ 密切注意这些主动对象以及与它们协作的被动对象之间的同步。恰当地运用顺序、监护或并发操作语义。

例如，图 23-4 显示了一个商务系统的进程视图的一部分。可以发现 3 个对象并发地把信息放入系统中：StockTicker、IndexWatcher 和 CNNNewsFeed（名称分别为 s、i 和 c）。这些对象中的两个（s 和 i）与它们自己的 Analyst 实例（a1 和 a2）通信。至少对于这个模型来说，可以简单地假定这个 Analyst 一个时刻只有一个控制流在它的实例中是活动的。然而，Analyst 的两个实例都同时与 AlertManager（名称为 m）通信。因此，m 必须被设计为在多个控制流出现时能维持它的语义。m 和 c 同时与 t（一个 TradingManager）进行通信。每个流都给定一个由拥有它的控制流来区分的序号。

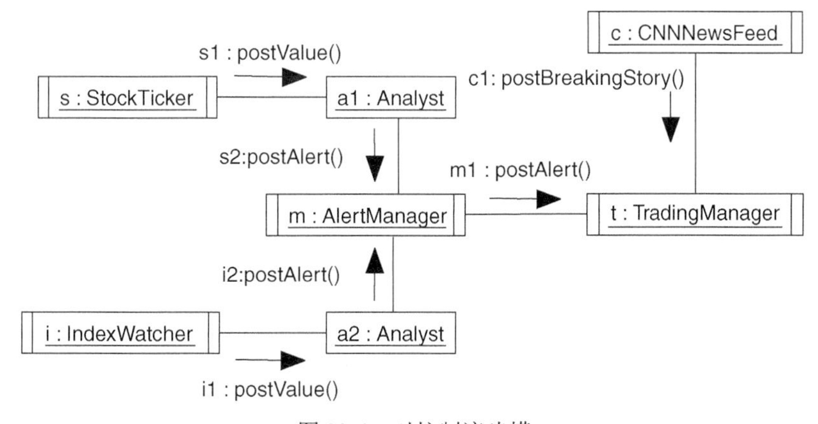

图 23-4　对控制流建模

在像这样的图中，还常常附加上相应的状态机，用正交状态来显示每个主动对象的详细行为。【第 22 章讨论状态机。】

注解　像这样的交互图对下述问题的可视化很有帮助——两个控制流可能交叉，因此需要特别注意通信和同步问题。允许工具提供更清晰的可视化提示，例如以清晰的方式为每个流加上颜色。

23.3.2　对进程间通信建模

作为系统中多个控制流的结合部分，还必须考虑供不同流中的对象相互通信的机制。跨越线程（它们存在于相同的地址空间），对象可以通过信号或调用事件进行通信，后一种方式既可以展示异步的语义，又可以展示同步的语义。跨越进程（它们存在于不同的地址空间），通常要使用不同的机制。　【第 21 章讨论信号和调用事件。】

进程间的通信问题包含了这一事实：在分布式系统中，进程可能存在于分散的结点上。进程间通信有两种经典的方式，即消息传送和远程过程调用。在 UML 中，仍可把这些方式分别建模为异步或同步事件。但是因为这不再是简单的进程内调用，所以需要使用更进一步的信息来修饰设计。　【第 24 章讨论对位置建模。】

328

对进程间通信建模，要遵循如下策略。

- 对多个控制流建模。
- 用异步通信对消息建模，用同步通信对远程过程调用建模。
- 用注解来非形式化地说明基础通信机制，或者用协作较为形式化地予以说明。

【第 6 章讨论衍型，第 6 章讨论注解，第 28 章讨论协作，第 27 章讨论结点。】

图 23-5 显示了一个分布式预订系统，它的进程跨越 4 个结点。每个对象都用 process 衍型

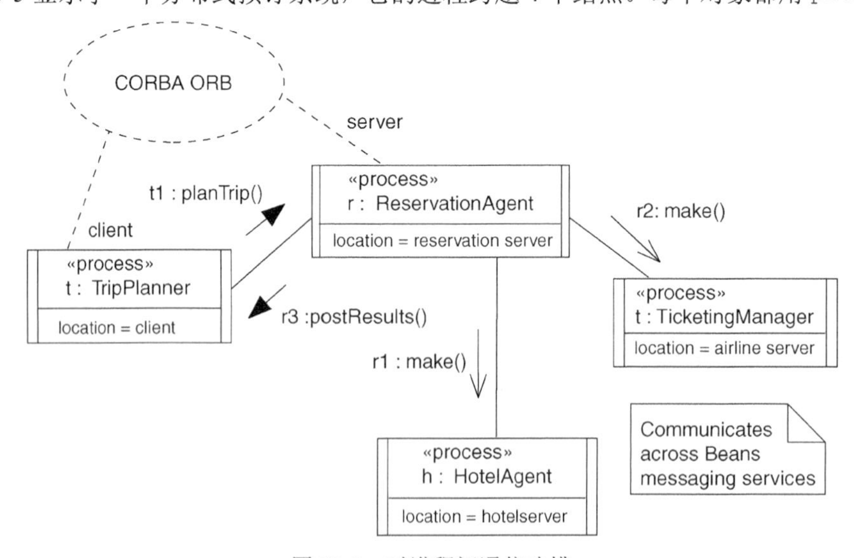

329

图 23-5　对进程间通信建模

来标记。每个对象还用一个 location 属性来标记，以说明它的物理位置。在 ReservationAgent、TicketingManager 和 HotelAgent 之间的通信是异步的。用一个注解来描述通信是建立在 Java Beans 消息服务上的。在 TripPlanner 和 ReservationSystem 之间的通信是同步的。它们的交互语义可以在名为 CORBA ORG 的协作中找到。TripPlanner 作为一个 client 工作，ReservationAgent 作为一个 server 工作。通过放大这个协作，将发现有关服务器端与客户端之间是如何协作的细节。

23.4　提示和技巧

一个结构良好的主动类和主动对象，应满足如下要求。

- 表现一个独立的控制流，该控制流最大限度地挖掘了系统中真正并发的潜力。
- 不要粒度过细，否则将需要大量的其他主动元素，从而导致一个设计过度的、脆弱的进程体系结构。
- 仔细地处理对等的主动元素之间的通信，在异步和同步的消息传送之间做出选择。
- 仔细地将每个对象处理为一个临界区域，使用合适的同步特性，以便在出现多控制流时能维持它的语义。

在用 UML 绘制一个主动类或主动对象时，要遵循如下的策略。

- 如果建模工具允许，只显示那些对理解其语境中的抽象是重要的属性、操作和信号，通过过滤能力隐藏其他信息。
- 显式地表示所有操作的同步特性。

330

第24章

时间和空间

本章内容

- 时间、时间段和位置
- 对时间约束建模
- 为对象的分布建模
- 对移动的对象建模
- 处理实时系统和分布式系统

现实世界是一个严厉无情的地方。事件可能在不可预料的时刻发生，还会在一个特殊的时刻要求一个特殊的响应。系统的资源可能需要分布在世界各地，某些资源甚至还要移动，这就产生了关于反应时间、同步、安全性和服务质量的问题。

对时间和空间建模是任何实时系统或分布式系统的基本要素。可以使用许多UML的特征，包括时间标记、时间表达式、约束和标记值，来可视化、详述、构造和文档化这些系统。

处理实时系统和分布式系统是困难的。好的模型可以揭示系统的时间和空间特性。

24.1 入门

当开始对大多数软件系统建模时，通常假定一个理想的环境——消息立即被发送，网络从不断开连接，工作站从不失败，网络上的负载总是平衡的。不幸的是，现实世界并不以这种方式工作——消息要花费时间来传递（并且有时永远传递不到），网络会断开，工作站会失败，网络上的负载常常是不平衡的。因此，当遇到必须在现实世界操作的系统时，一定要把时间和空间的问题考虑进去。

331

实时系统是这样一个系统，它的某些行为必须在一个精确的绝对或相对时刻开始，并且在一个可预见的（常常是受限的）时间段内完成。在一种极端的情况下，这样的系统是硬实时的，需要在几纳秒或几微秒内完成完整而可重复的行为。在另一种极端的情况下，模型可能是近似实时的，也需要可预料的行为，但只要求在几秒或更长的时间内完成。

分布式系统是这样一个系统，它的构件可以物理地分布在各个结点上。这些结点可以代表物理上位于同一个机箱中的不同的处理器，甚至也可以代表彼此相距半个地球远的计算机。

【第 26 章讨论构件，第 27 章讨论结点。】

为了表达对实时系统和分布式系统建模的需要，UML 提供了定时标记、时间表达式、定时约束和位置的图形化表示，如图 24-1 所示。

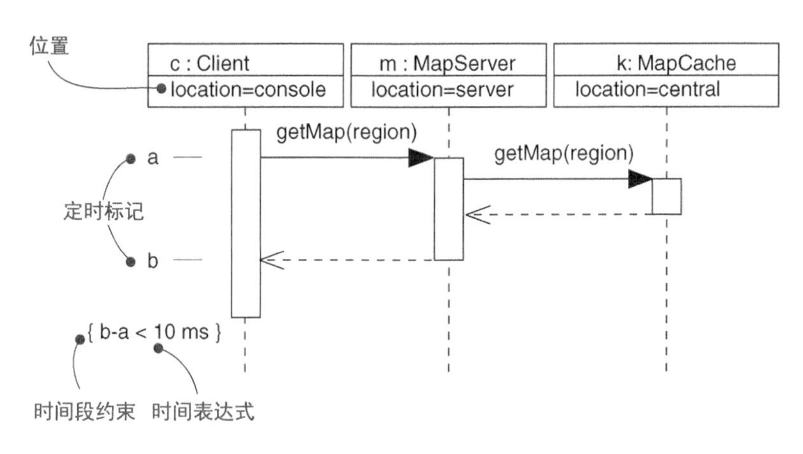

图 24-1　定时约束和位置

24.2　术语和概念

定时标记（timing mark）是表示事件发生时刻的符号。在图形上，定时标记由位于顺序图边缘的一根小小的水平线表示。时间表达式（time expression）是用来计算绝对或相对时间值的表达式。时间表达式也可以由消息名和对其处理阶段的表示来形成，如 `request.sendTime` 或者 `request.receiveTime`。定时约束（timing constraint）是关于绝对或相对时间值的语义陈述。从图形上看，时间约束的表示同所有约束一样，即由用一对括号括起来的串来表示，并一般通过一个依赖关系连接到一个元素。位置（location）是指构件在结点上的放置。位置是对象的一个属性。

332

24.2.1　时间

实时系统正如其名称所表示的，是时间关键系统。事件可以在有规律或者无规律的时间发生，对一个事件的响应必须在可预料的绝对时间或者相对于事件本身可预料的时间发生。

【第 21 章讨论事件（包括时间事件）。】

消息的传送表示系统的动态方面，所以当用 UML 对一个系统的时间关键特性建模时，可以为交互中的每个消息取一个由时间表达式来使用的名字。交互中的消息通常没有给定的名字，它们主要用事件（如信号或调用）的名字来表示。但是也可以给消息取个名字，以便书写时间表达式，因为同一事件可能触发不同的消息。如果所指的消息是有歧义的，就要用显式的消息名来指出想在时间表达式中提到的消息。对于给定的消息名，可以引用该消息的三个函数中的任一个：发送时间（sendTime）、接收时间（receiveTime）和传送时间（transmissionTime）（这些是我们建议的函数，而不是 UML 官方给出的。在实时系统中可能还会有更多的函数）。对于同步调用，也可以引用执行时间（executionTime）（也是我们的建议）来表示往返消息的时间。然后可以用这些函数来表示任何复杂的时间表达式，甚至可以使用权值或偏移量，它们既可以是常量，也可以是变量（只要这些变量能在执行时得到确定）。最后，如图 24-2 所示，可以把这些时间表达式放进一个定时约束中，来说明系统的定时行为。至于约束，可以把它们放在合适的消息的附近，或者用依赖关系显式地连接到消息上来进行表示。

【第 16 章讨论消息和交互，第 6 章讨论约束。】

注解　特别是对于复杂系统，用命名的常量来书写表达式要比显式地写时间好。这样，就可以在模型的一个地方定义这些常量，然后在多个地方引用它们。采用这种方式，如果系统对时间的需求发生了变化，就很容易更新模型。

333

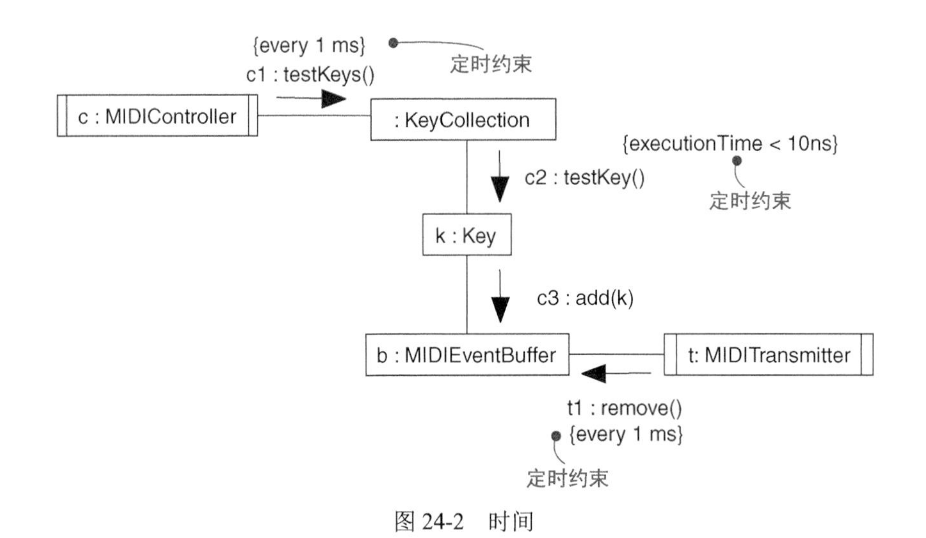

图 24-2　时间

24.2.2　位置

分布式系统的本质是包含物理上分散于系统各结点上的构件。对许多系统而言，构件在被装载到系统上时，位置是固定的；而在另一些系统中，构件可以从结点到结点进行迁移。

【第 15 章讨论构件，第 27 章讨论结点。】

在 UML 中，用部署图来对一个系统的部署视图建模。部署图代表系统在其上执行的处理器和设备的拓扑结构。制品（例如可执行程序、库、表等）存在于这些结点上。一个结点的每个实例将拥有某些制品的实例，而一个制品的每个实例肯定属于一个结点的一个实例（尽管同一种制品的实例可能散布到不同的结点上）。 【第 31 章讨论部署图。】

可以把构件和类表现为制品。如图 24-3 中所示，类 `LoadAgent` 由类型为 `Router` 的结点上的制品 `initializer.exe` 来表现。

【第 2 章和第 13 章讨论类/对象二分法，第 4 章和第 9 章讨论类。】

如图 24-3 所示，在 UML 中可以用两种方式对一个制品的位置建模：第一种方法如 `Router` 所示，可以将元素（文本或图形）物理地嵌套在包含它的那个结点的附加栏中；第二种方法用带关键词«`deploy`»的依赖关系将制品和包含它的结点相连。

334

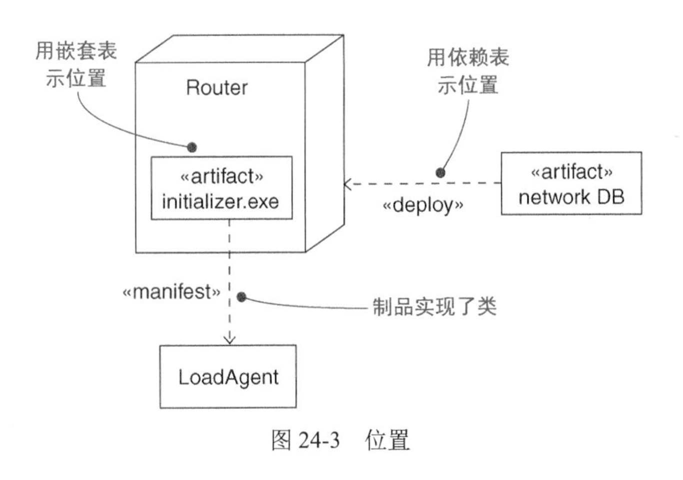

图 24-3　位置

24.3　常用建模技术

24.3.1　对定时约束建模

对事件的绝对时间建模和对事件之间的相对时间建模，是为之使用定时约束的实时系统的主要的时间关键特性。 【第 6 章讨论约束（UML 的扩展机制之一）。】

对定时约束建模，要遵循如下策略。

- ❑ 对于交互中的每个事件，考虑它是否必须从某一绝对时间开始。将这个实时特性建模为消息的定时约束。
- ❑ 对于交互中每个值得关注的消息序列，考虑是否有一个相关的最大的相对时间。将这个实时特性建模为该序列的定时约束。

例如，在图 24-4 中，最左边的约束说明了调用事件“刷新”`refresh` 的重复的开始时间。类似地，右边的定时约束说明调用 `getImage` 的最大时间段。

335 通常为消息选择简短的名称，使之不与操作的名称相混淆。

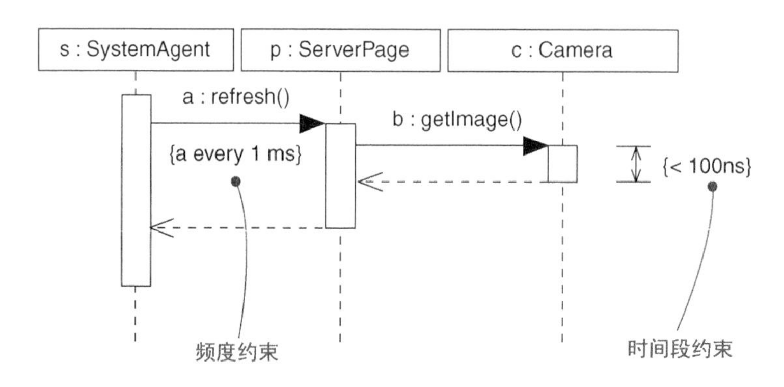

图 24-4 对定时约束建模

24.3.2 对对象的分布建模

当对分布式系统的拓扑结构建模时，将考虑结点和制品的物理位置。如果重点是被部署系统的配置管理，那么对结点的分布建模对于可视化、详述、构造和文档化物理事物（如可执行程序、库和表）的位置尤其重要。如果重点是在系统的功能性、可伸缩性和吞吐量上，那么为对象的分布建模就是重要的。 【第 15 章讨论对构件的分布建模。】

决定如何将对象分布在一个系统中是一个棘手的问题，这不仅是因为分布问题和并发问题是相互影响的。幼稚的解决办法将导致极其低下的性能，但过度工程化的解决办法也不好。事实上，由于它们通常以脆弱而告终，所以可能更坏。 【第 23 章讨论对进程和线程建模。】

对对象的分布建模，要遵循如下策略。

- 对于系统中每个值得注意的对象类，考虑它的引用位置。换句话说，考虑它的所有邻居及其位置。紧密耦合的位置将有很邻近的对象，而松散耦合的位置则有远程的对象（这样同它们通信就有反应时间问题）。暂时将对象分配得靠近对它进行操作的参与者。 336
- 下一步考虑相关对象集合之间的交互模式。使具有高度交互的对象集合靠近，以减少通信的开销；将具有低度交互的对象集合分开。
- 下一步考虑系统职责的分布，重新分布对象以平衡每个结点上的负载。
- 也要考虑安全、易变性和服务质量问题，并视情况而定，重新分布对象。
- 把对象分配到制品，使得紧密耦合的对象分布在同一个制品上。
- 把制品分配到结点上，使得每个结点的计算所需都在其能力范围之内。必要时也可以增加一些结点。
- 通过将紧密耦合的制品放到同一结点上来平衡性能与通信开销。

图 24-5 提供了一个对象图，它对一个零售系统中的一些对象的分布进行建模。这张图的价

值在于，它让你可视化某些关键对象的物理分布。如图所示，两个对象（Order 和 Sales）位于 Workstation 上，两个对象（ObserverAgent 和 Product）位于 Server 上，一个对象（ProductTable）位于 DataWarehouse 上。【第 14 章讨论对象图。】

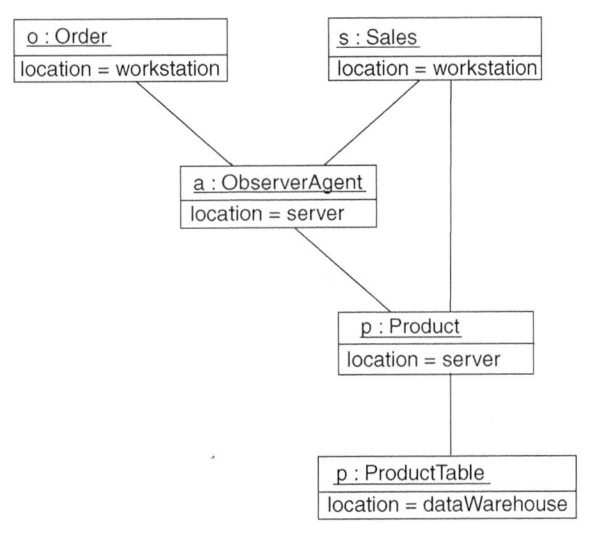

图 24-5　为对象的分布建模

337

24.4　提示和技巧

一个具有时间和空间特性的结构良好的模型，应满足如下要求。

- 仅揭示那些对于捕捉系统所期望的行为必要而充分的时间和空间特性。
- 集中使用那些特性，使之易于发现和修改。

在用 UML 绘制时间或空间特性时，要遵循如下策略。

- 给定时标记（消息名）取一个有意义的名字。
- 清晰地区分相对的和绝对的时间表达式。
- 仅当被部署的系统中元素位置的可视化很重要时，才显示其空间属性。
- 对于更高级的需求，可以考虑 *UML Profile for Schedulability, Performance, and Time*（UML 关于调度、性能和时间的外廓）。这个 OMG 规范用于对实时和高性能反应式系统建模。

338

第 25 章

状态图

本章内容

- ❑ 对反应型对象建模
- ❑ 正向工程和逆向工程

状态图是 UML 中对系统的动态方面建模的五种图之一。一个状态图显示了一个状态机。在为对象的生命期建模中，活动图和状态图都是有用的。然而，活动图展示的是跨过不同的对象从活动到活动的控制流，而状态图展示的是单个对象内从状态到状态的控制流。

【顺序图、通信图、活动图和用况图也对系统的动态方面建模。第 19 章讨论顺序图和通信图，第 20 章讨论活动图，第 18 章讨论用况图。】

状态图用于对系统的动态方面建模。大多数情况下，它涉及对反应型对象的行为建模。反应型对象是这样一种对象，它的行为是通过对来自其语境外部的事件做出反应来最佳刻画的。反应型对象具有清晰的生命期，其当前行为受其过去行为影响。状态图可以被附加到类、用况或整个系统上，从而可视化、详述、构造和文档化一个单独的对象的动态特性。

状态图不仅对一个系统的动态方面建模有重要意义，而且对于通过正向工程和逆向工程来构造可执行的系统也很重要。

339

25.1 入门

试考虑一个投资者，她为一座新摩天大楼的建造提供资金。投资者未必对建造过程的细节感兴趣。材料的选择、贸易的计划和许许多多关于工程细节的会议，对建造者来说是很重要的活动，但对提供项目资金的人来说却远没有那么重要。

【第 1 章讨论搭建狗窝和修建高大的建筑物之间的不同。】

投资者感兴趣的是对投资的良好回报，这也意味着保护投资免受风险。一个完全信任他人的投资者，会提供给建造者一笔资金，然后离开一段时间，仅当建造者准备交付大厦的钥匙时才返回。这样的投资者真正感兴趣的是这座大厦的最终状态。

较为务实的投资者仍是信任建造者的，但也想在交出钱之前证实该项目是正确运作的。因此，审慎的投资者不是给建造者一大笔无人照管的钱去随便花，而是为这个项目设立明确的里程碑，每一个里程碑对应着某些活动的完成，并且仅当完成之后，下一个阶段的项目资金才会交到建造者手上。例如，在项目开始时，可能提供适量资金进行结构设计。在结构设计审查通过之后，再为项目提供较多的资金以进行工程设计。在这项工作做得使项目资金监管人员感到满意后，才可能拨给更大量的资金，让建造者破土动工。

接下去，从破土动工到取得产权证书，这中间还会有其他的里程碑。每个这样的里程碑都命名了该工程的一个稳定的状态：结构设计完成、工程设计完成、破土动工、基础设施完成、大厦经盖章批准使用等。对于投资者来说，跟踪大厦状态的变化比跟踪活动流更为重要，这些活动流可能是建造者用 PERT 图对项目的工作流建模所做的。

【第 20 章讨论甘特图和 PERT 图。】

对软件密集型系统建模也一样，你将发现可视化、详述、构造和文档化某些对象的行为的最自然的方法是着眼于从状态到状态的控制流，而不是着眼于从活动到活动的控制流。可以用流程图（在 UML 中使用活动图）来描述后者。想象一下，对一个嵌入式家庭安全系统的行为建模。这样的系统需要不间断地工作，并对来自外部的事件（如窗户被打破）做出反应。另外，事件的顺序会改变系统行为的方式。例如，如果系统是第一次报警，检测到窗户被打破将只是触发一个警报。描述这样一个系统的行为，可通过对它的稳定状态（如 `Idle`、`Armed`、`Active` 和 `Checking` 等）、触发从状态到状态变化的事件以及每个状态改变时发生的动作进行建模来做最好的说明。

【第 20 章讨论作为流程图的活动图。】

340

在 UML 中，用状态图对一个对象按事件排序的行为建模。如图 25-1 所示，状态图是强调从状态到状态的控制流的状态机的简单表示。

【第 22 章讨论状态机。】

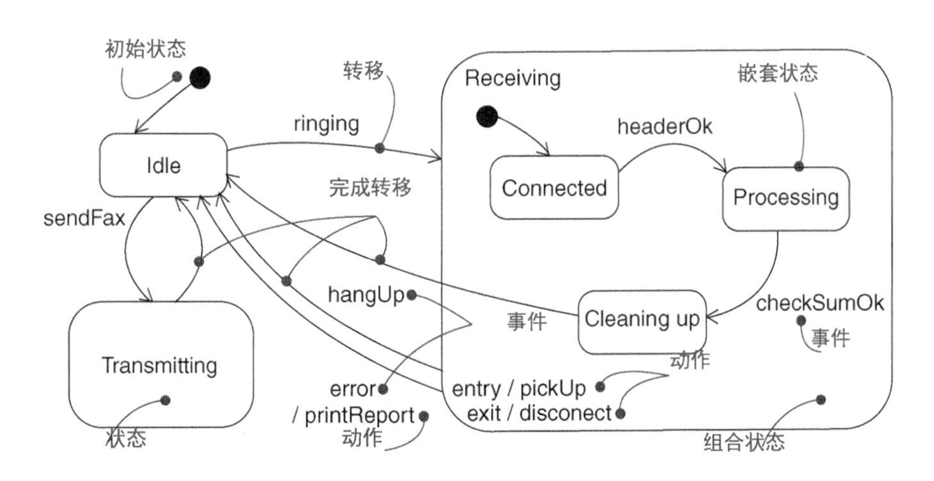

图 25-1　状态图

25.2　术语和概念

状态图（state diagram）显示了一个状态机，它强调从状态到状态的控制流。状态机（state machine）是一个行为，它说明对象在它的生命期中响应事件所经历的状态序列以及它对那些事件的响应。状态（state）是对象的生命期中的一个条件或状况，在此期间对象将满足某些条件、执行某些活动或等待某些事件。事件（event）是对一个有意义的发生的规约，这种发生在时间和空间上占有一定位置。在状态机的语境中，事件是一次激励的发生，激励能够触发状态转移。转移（transition）是两个状态之间的关系，它指明当特定事件发生而且特定条件满足时，在第一个状态中的对象执行一定的动作并进入第二个状态。活动（activity）是状态机中正在进行的执行。动作（action）是一个可执行的原子计算，它引起模型状态改变或值的返回。在图形上，状态图是顶点和弧的集合。

341

注解　UML 的状态图是基于 David Harel 发明的状态图表示法。特别是，嵌套状态和正交状态的概念都是由 Harel 发展为准确而形式化的系统的。UML 中的概念与 Harel 的表示法相比，有点缺少形式化，而且在一些细节上是不同的，特别是，UML 中的概念侧重于面向对象系统。

25.2.1　公共特性

状态图只是一种特殊种类的图形，它拥有像所有其他图一样的公共特性，即一个名称，以及投影在一个模型上的图形内容。状态图与其他各种图的区别是它的内容。

【第 7 章讨论图的一般特性。】

25.2.2　内容

状态图通常包括：

- 简单状态和组合状态；
- 转移、事件和动作。

与所有其他图一样，状态图也可以包括注解和约束。

【第 22 章讨论简单状态、组合状态、转移、事件和动作，第 20 章讨论活动图，第 6 章讨论结点和约束。】

注解　状态图基本上是状态机中的元素的投影。这意味着状态图可以包括分支、分岔、汇合、动作状态、活动状态、对象、初始状态、终止状态和历史状态等。事实上，状态图可以包括状态机的任何和所有特征。

25.2.3　一般用法

可以用状态图为系统的动态方面建模。这些动态方面可以包括出现在系统体系结构的任何视图中的任何一种对象由事件引发的行为，这些对象包括类（含主动类）、接口、构件和结点。　【第 2 章讨论体系结构的 5 种视图，第 13 章讨论实例，第 4 章和第 9 章讨论类。】

当使用状态图对系统的某些动态方面建模时，实际上可以在任何建模元素的语境中做这件事情。然而，通常将在整个系统、子系统或类的语境中使用状态图。也可以把状态图附加到用况（对脚本建模）上。 342

当对系统、类或用况的动态方面建模时，通常用状态图为反应型对象建模。

【第 23 章讨论主动类，第 11 章讨论接口，第 15 章讨论构件，第 27 章讨论结点，第 17 章讨论用况，第 32 章讨论系统。】

反应型（或事件驱动的）对象是这样一种对象，其行为通常是由对来自其语境外部的事件所做出的反应来最佳刻画的。反应型对象在接收到一个事件之前通常处于空闲状态；当它接收到一个事件时，它的反应常常依赖于以前的事件；在这个对象对事件做出反应后，它就又变成空闲状态，等待下一个事件。对于这种对象，将着眼于对象的稳定状态，触发从状态到状态转移的事件，以及当每个状态改变时所发生的动作。

注解　形成对照的是，将使用活动图对一个工作流或一个操作建模。活动图更适合对随时间变化的活动流建模，诸如可在流程图中表示的那种活动流。

25.3　常用建模技术

25.3.1　对反应型对象建模

使用状态图最常见的目的是对反应型对象（尤其是类、用况和整个系统的实例）的行为建模。交互是对共同工作的对象群体的行为建模，而状态图是对一个单独的对象在它的生命期中的行为建模。活动图是对从活动到活动的控制流建模，而状态图是对从事件到事件的控制流建模。　【第 16 章讨论交互，第 20 章讨论活动图。】

当对反应型对象的行为建模时，基本上要说明 3 种事情：这个对象可能处于的稳定状态、触发从状态到状态的转移的事件以及当每个状态改变时发生的动作。对反应型对象的行为建模还包括对对象的生命期建模，从对象的创建时刻开始，直到它被撤销时结束，强调在其中可能发现的这个对象的稳定状态。　【第 22 章讨论对对象的生命期建模。】 343

稳定状态表示一个条件，对象可以在该条件下存在一段可识别的时间。当一个事件发生时，这个对象可能从一个状态转移到另一个状态。这些事件也可能触发自身转移和内部的转移，其中转移的源和目标是同一个状态。在对事件或状态变化的反应中，对象可能要执行一个动作来做出响应。

【第 24 章讨论时间和空间。】

注解 当对一个反应型对象的行为建模时，可以通过把动作联系到一个转移或一个状态的变化来说明该动作。用技术术语来说，其全部动作都附加到转移上的状态机叫做米利机（Mealy machine），全部动作都附加到状态上的状态机叫作莫尔机（Moore machine）。从数学上讲，这两种方式具有同等的能力。实际上，通常会使用米利机和莫尔机的组合来开发状态图。

对一个反应型对象建模，要遵循如下策略。

- 选择状态机的语境，不管它是类、用况或是整个系统。
- 选定这个对象的初始状态和最终状态。为了指导模型的剩余部分，可能要分别声明初始状态和最终状态的前置条件和后置条件。

【第 10 章讨论前置条件和后置条件，第 11 章讨论接口。】

- 考虑对象可能在其中存在一段可辨识的时间的条件，以决定该对象所处的稳定状态。从对象的高层状态开始，然后考虑其可能的子状态。
- 在对象的整个生命期中，决定稳定状态的有意义的偏序。
- 决定可能触发从状态到状态转移的事件。将这些事件建模为从一个合法状态移动到另一个合法状态的那些转移的触发器。
- 把动作附加到这些转移上（如同在米利机中那样），并且/或者附加到这些状态上（如同在莫尔机中那样）。
- 考虑使用子状态、分支、分岔、汇合和历史状态，来简化状态机。
- 核实所有的状态都是在事件的某种组合下可达的。
- 核实不存在死角状态，即不存在那种没有事件的组合能将这个对象转移出来的状态。
- 通过手工或者使用工具跟踪状态机，依照期望的事件序列以及它们的响应来进行查对。

例如，图 25-2 显示了一个状态图，用于分析一个简单的与语境无关的语言，正如在向 XML 输入或输出消息的系统中可能发现的那样。在这种情况下，该机器被设计得能分析与语法相匹配的字符流：

344

```
message: '<' string '>' string ';'
```

其中，第一个串表示一个标记，第二个串表示该消息体。给定一个字符流，只有遵从这个语法的形式良好的消息才能被接受。

如图所示，这个状态机仅有 3 个稳定状态：`Waiting`、`GettingToken` 和 `GettingBody`。这个状态机被设计成有动作附加在转移上的米利机。事实上，在这个状态机中仅有一种感兴趣的事件，即带有实际参数 `c`（一个字符）对 `put` 的调用。在 `Waiting` 状态下，该机器丢弃任何不是开始标记的字符（通过监护条件来说明）。当接收到一个开始标记时，该对象的状态就改变为 GettingToken。在这个状态中，机器保存任何不是结束标记的字符（通过监护条件来说明）。当接收到一个结束标记时，该对象的状态就改变为 GettingBody。在这个状态中，机器保存任何不是一个消息体结束标记的字符（通过监护条件来说明）。当接收到一个消息结束标记时，该对象的状态就改变为 Waiting，并返回一个值，表示该消息已被分析过（并且机器准备接收另一个消息）。 【第 21 章讨论事件。】

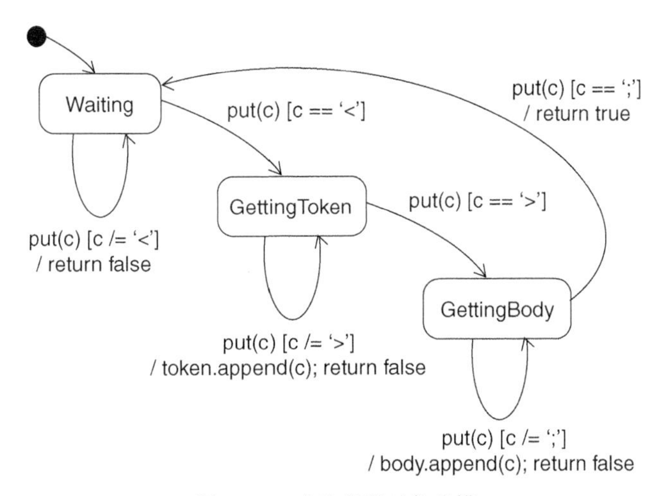

图 25-2　对反应型对象建模

注意，这个状态图描述了一个不间断运行的机器，它没有终止状态。 345

25.3.2　正向工程和逆向工程

对状态图进行正向工程（forward engineering）（从模型产生代码）是可能的，如果图的语境是一个类则尤为可能。例如，使用如图 25-2 所示的状态图，一个正向工程工具能够为类 MessageParser 产生如下的 Java 代码：

```
class MessageParser {
public
  boolean put(char c) {
    switch (state) {
      case Waiting:
       if (c == '<') {
        state = GettingToken;
        token = new StringBuffer();
        body = new StringBuffer();
       }
       break;
      case GettingToken :
       if (c == '>')
```

```
          state = GettingBody;
        else
          token.append(c);
        break;
      case GettingBody :
        if (c == ';')
          state = Waiting;
        else
          body.append(c);
        return true;
    }
    return false;
  }
  StringBuffer getToken() {
    return token;
  }
  StringBuffer getBody() {
    return body;
  }
private
  final static int Waiting = 0;
  final static int GettingToken = 1;
  final static int GettingBody = 2;
  int state = Waiting;
  StringBuffer token, body;
}
```

346

这里需要一点小技巧。正向工程工具必须生成所需的私有属性和最终的静态常量。

逆向工程（reverse engineering）（从代码产生模型）从理论上说是可能的，但实际上并不很有用。选择什么构成一个有意义的状态是设计者的观点。逆向工程工具没有抽象的能力，所以不能自动产生有意义的状态图。比从代码到模型的逆向工程更有趣的是靠一个已部署系统的执行来进行模型模拟。例如，对于上面给出的图，一个工具能够在运行系统达到图中的状态时来模拟它们。类似地，也可以模仿转移的触发，显示事件的接收以及因此而执行动作。在一个调试程序的控制下，可以控制执行的速度，通过设置断点以在感兴趣的状态上停止动作，检测单个对象的属性值。

25.4　提示和技巧

在用 UML 创建状态图时，要记住每个状态图只是系统的动态方面在同一模型上的一个投影。一个单独的状态图能捕捉单独一个反应型对象的语义，而没有任何一个状态图能捕获整个复杂系统的语义。

一个结构良好的状态图，应满足如下要求。

- 关注于传达系统动态特性的一个方面。

- 仅包含对于理解这个方面很重要的那些元素。
- 提供与它的抽象层次相一致的细节信息（只揭示对于理解很重要的那些特征）。
- 在米利机和莫尔机两种方式之间进行平衡。

当绘制一个状态图时，要遵循如下策略。

- 为它取一个能表达其用途的名称。
- 先为对象的稳定状态建模，然后对从状态到状态的合法转移建模。把分支、并发和对象流作为第二位的考虑，也可能把它们放在单独的图中。
- 摆放这些元素，尽量避免线段交叉。
- 对于大型状态图，考虑详尽的 UML 规范中包含的诸如子状态机之类的高级特征。

347

第六部分　对体系结构建模

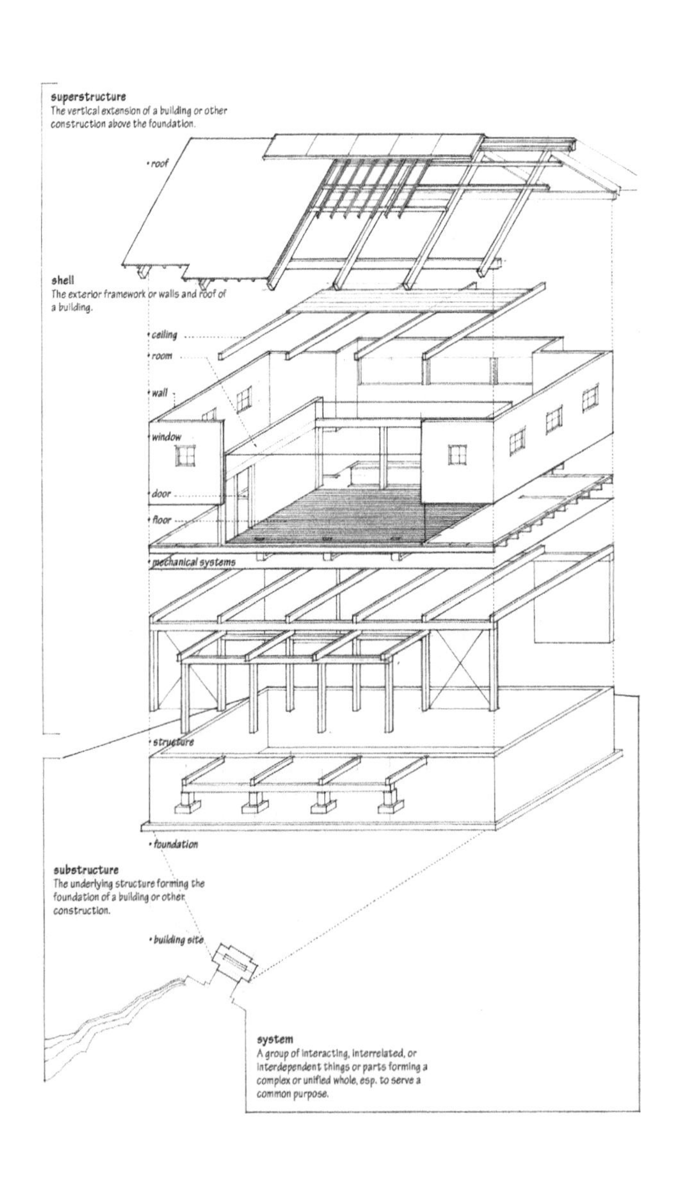

第 26 章

制品

本章内容

- ❑ 制品、类和表现
- ❑ 对可执行程序和库建模
- ❑ 对表、文件和文档建模
- ❑ 对源代码建模

制品存在于比特的物质世界中，因此在对系统的物理方面进行建模时它是重要的构造块。制品是系统中物理的且可替换的部分。

可以利用制品对可能存在于结点上的物理事物（如可执行程序、库、表、文件和文档）进行建模。典型地，制品表示对诸如类、接口和协作等逻辑元素的物理打包。

26.1 入门

建筑公司的最终工作产品是存在于现实世界中的物理建筑物。要建立逻辑模型来可视化、详述和文档化对建筑物外观的设计决策，如墙壁和门窗的位置、供电及管道系统的布线以及整体建筑风格。当确实建造了这个建筑物后，这些墙、门、窗户及其他概念事物才能变成真实的物理事物。

这些逻辑的和物理的视图都是必要的。如果正在建一个临时性的而且拆毁和重建代价极低的建筑物（例如建一个狗窝），或许可以不做任何逻辑建模而直接建造物理建筑。相反，如果正在建造一座改造及失败代价高的持久性建筑物，那么构建逻辑模型和物理模型对管理风险来说是实用的。 351 【第 1 章讨论建造狗窝与建造高层建筑物之间的差别。】

开发一个软件密集型系统也是这样。通过逻辑建模来可视化、详述和文档化对领域术语以及它们之间协作的结构与行为方式的决策。通过物理建模来构造可执行系统。这些逻辑事物存在于概念世界中，而物理事物存在于计算机的比特世界中，也就是说，它们最终驻留在物理结点上，并可以直接执行，或以某种间接的方式参与到可执行系统中。

在 UML 中，把所有这些物理事物建模为制品。制品是实现平台层次上的物理事物。

在软件领域中，许多操作系统和编程语言都直接支持制品这个概念。对象库、可执行程序、.NET 构件以及 Enterprise JavaBeans 都是制品的例子，都可以用 UML 直接表达它们。不仅可以用制品对这些种类的事物建模，而且可以用它表达参与到执行系统的其他事物，如表、文件及文档。

UML 为制品提供了图形表示，如图 26-1 所示。这种规范的表示法允许撇开操作系统或编程语言的细节来可视化一个制品。而且，利用衍型——UML 的扩展机制之一，也可以自己定制这种表示法，以表达特定类型的制品。【第 6 章讨论衍型。】

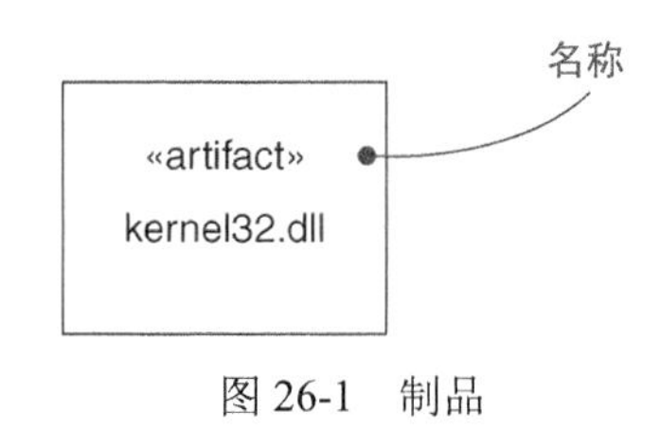

图 26-1　制品

26.2　术语和概念

制品（artifact）是存在于实现平台层的系统的物理部分。在图形上，把制品画成带有关键字«artifact»的矩形。

352

26.2.1　名称

每一个制品都必须具有一个有别于其他制品的名称。名称（name）是一个文字串，把单独的名称叫作简单名（simple name）；用制品所在的包的名字作为前缀的制品名叫做受限名（qualified name）。画一个制品时通常只显示它的名称，如图 26-2 所示。与类的画法相似，可以用标记值或表示其细节的附加栏来修饰制品。

【制品名在包含这个制品的结点内必须是唯一的。】

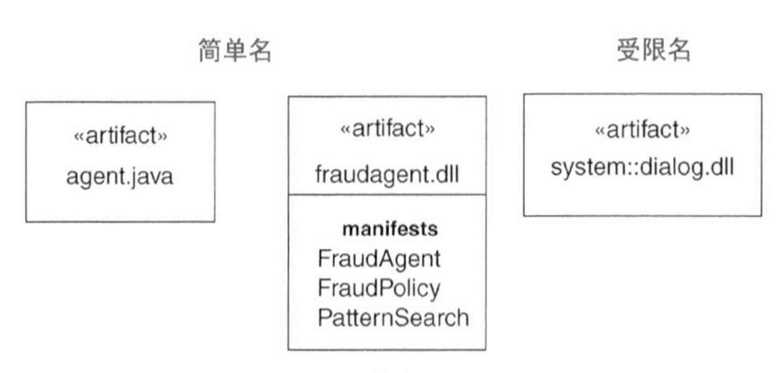

图 26-2　简单制品名以及受限制品名

注解　制品名可以是包含任意数量的字母、数字及某些标点符号（像冒号这样的符号除外，它用于将制品名和包含制品的包名分开）的文本，并且可以延续几行。在实际应用中，制品名经常是从实现的词汇表中抽取的短名词或名词短语，并依据目标操作系统加上相应的扩展名（如 `java` 和 `dll`）。

26.2.2　制品和类

制品和类都是类目。然而，制品和类之间也有一些显著的差别。

【第 4 章和第 9 章讨论类，第 16 章讨论交互。】

- 类表示逻辑抽象，而制品表示存在于比特世界中的物理抽象。简言之，制品可以存在于结点上，而类不可以。
- 制品表示对在实现平台上的比特的物理打包。
- 类可以拥有属性和操作；制品可以实现类和方法，但是它们自身没有属性或操作。

353

第一项差别是最重要的。在对系统建模时，决定采用制品还是采用类涉及一个简单的决策——若准备建模的事物直接存在于结点上，就采用制品；否则采用类。第二项差别也说明了这个问题。【第 27 章讨论结点。】

从第三项差别中可看出类与制品之间的联系。特别是，制品是一组逻辑元素（例如类及其协作）的物理实现。如图 26-3 所示，可以用表现（manifest）关系显式地表示制品和它所实现的类之间的关系。

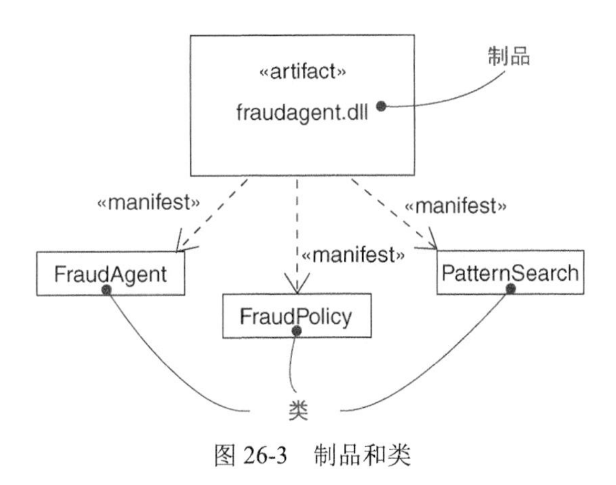

图 26-3　制品和类

26.2.3　制品的种类

制品可分为 3 种。

第一种，部署制品（deployment artifact）。这类制品是构成一个可执行系统必要而充分的制品，例如动态连接库（DLL）和可执行程序（EXE）。UML的制品定义足以表达典型的对象模型，如.NET、CORBA及Enterprise Java Beans以及其他对象模型，或许还包括动态Web页、数据库表以及使用专用通信机制的可执行程序。

第二种，工作产品制品（work product artifact）。这类制品本质上是开发过程的产物，由源代码文件、数据文件等用来创建部署制品的事物构成。这些制品并不直接地参加可执行系统，而是开发中的工作产品，用于产生可执行系统。

354

第三种，执行制品（execution artifact）。这类制品是作为一个正在执行的系统的结果而被创建的，例如由DLL实例化形成的.NET对象。

26.2.4　标准元素

UML的扩展机制适用于制品，通常可以用标记值扩充制品的性质（如指定一个开发制品的版本），用衍型指定新的制品种类（如特定操作系统的制品）。

【第6章讨论UML的扩展机制。】

UML预定义了应用于制品的标准衍型。

（1）可执行程序（executable）　说明一个可在结点上执行的制品。

（2）库（library）　说明一个动态或静态对象库。

（3）文件（file）　说明一个表示文档的制品，其中包含源代码或数据。

（4）文档（document）　说明一个表示文档的制品。

也可以为特定平台或系统定义其他衍型。

26.3　常用建模技术

26.3.1　对可执行程序和库建模

使用制品的最常见的目的是对构成系统实现的部署制品建模。如果要部署的系统很小，它的实现由恰好一个可执行程序构成，那么就不需要进行制品建模。相反，如果要部署的系统由几个可执行程序和几个相关对象库构成，则对制品建模将有助于可视化、详述、构造和文档化对物理系统所做的决策。如果想随着系统演化控制这些部分的版本化和配置管理，则制品建模甚至更为重要。

对于大多数系统而言，这些部署制品来源于对如何划分系统的物理实现所做出的决策。这些决策受一些技术问题（如对基于制品的操作系统工具的选择）、配置管理问题（如关于系统中哪些部分将随时间而变化的决策）和复用问题（即决定复用其他系统的哪些制品以及将哪些制品复用到其他系统中）的影响。

355

【第27章讨论这些决策也受目标系统的拓扑结构的影响。】

对可执行程序和库建模，需遵循如下策略。

- 确定对物理系统的划分。要考虑技术、配置管理及复用问题的影响。
- 使用合适的标准元素，将可执行程序和库都建模为制品。如果实现中引入了新的制品类型，则引入相应的新的衍型。
- 如果对系统接缝的管理很重要，就要对由一些制品使用并由另一些制品实现的重要接口建模。
- 根据交流意图的需要，对这些可执行程序、库及接口之间的关系建模。通常需要对这些制品之间的依赖关系建模，从而将变化的影响可视化。

例如，图 26-4 给出了从个人生产率工具中抽取的一组制品，该工具运行在一台个人计算机上。图中包括一个可执行程序（`animator.exe`）和四个动态连接库（`dlog.dll`、`wrfrme.dll`、`render.dll` 和 `raytrce.dll`），所有这些都分别用 UML 中关于可执行程序和库的标准元素来表示。图中也给出了这些制品之间的依赖关系。

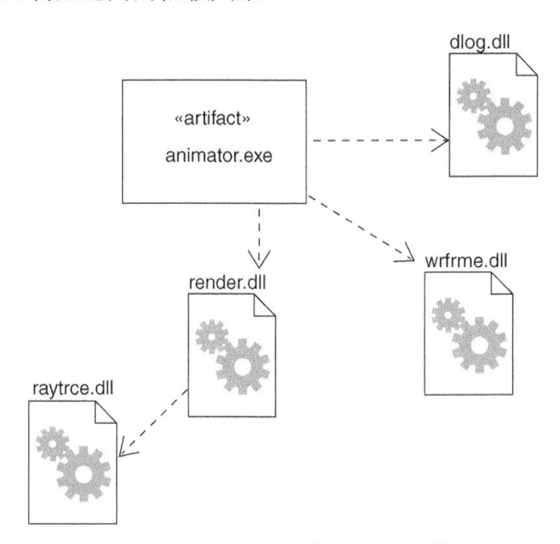

图 26-4　对可执行程序和库建模

356

随着模型规模的扩大，会发现许多制品在语义上和概念上是相关联的，趋于以组的形式簇集在一起。在 UML 中，可以用包来对这些制品簇建模。【第 12 章讨论包。】

对于部署在几台计算机上的更大的系统，需要通过表明制品所在的结点来对制品的分布方式建模。【第 27 章讨论对部署建模。】

26.3.2　对表、文件和文档建模

对构成系统物理实现的可执行程序和库建模是有用的，但经常会发现还有许多既不是可执行程序也不是库的辅助部署制品，它们对于系统的物理部署也是至关重要的。例如，实现中可能

包括数据文件、帮助文档、脚本、日志文件、初始化文件及安装/卸载文件等。对这些制品建模是控制你的系统配置的重要部分。幸运的是，可以用 UML 制品来对所有的这些制品建模。

对表、文件和文档进行建模，要遵循如下策略。

- 识别出作为系统的物理实现部分的辅助制品。
- 将这些事物建模为制品。如果实现中引入了新的制品种类，则引入相应的新衍型。
- 根据交流意图的需要，对系统中这些辅助制品与其他可执行程序、库及接口之间的关系建模。通常，为了可视化制品变化的影响，需要对这些部分之间的依赖关系建模。

例如，在图 26-4 的基础上，图 26-5 展示了围绕在可执行程序 `animator.exe` 周围作为被部署系统的组成部分的表、文件及文档。图中包括一个文档（`animator.hlp`）、一个简单文件（`animator.ini`）和一个数据库表（`shapes.tbl`）。这个例子图示了一些用户定义的用于制品的衍型和图标。

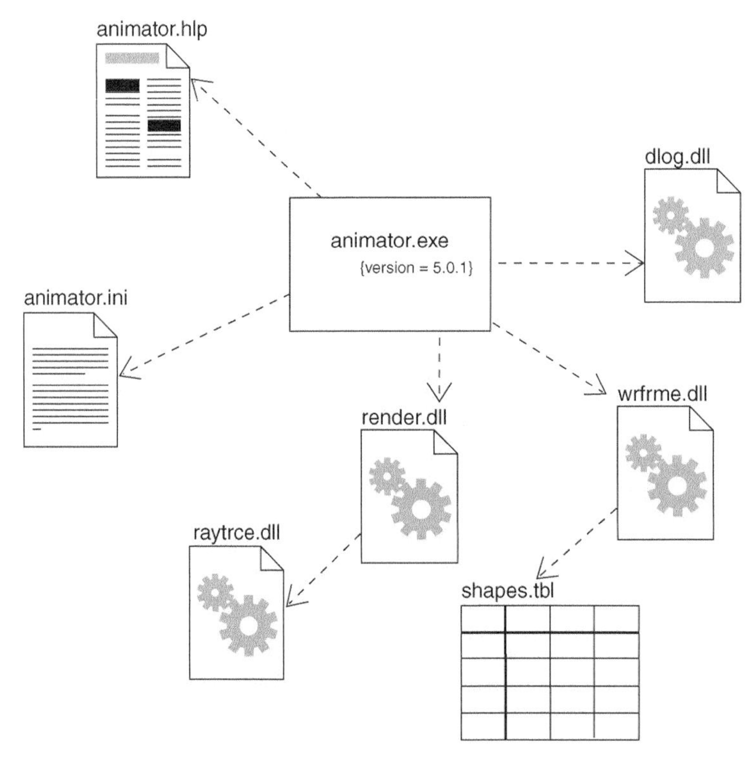

图 26-5　对表、文件和文档建模

当开始处理多个表、触发器及存储过程时，对数据库建模就变得复杂起来。为了可视化、详述、构造和文档化这些特征，需要对逻辑模式以及物理数据库建模。

357

【第 8 章和第 30 章分别讨论对逻辑和物理数据库建模。】

26.3.3　对源代码建模

使用制品的最普通的目的是对构成系统实现的物理部件建模。其次是对开发工具用以产生这些制品的所有源代码文件的配置建模。它们表示开发过程中的工作产品制品。

对源代码的图形化建模特别有助于源代码文件之间编译依赖关系的可视化，也有助于在开发路径分岔或汇合时管理这些文件组的分离与合并。在这种方式下，UML 制品可以是配置管理及版本控制工具的图形界面。

对于大多数系统而言，源代码文件来源于对如何划分开发环境所需要的文件做出的决策。这些文件用来存储类、接口、协作和其他逻辑模型元素的细节，作为创建物理的、二进制的制品（它们是用工具从这些元素派生出来的）的中间环节。虽然在多数情况下这些工具要求使用某种组织风格（每个类通常有一个或两个文件），但有时仍希望可视化这些文件之间的关系。如何通过包来组织这些文件组以及如何管理这些文件的版本，取决于如何管理变化的决策。 358

对源代码建模，要遵循如下策略。

- 根据开发工具施加的约束，对用于存储所有逻辑元素以及它们之间的编译依赖关系细节的文件建模。
- 如果对这些模型进行配置管理和版本控制是重要的，则对每一个需要配置管理的文件加进一些标记值，如版本、作者和检入/检出信息等。
- 尽可能利用开发工具管理这些文件之间的关系，UML 只是用来可视化和文档化这些关系。

例如，图 26-6 展示了用来构造前面例子中的库 `render.dll` 的一些源代码文件，图中包括四个头文件（`render.h`、`rengine.h`、`poly.h` 和 `colortab.h`），表示某些类规约的源代码。还包括一个实现文件（`render.cpp`），表示其中一个头文件的实现。

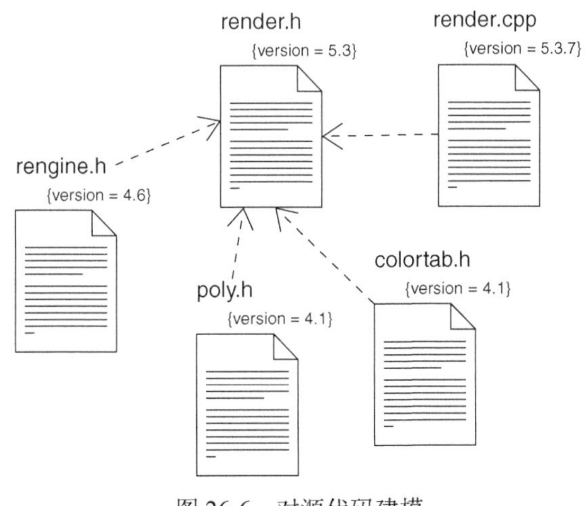

图 26-6　对源代码建模

359

随着模型规模的扩大，会发现许多源代码文件在语义上和概念上是相关联的，趋于以组的形式簇集在一起。多数情况下，所用的开发工具要把这些组分别放在单独的目录中。在 UML 中，可以利用包来对这些源代码文件簇建模。【第 12 章讨论包。】

在 UML 中，可以利用踪迹关系来可视化从类到它的源代码文件之间的关系以及从源代码文件到相应可执行程序或库之间的关系。然而，很少需要涉及这些建模细节。

【第 5 章和第 10 章讨论踪迹（trace）关系是一种依赖关系。】

26.4　提示和技巧

当使用 UML 对制品建模时，记住是在物理维度上建模。一个结构良好的制品，应满足如下要求。

- 直接实现一组共同工作，从而经济、有效地完成这些接口语义的类。
- 与其他制品是松耦合的。

360

第27章

部署

本章内容

- 结点和连接
- 对处理器和设备建模
- 对制品的分布建模
- 系统工程

正如制品一样，结点存在于物质世界中，在对系统的物理方面建模中它是一个重要构造块。结点是一个在运行时存在并代表一项计算资源的物理元素，一般至少拥有一些内存，而且常常具有处理能力。

利用结点可以对系统在其上执行的硬件拓扑结构建模。一个结点通常表示一个可以在其上部署制品的处理器或设备。构造得好的结点可以清晰地表示解域中的硬件词汇。

27.1 入门

作为软件密集型系统组成部分而开发或复用的制品必须部署到一些硬件装置上才能执行。实际上，这就是关于软件密集型系统的全部——这样的系统应该既包含软件又包含硬件。

【第4章讨论对非软件事物建模，第2章讨论体系结构的5种视图。】

当构造一个软件密集型系统时，必须考虑逻辑和物理两个方面。在逻辑方面，需要发现诸如类、接口、协作、交互和状态机这样的事物；在物理方面，需要发现制品（表示上述逻辑元素的物理打包）和结点（表示在其上部署和运行这些制品的硬件）。

361

UML提供了结点的图形表达法，如图27-1所示。这种规范的表示法允许撇开特定的硬件来可视化结点。利用衍型——UML的扩展机制之一，也可以（并且经常会）定制这样的表示法，以表示特定种类的处理器和设备。

【第6章讨论衍型。】

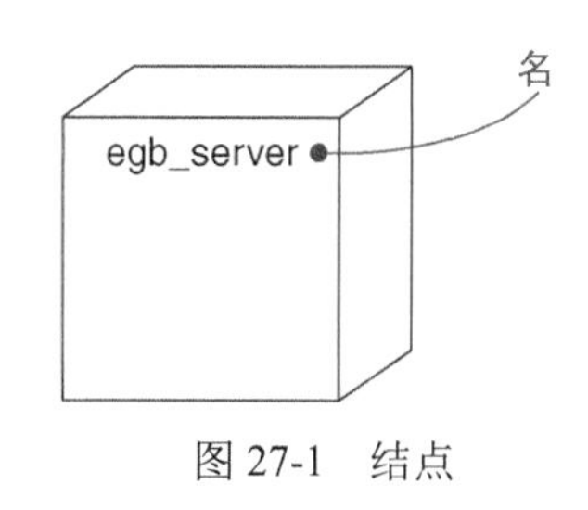

图 27-1　结点

注解　UML 主要用于为软件密集型系统建模，尽管通过与文本硬件建模语言（如 VHDL）结合，UML 也具有足够的能力来为硬件系统建模。UML 还具有充分的表达能力来为单机式、嵌入式、客户/服务器式和分布式系统的拓扑结构建模。

27.2　概念和术语

结点（node）是存在于运行时并代表一项计算资源的物理元素，一般至少拥有一些内存，而且常常具有处理能力。在图形上，把结点画成一个立方体。

27.2.1　名称

每一个结点都必须具有一个有别于其他结点的名称。名称（name）是一个文本串，单独一个的名字叫作简单名（simple name）；受限名（qualified name）是用结点所在包的包名作为前缀的结点名。　　【第 12 章讨论结点名在包含这个结点的包内必须是唯一的。】

图示结点时通常只显示其名称，如图 27-2 所示。与类的显示方式相似，结点也可以用标记值或附加栏加以修饰以显示其细节。

362

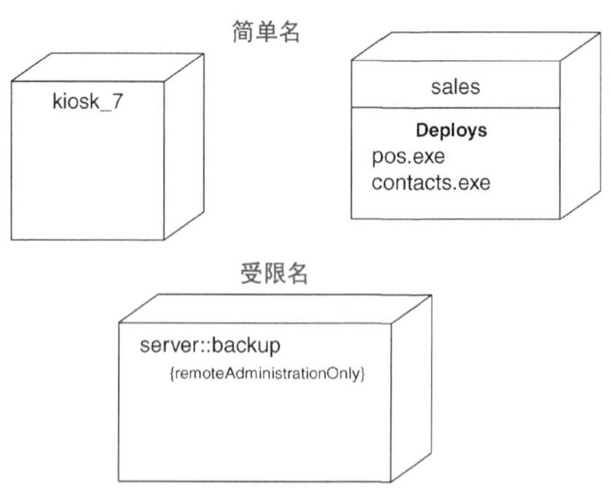

图 27-2　具有简单名和受限名的结点

注解　结点名可以是包含任意数量的字母、数字及某些标点符号（像冒号这样的符号除外，它是用于将结点名与包含它的包名分开的）的文本，并且可以延续多行。在实际应用中，结点名经常是从实现的词汇表中抽取的短名词或名词短语。

27.2.2　结点和制品

结点在许多方面与制品相同：二者都有名称；都可以参与依赖、泛化和关联关系；都可以被嵌套；都可以有实例；都可以参与交互。但是结点和制品之间也有一些显著的差别。

- 制品是参与系统执行的事物，而结点是执行制品的事物。
- 制品表示对逻辑元素的物理打包，而结点表示对制品的物理部署。

【第 26 章讨论制品。】

第一项差别是最重要的。简单地说，结点执行制品，制品是由结点执行的事物。

363

从第二项差别中可看出类、制品与结点之间的关系。特别是，制品是对一组逻辑元素（如类和协作）的表现，而结点是部署制品的位置。一个类可以由一个或多个制品表现，而一个制品可以部署在一个或多个结点上。如图 27-3 所示，可以用嵌套显式地表示结点与它所部署的制品之间的关系。在大多数情况下，不必用图形的方式将这些关系可视化，而是把它们作为结点规约的一部分，例如用一个表来说明这点。【第 5 章和第 10 章讨论依赖关系。】

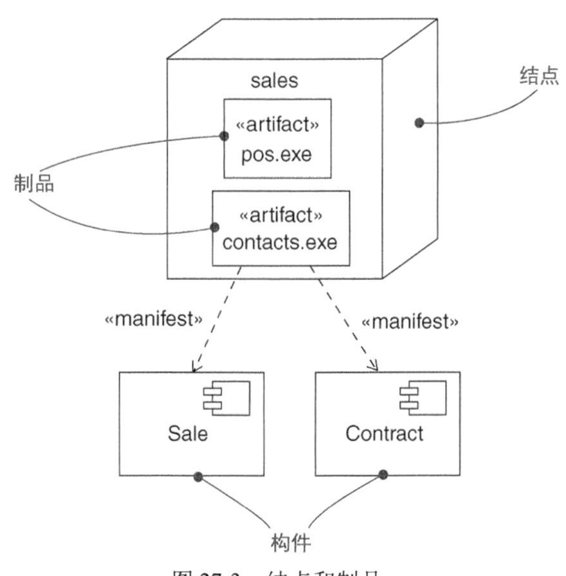

图 27-3　结点和制品

分配在一个结点上的一组对象或制品的集合称为一个分布单元（distribution unit）。

注解　像类一样，也可以为结点指定属性和操作。例如，可以指定一个结点具有处理器速度（processorSpeed）和内存容量（memory）等属性，并具有打开（turnOn）、关闭（turnOff）和挂起（suspend）等操作。

364

27.2.3　组织结点

与类和制品的组织方式相同，可以通过把结点分组为包来组织结点。【第 12 章讨论包。】

也可以通过定义结点之间的依赖、泛化和关联（包括聚合）关系来组织结点。

【第 5 章和第 10 章讨论关系。】

27.2.4　连接

结点之间一种最常用的关系是关联关系。在这种语境中，关联表示结点之间的物理连接，例如以太网连接、串行线连接或共享总线，如图 27-4 所示。甚至可以利用关联关系来对间接连接（如远程处理器之间的一条卫星链路）建模。

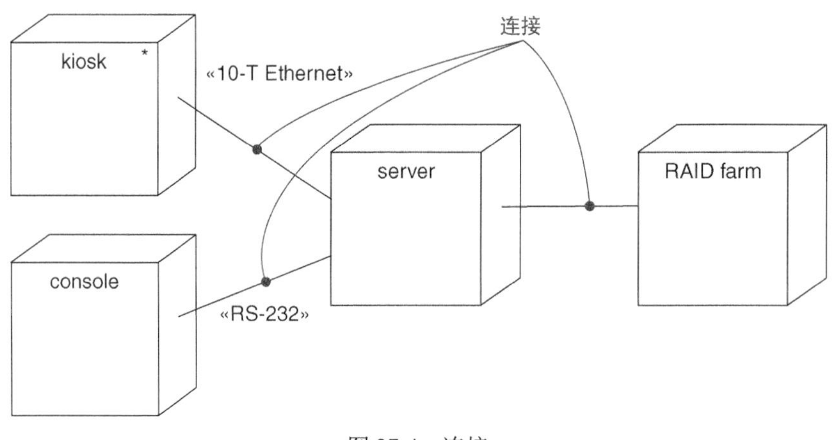

图 27-4　连接

由于结点与类相似，因此可以根据自己的需要使用关联的丰富功能。这意味着，可以包括角色、多重性和约束。像图 27-4 那样，若想对新种类的连接建模（如区分 10-T 以太网连接和 RS-232 串行连接），则应该对这样的关联进行衍型化。

365

27.3　常用建模技术

27.3.1　对处理器和设备建模

结点的最普遍的用处是对形成单机式、嵌入式、客户/服务器式或分布式系统的拓扑结构的处理器和设备进行建模。

因为 UML 的所有扩展机制都适用于结点，所以常常要利用衍型来规定新的结点类型，用来表达特定类型的处理器和设备。处理器（processor）是具有处理能力的结点，即它能执行制品。设备（device）是一个没有处理能力的结点（至少在这个抽象层次上不能对处理能力建模），通常表示某些与现实世界衔接的事物。

【第 6 章讨论 UML 的扩展机制。】

对处理器和设备建模，要遵循如下策略。

- 识别系统部署视图中的计算元素，并将每个计算元素建模为一个结点。
- 如果这些模型元素代表一般的处理器和设备，则按照原样将它们衍型化。如果它们是作为领域词汇的一部分的那种处理器和设备，则用图标为它们定义相应的衍型。
- 像对类建模那样，考虑可以应用到各结点的属性和操作。

例如，图 27-5 取自图 27-4 并将每个结点衍型化。`server` 是一个被衍型化为一般处理器的结点。`kiosk` 和 `console` 是被衍型化为特种处理器的结点；`RAID farm` 是一个被衍型化为特种设备的结点。

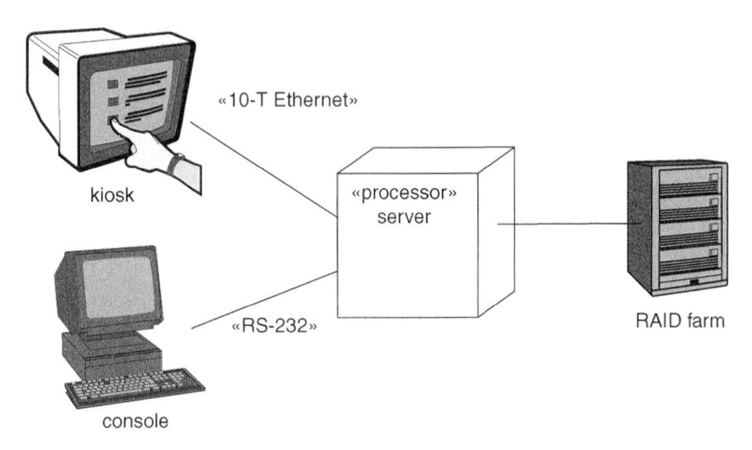

图 27-5　处理器和设备

注解　结点可能是 UML 中最为衍型化的构造块。作为系统工程的一部分，当对软件密集型系统的部署视图建模时，提供适宜于与读者交流的可视化提示是很有价值的。如果在对处理器建模，而它是一种普通类型的计算机，就用看着像那种计算机的图符来表示它。如果在对普通设备（如蜂窝电话、传真机、调制解调器或摄像头）建模，就用样子像那种设备的图符的来表示它。

366

27.3.2　对制品的分布建模

当对系统的拓扑结构建模时，可视化或者详述其制品在构成系统的处理器和设备上的物理分

布通常是有用的。【第 24 章讨论位置的语义。】

对制品的分布建模，要遵循如下策略。

- 对系统中每个有意义的制品，将其分配到一个给定的结点上。
- 考虑制品在结点上的重复放置。同种制品（例如某种可执行程序和库）同时存在于多个不同结点上是很常见的。
- 将这种分配用下述三种方式之一表示出来。

（1）不使分配成为可见的，但要保留它们作为模型的基架的一部分——即保留在每一个结点的规约中。

（2）使用依赖关系，将每一个结点和在它上面所部署的制品连接起来。

（3）在附加栏中列出结点上所部署的制品。

图 27-6 取自图 27-5，并采用上述第三种方式来说明每个结点上驻留的可执行制品。该图与前面几个图有点不同，它是一个对象图，它可视化地给出了每个结点的具体实例。图中 `RAID farm` 和 `kiosk` 都是匿名的实例，而其他两个实例都是具名实例（`console` 的名称是 `c`，`server` 的名称是 `s`）。图中的每个处理器都用附加栏加以绘制，以显示在其上部署的制品。对于 `server` 对象，还用它的属性（`processorSpeed` 和 `memory`）及其对应的值加以绘制。部署栏可以展示制品名字的文本列表，或者展示嵌套的制品符号。

367

【第 13 章讨论实例，第 14 章讨论对象图。】

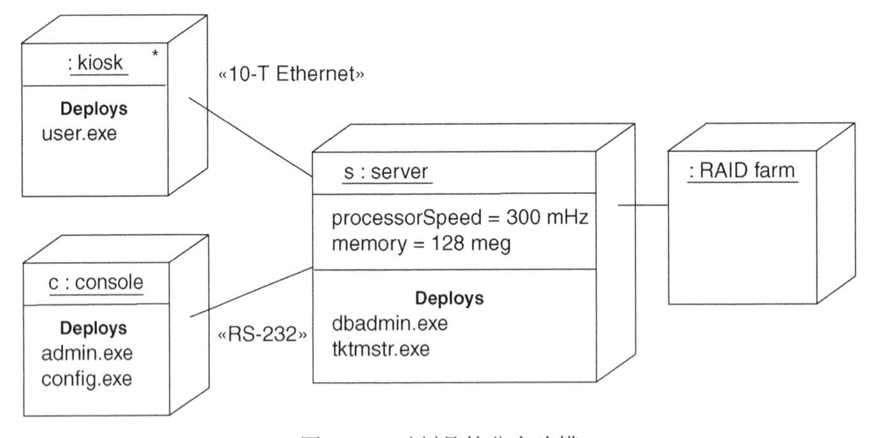

图 27-6　对制品的分布建模

27.4　提示和技巧

一个结构良好的结点，应满足如下要求。

- 提供对从解域硬件词汇中提取的事物的明确抽象。

- 只分解到向读者传达意图所必需的程度。
- 只显露与建模的领域有关的那些属性和操作。
- 直接部署驻留在结点上的一组制品。
- 以反映现实世界中系统拓扑结构的方式，将这个结点与其他结点连接。

用 UML 绘制一个结点，要遵循如下策略。

- 为整个项目或组织定义一组用户容易理解的带图标的衍型，以便向读者提供意义鲜明的可视化提示。
- 仅显示对理解结点在给定语境中的含义是必要的那些属性和操作（如果有）。

368

第28章

协作

本章内容

- ❑ 协作、实现和交互
- ❑ 对用况的实现建模
- ❑ 对操作的实现建模
- ❑ 对机制建模
- ❑ 交互的具体化

在系统体系结构的语境中，协作允许为一个既包括静态方面也包括动态方面的概念组块命名。协作命名了一个由类、接口和其他元素组成的群体，它们共同工作，提供了比各个部分的总和更强的合作行为。

利用协作可以详细说明用况和操作的实现，并为对体系结构重要的系统机制建模。

28.1 入门

想一想曾经见到过的最漂亮的建筑——可能是泰姬陵（Taj Mahal）或是巴黎圣母院（Notre Dame）。这两座建筑物展示出的特质都非言语所能形容。在很多方面，这两座建筑在结构上都是简单的，但其意境深远。在它们身上，人们能够一眼就看出一致的对称美。仔细研究，会发现许多细节，它们每一部分本身就很美，而这些部分合起来产生的整体效果比各个部分更美而且功能更强。

369

现在考虑一下曾经见到过的最丑陋的建筑——可能就是你的住所附近的快餐店。你会发现其建筑风格在视觉上的不协调——现代格调混杂着乔治时代的屋顶线条，一切都用一种不和谐的方式装饰，所用的颜色也特别刺眼。通常这类建筑纯粹是为了使用，很少考虑美观和格调。

这两类建筑的差别是什么呢？第一，质量好的建筑设计得很协调，而后者则缺乏这种协调。质量好的建筑以一致的方式采用少量的建筑风格。例如，泰姬陵全部采用组合的、对称的、平衡的几何图形。第二，在质量好的建筑中，会发现一些使整体效果胜于个别部分的公共模式。例如，在巴黎圣母院中，一些墙是承重的，用来支撑大教堂的圆顶；其中的同一些墙，又与其他建筑细节结合在一起，作为建筑系统中转移水和废弃物的部分。

软件也是这样，一个质量好的软件密集型系统不仅功能合理，而且也应该体现设计的和谐与平衡，以使得它易于修改。这种和谐与平衡经常来自这样一个事实：所有结构良好的面向对象系统都充满了模式。观察一下优质的面向对象系统，会发现一些元素以共同的方式一起工作，提供了比其所有组成部分的总和更强的合作行为。在结构良好的系统中，许多元素将以各种不同的组合参与到不同的机制中。 【第 2 章讨论体系结构的 5 种视图。】

注解　模式为某些语境中的常见问题提供了优良的解决方法。在每一个结构良好的系统中，都会发现一系列模式，包括惯用法（代表编程的通用方式）、机制（表示系统体系结构的概念组块的设计模式）及框架（为某领域中的应用系统提供可扩充模板的体系结构模式）。 【第 29 章讨论模式和框架。】

在 UML 中，用协作来对机制建模。协作为系统中的交互构造块指定一个名称，其中既包含结构元素也包含行为元素。例如，可能有一个分布式管理信息系统，它的数据库分布在几个结点上。从用户角度看，更新信息看起来像是原子动作；但从是系统内部看，就不那么简单，因为这个动作要访问几台机器。为了给出这种简单的幻觉，需要设计一种事务机制，使得客户能够用它对这种甚至跨越多个数据库，但看起来像是简单的、原子的事务命名。这样一种机制可能跨越多个类，它们共同工作，以完成一个事务。其中许多类也可以被包含到其他机制中，例如使信息持久化的机制。这些类的集合（结构部分）与它们之间的交互（行为部分）一起构成了一种机制，在 UML 中可以用协作来表示。

370

【第二部分和第三部分中讨论结构建模，第四部分和第五部分中讨论行为建模，第 16 章讨论交互。】

协作不仅可以对系统的机制命名，也可以作为用况和操作的实现。

【第 17 章讨论用况，第 4 章和第 9 章讨论操作。】

UML 为协作提供了一种图形表示法，如图 28-1 所示。这种表示法允许可视化系统的结构和行为构造块，特别是当这些构造块覆盖类、接口以及系统中的其他元素时。

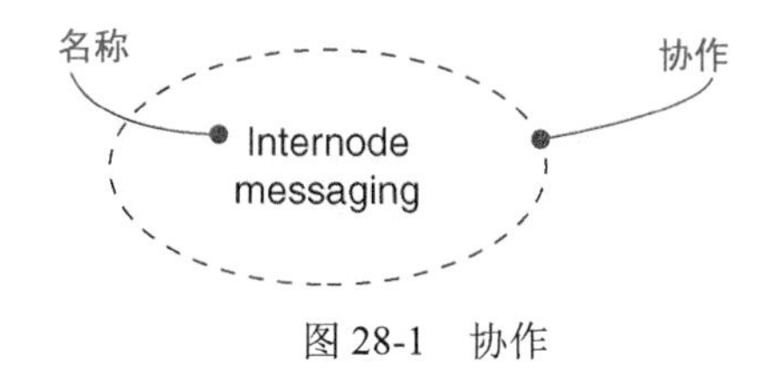

图 28-1　协作

注解　这种表示法允许从外部把一个协作可视化为一个组块。人们经常对这种表示法的内部是什么东西更感兴趣。放大一个协作，将被引导到其他一些图——特别是类图（用于协作的结构部分）和交互图（用于协作的行为部分）。

【第 8 章讨论类图，第 19 章讨论交互图。】

28.2　术语和概念

协作（collaboration）是一组类、接口和其他元素的群体，它们共同工作以提供比各组成部分的总和更强的合作行为。协作也是关于一个像类目（包括类、接口、构件、结点或用况）或操作那样的元素如何由一组以特定方式扮演特定角色的类目和关联来实现的规约。通常，协作的图形表示法是把它画成一个虚线椭圆。

371

【协作的图形表示法与第 17 章所讨论的用况的图形表示法相似。】

28.2.1　名称

每一个协作都必须有一个有别于其他协作的名称。名称（name）是一个文本串。单独一个的名称叫作简单名（simple name）；受限名（qualified name）是用协作存在于其内的包名作为前缀的协作名。如图 28-1 所示，画一个协作时通常只展示其名称。

【第 12 章讨论协作名在包含该协作的包内必须是唯一的。】

注解　协作名可以是由任意数量的字母、数字及某些标点符号（像冒号这样的符号除外，它用于将协作名和包含它的包名分开）组成的文本，可以延续多行。在实际应用中，协作名经常是从正在建模的系统的词汇表中抽取的短名词或名词短语。通常，应该将协作名的第一个字母大写，如 `Transaction` 或 `Chain of responsibility`。

28.2.2　结构

协作有两个方面：一是结构部分，它详细说明共同工作以完成该协作的类、接口和其他元素；二是行为部分，它详细说明关于这些元素如何交互的动态性。

【第二部分和第三部分讨论结构元素。】

协作的结构部分是一个内部（复合）结构，它可以包括对类、接口、构件及结点等类目的任意组合。在协作中，这些类目可以用各种常用的 UML 关系（包括关联、泛化和依赖关系）来组织。事实上，协作的结构方面可以使用 UML 的所有结构建模机制。

【第 9 章讨论类目，第 5 章和第 10 章讨论关系，第 15 章讨论内部结构，第 12 章讨论包，第 32 章讨论子系统，第 17 章讨论用况。】

与结构化类不同的是，协作不能拥有自己的结构元素，而仅引用或使用在其他地方声明的类、接口、构件、结点和其他结构元素。这也是为什么把协作称作系统体系结构中的概念组块而不称作物理组块的原因。一个协作可以跨越系统的多个层次。此外，同一个元素可以出现在多个协作中（而某些元素根本不作为任何协作的部分）。

例如，给定一个基于 Web 的零售系统,它是用一打左右的用况（如购买商品（Purchase Items）、退还商品（Return Items）和查询订单（Query Order）等）来描述的，每个用况都由一个协作实现。此外，每一个协作要共享一些同样的结构元素（如类 Customer 和 Order），但它们是在不同的方式下被组织的。在系统的较深层，也会发现一些协作，它们代表在体系结构上有意义的机制。例如，在这个零售系统中，可以定义一个叫作结点间消息通信（Internode messaging）的协作，它详细描述结点间安全消息通信的细节。

372

给出一个命名系统概念组块的协作，可以展开它以显露其内部的结构细节。例如，图 28-2 描绘了如何展开协作 Internode messaging 的内部，可显露如下一组画在类图中的类。

【第 8 章讨论类图。】

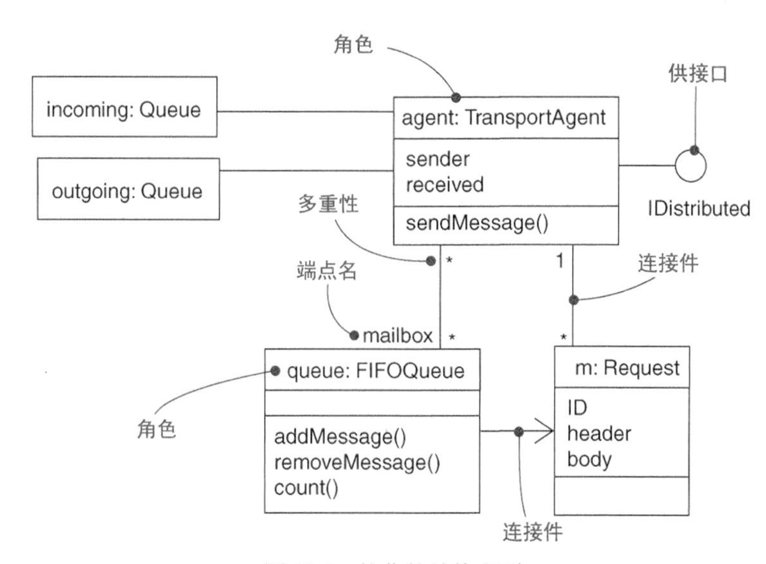

图 28-2　协作的结构方面

28.2.3　行为

协作的结构部分通常用组合结构图来表示，而行为部分通常用交互图来表示。交互图详述了一个交互，该交互表示一个行为，其中包括在特定语境中为达到特定目的而在一组对象之间交换的一组消息。一个交互的语境是由包括它的协作提供的，该协作确定了其实例可能参与这种交互的类、接口、构件、结点和其他结构元素。

【第 19 章讨论交互图，第 13 章讨论实例，第 15 章讨论复合结构。】

373

协作的行为部分可以由一个或多个交互图描述。如果想强调消息的时间顺序，就用顺序图。如果想强调协作时对象之间的结构关系，则采用协作图。因为多数情况下它们在语义上是等价的，所以这两种图都可以采用。

这意味着当把一组类之间的交互命名为一个协作而对这组类的群体建模时，可以展开这个协作以显露其行为细节。例如，展开协作 `Internode messaging` 可以显露如图 28-3 所示的交互图。

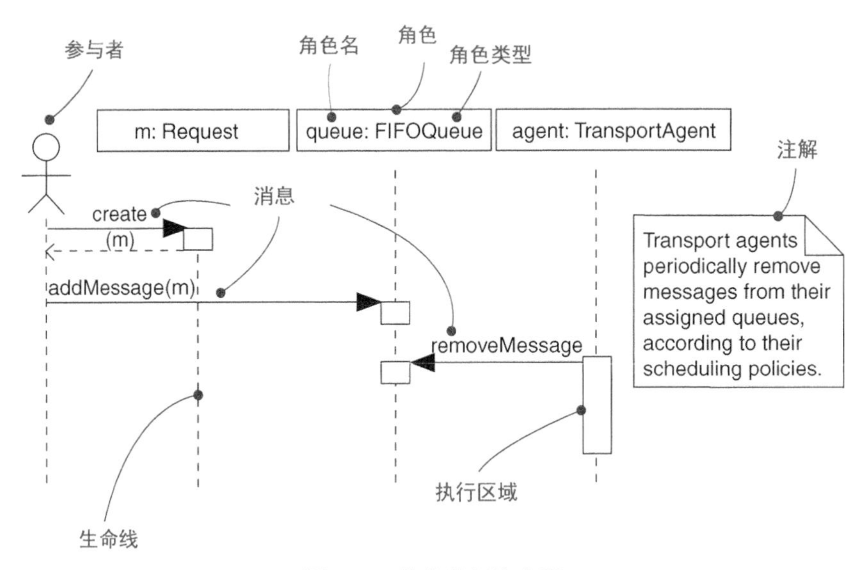

374

图 28-3　协作的行为方面

注解　协作的行为部分必须与它的结构部分一致。这意味着，在一个协作的交互中看到的角色必须与在其内部结构中看到的角色相匹配。类似地，在交互中命名的消息必须与协作的结构部分可见的操作相关。一个协作可以与多个交互相关，每个交互可以展示协作行为的不同侧面，但彼此要保持一致。

28.2.4　组织协作

系统体系结构的核心是在它的协作中发现的，因为形成系统的那些机制体现了重要的设计决策。所有结构良好的面向对象系统都是由一组规模适当而规范的协作组成的，所以组织好协作是很重要的。有两种与协作有关的关系值得考虑。

第一，协作和它所实现的事物之间存在着一种关系。协作既可以实现一个类目也可以实现一个操作，这意味着协作详细地表示了该类目或操作在结构和行为上的实现。例如，一个用况（它命名了系统执行的一组动作序列）可以用一个协作来实现。该用况和与它相关的参与者以及与它相邻的用况一起为协作提供了语境。类似地，一个操作（它命名了一个服务的实现）也可以用一个协作实现。该操作（包括它的参数及可能的返回值）也为协作提供了语境。把用况或操作与实现它的协作之间的关系建模为实现关系。

【第 17 章讨论用况，第 4 章和第 9 章讨论操作，第 10 章讨论实现关系。】

注解　协作可以实现任何类型的类目，包括类、用况、接口和构件。对系统机制建模的协作也可以单独存在，因此它的语境就是整个系统本身。【第 9 章讨论类目。】

第二，协作之间也存在关系。一些协作可以精化另一些协作，可以把这种关系建模为精化关系。协作间的精化关系通常反映了它们所表示的用况之间的精化关系。

图 28-4 描述了这两种关系。

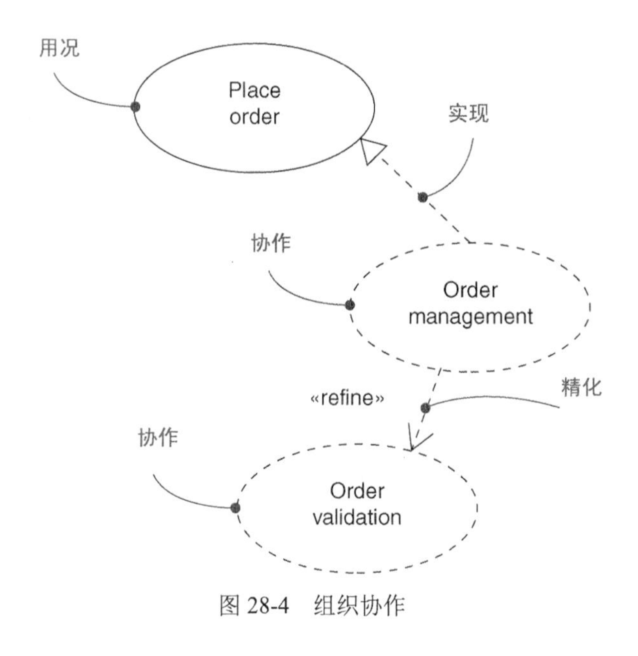

图 28-4　组织协作

注解　与 UML 中的其他建模元素一样，协作也可以组织成较大的包。通常只有在很大的系统中才需要这样做。【第 12 章讨论包。】

375

28.3　常用建模技术

28.3.1　对角色建模

对象表示在一种境况或者执行中的单个实体。它们在具体的例子中是有用的，但是通常想要展示某个语境中的一般性部件。语境中的一个部件称为一个角色（role）。或许角色的最重要的用处是对动态交互建模。在对这样的交互建模时，通常不是对现实世界中存在的具体实例建模，而是对可复用模式中的角色建模。本质上，角色是出现在模式的个体实例中的对象的代理或替身。例如，若想对窗口应用中的对象响应鼠标事件的方式建模，则应该绘制包含角色的交互图，角色的类型包括窗口、事件和处理程序。

【第 16 章和第 19 章讨论交互，第 15 章讨论内部结构。】

对角色建模，要遵循如下策略。

376

- 识别几个对象在其内交互的语境。
- 识别出对于可视化、详述、构造或文档化所要建模的语境必要而充分的那些角色。
- 用 UML 把这些角色表示为结构化语境中的角色。在可能的情况下给每个角色一个名称。如果没有一个有意义的名字，就设为匿名角色。
- 显露出每个角色对于语境的建模必要而充分的特性。
- 在交互图或者类图中画出这些角色以及它们之间的关系。

注解　具体对象和角色之间的语义区别是微妙的，但不难分辨。确切地说，UML 的角色是结构化类目（如结构化类或协作）的预定义部件。角色并不是对象，而是描述，一个角色被绑定到一个结构化类目的每个实例中的一个值。因而，一个角色对应多个可能的值，就像属性那样。具体对象出现在特定的例子中，如对象图、构件图和部署图。角色出现在一般化的描述中，如交互图和活动图。

图 28-5 所展示了一个交互图，它图示了交换机语境中用于初始通话的一个局部的场景。其中有 4 个角色：a（CallingAgent）、c（Connection）、t1 和 t2（Terminal 的两个实例）。这四个角色都表示现实世界中可能存在的具体对象的概念性代理。

【第 19 章讨论交互图，第 20 章讨论活动图。】

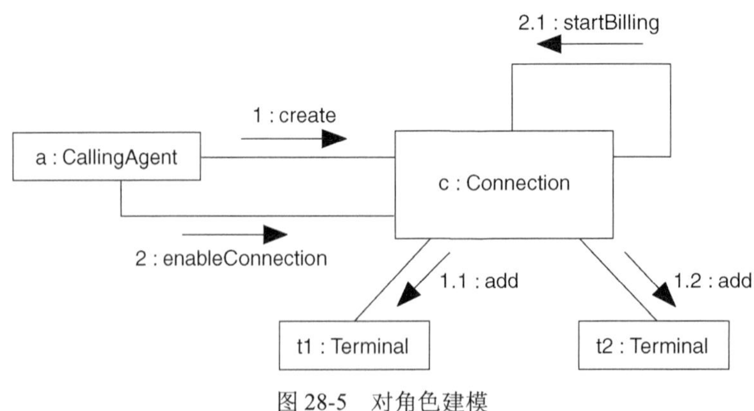

377

图 28-5　对角色建模

注解　这个例子是一个协作，表示一组对象和其他元素的群体，它们一起工作，提供了比所有元素的行为的总和还大的合作行为。协作有两个方面——结构方面（表示类目的角色和它们之间的相互关系）和动态方面（表示这些原型化实例之间的交互）。

28.3.2　对用况的实现建模

使用协作的目的之一是对用况的实现建模。通常要通过识别系统中的用况来驱动系统的分析，但当最后转向实现时，需要用具体的结构和行为去实现这些用况。一般情况下，每个用况都需要用一个或多个协作来实现。从整个系统来看，包含在一个给定的协作（它被链接到某个用况）中的类目也可能参与其他协作。以这种方式，协作的结构内容就趋于互相交叉。【第 17 章讨论用况。】

对用况的实现建模，要遵循如下策略。

- 识别对表达用况的语义是必要且充分的那些结构元素。
- 在类图中捕获这些结构元素的组织。
- 考虑描绘这个用况的单个脚本。每个脚本描述一个贯穿用况的特定路径。
- 在交互图中捕获这些脚本的动态情况。如果想强调消息的时间顺序，就用顺序图。如果想强调协作时对象之间的结构关系，就采用通信图。
- 将这些结构和行为元素组织为一个协作，可以用实现关系将它与相应的用况相连。

例如，图 28-6 展示了一组从信用卡验证系统中提取的用况，其中有两个基本用况——`Place order`（订购）和 `Generate bill`（生成账单）和两个从属用况——`Detect card fraud`（检

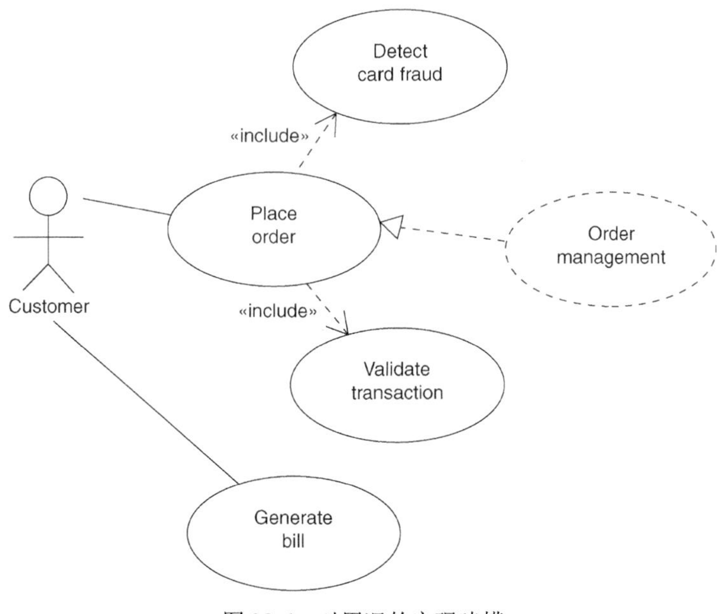

图 28-6　对用况的实现建模

验卡的真伪）和 Validate transaction（事务验证）。虽然在多数情况下不需要显式地对这种关系建模（而是留给工具去做），但是此图显式地通过协作 Order management（订单管理）对用况 Place order 的实现建模。可以进一步把该协作展开到它的结构和行为方面，引向相应的类图和交互图。通过实现关系，可以将用况与它对应的脚本连接起来。

378

在大多数情况下，不需要对用况和实现该用况的协作之间的关系显式地建模，而是把它保持在模型的基架中，然后让工具利用这些连接关系来帮助在用况和它的实现之间导航。

28.3.3　对操作的实现建模

使用协作的另一个目的是对操作的实现建模。在许多情况下，可以通过直接编码来描述操作的实现。但是，对于那些需要若干对象的协作来完成的操作，最好在投入编码之前通过协作来对其实现进行建模。【第 4 章和第 9 章讨论操作。】

操作的参数、返回值和其中的局部对象提供了操作的实现的语境。因此，这些元素对于实现该操作的协作的结构部分是可见的，就像参与者对于实现一个用况的协作的结构部分是可见的一样。可以用组合结构图对这些部分之间的关系建模，组合结构图可以详细说明协作的结构部分。

379

对操作的实现建模，要遵循如下策略。

- 识别参数、返回值以及对该操作可见的其他对象。这些都将成为协作的角色。
- 如果操作不是太复杂，则直接用代码表示其实现，可以把这些代码保持在模型的基架中，或者用注解显式地表示出来。【第 6 章讨论注解。】
- 如果操作是算法密集型的，则用活动图对它的实现建模。
- 如果操作很复杂或者需要某些详细的设计工作，则将它的实现表示为协作。可以分别用类图和交互图来进一步展开协作的结构部分和行为部分。

例如，图 28-7 展示了一个主动类 RenderFrame，它显露出了三个操作。函数 progress 很简单，所以直接采用代码实现，这在图中通过附加注解来描述。然而，操作 render 就复杂多了，所以它的实现由协作 Ray trace 来表示。尽管在这里没有显示，但可以展开这个协作来看它的结构方面和行为方面。【第 23 章讨论主动类。】

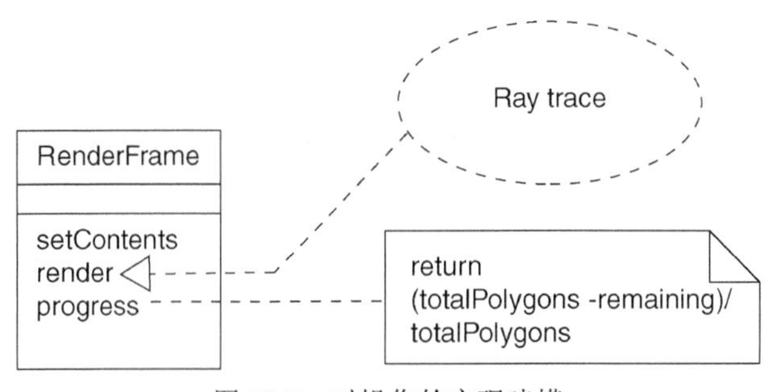

图 28-7　对操作的实现建模

注解　也可以用活动图对操作建模。活动图本质上是流程图。因而，如果要显式地对那些算法密集的操作建模，那么通常活动图就是最好的选择。然而，如果该操作需要多个对象参与，就使用协作，因为这样就可以对操作的结构和行为方面建模。【第 20 章讨论活动图。】

380

28.3.4　对机制建模

在所有结构良好的面向对象系统中，都会发现一系列模式。一方面，可以找到一些惯用法，它们代表了实现语言的使用模式。另一方面，会发现一些刻画整个系统并形成特定风格的体系结构模式和框架。在这两者之间，会发现代表系统中通用设计模式的机制，通过这些机制，系统中的事物以共同的方式彼此交互。可以用 UML 将这些机制建模为协作。

【第 29 章讨论模式和框架，该章还有一个对机制建模的例子。】

机制是独立存在的协作，其语境不是单个的用况或操作，而是整个系统。系统中这一部分的任何可见的元素都可以作为参与一个机制的候选者。

像这样的机制表示了体系结构上重要的设计决策，不可等闲视之。通常系统的体系结构设计师将会设计系统的机制，而将在每个新的发布中演化这些机制。最终，会发现系统是简单的（因为这些机制实现了公共的交互）、可理解的（因为可以通过这些机制来探讨系统）和有弹性的（通过调整每个机制，可调整整个系统）。

对机制建模，要遵循如下策略。

- 识别形成系统体系结构的主要机制。这些机制是由所选择的用来对实现施加影响的总的体系结构风格以及适合于问题域的风格来驱动的。
- 将每个这样的机制表示为协作。
- 扩展每个协作的结构部分和行为部分，如有可能则寻找可共享的事物。
- 在开发生命周期的早期验证这些机制（它们具有战略上的重要地位），随着对实现细节了解的深入，在每个新的发布中演化它们。

381

28.4　提示和技巧

当用 UML 对协作建模时，记住每个协作既可表示一个用况或操作的实现，又可作为系统的机制而单独存在。一个结构良好的协作，应满足如下要求。

- 包括结构和行为两个方面。
- 提供对系统中可识别的交互的明确抽象。

- 很少是完全独立的，而是要与其他协作的结构元素交叉。
- 是可理解的，并且是简单的。

当用 UML 绘制一个协作时，要遵循如下策略。

- 仅当对于理解该协作与其他协作、类目、操作或整个系统之间的关系是必要的时候，才将此协作在图中显式地画出，否则仅把它保存在模型的基架中。
- 按协作所表示的类目或操作来组织协作，或者将协作组织在与整个系统相关的包中。

382

第29章

模式和框架

本章内容

- ❑ 模式和框架
- ❑ 对设计模式建模
- ❑ 对体系结构模式建模
- ❑ 使模式可应用

所有结构良好的系统都充满了模式。模式为给定语境中的共同问题提供了一个好的解决方案。机制是应用于类群体的设计模式，框架通常是为领域中的应用系统提供可扩充模板的体系结构模式。

用模式来详述形成系统体系结构的机制和框架。通过清晰地标识模式的槽、标签、按钮和刻度盘（该模式的用户可以调整它们以适应特定语境中的模式），可以使模式易于使用。

29.1 入门

想一想把一堆木头组装起来建造成房子的种种方式真有点让人惊异。在旧金山的专业建筑师手中，这堆木头变成了具有山墙屋顶和明亮色调的维多利亚式的房子；在缅因州的专业建筑师手中，同样是这堆木头，却变成了带有楔形侧板的、矩形的盐盒式房子。

从外在上看，两种房子代表了截然不同的建筑风格。每个建筑师都从自己的经验出发，选择自己认为最适合客户的风格，然后按客户的愿望和建筑地点与地方法规的限制来调整其风格。 383

从内部看，每个建筑师都必须在设计房子时解决一些共同的问题。解决桁架支撑屋顶的问题就有许多已被证实有效的方法，也有许多经过验证的方法可以用来设计如何在承重墙上开窗户和门。每个建筑师都要选择合适的机制解决这些公共问题，然后根据总体建筑风格和地方性建筑限制去调整这些机制。

建立一个软件密集型系统也是这样。每当以高于代码行的眼光看问题时，会发现一些能够决定以何种方式来组织类或者其他抽象的通用机制。例如，在事件驱动的系统中，使用责任链设计模式是一种组织事件处理程序的通用方法。把眼光放得再比这些机制高一些，会发现一些形成整个系统体系结构的通用框架。例如，在信息系统中，使用三层体系结构是清晰地隔离系统的用户界面、它的持久信息和它的业务对象及规则三者之间关注点的通用处理方法。

在 UML 中，通常要对设计模式（也叫作机制）建模，将它们表示为协作。类似地，通常要将体系结构模式建模为框架，将它们表示为衍型化的包。

【第 28 章讨论协作，第 12 章讨论包。】

UML 对两类模式都提供了图形表示法，如图 29-1 所示。

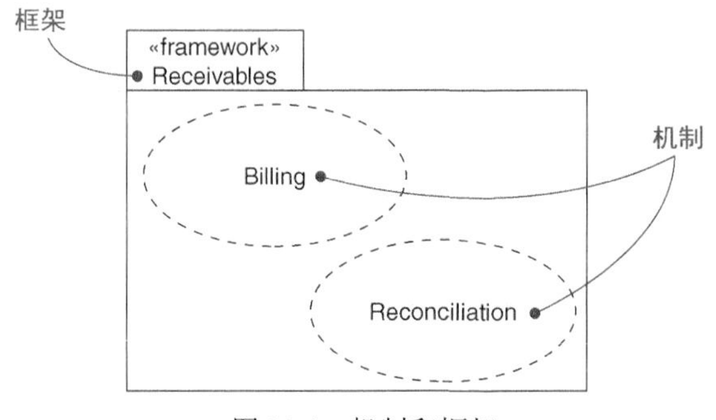

384

图 29-1　机制和框架

29.2　术语和概念

模式（pattern）是对给定语境中共同问题的通用解决方案。机制（mechanism）是应用于类群体的设计模式。框架（framework）是为领域中的应用系统提供可扩充模板的体系结构模式。

29.2.1　模式和体系结构

不管是在建造一个新系统，还是对一个已有的系统进行演化，都不需要真正从头开始。经验和习惯会引导你使用通用的方法去解决常见的问题。例如，如果正在建立一个用户密集型系统，一种经过考验的组织抽象的方法是使用模型-视图-控制器模式，用这种模式将对象（模型）和它们的表示（视图）以及协调二者同步工作的代理（控制器）清楚地分离开来。与此类似，如果是在建立一个破解密码的系统，一种经过考验的组织系统的方法是使用黑板体系结构，它很适合以机会主义的方式来解决难处理的问题。　　　　【第 2 章讨论软件体系结构。】

上面两个都是模式（特定语境中共同问题的通用解决方案）的例子。在结构良好的系统中，可以在不同抽象层次上发现很多模式。设计模式描述了类群体的结构和行为，而体系结构模式描述了整个系统的结构和行为。

因为模式是开发人员的词汇表中的重要部分，所以 UML 引入了模式的概念。在系统模型中显式地采用模式，可以使系统更易于理解，更易于演化，也更易于维护。例如，如果有人给你一堆陌生的源代码并要求扩充其功能，你要费尽力气试图去理解它们是如何在一起配合工作的。相反，如果给你同样的源代码，并告诉你“这些类之间是采用发布与订阅机制相互协作的”，你将很快地找到理解其如何工作的正确路径。对于整个系统也是这样。告诉你“这个系统是用一组管道和过滤器组织的”，就解释了关于系统体系结构的许多细节。否则，如果只从孤立的类开始去理解，那就困难得多了。

模式有助于可视化、详述、构造和文档化软件密集型系统的制品。可以选择一组合适的模式，并将它们应用到特定领域的抽象中以进行系统的正向工程；也可以通过寻找系统中所包含的模式进行逆向工程，尽管它还不是一个完善的过程。更好的是，当提交一个系统时，可以说明其中采用的模式，这样当某些人将来需要对系统进行复用和调整时，这些模式就清楚地呈现出来。

385

在实际应用中，有两种模式经常被用到，即设计模式和框架，UML 提供了对这两类模式建模的方法。当对这两类模式建模时，会发现它们在一个较大的包的语境中通常是独立存在的，只是通过依赖关系与系统的其他部分相联系。

29.2.2　机制

机制只是应用于类群体的设计模式的一个别名。例如，在 Java 中遇到的一个通用模式是对一个知道如何响应一组事件的类进行调整，使之能在不替换原来的类的前提下响应另一组稍有不同的事件。解决这个问题一般采用适配器（adaptor）模式，它是一种将一个接口转换为另一个接口的结构设计模式。这种模式很常用，所以应该给它起一个易于理解的名称，然后对它建模，以便在遇到类似的问题时能使用它。

在建模时，这些机制有两种显示方式。

第一种方式如图 29-1 所示，一个机制仅仅是为一组共同工作来完成一些共同而有意义的行为的抽象指定一个名称。因为它只是对类的群体命名，所以可将它建模为简单的协作。展开这个协作，可以看到它的结构方面（通常用类图表示）和行为方面（通常用交互图表示）。像这样的协作将交叉引用系统中的个体抽象；一个给定的类可能成为多个协作的成员。

【第 28 章讨论协作。】

第二种方式如图 29-2 所示，一个机制是给一组共同工作来完成公共而有意义的行为的抽象指定一个模板的名称。可以将这种机制建模为参数化协作，它在 UML 中的画法与模板类的画法相似。展开协作，可以看到它的结构方面和行为方面。压缩协作，可以看到模式是如何将协作的模板部件和系统中存在的抽象绑定在一起而应用于系统的。将机制建模为参数化协作时，要标识一些选项，如槽、标签、按钮和刻度盘等，利用这些选项通过模板的参数来调整模式。像这样的协作可以绑定到不同的抽象集而在系统中反复出现。在这个例子中，模式的 `Subject` 和 `Observer` 类分别与具体类 `CallQueue` 和 `SliderBar` 绑定。

386

【第 9 章讨论模板类。】

注解　决定应该将机制建模为简单的协作还是参数化协作是很简单的。如果只需要给系统中一起工作的类的群体起一个名称，就采用简单的协作；如果能够以完全独立于领域的方式抽象出机制的基本结构方面和行为方面，就采用参数化协作，以后就可以将其绑定到特定语境中的抽象。

387

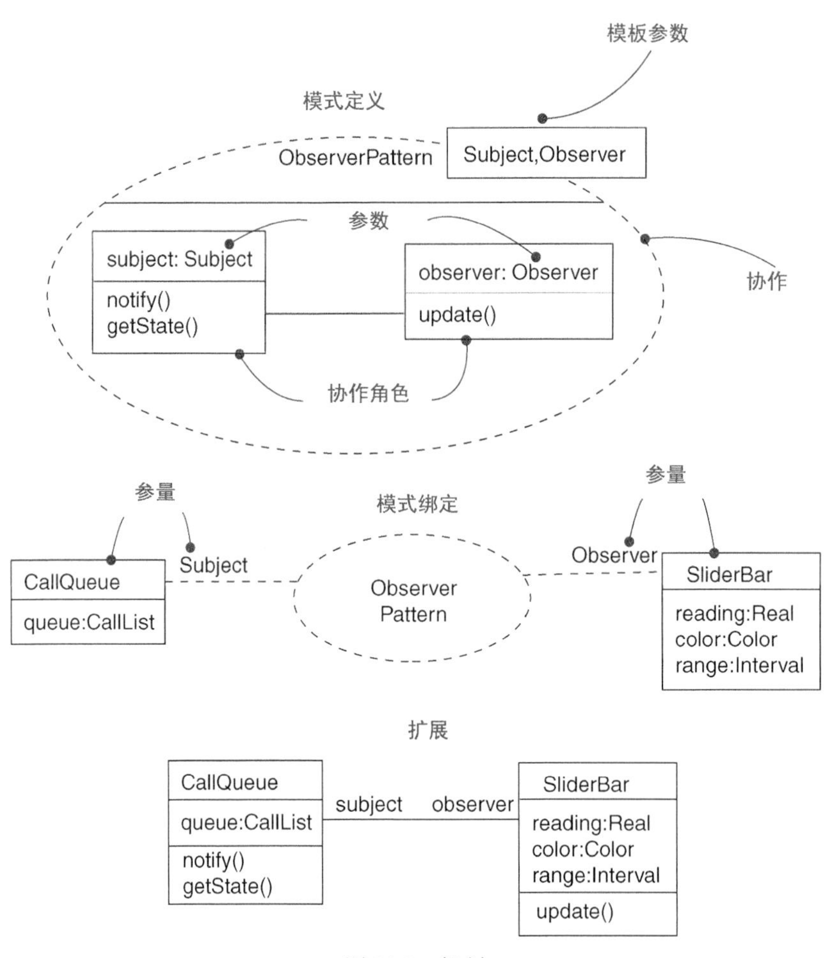

图 29-2　机制

29.2.3　框架

框架是为一个领域中的应用系统提供可扩充模板的体系结构模式。例如，在实时系统中一种常见的体系结构模式是循环执行模式，它将时间划分为一些帧和子帧，其间的处理要在严格的期限内发生。选用这种模式与它的替换物（一种事件驱动的体系结构）相比改变了整个系统的色彩。由于这种模式（及其替换物）是如此常用，所以把它命名为框架是很有意义的。

框架比机制的规模大。事实上，可以把框架想象为一种微型体系结构，它包括一系列共同工作以解决共同领域的共同问题的机制。当详述一个框架时，需要详述体系结构的骨架以及暴露给用户用来对框架进行调整以适应其自身语境的槽、标签、按钮和刻度盘。

【第 2 章讨论体系结构的 5 种视图。】

在 UML 中，把框架建模为衍型化的包。展开包，可以看到存在于系统体系结构的各个视图中的机制。例如，不仅可以看到参数化协作，也可以看到用况（用来解释如何应用框架）以及简单协作（提供一组可以在其上进行构造的抽象——如通过子类）。

【第 12 章讨论包，第 6 章讨论衍型。】

图 29-3 描述了一个名为 `CyclicExecutive` 的框架。除了别的事物外，此框架有一个包含一组事件类的协作（`CommonEvents`）和一个以循环的方式处理这些事件的机制（`EventHandler`）。在这个框架上进行构造的客户（如 `Pacemaker`），可以通过建立子类而使用 `CommonEvents` 中的抽象，并且也能应用 `EventHandler` 机制的实例。【第 21 章讨论事件。】

注解　框架与普通的类库是有区别的。类库中包含你的抽象可以实例化或者引用的抽象；框架则包含可以实例化或者引用你的抽象的抽象。实例化和引用这两种连接构成了为使框架适应于具体语境而需调整的框架的槽、标签、按钮和刻度盘。

388

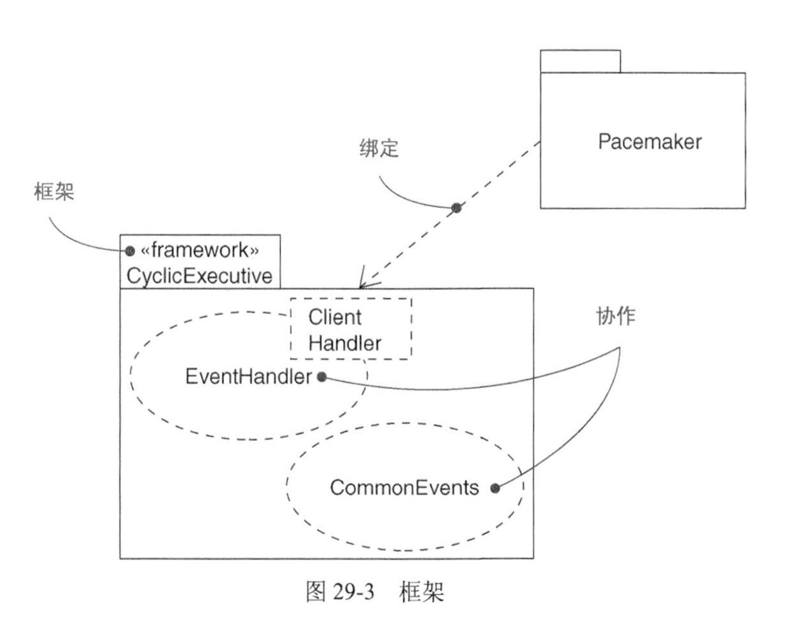

图 29-3　框架

29.3 常用建模技术

29.3.1 对设计模式建模

使用模式要做的事情之一是对设计模式建模。当对这样的机制建模时，需要考虑其内部视图及其外部视图。

从外部看，设计模式被表示成一个参数化协作。作为协作，模式提供了一组抽象，其结构和行为共同工作，以完成一些有用的功能。协作的参数命名了该模式的用户必须绑定的元素。这使得设计模式成为一个模板，通过提供与模板参数相匹配的元素来将它用于特定的语境。

从内部看，设计模式只是一个协作，用它的结构部分和行为部分表示。通常可以用一组类图（结构方面）和一组交互图（行为方面）对这种协作的内部建模。协作的参数命名了其中一些结构元素，当设计模式被绑定到具体语境中时，就被来自该语境的抽象实例化。

389

对设计模式建模，要遵循如下策略。

- ❑ 识别对共同问题的通用解决方案，并把它具体化为机制。
- ❑ 将机制建模为协作，并给出它的结构方面和行为方面。

【第 28 章讨论应用协作来对机制建模。】

- ❑ 识别必须与具体语境中的元素绑定的设计模式的元素，并把它们表示为协作的参数。

例如，图 29-4 给出了对 Command（命令）模式的使用，该模式是在 Gamma 等人所著的《设计模式》一书中论及的（Gamma et al., *Design Patterns*, Reading, Massachusetts: Addison-Wesley, 1995）。如该书所述，这个模式“将请求封装成对象，从而可以用不同的请求（队列或日志请求）将客户参数化，并支持可以取消的操作”。如模型所示，这个设计模式具有 3 个参数，当使用这个模式时必须把它们绑定到给定语境的元素上。本模型展示了两个这样的绑定，其中 PasteCommand 和 OpenCommand 被分别用到该模式的不同绑定上。

在每种情况下必须把参数 AbstractCommand 绑定到同一个抽象超类。在不同的绑定中，把参数 ConcreteCommand 绑定到不同的特殊类；把参数 Receiver 绑定到该命令作用于其上的类。类 Command 可以由模式创建，但是把它作为一个允许创建多个命令层次的参数。

需要注意的是 PasteCommand 和 OpenCommand 都是 Command 的子类。系统很可能多次使用这个模式，每一次可能采用不同的绑定方式。正是把这样的设计模式作为首要的建模元素而进行复用才使得利用模式进行开发具有如此强大的能力。

为了完成设计模式的建模，必须详细说明表示协作内部情况的结构部分和行为部分。

【第 28 章讨论协作。】

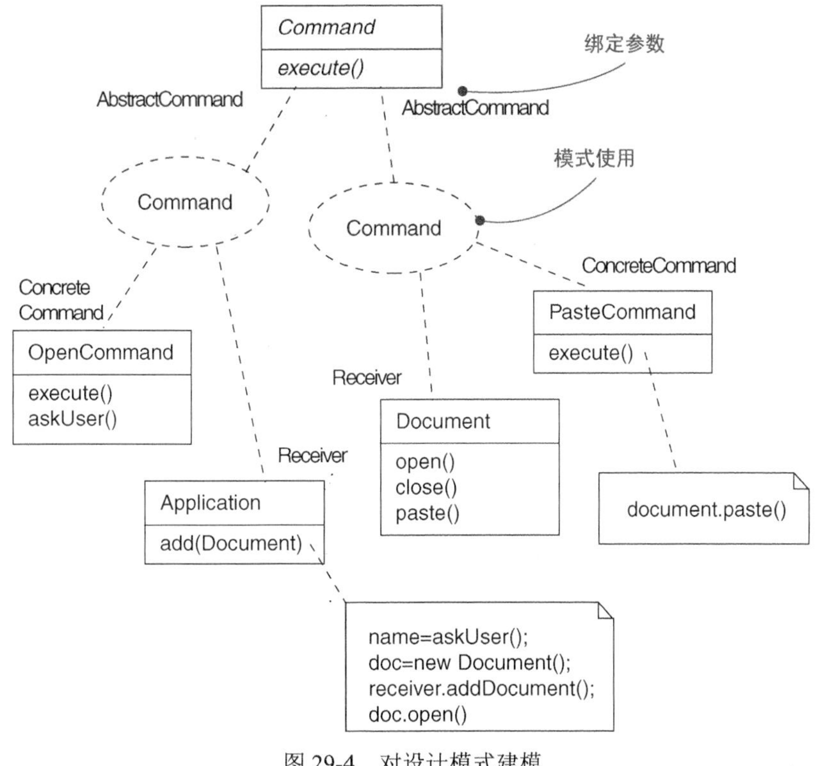

图 29-4　对设计模式建模

390

例如，图 29-5 展示了一个表示这种设计模式结构方面的类图。注意观察图中如何使用被命名为模式参数的类。图 29-6 展示了一个表示这种设计模式行为方面的顺序图。要注意的是，该图只是对可能情况的一个建议，设计模式并不是那么严格的。

【第 8 章讨论类图，第 19 章讨论交互图。】

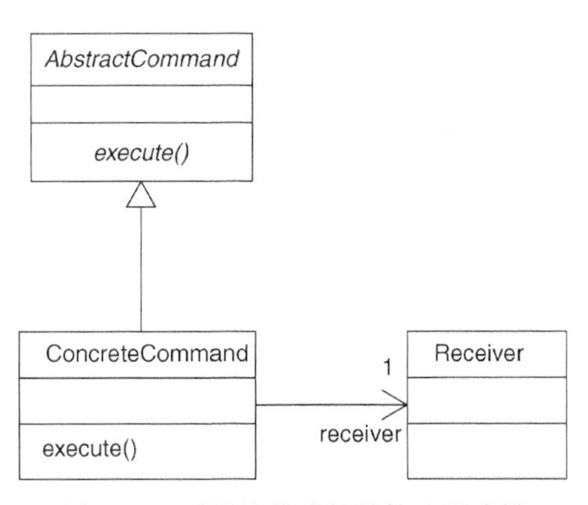

图 29-5　对设计模式的结构方面建模

391

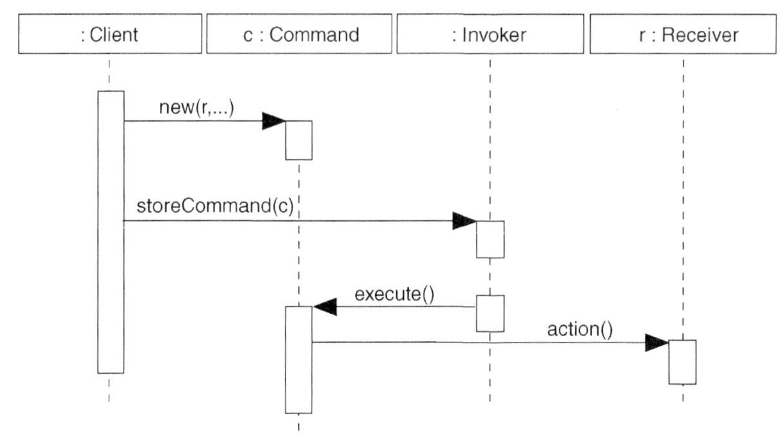

图 29-6 对设计模式的行为方面建模

29.3.2 对体系结构模式建模

使用模式的另一种情况是对体系结构模式建模。当为这样一个框架建模时，实际上是在对预计要在某些语境中复用和调整的系统整体体系结构的基础结构建模。

框架被表示成一个衍型化的包。作为包，框架提供了一组元素，这些元素包括（但不限于）类、接口、用况、构件、结点、协作、甚至可以是其他框架。事实上，可以把共同工作来为一个领域中应用系统提供可扩充模板的所有抽象放在一个框架中。其中一些元素将是公共的，表示客户可在其上进行构造的资源。这些就是可以与语境中的抽象建立连接的框架部件。有些公共元素可能是设计模式，表示客户与之绑定的资源。这些是在绑定设计模式时要填充的框架部件。最后，还有一些元素将是被保护的或私有的，它们代表框架中被封装的元素，从框架外部看它们是隐藏的。 【第 12 章讨论包。】

当对体系结构模式建模时，要记住，框架实际上就是对体系结构的描述，尽管它是不完整的而且可能是参数化的。你所了解到的关于对结构良好的体系结构建模的任何知识也都适用于对结构良好的框架建模。最好的框架不是被孤立地设计的，这样做肯定会失败，最好的框架是从已被证明有效的现存体系结构中得来的，而且框架要加以演化，以发现为使框架适应于其他领域所必需的、充分而又必要的槽、标签、按钮和刻度盘。 【第 2 章讨论软件体系结构。】

392

对体系结构模式建模，要遵循如下策略。

- ❑ 从已被证明有效的现存体系结构中获取框架。
- ❑ 将框架建模为衍型化的包，其中包括对描述框架的各种视图是充分而又必要的所有元素（特别是设计模式）。
- ❑ 显示对于调整以设计模式和协作的形式存在的框架所必要的插件、接口和参数。多数情况下，这意味着要使模式的用户清楚哪些类必须被扩展、哪些操作必须被实现以及哪些信号必须被处理。

例如，图 29-7 给出了 Blackboard（黑板）体系结构模式的规约，在 Buschmann 等人所著的《面向模式的软件体系结构》(Buschmann et al., *Pattern-Oriented Software Architecture*, New York, NY: Wiley, 1996）中讨论了该模式。如该书所述，这个模式“解决了那些从原始数据转换为高层数据结构时没有可行的确定性的解决方案的问题”。这个体系结构的核心是 Blackboard（黑板）设计模式，它规定了 KnowledgeSources（知识源）、Blackboard（黑板）和 Controller（控制器）如何协作。这个框架中还包含设计模式 Reasoning engine（推理引擎），它描述了每个 KnowledgeSource 如何被驱动。最后，如图 29-7 所示，这个框架还显示了一个用况，即 Apply new knowledge sources（应用新知识源），它解释客户如何去调整框架本身。

393

注解　在实际应用中，完整地对一个框架建模所需的工作量并不比完整地对一个系统体系结构建模的工作量小。从某种意义上说，这种工作更为艰巨。因为要使框架可用，必须公开框架的槽、标签、按钮和刻度盘，甚至可能要提供用来解释如何调整框架的元用况（如 Apply new knowledge sources）和用来解释框架如何工作的普通用况。

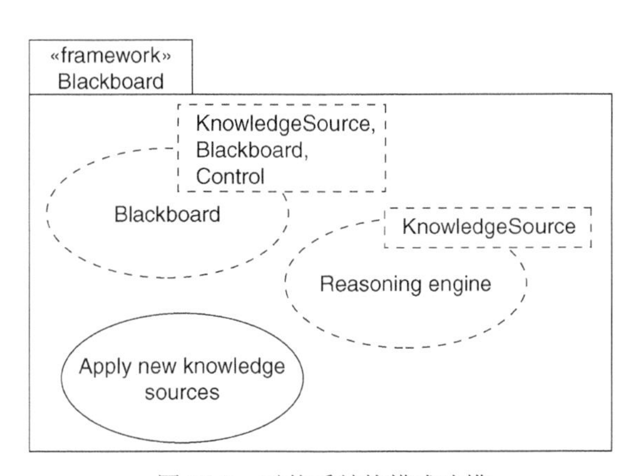

图 29-7　对体系结构模式建模

29.4　提示和技巧

当用 UML 对模式建模时，记住它们工作在从个体类到整个系统外形的很多抽象层次上。机制和框架是最令人感兴趣的两种模式。

一个结构良好的模式，应满足如下要求。

- 以通用的方式来解决共同的问题。

- 包括结构和行为两方面。
- 显露要进行调整以运用于某种语境的槽、标签、按钮和刻度盘。
- 是原子的，即不容易再分成更小的模式。
- 倾向于直接引用对系统中的个体抽象。

当用 UML 绘制一个模式时，要遵循如下策略。

- 显露在语境中必须调整的模式的元素。
- 提供使用和调整模式的用况。

394

第 30 章

制品图

本章内容

- 对源代码建模
- 对可执行程序的发布建模
- 对物理数据库建模
- 对可适应系统建模
- 正向工程和逆向工程

制品图是对面向对象系统的物理方面进行建模时要用到的两种图之一。制品图展示一组制品之间的组织以及其间依赖关系。

【部署图是对面向对象系统的物理方面进行建模时要用到的另一种图，这在第 31 章讨论。】

利用制品图可以对系统的静态实现视图建模。这包括对存在于结点上的物理事物的建模，如可执行程序、库、表、文件和文档等。制品图实质上是针对系统制品的类图。

制品图不仅对于可视化、详述和文档化基于制品的系统是重要的，而且对于通过正向工程和逆向工程构造可执行系统也是重要的。

30.1 入门

当要建一所房子时，所做的工作肯定不仅仅是设计蓝图。提醒一下，蓝图之所以重要，是因为它可以帮助可视化、详述及文档化想要建造的房子的种类，从而可以在合适的时间以合适的价格建造合适的房子。但是，最后还必须把房子的平面图和立视图变成由木头、石头或金属构成的实际的墙壁、地板和天花板。建造房子时不仅需要利用这些原材料，也要利用一些预制制品，如橱柜、窗户、门和通风孔。如果是在改造一所房子，可能会复用更大的制品，如整个房间和框架。

395

软件也是这样。通过创建用况图，可以推断所期望的系统的行为。通过类图，可以描述问题域的词汇。通过创建顺序图、协作图、状态图和活动图，可以详述问题域词汇中的事物是如何共同工作来完成这一行为的。最后，将把这些逻辑蓝图转化为存在于比特世界中的事物，如可执行程序、库、表、文件和文档。将会发现有些制品必须从头开始建造，但也会以新的方式复用已有的制品。

利用 UML，可以用制品图来可视化这些物理制品的静态方面以及它们之间的关系，并描述其构造细节，如图 30-1 所示。

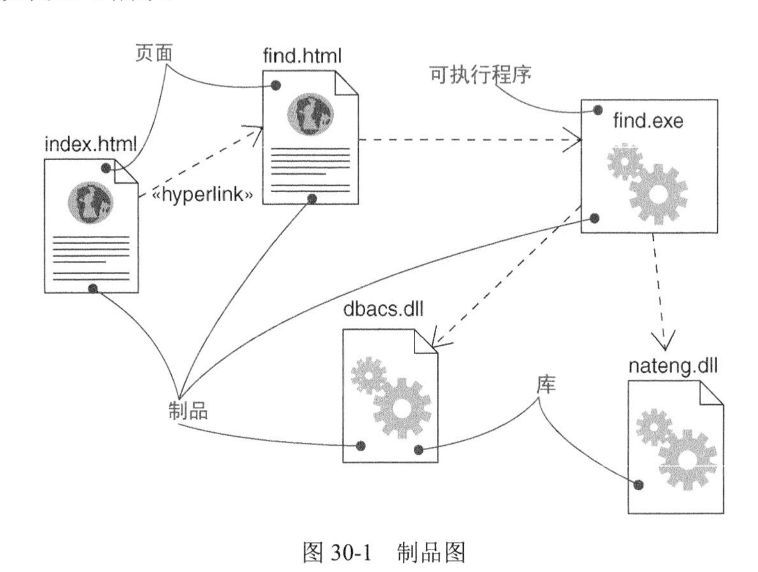

图 30-1　制品图

30.2　术语和概念

制品图（artifact diagram）展示了一组制品及它们之间的关系。在图形上，制品图是顶点和弧的集合。

396

30.2.1　普通特性

制品图只是一种特殊的图，所以它也具有与所有其他图相同的普通特性——一个名称和作为模型投影的图形内容。制品图与其他各种图不同的是它的特殊内容。

【第 7 章讨论图的一般特性。】

30.2.2　内容

制品图通常包括：

- 制品；
- 依赖、泛化、关联和实现关系。

【第 26 章讨论制品，第 11 章讨论接口，第 5 章和第 10 章讨论关系，第 12 章讨论包，第 32 章讨论子系统，第 13 章讨论实例，在第 8 章讨论类图，第二部分讨论在软件体系结构语境下的实现视图。】

与其他图类似，制品图可以包括注解和约束。

30.2.3　一般用法

制品图用于对系统的静态实现视图建模。这种视图主要支持系统部件的配置管理，它是由可以用各种方式进行组装以产生可执行系统的制品组成的。

在对系统的静态实现视图建模时，通常将按下列四种方式之一来使用制品图。

1. 对源代码建模

采用当前大多数面向对象编程语言，将使用集成化开发环境来分割代码，并将源代码存储到一些文件中。可以使用制品图来为这些文件的配置建模，并设立配置管理系统。这些文件代表了工作产品制品。

2. 对可执行程序的发布建模

软件的发布是交付给内部或外部用户的相对完整而且一致的制品系列。在制品的语境中，一个发布注重交付一个运行系统所必需的部分。当用制品图对发布建模时，其实是在对构成软件的物理部分（即部署制品）所做的决策进行可视化、详述和文档化。

397

3. 对物理数据库建模

可以把物理数据库看作模式（schema）在比特世界中的具体实现。实际上，模式提供了对持久信息的应用程序编程接口（API），物理数据库模型表示了这些信息在关系型数据库的表中或者在面向对象数据库的页中的存储。可以用制品图表示这些以及其他种类的物理数据库。

【第 24 章讨论持久性，第 8 章讨论对逻辑数据库模式建模。】

4. 对可适应系统建模

某些系统是相对静态的，其制品进入现场、参与执行、然后离开。另一些系统则是较为动态的，其中包括一些为了负载均衡和故障恢复而进行迁移的可移动的代理或制品。可以将制品图与对行为建模的 UML 的一些图结合起来表示这类系统。

30.3　常用建模技术

30.3.1　对源代码建模

采用 Java 开发软件时，通常要将源代码存储为`.java`文件。如果采用 C++开发软件，通常要将源代码存储为头文件(`.h`文件)和体文件(`.cpp`文件)。如果采用 IDL 开发 COM+或 CORBA 应用软件，设计视图中的一个接口往往可以展开成四个源代码文件：接口自身、客户端代理、服务器桩和一个桥类。随着应用系统规模的扩大，不管使用哪种语言，都需要将这些文件组织到一些较大的组中。另外，在开发过程中的构造阶段，可能要为所产生的每一个新的增量发布创造这些文件中的一些文件的新版本，并要用配置管理系统来管理这些版本。

在多数情况下，不必直接为系统的这方面建模，而是让所使用的开发环境去跟踪这些文件以及它们之间的关系。但是，有些时候用制品图可视化这些源代码文件及它们之间的关系是有益的。在这种情况下使用的制品图通常只包括衍型化为文件的工作产品制品以及这些制品之间的依赖关系。例如，可以对一组源代码文件进行逆向工程并用制品图可视化它们之间的编译依赖关系。在正向工程中，可以描述源代码文件之间的关系，然后用这些模型作为编译工具（例如 Unix 中的 make）的输入。同样地，也可以利用制品图来可视化在配置管理下的一组源代码文件的演化历史。通过从配置管理系统中提取有用的信息（例如在一段时期内一个源代码文件被检出的次数），可以用这些信息对制品图着色，以显示源代码文件和体系结构之间变化的热点。

398

【第 26 章讨论制品的衍型：文件（file）。】

对系统的源代码建模，要遵循如下策略。

- 在正向工程或逆向工程中，识别出感兴趣的相关源代码文件集合，并把它们建模为衍型化为文件的制品。
- 对于较大的系统，利用包来展示对这些源代码文件的分组。
- 考虑给出一个标记值，用它指示源代码文件的版本号、作者和最后修改日期等信息。利用工具管理这个标记的值。
- 用依赖关系对这些源代码文件之间的编译依赖关系建模。利用工具帮助产生并管理这些依赖关系。

例如，图 30-2 中有 5 个源代码文件。文件 signal.h 是一个头文件，图中显示了跟踪它从新版到旧版的 3 个版本，该源代码文件的每一个版本都有一个用来显示它的版本号的标记值。

【第 10 章讨论跟踪（trace）依赖衍型。】

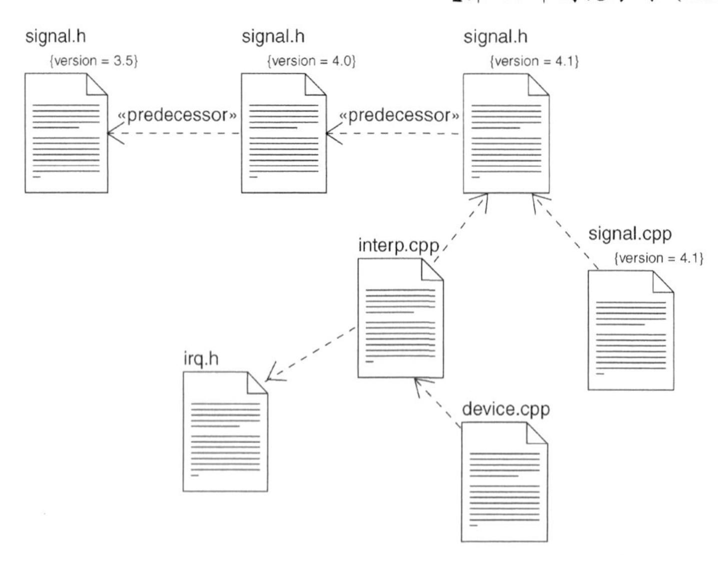

图 30-2　对源代码建模

这个头文件(signal.h)被其他两个文件(interp.cpp 和 signal.cpp)引用，这两个.cpp 文件都是体文件。其中一个文件（interp.cpp）有一个到另一个头文件（irq.h）的编译依赖关系，而 device.cpp 又有一个到 interp.cpp 的编译依赖关系。有了这个制品图，跟踪变化的影响就容易多了。例如，源代码文件 signal.h 发生了变化将需要重新编译 signal.cpp、interp.cpp 以及 device.cpp 这 3 个文件。该图也显示出，文件 irq.h 将不受影响。

通过逆向工程，可很容易地从开发环境的配置管理工具所保存的信息中产生出这样的图。 399

30.3.2 对可执行程序的发布建模

发布一个简单的应用系统是容易的：只需要把可执行文件的比特码复制到磁盘上，用户运行它即可。对于这类应用系统，因为对其可视化、详述、构造和文档化不存在什么困难，所以不需要制品图。

但发布一个较复杂的应用系统就不那么简单了。它不仅需要可执行的主程序（一般是一个.exe 文件），而且还需要所有辅助部分，如链接库（在 COM+语境中一般是.dll 文件，在 Java 语境中一般是.class 和.jar 文件）、数据库、帮助文件和资源文件。对于分布式系统，可能还会有分散到各种结点上的多个可执行程序及其他部分。如果在使用一个含有多个应用程序的系统，将会发现，有些制品对每一个应用是唯一的，但有许多制品是在多个应用之间共享的。所以，随着系统的演化，控制这样的许多制品的配置成为一项重要的活动——也是一项更困难的活动，因为改变与一个应用相关的制品可能会影响其他应用的操作。

出于这个原因，要用制品图来可视化、详述、构造和文档化可执行程序发布的配置，包括形成每个发布的部署制品以及这些制品之间的关系。可以用制品图对一个新系统进行正向工程，也可以用制品图对一个已经存在的系统进行逆向工程。 400

当建立这样的制品图时，实际上只是对构成系统实现视图的一部分事物和关系进行建模，所以每一个制品图应该一次只针对一组制品。

对可执行程序的发布建模，要遵循如下策略。

- 识别想建模的制品集合。通常，它应包括一个结点上的部分或全部制品，或者跨越系统中所有结点的这样的制品集的分布。
- 考虑该集合中各制品的衍型。对于大多数系统，会发现少量的不同种类的制品（如可执行程序、连接库、表、文件和文档）。可利用 UML 中的扩展机制为这些衍型提供可视化提示。【第 6 章讨论 UML 的扩展机制。】
- 对这个集合中的每一个制品，考虑它与相邻制品之间的关系。多数情况下会涉及到接口，这些接口由某些制品引出（实现），并由其他制品引入（使用）。若要指明系统中的接缝，可以显式地为这些接口建模。若想使模型处于较高的抽象级别，则省略这些关系，只显示这些制品之间的依赖关系。【第 11 章讨论接口。】

例如，图 30-3 对一个自主机器人的可执行程序发布的一部分进行了建模。该图注重于与机器人的驱动和计算功能相关的部署制品。其中一个制品（driver.dll）表现了引出接口（IDrive）的构件 Driving，而这个接口又由制品（path.dll）表现的构件 Path 所使用。在构件 Path 和 Driving 间的依赖导致了实现它们的制品 path.dll 和 driver.dll 间的一个依赖。图中还有一个制品（collision.dll）也表现了一个构件，但图中省略了这些细节，只显示了 path.dll 对 collision.dll 的直接依赖。

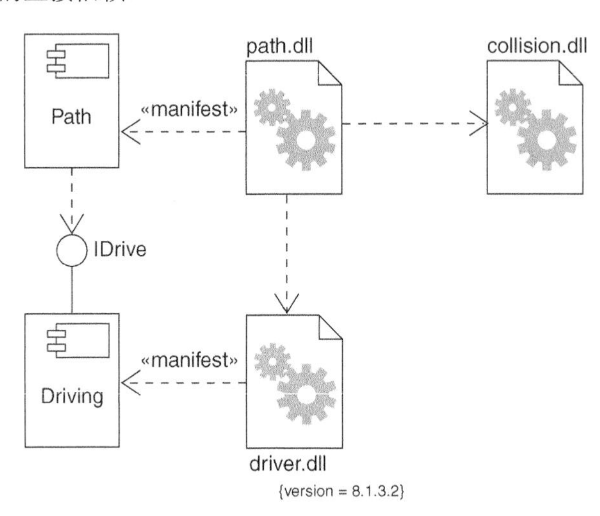

图 30-3　对可执行程序的发布建模

这个系统还包括许多制品，但是这个图只针对直接与机器人移动有关的部署制品。需要注意的是：在这种基于构件的体系结构中，可以利用另一个表现了相同构件的制品或表现了支持同一个（或附加的）接口的不同构件的制品来替换图中 driver.dll 的指定版本，而 path.dll 仍然可以正常发挥作用。

401

30.3.3　对物理数据库建模

逻辑数据库模式捕捉系统的持久数据的词汇以及它们之间的关系的语义。从物理角度看，这些事物是为了以后的检索而存储在数据库中的。这样的数据库既可以是关系型数据库，也可以是面向对象数据库，或者是混合的对象关系型数据库。UML 既适合对物理数据库建模，也适合对逻辑数据库模式建模。　　【第 8 章讨论对逻辑数据库模式建模。】

因为在面向对象数据库中，即使是复杂的继承网络结构也可以直接地被持久保存，所以把逻辑数据库模式映射到面向对象数据库是很直接的。然而把逻辑数据库模式映射到关系型数据库就没有那么简单。当有继承存在时，必须决定如何将类映射成表。通常，可以使用以下三种映射策略之一或者它们的组合。

【物理数据库设计超出了本书的讨论范围，这里只想说明如何用 UML 对数据库和表建模。】

（1）（下推）为每一个类定义一个单独的表。这种方法简单，但存在一些问题，因为当增加新的子类或修改父类时，对数据库的维护是很令人头痛的。

（2）（上拉）压平继承的网格，使任何一个类的所有实例都在一个层次上拥有相同的状态。这种方法的缺点是对许多实例要存储大量无用的信息。 402

（3）（分割表）将父类和子类的状态存储在不同的表中。这种方法很好地反映了继承网格，但它的缺点是访问数据时需要许多跨表连接。

在设计物理数据库时，必须对如何映射在逻辑数据库模式中定义的操作做出决策。面向对象数据库使得这种映射相当透明。但如果采用关系型数据库，就必须对如何实现这些逻辑操作做出一些决策，有以下几种选择。

（1）对于简单的 CRUD（创建、读取、更新、删除）操作，用标准 SQL 或 ODBC 调用来实现。

（2）对于较复杂的行为（如业务规则），可将它们映射为触发器或存储过程。

给出上面这些一般指导后，对物理数据库建模，还应遵循以下几点。

- 识别出模型中代表逻辑数据库模式的类。
- 选择一种将类映射到表的策略。还需要考虑数据库的物理分布，映射策略将会受到部署系统中数据的存放位置的影响。
- 创建一个制品图，其中包含衍型化为表的制品，用以可视化、详述、构造和文档化映射。
- 如有可能，利用工具帮助完成从逻辑设计到物理设计的转化。

图 30-4 给出了一组从学校的信息系统中提取的数据库表。图中有一个数据库（school.db，用衍型化为 database 的制品表示），其中包括 5 个表：学生（student）、班级（class）、指导教师（instructor）、系（department）和课程（course）。在相应的逻辑数据库模式中，由于没有继承，所以直接映射到这种物理数据库设计。

尽管本例没有显示，但是可以详述每个表的内容。制品可以有属性，所以对物理数据库建模的常见做法是用这些属性来指定每个表的列。同样，制品也可以有操作，这些操作可以用来表示存储过程。

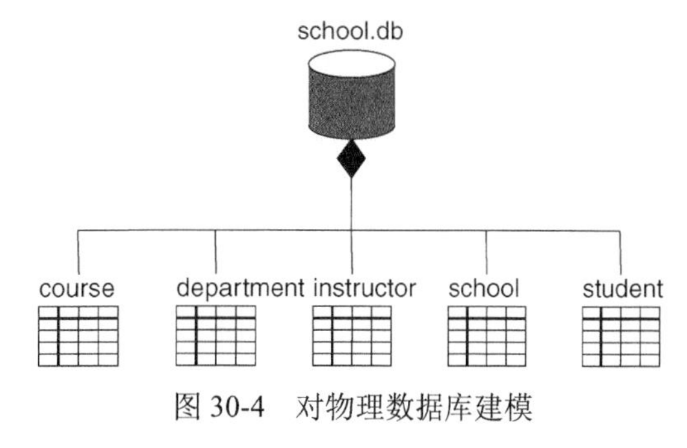

图 30-4　对物理数据库建模

403

30.3.4　对可适应系统建模

前面讲到的所有制品图都是用来对静态视图建模，其中的制品在整个生命期中都只在一个结点上。这种情况是最常见的，但在复杂的领域和分布式系统中，需要对动态视图建模。例如，有的系统可能在几个结点上复制它的数据库，当服务器瘫痪时可以切换到另一个主数据库上以保证运行。与此类似，如果在对一个全时制（即一天 24 小时，一周 7 天连续工作）工作的分布式系统建模时，可能用到移动代理，即从结点到结点迁移以完成某些事务的制品。对这样的动态视图建模，需要将制品图、对象图和交互图结合起来使用。

对可适应的系统建模，要遵循如下策略。

- 考虑可以在结点间迁移的制品的物理分布。可以用一个位置属性来描述制品实例所在的位置，并把这个属性画在制品图中。

【第 24 章讨论属性 location，第 14 章讨论对象图。】

- 如果要对引起制品迁移的动作建模，则要建立一个包含制品实例的相应的交互图。通过在图中多次画出相同实例，但具有不同的状态值（包括它的位置），可以表示制品位置的变化。

例如，图 30-5 表示对图 30-4 中的数据库的复制建模。

404

图中包含制品 school.db 的两个实例，每个实例都是匿名的，但各有一个不同的位置标记值。图中还有一个注解显式地说明哪个实例是另一个实例的副本。

如果想显示每一个数据库的细节，可以用规范的方式表示它，即用衍型化为数据库（database）的制品表示。

尽管这里没有显示，但实际上可以用交互图对从原数据库到另一个数据库之间的动态切换建模。

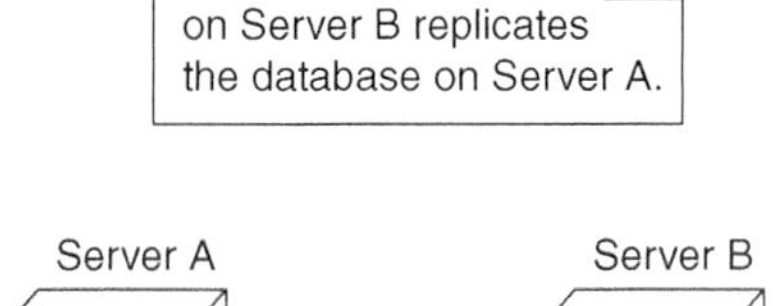

图 30-5　对可适应的系统建模

【第 19 章讨论交互图。】

30.3.5　正向工程和逆向工程

对制品进行正向工程和逆向工程是很自然的，因为制品本身就是一种物理事物（可执行程序、库、表、文件和文档），因此与运行系统很接近。当对一个类或协作进行正向工程时，实际上是正向地得到表示这个类或协作的源代码、二进制库或可执行程序的制品。同样，对源代码、二进制库或可执行程序进行逆向工程时，实际上是逆向地生成一个或一组制品，而它们可以进一步追踪到类或协作。

将一个类或协作正向工程（从模型产生代码）为源代码、二进制库或可执行程序的选择，是一个必须要做的映射决策。如果希望控制文件的配置管理，然后由开发环境操纵这些文件，那么就从逻辑模型产生源代码。如果希望管理在运行系统上实际部署的制品，则直接由逻辑模型产生二进制库或可执行程序。有时这两种方式都需要。可以用源代码、二进制库或可执行程序表现类或协作。

405

对制品图进行正向工程，要遵循以下策略。

- 对于每个制品，识别它所实现的类或协作。用表现关系把它表示出来。
- 选择每个制品的目标形式。大体上，可以选择源代码（可以由开发工具操纵的形式），也可以选择二进制库或可执行程序（可以放进运行系统的形式）。

- ❑ 利用工具对模型进行正向工程。

对制品图进行逆向工程（从代码产生模型）时非常直接的，但是类模型的获得却不是一个完美的过程，因为总要损失信息。通过逆向工程可以从源代码得到类，这是逆向工程中最常做的事。通过逆向工程从源代码得到制品，可以发现这些文件之间的编译依赖关系。对于二进制库，能期望的最好的情况是将它表示成一个制品，然后通过逆向工程发现其接口，这是第二种对制品图进行逆向工程常做的事。事实上，这对于理解那些缺乏文档的新库是一种有用的方法。对于可执行程序，能期望的最好的情况是把它表示为一个制品，然后进行反汇编——很少需要做这种事，除非是用汇编语言工作。【第 8 章讨论逆向工程类图。】

对制品图进行逆向工程，要遵循如下策略。

- ❑ 选择需要逆向工程的目标。可以对源代码进行逆向工程而得到制品，进而得到类；可以对二进制库进行逆向工程以发现它们的接口；对可执行程序进行逆向工程的收效是最小的。
- ❑ 利用工具来处理需要逆向工程的代码。利用工具来产生新模型或者修改由以前通过正向工程而来的已有模型。
- ❑ 利用工具，通过查询模型来创建制品图。例如，可以从一个或几个制品开始，然后通过跟踪关系和邻近的制品扩展制品图。根据交流意图的需要来决定显露或隐藏制品图的细节内容。

例如，图 30-6 提供了一个制品图，它表示对 ActiveX 制品 `vbrun.dll` 进行的逆向工程。如图 30-6 所示，该制品表现了 11 个接口。有了这个图，可以通过进一步探究它的接口类的细节而理解制品的语义。 406

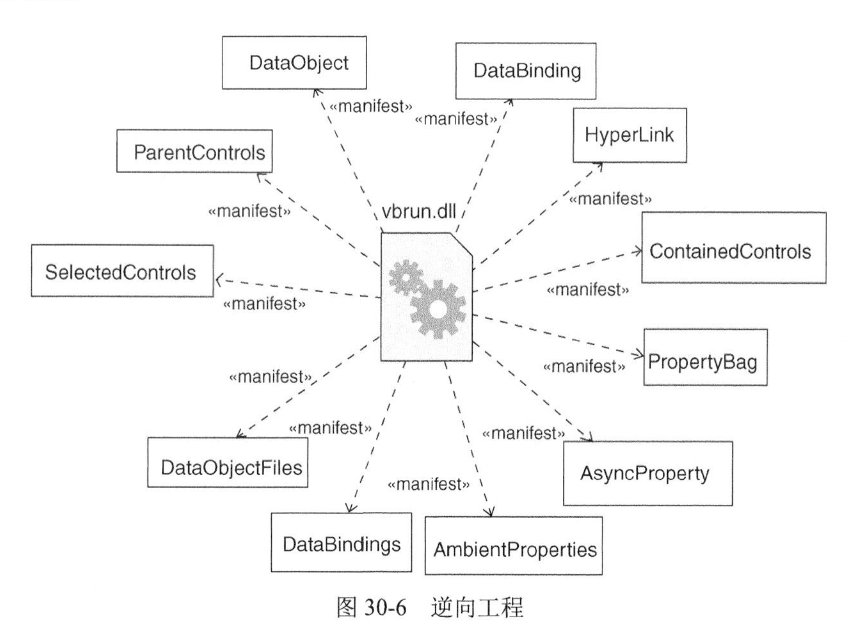

图 30-6　逆向工程

当对二进制连接库或可执行程序进行逆向工程时，特别是当对源代码进行逆向工程时，是在配置管理系统的语境中这样做的。这意味着将经常用到文件或连接库的特定版本以及一个配置的全部彼此兼容的版本。在这种情况下，应该加上一个表示制品版本号的注解，该版本号可以从配置管理系统得到。按这种方式，可用 UML 可视化制品的各种发布历史。

30.4　提示和技巧

当用 UML 建立制品图时，记住每一个制品图只是系统的静态实现视图的一个图形表示。这意味着任何一个制品图都不必捕获系统实现视图的所有方面，系统中所有的制品图合起来表示系统的完整的静态实现视图，其中任何一个制品图只是单独表示实现视图的一个方面。

407

一个结构良好的制品图，应满足如下要求。

- 侧重于描述系统的静态实现视图的一个方面。
- 只包含对理解这一方面是必要的那些模型元素。
- 提供与其抽象层次一致的细节，只显露对于理解是必要的那些修饰。
- 图形不要过于简化，以致使读者对重要语义产生误解。

当绘制一个制品图时，要遵循如下策略。

- 为制品图取一个能表示其意图的名称。
- 摆放元素时尽量避免线的交叉。
- 在空间上合理地组织图的元素，使得语义上接近的事物在物理位置上也比较接近。
- 用注解和颜色作为可视化提示，以把注意力吸引到图中的重要特征上。

408

- 谨慎地采用衍型化元素。为项目或组织选择少量通用图标，并在使用它们时保持一致。

第 31 章

部署图

本章内容

- ❑ 对嵌入式系统建模
- ❑ 对客户/服务器系统建模
- ❑ 对全分布式系统建模
- ❑ 正向工程和逆向工程

部署图是用来对面向对象系统的物理方面建模的两种图之一。部署图展示运行时进行处理的结点和在结点上生存的制品的配置。

【制品图是用来对面向对象系统的物理方面建模的另一种图，这在第 30 章讨论。】

部署图用来对系统的静态部署视图建模。多数情况下，这包括对系统运行于其上的硬件的拓扑结构建模。部署图实质上是针对系统结点的类图。

部署图不仅对可视化、详述及文档化嵌入式系统、客户/服务器系统和分布式系统是重要的，而且它对通过正向工程和逆向工程来管理可执行系统也是重要的。

31.1 入门

当创建一个软件密集型系统时，作为软件开发人员，主要精力应放在软件的构造和部署上。然而，作为一个系统工程师，注意力就应放在系统的硬件和软件两方面上，并在两者之间进行权衡。软件开发人员处理的是像模型和代码这样的有点无法捉摸的制品，而系统开发人员处理的是实实在在的硬件。

409

UML 主要注重于为可视化、详述、构造和文档化软件制品提供便利机制，但它也可以表示硬件制品。这并不是说 UML 是一个像 VHDL 那样的通用硬件描述语言，而是说 UML 可以为系统硬件方面的许多情况建模，这使得软件工程师足以描述系统的软件运行所需的平台，同时也使得系统工程师足以管理系统中软件和硬件的边界。在 UML 中，可以利用类图和制品图来思考软件的结构，利用顺序图、协作图、状态图和活动图来详述软件的行为。在系统的软硬件的边界上，可以利用部署图来思考软件执行在其上的处理器和设备的拓扑结构。

如图 31-1 所示，可以用 UML 的部署图可视化物理结点的静态方面以及它们之间的关系，并详述其构造的细节。

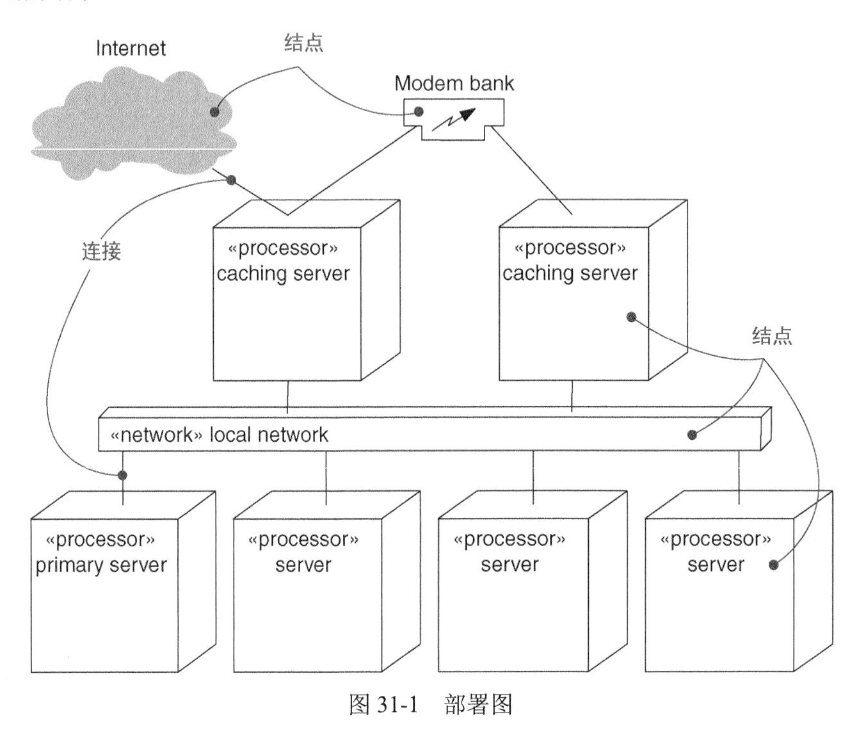

410

图 31-1　部署图

31.2　术语和概念

部署图（deployment diagram）是一种展示运行时进行处理的结点和在结点上生存的制品的配置的图。在图形上，部署图是顶点和弧的集合。

31.2.1　普通特性

部署图只是一种特殊的图，它具有与所有其他图相同的普通特性——有一个名称和投影到模型的图形内容。部署图与其他图不同的部分是它的特殊内容。　【第 7 章讨论图的一般特性。】

31.2.2　内容

部署图通常包括：

- 结点；
- 依赖和关联关系。　【第 27 章讨论结点，第 5 章和第 10 章讨论关系。】

和所有其他图一样，部署图可以包括注解和约束。部署图中也可以含有制品，每个制品都必须存在于某个结点上。部署图中还可以含有包或子系统，这两者都用于将模型元素分组成较大的组块。有时，特别是当需要可视化硬件拓扑结构族的一个实例时，可能也需要在部署图中放入实例。　【第 26 章讨论制品，第 12 章讨论包，第 32 章讨论子系统，第 13 章讨论实例。】

注解　在许多方面，部署图只是一种针对系统结点的特殊类图。

【第 8 章讨论类图。】

31.2.3　一般用法

部署图用于对系统的静态部署视图建模。这种视图主要用来解决构成物理系统的各组成部分的分布、提交和安装。

411

有些种类的系统不需要部署图。如果正在开发的软件将运行在一台机器上而且只和该机器上已由宿主操作系统管理的标准设备（如个人计算机的键盘、显示器和调制解调器）相互作用，就不必设计部署图。另一方面，如果与开发的软件进行交互的设备通常不是由宿主操作系统管理，或者这些设备是物理地分布在多个处理器上的，则使用部署图将有助于思考系统中软件到硬件的映射。　【第 2 章讨论在软件体系结构的语境中的部署视图。】

对系统静态部署视图建模时，通常将以下列 3 种方式之一使用部署图。

（1）对嵌入式系统建模：嵌入式系统是软件密集的硬件集合，其硬件与物理世界相互作用。嵌入式系统包括控制设备（如电动机、传动装置和显示器）的软件，又包括由外部的刺激（如传感器输入、运动和温度变化）所控制的软件。可以用部署图对组成一个嵌入式系统的设备和处理器建模。

（2）对客户/服务器系统建模：客户/服务器系统是一种常用的体系结构，它注重于将系统的用户界面（在客户机上）和系统的持久数据（在服务器上）清晰地分离开。客户/服务器系统是分布式系统的一个极端，它要求对客户/服务器之间的网络连接以及系统中的软件制品在结点上的物理分布做出决策。可以用部署图对这种客户/服务器系统的拓扑结构建模。

（3）对全分布式系统建模：分布式系统的另一个极端是广泛的（如果不是全球性的）分布式系统，它通常由多级服务器构成。这种系统中一般存在着多种版本的软件制品，其中有一些版本的软件制品甚至还可以在结点间迁移。精心地构造这样的系统，需要对系统拓扑结构的不断变化做出决策。可以用部署图可视化系统的当前拓扑结构及制品的分布情况，并推断拓扑结构变化的影响。

412

31.3　常用建模技术

31.3.1　对嵌入式系统建模

开发一个嵌入式系统远远不只是软件的问题，还必须管理物理世界，其中有突然变化的移动部分、嘈杂的信号以及非线性的行为。对这样的系统建模时，要考虑它与现实世界的接口，这意味着要考虑特殊的设备和结点。

【第 27 章讨论结点和设备。】

部署图为项目的硬件工程师和软件开发者之间的交流提供了方便。通过使用已被衍型化以使其外观上很像大家熟悉设备的结点，可以建立软、硬件工程师都能理解的图。部署图还有助于软件与硬件之间的折中。可以使用部署图来将系统工程可视化、详述、构造和文档化。

【第 6 章讨论 UML 的扩展机制。】

对嵌入式系统建模，要遵循如下策略。

- 识别系统所特有的设备和结点。
- 使用 UML 的扩展机制定义带有适当图标的系统专有的衍型，以提供可视化提示。特别是对特殊的设备更是如此。至少要把处理器（其中含有软件制品）和设备（在这个抽象层次不包含软件）区分开来。
- 在部署图中对处理器和设备之间的关系建模。类似地，说明系统实现视图中的制品和系统部署视图中的结点之间的关系。
- 如有必要，可以把任何智能设备展开，用更详细的部署图对它的结构建模。

例如，图 31-2 描述了一个简单的自主机器人中的硬件。图中有一个被衍型化为处理器的结点（`Pentium motherboard`）。环绕着这个结点有 8 台设备，它们都被衍型化为设备，并用图标表示，每一个图标都提供了一个到它的现实世界中的对应物的清晰的可视化提示。

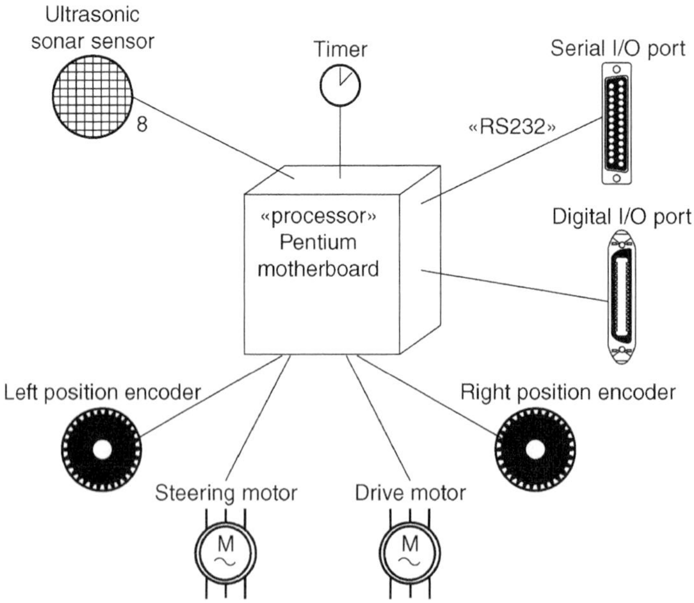

413

图 31-2　对嵌入式系统建模

31.3.2　对客户/服务器系统建模

当开始开发一个其软件要运行在多个处理器上的系统时，要面对许多决策问题：如何将软件制品最佳地分布在各个结点上？它们之间如何通信？如何处理失败和噪声问题？作为分布式系统谱系的一个极端，将会遇到客户/服务器系统，其中系统的用户界面（通常由客户机管理）和数据（通常由服务器管理）之间有明显的职责划分。

客户/服务器系统有许多变种。例如，可以选用瘦客户机，即它的计算能力有限，只负责用户界面和信息可视化。瘦客户机上甚至不必保持许多制品，而是设计得可根据需要从服务器上载入制品，例如用 Enterprise Java Beans。另一方面，也可以选用胖客户机，这意味着它具有较强的计算能力，它除了用作信息可视化外还完成许多其他工作。通常，胖客户机还实现系统的逻辑与业务规则。选用瘦客户机还是胖客户机是一个受许多技术、经济和政策因素影响的体系结构决策。 414

无论哪种方式，将系统划分为客户部分和服务器部分都要涉及一些关于在物理上将软件制品放在何处以及如何在这些制品之间达到职责平衡分布的困难决策。例如，大多数管理信息系统基本上都采用三级体系结构，也就是将系统的图形用户界面（GUI）、业务逻辑和数据库在物理上划分开。决定将图形用户界面和数据库放在何处通常是显而易见的，困难之处在于决定业务逻辑的放置位置。

可以使用 UML 的部署图来可视化、详述和文档化对客户/服务器系统的拓扑结构，以及它的软件制品如何在客户机和服务器上分布的决策。通常，要对整个系统建立一个部署图，再根据需要对系统中个别部分建立较详细的部署图。

对客户/服务器系统建模，要遵循如下策略。

- ❑ 识别代表系统中的客户和服务器处理器的结点。
- ❑ 重点识别与系统行为有密切关系的设备。例如，可能要为系统中特殊的设备（如信用卡读卡机、证章阅读器及除计算机监视器以外的其他显示设备）建模，因为这些设备在硬件拓扑结构中的位置可能在体系结构上是重要的。
- ❑ 通过衍型化，为这些处理器和设备提供可视化提示。
- ❑ 在部署图中对这些结点的拓扑结构建模，类似地，说明系统实现视图中的制品与系统部署视图中的结点之间的关系。

例如，图 31-3 展示了一个人力资源系统的拓扑结构，它采用经典的客户/服务器体系结构。图中通过使用名为 `client` 和 `server` 的包来显式地描述客户和服务器的划分。`client` 包中含有两个结点（`console` 和 `kiosk`），它们都是衍型化的，并且在视觉上是可辨别的。`server` 包中含有两种结点（`caching server` 和 `server`），都用一些放置于其上的制品来修饰。注意图中 `caching server` 和 `server` 都用显式的多重性来标记，用来说明每种结点在特定的部署配置中可有多少个实例。例如，图 31-3 表明在系统的任何部署实例中可以有两个或更多的 `caching server`。

【第 12 章讨论包，第 10 章讨论多重性。】 415

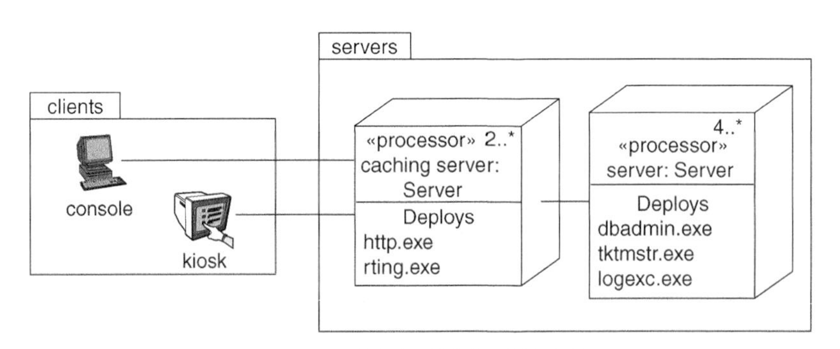

图 31-3　对客户/服务器系统建模

31.3.3　对全分布式系统建模

分布式系统有许多形式，从简单的双处理器系统到跨越在地理上分散的许多结点的系统都属于此类系统。后一种方式一般不是静态的。可以在网络流量变化和处理器失败时动态增加和删除结点；也可以建立新的、快速的通信路径，与旧的、慢速的、最终要被更新换代的通道并行。不仅这类系统的拓扑结构可能变化，其软件制品的分布也可能变化。例如，可以在多个服务器之间复制数据库表，即在检测到传输拥挤时，可以改变放置地点。对于某些全球性系统，可以随着太阳升落在各服务器之间迁移制品，以适应世界各地的业务工作时间。

可视化、详述和文档化这样的全分布式系统的拓扑结构，对于系统管理员来说是很有价值的活动，因为他们必须记录企业的计算资源。可以利用 UML 中的部署图来思考这类系统的拓扑结构。当用部署图文档化全分布式系统时，也可能要展开系统网络设备的细节，将每台设备表示为衍型化的结点。

对全分布式系统建模，要遵循如下策略。

- 像对待较简单的客户/服务器系统那样，识别出系统中的设备和处理器。
- 如果需要刻画系统的网络的性能或者网络变化带来的影响，就对这些通信设备建模，要达到足以做出这些估计的详细程度。
- 特别注意结点的逻辑分组，可以用包来描述。【第 12 章讨论包。】
- 用部署图来对这些设备和处理器建模。如有可能，则使用工具遍历系统的网络以发现系统的拓扑结构。
- 如果要着眼于系统的动态方面，则引进用况图以描述所感兴趣的行为类型，并利用交互图来展开用况。【第 17 章讨论用况，第 19 章讨论交互图，第 13 章讨论实例。】

416

注解　在对高度分布式系统建模时，往往把网络本身也具体化为一个结点看待。例如，Internet 可以被表示为一个结点（如图 31-1 所示，它用一个衍型化的结点表示）。也可以将一个局域网（LAN）或广域网（WAN）以同样方式表示为结点（如图 31-1 所示）。无论哪种情况，都可以用结点的属性和操作来捕获网络的特性。

图 31-4 给出了一个全分布式系统的特定配置的拓扑结构图。因为这张特定的部署图中只包括实例，所以它也是一个对象图。在图中可以看到 3 个控制台（衍型化结点 Console 的匿名实例），分别与 Internet 结点（显然是一个单结点）连接。图中还有地区服务器（Regional server）的 3 个实例，分别作为国家服务器（Country server）的前端，在图中只画了一个 Country server。如图中的注解所指出的，Country server 之间是彼此连接的，但它们之间的关系没有在本图中显示出来。

在图 31-4 中，Internet 被具体化为一个衍型化的结点。

417

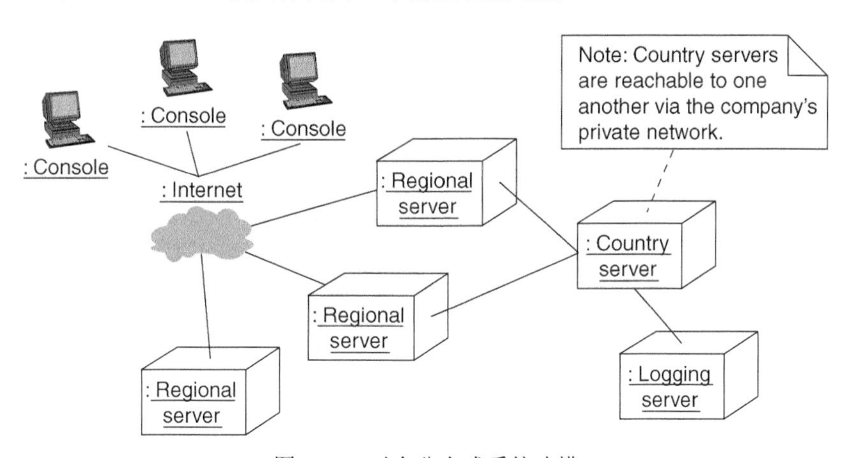

图 31-4　对全分布式系统建模

31.3.4　正向工程和逆向工程

对部署图只能进行有限的正向工程（从模型生成代码）。例如，在制品图中描述了制品在各结点上的物理分布之后，就可以用工具把这些制品放置到现实世界中。对于系统管理员来说，以这种方式使用 UML 有助于可视化本来很复杂的任务。

从现实世界到部署图的逆向工程（从代码产生模型）具有非常重要的价值，特别是对经常变化的全分布式系统更是如此。可能要提供一组符合系统网络管理员的语言特点的衍型化的结点，从而把 UML 剪裁得适合他们的领域。应用 UML 的优点是：它提供的标准语言不仅满足了系统管理员的需要，而且也满足了项目的软件开发人员的需要。

对一个部署图进行逆向工程，要遵循如下策略。

- ❑ 选择逆向工程的目标。有时需要扫视整个网络范围，有时仅需要在有限范围内寻找。
- ❑ 选择逆向工程的保真度。有时只对所有的系统处理器这一级进行逆向工程就足够了，有时还需要对系统的网络外围设备进行逆向工程。
- ❑ 利用工具遍历系统以发现其硬件拓扑结构，并在部署模型中记录该拓扑结构。
- ❑ 按上述方式，利用类似的工具找出每个结点上的制品，并把它们也记录在部署模型中。

最好采用智能检索工具来辅助查找，因为即使在一台基本的个人计算机中也可能存在数十亿字节的制品，且其中的许多制品可能与系统没有什么关系。

- 利用建模工具，通过查询模型来创建部署图。例如，可以首先可视化基本的客户/服务器拓扑结构，然后通过将感兴趣的制品放置到相应结点上而对图进行扩展。根据交流意图的需要而显示或隐藏部署图的内容细节。

418

31.4 提示和技巧

当用 UML 创建部署图时，记住每一个部署图只是系统静态部署视图的一个图形表示。这意味着单个部署图不必捕获系统部署视图的所有内容。系统所有的部署图一起表示了系统的完整的静态部署视图，每一个部署图只反映系统部署视图的一个方面。

一个结构良好的的部署图，应满足如下要求。

- 侧重于描述系统的静态部署视图的一个方面。
- 只包含对理解这个方面是必要的那些元素。
- 提供与抽象级别一致的细节，只显露对于理解问题是必要的那些修饰。
- 不要过分简化，以免使读者对重要语义产生误解。

当绘制一个部署图时，要遵循如下策略。

- 取一个能表示其意图的名称。
- 摆放元素时尽置避免线的交叉。
- 从空间上合理地组织模型元素，使得在语义上接近的事物在物理位置上也比较接近。
- 用注解和颜色作为可视化提示，以把注意力吸引到图中的重要特征上。
- 谨慎地使用衍型化元素。为项目或组织选择少量通用图标，并在使用它们时保持一致。

419

第32章

系统和模型

本章内容

- ❑ 系统、子系统、模型和视图
- ❑ 对系统的体系结构建模
- ❑ 对系统的系统建模
- ❑ 组织开发的制品

UML 是一种用于可视化、详述、构造和文档化软件密集型系统制品的图形语言。可以用 UML 来对系统建模。模型是对现实世界的简化——即对系统的抽象，建立模型的目的是为了更好地理解系统。一个系统可能被分解成一组子系统，它是为实现某一目标而组织起来的元素的集合，并且它是由一组可能来自不同视角的模型来描述的。类、接口、构件和结点等事物是系统模型的重要组成部分。在 UML 中，可以用模型来组织这些元素以及系统中的所有其他抽象。当进入较复杂的领域时，将会发现，在某一抽象层次上的系统看起来像另一个更高抽象层次上的子系统。在 UML 中，可以将系统和子系统作为一个整体来建模，从而能无缝地控制问题的规模。

结构良好的模型可以帮助从不同的但有联系的方面来可视化、详述、构造和文档化一个复杂的系统。结构良好的系统在功能、逻辑及物理方面是内聚的，是由松散耦合的子系统构成的。

32.1 入门

建造一个狗窝不需要太多的考虑。因为狗的需求是简单的，直接去建就可以满足它的所有需求，除非是一只特别难以伺候的狗。

421

建造一座房子或者一座高层建筑就需要深思熟虑了。一个家庭或者租户的需求不那么简单，因此即使为了满足最不挑剔的客户，也不能直接去建造，而必须建立一些模型。有关的人员会从不同的角度以不同的关注点来看待问题，所以对于复杂的建筑物，必须进行平面图设计、立视图设计、暖气/冷气设计、电气设计和管道设计，或许甚至是网络设计。没有任何一个模型能够充分地捕捉一个复杂建筑的所有值得注意的方面。

【第 1 章讨论建造一个狗窝和建造一座高层建筑的区别。】

在 UML 中，可以将软件密集型系统中的所有抽象组织成一些模型，每个模型代表正在开发的系统中的相对独立而又重要的方面。然后用图来可视化这些抽象的有趣集合。审视系统体系结构的 5 种视图，是沟通与软件系统相关的不同人员对系统理解的特别有用的方法。总之，这些模型一起提供了对系统结构方面和行为方面的完整描述。

【第 7 章讨论图，第 2 章讨论软件体系结构的 5 种视图。】

对于较大的系统，会发现这样的系统中的元素可以被有意义地划分到各个独立的子系统中，在从较低的抽象层次观察子系统时，每个子系统都像是一个较小的系统。

如图 32-1 所示，UML 为系统和子系统提供了一个图形表示。这种表示法允许可视化地将系统分解为较小的子系统。在图形上，系统和子系统都被画成一个衍型化的构件的图标。模型和视图有专门的图形表示（而不是把它们画成衍型化的包），但是很少使用它们，因为它们主要是由用于组织系统的不同方面的工具所操纵的事物。

【第 6 章讨论 UML 的扩展机制，第 12 章讨论包。】

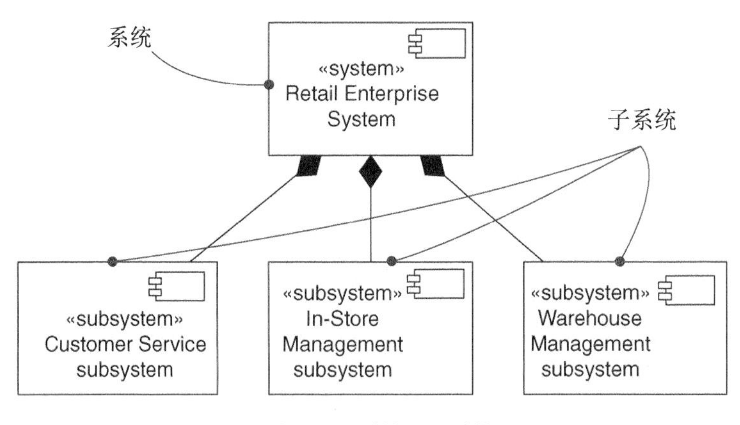

422

图 32-1　系统和子系统

32.2 术语和概念

系统（system）是一组为了完成一定的目标而组织起来的元素，这些元素是用一组模型分别从不同的角度描述的。一个系统可以被分解为一组子系统。*子系统*（subsystem）是元素的组合，其中一些元素构成了对由另一些被包含元素所提供的行为的规约。在图形上，系统和子系统都画成一个衍型化的构件的图标。模型（model）是对现实世界的简化，是对系统的抽象，建立模型的目的是为了更好地理解系统。视图（view）是模型的投影，它是从某个角度看模型或突出模型

中的某一侧面，而忽略与这一侧面无关的实体。

32.2.1　系统和子系统

系统是正在开发的并为之建模的事物。系统包括构成这个事物的所有制品，其中包含它的所有模型及建模元素，如类、接口、构件、结点以及它们之间的关系。在可视化、详述、构造和文档化一个系统时所需要的所有事物都是系统的组成部分，而在可视化、详述、构造和文档化一个系统时所不需要的所有事物都位于系统以外。

【第 6 章讨论衍型；第 12 章讨论包；第 4 章和第 9 章讨论类。】

如图 32-1 所示，在 UML 中，系统被表示为衍型化的构件。作为衍型化的构件，系统拥有自己的元素。如果展开一个系统，将会看到系统的所有模型及各种建模元素（包括图），也许它还被进一步分解成子系统。作为一种类目，系统可以有实例（一个系统可能被部署在现实世界中的多个实例中）、属性和操作（系统外部的参与者可以把系统作为一个整体进行操作）、用况、状态机和协作，所有这些可一起描述系统　的行为。系统甚至可以实现接口，这对于建立系统的系统是很重要的。

【第 17 章讨论用况；第 22 章讨论状态机；第 28 章讨论协作。】

子系统只是系统的一部分，它用来将一个复杂的系统分解为几乎相互独立的部分。处于某一抽象级别的系统可以是更高抽象级别的系统的子系统。

系统和子系统之间的主要关系是组合。一个系统（整体）可以包含 0 个或多个子系统（部分）。子系统之间也可以建立泛化关系。利用泛化关系，可以对子系统族建模：其中的一些代表一般种类的系统，而另一些代表对这些系统的特定剪裁。这些子系统之间有各种各样的连接。

【第 5 章和第 10 章讨论聚合和泛化关系。】

423

注解　系统代表在给定语境中的最高级别的事物，构成系统的子系统提供了对整个系统的完整的、无交叉的划分。系统是最高层次的子系统。

32.2.2　模型和视图

模型是对现实世界的简化，当然是定义在被建模的系统的语境内的现实世界。简而言之，模型是对系统的抽象。子系统将较大的系统中的元素分割形成一些独立的部分的划分；模型是对可视化、详述、构造和文档化一个系统的抽象的划分。二者之间的区别虽小但非常重要。将一个系统分解为子系统的目的是为了在一定程度上独立地开发和部署这些部分；将系统或子系统的抽象划分到一些模型中的目的是为了更好地理解正在开发和部署的事物的不同方面。就像飞机这样的复杂系统可以有许多组成部分一样（如机身、推进器、航空电子设备和旅客子系统），这些子系统或系统作为一个整体可以被从多个不同的视角（如结构、动力、电子和加热/制冷模型等视角）来建模。

模型包含一组包，但是很少需要显式地对模型建模，然而工具需要操作模型，所以通常工具

将使用包的图形表示法来表示它所操纵的模型。　　【第 12 章讨论包。】

模型拥有包，而包拥有自己的元素。与一个系统或子系统相关联的模型对这个系统或子系统中的元素进行了完整的划分，也就是说，每一个元素只能属于一个包。通常，可以将系统或子系统中的制品组织成一组互不相交的模型，并通过软件体系结构的 5 种视图来进行描述。有关这些视图的详细阐述请参见本书的有关章节。　　【第 2 章讨论软件体系结构的 5 种视图。】

一个模型（如过程模型）可以包括许多制品（如主动类、关系和交互），以至于在系统级上，简直难以立刻领会所有这些制品。可以把视图看作模型的投影。对于每个模型，将有多个能让你窥视由模型所拥有的事物的图。一个视图包括由模型所拥有的事物的一个子集，视图通常不可以跨越模型边界。尽管包含在不同模型中的元素之间可能存在跟踪关系，但模型之间没有直接关系，下一节将阐述这个问题。　　【第 7 章讨论图。】

424

注解　尽管 Rational 统一过程建议了一个经受过考验的模型集合，但 UML 中并没有规定必须采用哪些模型去可视化、详述、构造和文档化一个系统。

32.2.3　跟踪

对类、接口、构件和结点等元素之间的关系的说明是任何模型中的一个重要结构部分。同样，对存在于不同模型中的文档、图和包等元素之间的关系的说明是管理一个复杂系统的开发制品的一个重要部分，其中的许多制品可能有多个版本。　　【第 5 章和第 10 章讨论关系。】

在 UML 中，可以用跟踪关系对存在于不同模型中的元素之间的概念关系建模，跟踪关系不能用来表达同一模型中元素之间的关系。跟踪关系可被表示为衍型化的依赖关系。常常可以忽略这种依赖关系的方向，尽管典型的做法是让跟踪关系指向较旧的或较特殊的元素，如图 32-2 所示。跟踪关系最常见的两个用途是从需求跟踪到实现（以及二者之间的所有制品）和从版本跟踪到版本。　　【第 5 章讨论依赖关系，第 6 章讨论衍型。】

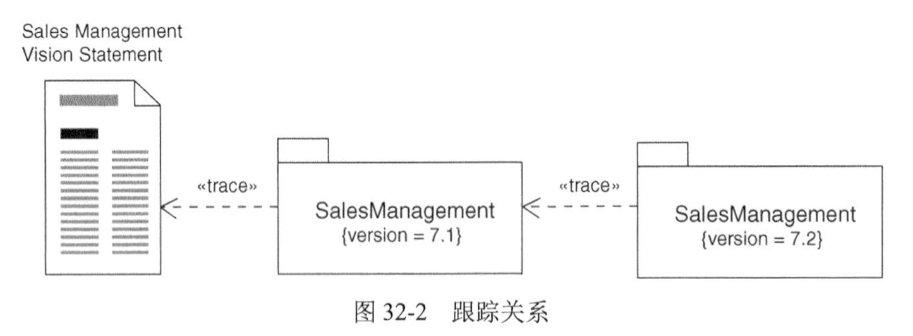

图 32-2　跟踪关系

425

注解　在多数情况下，可能更愿意把跟踪关系处理为超链接，而不是显式地画出这种关系。

32.3　常用建模技术

32.3.1　对系统的体系结构建模

使用系统和模型的最常见的用途是把那些用来可视化、详述、构造和文档化系统的体系结构的元素组织起来。最终，这实际上涉及了软件开发项目中的所有制品。当对系统的体系结构建模时，要捕捉关于系统的需求、逻辑元素和物理元素的决策。还要为系统的结构方面和行为方面以及形成这些视图的模式建模。最后，要把注意力集中在子系统之间的接缝以及从需求到部署的跟踪上。【第 1 章讨论体系结构和建模。】

对系统的体系结构建模，要遵循如下策略。

【第 2 章讨论软件体系结构的 5 种视图，第 7 章讨论图。】

- 识别用来表示体系结构的视图。在多数情况下，这要包括用况视图、设计视图、交互视图、实现视图和部署视图，如图 32-3 所示。

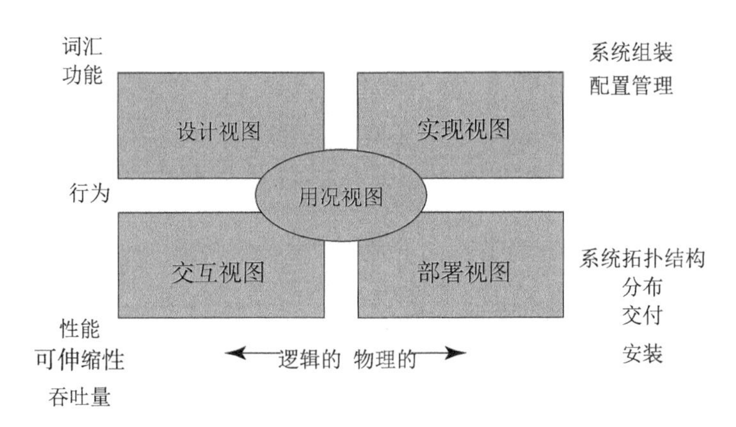

图 32-3　对系统的体系结构建模

426

- 详细描述系统的语境，其中包括系统周围的参与者。

必要时，将系统分解为它的基本子系统。

对系统以及它的子系统进行下列活动。

- 定义系统的用况视图，其中包括由最终用户、分析人员和测试人员使用的描述系统行为的用况。利用用况图对系统的静态方面建模，利用交互图、状态图和活动图对系统的动态方面建模。
- 定义系统的设计视图，其中包括构成问题空间和解空间的词汇的类、接口和协作。利用类图和对象图对系统的静态方面建模，利用交互图、状态图和活动图对系统的动态方面建模。

- ❑ 定义系统的交互视图，其中包括构成系统并发与同步机制的线程、进程和消息。可以利用与设计视图相同的图来描述交互视图的静态和动态方面，但侧重点是表示线程和进程的主动类和主动对象以及消息和控制流。
- ❑ 定义系统的实现视图，其中包括用于组装和发布物理系统的制品。利用制品图对系统的静态方面建模，用交互图、状态图和活动图对系统的动态方面建模。
- ❑ 定义系统的部署视图，其中包括构成系统的硬件拓扑结构且系统在其上执行的结点。利用部署图对系统的静态方面建模，利用交互图、状态图和活动图对在其执行环境中的系统的动态方面建模。
- ❑ 用协作来为形成这些模型的体系结构模式和设计模式建模。

要明白，从来不会一举成功地建立一个满意的系统体系结构。一个用于 UML 的结构良好的过程实际上是采用以用况为驱动的、以体系结构为核心的、迭代增量的方式来不断地改进、细化系统的体系结构。 【附录 B 中讨论 Rational 统一过程。】

除了最微小的系统以外，所有系统都需要管理系统中制品的版本。可以利用 UML 的扩展机制（特别是标记值）来捕获对于每个元素版本的决策。 【第 6 章讨论 UML 的扩展机制。】

427

32.3.2 对系统的系统建模

某一抽象级别上的系统看起来像更高抽象级别上的一个子系统。同样，一个抽象级别上的子系统对于负责开发这个子系统的小组而言也可以看作是一个完整的系统。

所有的复杂系统都表现出这种层次性。当转向越来越复杂的系统时，将会发现有必要把它分解为子系统，各个子系统在一定程度上可以独立地开发并以迭代和增量的方式成长为整个系统。对子系统的开发看起来就像是对系统的开发。

对系统和子系统建模，要遵循如下策略。

- ❑ 识别系统中可以在一定程度上独立开发、发布和部署的主要功能部分。技术、政治、遗产系统及法律方面的因素往往会影响如何划分各子系统的边界。
- ❑ 对每个子系统，像对待整个系统那样，描述其语境；一个子系统周围的参与者也包括与它邻接的子系统，所以对每个子系统都要进行设计以便协作。
- ❑ 对于每个子系统，像对待整个系统一样对其体系结构建模。

32.4 提示和技巧

选择合适的一组模型来可视化、详述、构造和文档化一个系统是很重要的。一个结构良好的模型，应满足如下要求。

- ❑ 从不同的且相对独立的视角提供了对现实世界的简化。

- 是自包含的，读者可以不需要其他背景知识就可以理解其语义。
- 通过跟踪关系，与其他模型之间形成松散耦合。
- 在整体上（与相邻的模型一起）提供系统制品的完整表达。 428

类似地，将一个复杂的系统分解为结构良好的子系统也是重要的。一个结构良好的系统，应满足如下要求。

- 在功能、逻辑和物理上是内聚的。
- 能够分解成几乎独立的子系统，这些子系统在较低的抽象层次可以被看作是系统。
- 可以通过一组相关但没有交叉的模型进行可视化、详述、构造和文档化。

UML 提供了模型的图形符号，不过最好不要用它；对系统建模，而不是对模型本身建模。编辑工具会提供浏览、组织和管理模型集合的便利。

当用 UML 绘制一个系统或子系统时，要遵循如下策略。

- 使用每个系统或子系统作为与它们相关联的所有制品的起始点。
- 只显示系统和它的子系统之间的基本聚合关系，通常，将它们的连接的细节放在较低层的图中。 429

第七部分 结 束 语

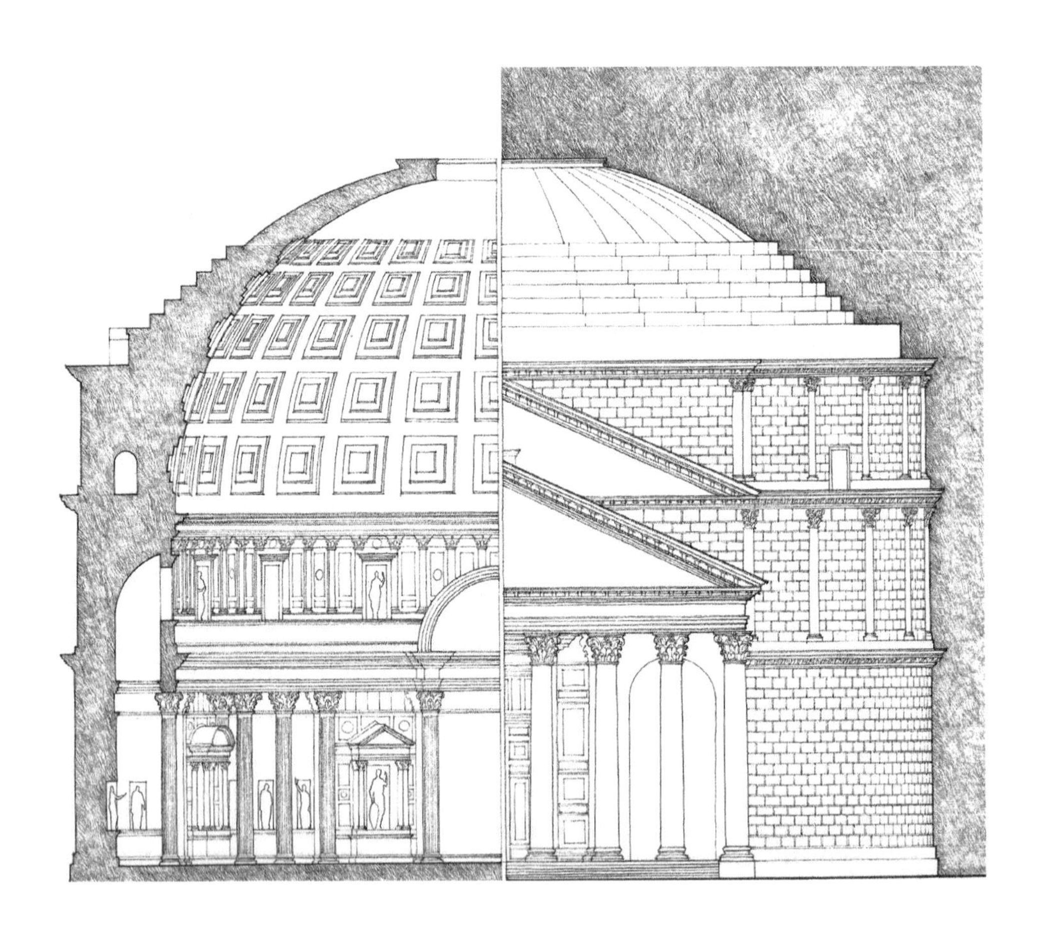

第 33 章

应用 UML

本章内容

- ❑ 转到 UML
- ❑ 进一步介绍

利用 UML 对简单问题建模是容易的，对复杂问题建模也不困难，特别是当熟悉了 UML 这种语言后更是如此。

阅读关于 UML 用法的资料仅是掌握 UML 的第一步，只有通过实际应用，才能更好地掌握它。根据你的知识背景，可以采用不同的方式来首次使用 UML。有了更多的经验后，将会理解和领会 UML 的更精妙的内容。

凡是你能想到的东西，UML 都可以对它建模。

33.1 转到 UML

利用 UML 的大约 20%就可以为大多数问题的 80%部分建模。使用基本结构事物（如类、属性、操作、用况、构件和包）以及基本结构关系（如依赖、泛化和关联）就足以建立许多种问题域的静态模型。再加上一些基本行为事物（如简单状态机和交互），就可以对系统动态的许多有用方面进行建模。只有当对遇到的更复杂的情况建模时（如对并发和分布建模时），才会用到 UML 的一些更高级特征。

433

使用 UML 的一个好的起点是从对系统中已经存在的一些基本抽象或行为的建模入手。开发一个 UML 的概念模型，以便在这个框架的基础上不断加深对 UML 的理解。随着时间的推移，会更好地理解 UML 的更高级的部分是如何结合在一起的。当遇到复杂的问题时，通过学习本书的常用建模技术，经过训练而深入掌握 UML 的特殊特征。

【第 2 章讨论 UML 的概念模型。】

如果对面向对象技术比较陌生，那么：

- ❑ 从适应抽象的思维方式开始，用 CRC 卡和用况分析进行团队训练是提高清晰地识别抽象的技能的最好方法；

- 利用类、依赖、泛化和关联关系对问题的简单静态部分建模，从而熟悉如何将抽象群体可视化；
- 利用简单的顺序图或通信图对问题的动态方面建模。建立用户与系统的交互模型是一个好的起点，这将立刻给予你回报，帮助你找出系统中的更重要的用况。

如果对建模技术比较陌生，那么：

- 从一个已经建立的系统（最好是用像 Java 或 C++这样的面向对象编程语言实现的系统）的某一部分入手，建立其中的类和类之间关系的 UML 模型；
- 利用 UML，试着找出那些在系统中应用的，但只存在于你的头脑中而不能直接放到代码里的编程惯用法或机制的细节；
- 特别是当面临一个较大的应用系统时，通过利用 UML 的构件（包括子系统）的概念来展示系统的主要结构元素，尝试重构系统的体系结构模型。使用包来组织模型本身；
- 在熟悉了 UML 的词汇后，在进行下一个项目的编码之前，首先建立该部分系统的 UML 模型。认真考虑所描述的结构和行为，直到对它们的规模、状况和语义都满意之后，再利用该模型作为实现的框架。

434

如果已经具有使用其他面向对象方法的经验，那么：

- 审视一下现在所用的建模语言，并建立从它的建模元素到 UML 的建模元素之间的映射。多数情况下，会发现两者之间存在一一对应关系，而且大部分变化只是绘图的外观不同；
- 考虑那些用原来的建模语言来建模显得很笨拙或不能建模的麻烦问题，看一看 UML 中有哪些高级特征可以更清楚地或简单地处理这些问题。

如果是一个技术熟练的用户，那么：

- 要首先建立一个 UML 的概念模型，如果在没有理解 UML 的基本术语之前直接投入它的更复杂的部分，可能会误解一些概念；
- 特别注意 UML 用于内部结构、协作、并发、分布和模式建模的特征，这些问题往往涉及复杂和细致的语义；
- 研究 UML 的扩展机制，并学会如何能裁剪 UML 以使其更直接地表达具体领域中的术语。但也要注意不要走向另一个极端，产生出一些除了技术特别熟练的人以外没有任何人能认识的 UML 模型。

33.2　进一步介绍

这本用户指南是帮助你学会如何应用 UML 的一套丛书中的一本，除了这本用户指南以外，还有以下几本。

- James Rumbaugh, Ivar Jacobson, Grady Booch, *The Unified Modeling Language Reference Manual, Second Edition*, Addison-Wesley, 2005. 这本书对 UML 的语法和语义提供了全面的参考。
- Ivar Jacobson, Grady Booch, James Rumbaugh, *The Unified Software Developent Porcess,* Addision-Wesley, 1999. 这本书提供了一个推荐性的使用 UML 的开发过程。

435

为了从 UML 的主要作者那里学习更多的建模知识，可参阅下列参考书。

- Michael Blaha, James Rumbaugh, *Object-Oritented Modeling and Desgin with UML, Second Edition*. Prentice Hall, 2005.[①]
- Grady Booch, *Object-Oritented Analysis and Design with Applications, Second Edition.* Addison-Wesley, 1993.
- Ivar Jacobson, Magnus Christerson, Patrik Jonsson,Gunnar Overgaard, *Object-Oriented Software Engineering: A Use Case Driven Approach*. Addison-Wesley 1992.

有关 Rational 统一过程的资料可以在下面这本书上找到。

- Philippe Kruchten, *The Rational Unified Process: An Introduction, Third Edition.* Addison-Wesley, 2004.

关于 UML 的最新信息可以在 OMG 的网站上找到。在那里可以得到 UML 标准的最新版本。

除了大量的描述软件工程的一般性实践的书籍之外，还有很多描述 UML 和不同开发方法的书籍。

436

① 该书中英文版均已由人民邮电出版社出版。——编者注

附录A

UML 表示法

UML 是一种对软件密集型系统的制品进行可视化、详述、构造和文档化的语言。作为一种语言，UML 具有定义良好的语法和语义。UML 语法最直观的部分是它的图形表示法。

【第 2 章中讨论 UML 的概述。】

本附录概述 UML 表示法中的元素。

A.1 事物

A.1.1 结构事物

结构事物是 UML 模型中的名词，包括类、接口、协作、用况、主动类、构件和结点。

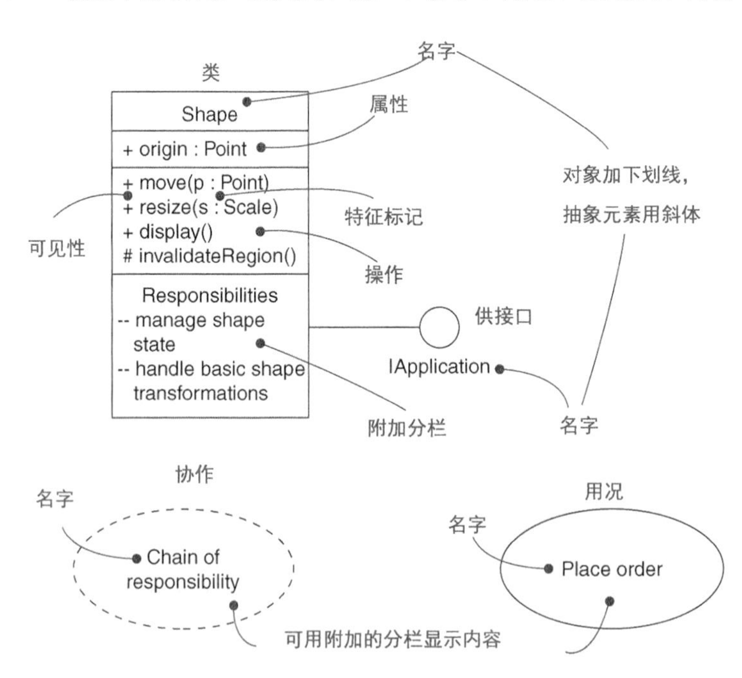

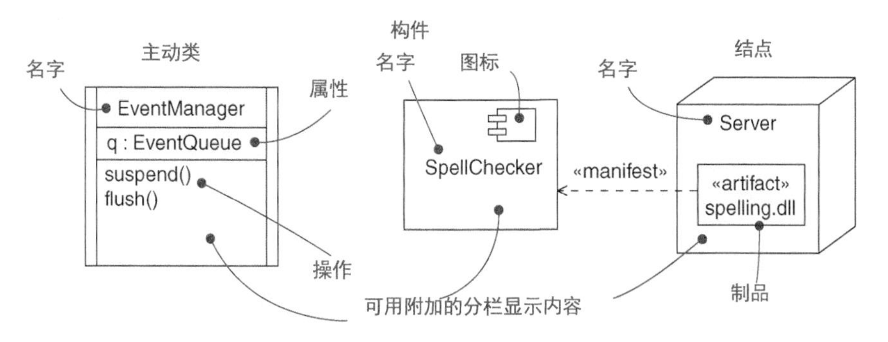

A.1.2　行为事物

行为事物是 UML 模型的动态部分，包括交互和状态机。

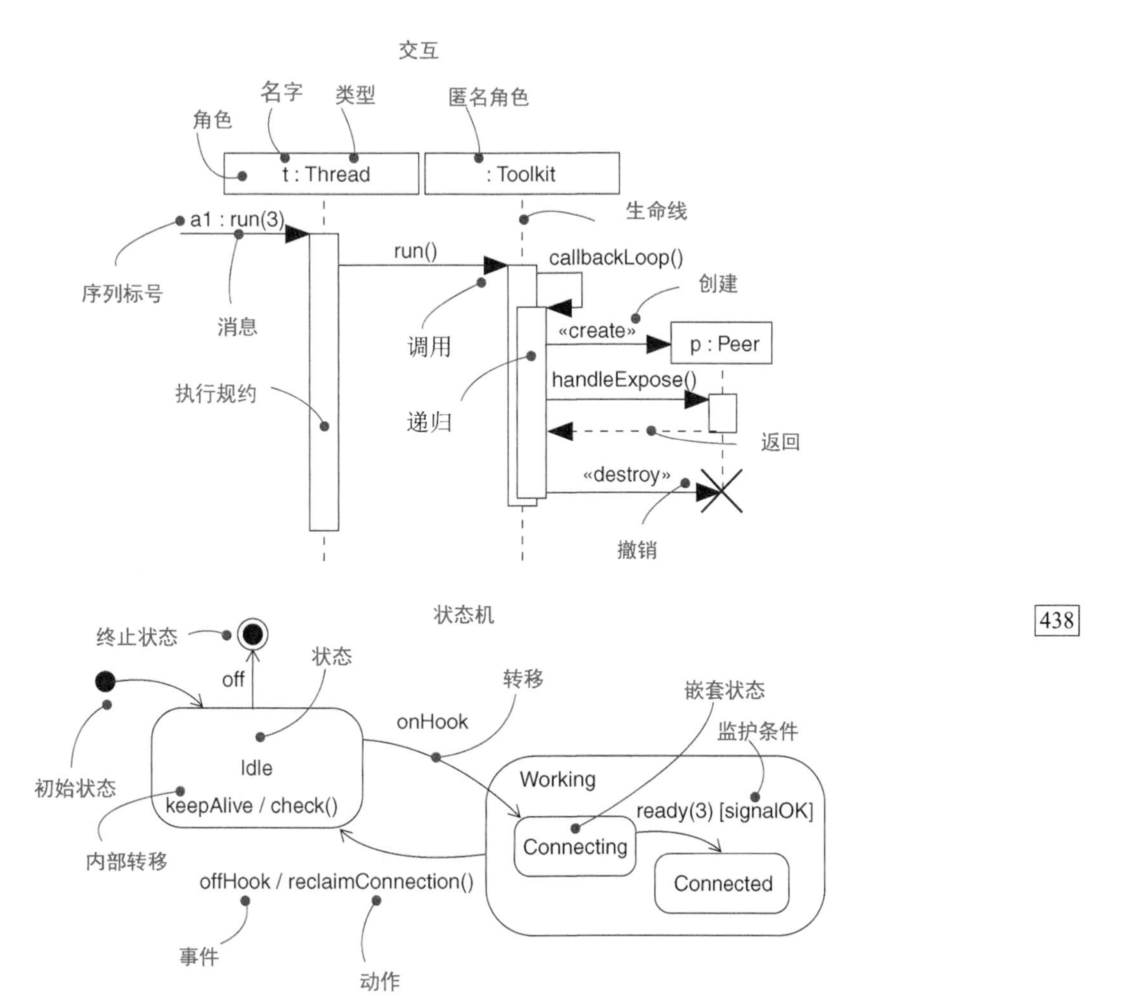

438

A.1.3　成组事物

成组事物是 UML 模型的组织部分，包括包。

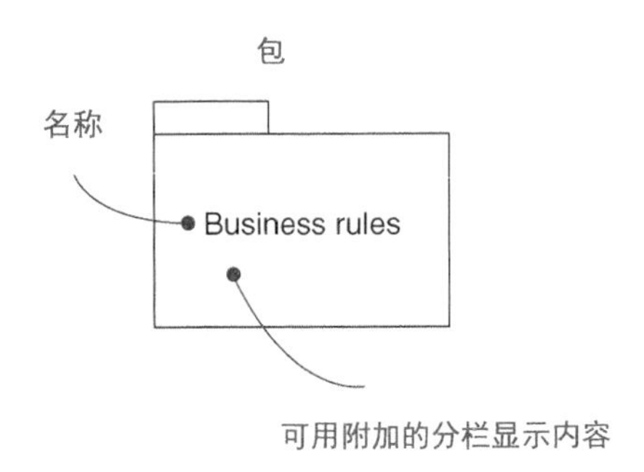

A.1.4　注释事物

注释事物是 UML 模型的解释部分，包括注解。

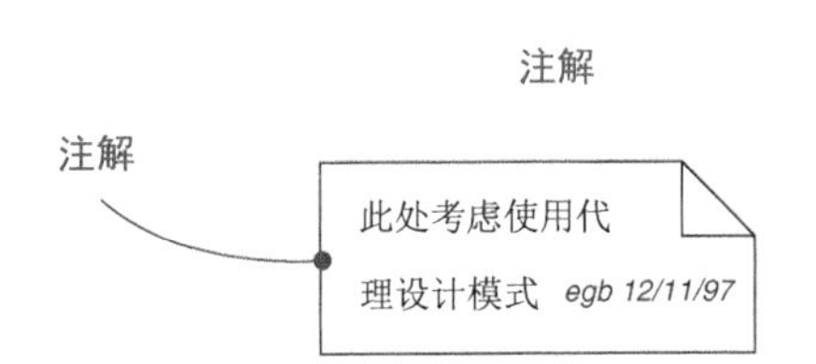

439

A.2　关系

A.2.1　依赖

依赖是两个事物之间的一种语义关系，其中一个事物（独立事物）的改变会影响另一个事物（依赖事物）的语义。

A.2.2　关联

关联是一种结构关系，它描述了一组链，链是对象之间的连接。

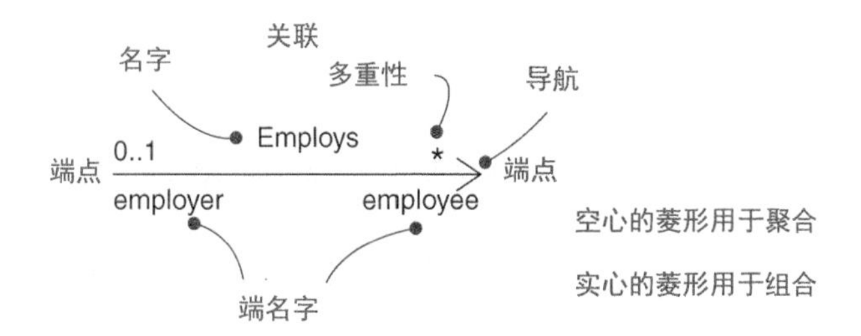

A.2.3　泛化

泛化是一般/特殊关系，其中特殊元素（子类）的对象可以替换一般元素（父类）的对象。

440

A.3　可扩展性

UML 提供 3 种机制来扩展语言的语法和语义：衍型（表现新的建模元素）、标记值（表现新的建模属性）和约束（表现新的建模语义）。

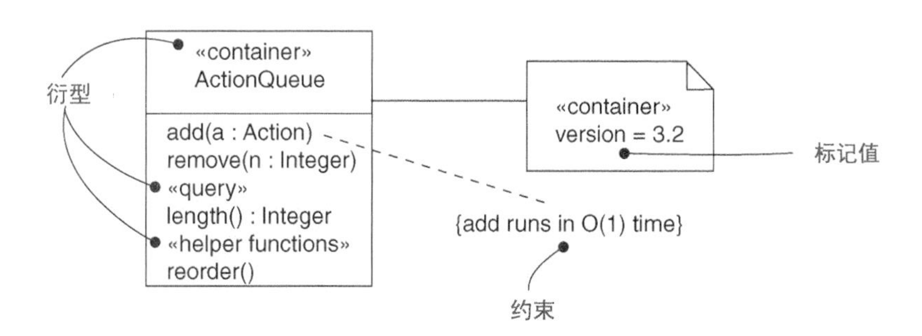

A.4　图

图是一组元素的图形表示，通常表现为一些相互连接的顶点（事物）和弧（关系）。图是对系统的投影。UML 包括 13 种这样的图。

（1）类图。一种结构图，展示一组类、接口、协作以及它们的关系。

（2）对象图。一种结构图，展示一组对象以及它们的关系。

（3）构件图。一种结构图，展示构件的外部接口（包括端口）和内部组成。

（4）组合结构图。一种结构图，展示结构化类的外部接口和内部组成。在本书中，把构件图和组合结构图一并讨论。

441

（5）用况图。一种行为图，展示一组用况、参与者以及它们的关系。

（6）顺序图。一种行为图，展示一个交互，强调消息的时间顺序。

（7）通信图。一种行为图，展示一个交互，强调收发消息的对象的结构组织。

（8）状态图。一种行为图，展示一个状态机，强调由事件引发的对象行为。

（9）活动图。一种行为图，展示一个计算过程，强调从活动到活动的流。

（10）部署图。一种结构图，展示一组结点、制品以及被表现的类和构件之间的关系。在本书中，还专门用制品图对制品建模。

（11）包图。一种结构图，展示如何把模型组织到包中。

（12）定时图。一种行为图，展示在特定时间带有消息的交互。本书没有包括这方面内容。

（13）交互概览图。一种行为图，结合了活动图和顺序图的内容。本书没有包括这方面内容。

442

混合型的图是允许的；建模元素之间没有严格的区别。

附录 B

Rational 统一过程

过程是指想要达到一个目标而采取的一组偏序的步骤。软件工程的目标就是高效地、可预期地提交满足业务需求的软件产品。

UML 在很大程度上是独立于过程的。这意味着，可以将它运用于许多软件过程。Rational 统一过程是特别适应于 UML 的生命周期方法之一。Rational 统一过程的目标是能够在预定的进度和预算中，提供最高质量的、满足最终用户需求的软件。Rational 统一过程为广泛的项目和组织以可剪裁的形式捕获一些最流行的软件开发实践。在管理方面，Rational 统一过程提供了一套关于在软件开发组织中如何分配任务和职责的科学的管理方法，同时允许团队根据项目需求的变化进行调整。

本附录概述了 Rational 统一过程的要素。

B.1 过程的特点

Rational 统一过程是一个*迭代的*（iterative）过程。对于简单系统，顺序地定义整个问题域、设计整个解决方案、建造软件，然后测试最终产品似乎完全可行。然而，对于复杂的、具有混合需求的当代系统来说，这种线性的系统开发方法是不现实的。迭代方法提倡通过逐次精化来加深对问题的理解，以及通过多个周期的循环，得到一个不断递进的、有效的解决方案。这种迭代方法的本质是具有适应新需求或业务目标战术改变的灵活性。它也可使项目宁早勿晚地认识和消除风险。

443

Rational 统一过程的活动强调模型（model）的创建和维护胜于纸上的文档。模型（尤其是那些用 UML 说明的模型）为开发中的软件系统提供了语义丰富的表示。它们可以用多种方法查阅，并且所表达的信息能够即时地被计算机捕获和控制。在 Rational 统一过程着重于模型胜于纸上文档的背后，基本原理是将产生和维护文档所需的费用最小化，而将有关的信息内容最大化。

Rational 统一过程下的开发是*以体系结构为中心的*（architecture-centric）。该过程着重于早期开发以及软件体系结构的基线。拥有一个健壮的体系结构，可以使并行开发更加便利、最小化重复工作、增加构件复用的可能性和最终的系统可维护性。这个体系结构蓝图构成了计划和管理基于构件的软件开发的坚实基础。

Rational 统一过程下的开发活动是*用况驱动的*（use case driven）。该过程非常强调要在透彻地理解如何使用被交付系统的基础上建造系统。用况和脚本的观念用于编排从需求捕获到测试的过程流，并提供从开发到被交付系统的可跟踪线索。

Rational 统一过程支持*面向对象技术*（object-oriented technique）。Rational 统一过程模型支持对象、类以及它们之间的关系这些概念，并使用 UML 作为其通用的表示法。

Rational 统一过程是一个*可配置的*（configurable）过程。尽管没有任何单一的过程能适用于所有软件开发组织，但 Rational 统一过程可以剪裁，它可以调节得满足从小的软件开发队伍到大的软件开发组织的各种规模的项目的需要。Rational 统一过程是建立在简单、清晰、提供过程家族的共性的过程体系结构基础上，同时 Rational 统一过程也能被修改得适用于不同的情况。Rational 统一过程中包含关于如何配置过程，使之适应一个组织的需求的指南。

Rational 统一过程鼓励客观的、持续的*质量控制*（quality control）和*风险管理*（risk management）。质量评估内建在过程中，存在于所有的活动中，涉及所有的参加者，并使用客观的度量和准则。它不是把质量控制当作一个事后的或一个独立的活动来处理。风险管理也内建在过程中，以便在来得及做出反应时，在开发过程中及早地发现和防范事关项目成败的风险。

444

B.2　阶段和迭代

阶段（phase）是指过程的两个重要里程碑之间的一段时间，在此期间，将达到一组定义良好的目标，完成一些制品，并做出是否进入下一个阶段的决定。如图 B-1 所示，Rational 统一过程包括以下 4 个阶段。

（1）初始（Inception）。为项目建立构想、范围和初始计划。

（2）细化（Elaboration）。设计、实现、测试一个健全的体系结构并完成项目计划。

（3）构造（Construction）。建造第一个可工作的系统版本。

（4）移交（Transition）。把系统交付给它的最终用户。

初始和细化阶段较多地注重于开发生命周期的创造性和工程性的活动，而构造和移交阶段则较多地注重于生产活动。

在每个阶段中都有许多迭代。一次迭代（iteration）代表一个完整的开发周期，从分析中的需求捕获到实现和测试，产生一个可执行的发布版本。这样的发布不必包括商业版本的完整特征。它的目的是为评估和测试提供坚实的基础，并为下一个开发周期提供统一的基线。

445

每个阶段和迭代都有一些减轻风险的焦点，并以一个定义良好的里程碑结束。里程碑复审及时地提供了一个评价点，评价关键目标是否得到满足，项目是否需要以任何方式重新构造。

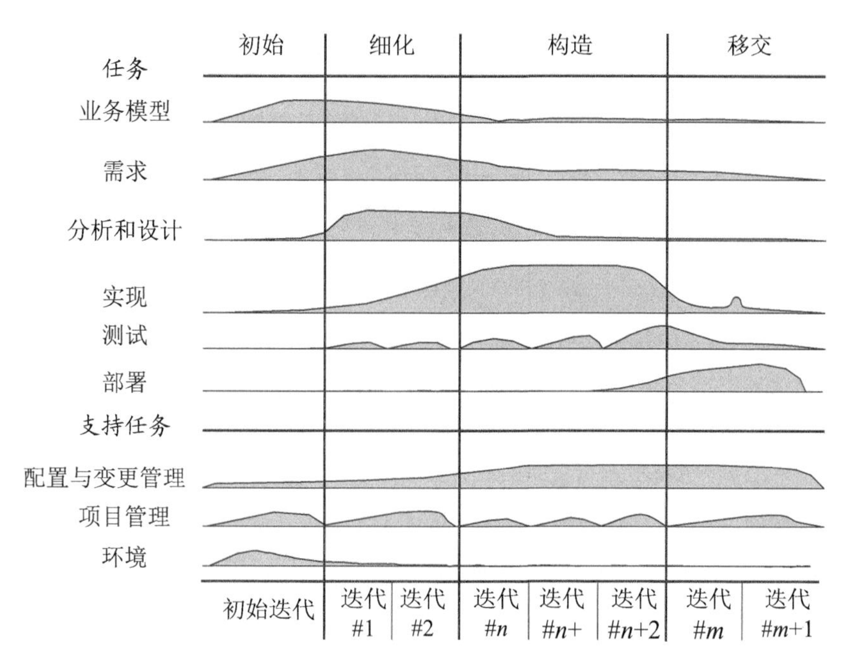

图 B-1　软件开发生命周期

B.2.1　阶段

1．初始

在初始阶段，要为系统建立构想，并限定项目的范围。这包括业务用况、高层的需求和初始的项目计划。项目计划包括成功准则、风险评估、所需资源的估测以及一个显示主要里程碑进度表的阶段计划。在初始阶段通常要建立一个用作概念验证的可执行原型。

初始阶段通常只需要少数人。

在初始阶段的最后，检查项目的生命周期目标，决定是否继续进行全范围的开发。

2．细化

细化阶段的目标是分析问题域，建立一个健全的、合理的体系结构基础，精化项目计划，并消除项目的那些最高风险因素。体系结构的选定离不开对整个系统的理解。这就意味着要描述大部分系统需求。为了验证这个体系结构，要实现一个系统，它演示对体系结构的选择并执行重要用况。

这个阶段涉及作为关键人员的系统架构师和项目经理，以及分析人员、开发人员、测试人员和其他人员。通常，细化阶段要涉及比初始阶段更大的团队，并且需要更多的时间。

在细化阶段的最后，检查详细的系统目标和范围、体系结构的选择以及主要风险的解决办法，并决定是否进行构造。

3. 构造

在构造阶段，要迭代地、增量式地开发一个准备移交给用户团体的完整产品。这意味着要描述遗留的需求和验收标准，充实设计，并完成对软件的实现和测试。

446

此阶段涉及到系统架构师、项目经理和构造团队的领导，以及全体开发和测试人员。

在构造阶段的最后要决定软件、场所和用户是否都已经为部署第一个可工作的系统版本做好了准备。

4. 移交

在移交阶段要为用户团体部署这个软件。注意，项目自始至终，包括演示、专题讨论会、α发布及β发布都要有用户的参与。一旦这个系统交到它的最终用户手中，常常出现的问题是，需要追加的开发以便调整系统，更正某些未察觉的问题，或完成某些被推迟的特征性。这个阶段通常从系统的β发布开始，β发布随后将被正式的产品系统替代。

这一阶段的关键成员包括项目经理、测试人员、发布专家、市场以及销售人员。注意，对外发布、推销以及销售的准备工作应该在项目的更早期开始。

在移交阶段的最后，要判定这个项目的生命周期的目标是否达到，并决定是否应该开始另一个开发周期。这时要总结这个项目的经验教训，以便改进将用于下一个项目的开发过程。

B.2.2 迭代

Rational 统一过程的每个阶段都可进一步的分解成若干迭代。一个迭代是一个完整的开发循环，它将产生一个可执行产品的发布版（内部或外部），这个发布版构成开发中的最终产品的一个子集，然后从迭代到迭代增量式地成长，变成最终的系统。虽然每个迭代按其阶段各有不同的重点，但是每个迭代都经历各种任务。在初始阶段，重点在于需求捕获；在细化阶段，重点转移到分析、设计和体系结构实现；在构造阶段，详细的设计、实现以及测试是主要活动；而移交阶段的中心在于部署。在整个过程中测试是重要的。

447

B.2.3 开发周期

经过这 4 个主要阶段的一个历程被称作一个开发周期，它产生一个软件。第一次经历 4 个阶段被称作初始开发周期。除非产品的生命结束，否则一个现存的产品将以相同的顺序重复初始、细化、构造和移交阶段，从而演化到下一代产品。这是系统的演化，所以在初始开发周期后面的开发周期是它的演化周期。

B.3 任务

Rational 统一过程包括以下 9 个任务。

（1）业务建模：描述用户组织的结构和动态特性。

（2）需求：用多种方法得出需求。

（3）分析和设计：描述多种体系结构视图。

（4）实现：考虑软件开发、单元测试和集成。

（5）测试：描述脚本、测试执行和缺陷追踪度量指标。

（6）部署：包括材料清单、版本说明、培训以及交付一个应用系统的其他方面。

（7）配置管理：对项目制品和管理活动的完整性进行变化控制和维护。

（8）项目管理：描述对于一个迭代过程的不同工作策略。

（9）环境：包括开发一个系统所需要的基础设施。

在每个任务中所捕获的是一组相关的制品和活动。*制品*（artifact）是一些可被产生、操作或消耗的文档、报告或可执行程序。*活动*（activity）描述工作人员为创建或修改制品要完成的任务——思考步骤、执行步骤和复审步骤，以及用来执行这些任务的技术和准则，可能还包括使用帮助自动实现某些任务的工具。

448

制品之间的重要连接与某些任务相关。例如，在需求捕获中产生的用况模型由来自分析和设计任务的设计模型实现，进一步地由来自实现任务的实现模型实施，并由来自测试任务的测试模型验证。

B.4　制品

Rational 统一过程的每个活动都有相关的制品，这些制品或者被要求作为输入，或者被产生而作为输出。制品可用来直接输入到后续活动中，或在项目中作为引用资源保存，或作为合约要求交付的产品。

B.4.1　模型

模型是 Rational 统一过程中最重要的一种制品。一个模型是现实的一个简化，创建模型是为了更好地理解将要创建的系统。在 Rational 统一过程中，有许多模型一起覆盖了所有重要的决策，用于可视化、详述、构造和文档化一个软件密集型系统。这些模型包括以下几个。

【第 1 章中讨论建模。】

（1）业务用况模型：建立组织的抽象。

（2）业务分析模型：建立系统的语境。

（3）用况模型：建立系统的功能需求。

（4）分析模型（可选）：建立概念设计。

（5）设计模型：建立问题的词汇及其解决方案。

（6）数据模型（可选）：为数据库和其他库建立数据表示法。

（7）部署模型：建立系统执行的硬件拓扑结构以及系统的并发和同步机制。

（8）实现模型：建立用于装配和发布物理系统的各部件。

视图是在模型上的一个投影。在 Rational 统一过程中，一个系统的体系结构是在 5 种连锁的视图中捕获的，这 5 种视图是：设计视图、交互视图、部署视图、实现视图和用况视图。

449

【第 2 章中讨论体系结构。】

B.4.2　其他的制品

Rational 统一过程的制品被归类为管理制品或技术制品。Rational 统一过程的技术制品被分成 5 个主要集合。

（1）需求集合：描述系统必须做什么。

（2）分析和设计集合：描述系统是如何被构造的。

（3）测试集合：描述确认和验证系统的方法。

（4）实现集合：描述被开发的软件构件的组装。

（5）部署集合：提供用于可交付配置的所有数据。

1．需求集合

这个集合聚集了描述系统必须做什么的所有信息。可能包括用况模型、非功能需求模型、领域模型、分析模型以及用户需求的其他表示形式，其他表示形式包括（但不限于）：试验模型、接口原型、规则约束等。

2．设计集合

这个集合聚集了描述系统如何被构造的信息，捕获关于系统如何被建造的决策，考虑到时间、预算、遗产系统、复用、质量目标等所有约束。它可以包括设计模型、测试模型以及系统特性的其他表示形式，这些其他表示形式包括（但并不限于）：原型和可执行的体系结构。

3．测试集合

这个集合聚集了测试系统的信息，包括脚本、测试用例、缺陷追踪度量指标以及验收标准。

4．实现集合

这个集合聚集了构成系统的软件元素的所有信息，包括（但不限于）：用各种编程语言编写的源代码、配置文件、数据文件、软件构件等，还包括描述如何装配这个系统的信息。

5．部署集合

450

这个集合聚集了软件被实际包装、运载、安装以及在目标环境中运行的所有信息。

术语表

abstract class（**抽象类**） 不能直接被实例化的类。

abstraction（**抽象**） 使一个实体区别于所有其他类型实体的基本特性。抽象定义了一个与观察者视角有关的边界。

action（**动作**） 一个可执行的计算，它引起系统状态的变化或数值的返回。

active class（**主动类**） 其实例为主动对象的类。

active object（**主动对象**） 拥有线程或进程并能启动控制活动的对象。

activity（**活动**） 被表示为通过控制流和数据流相连的一组动作的行为。

activity diagram（**活动图**） 展示从活动到活动的控制流和数据流的图。它着眼于系统的动态视图。

actor（**参与者**） 用况的使用者与用况交互时所扮演的一组相关角色。

actual parameter（**实参、实际参数**） 函数或过程的参量。

adornment（**修饰**） 附加到模型元素的基本图形符号上的规约细节。

aggregate（**聚集**） 表示聚合关系中的“整体”的类。

aggregation（**聚合**） 关联的一种特殊形式，它表示聚集（整体）和成分（部分）之间的“整体-部分”关系。

architecture（**体系结构**） 一组重要决定，包括：软件系统的组织方式；构成系统的结构元素和它们的接口的选择，以及通过这些元素之间的协作所描述的行为；这些结构元素和行为元素如何组成较大的子系统，以及指导这种组织（这些元素和它们的接口、协作和组合）的体系结构风格。软件体系结构不仅关心结构和行为，也关心易用性、功能性、性能、弹性、复用性、可理解性、经济和技术约束、折中以及审美考虑。 451

architecture-centric（**以体系结构为中心**） 软件开发生命周期语境中的一种过程，注重于软件体系结构的早期开发和基线，然后用系统的体系结构作为主要制品，来对开发中的系统进行概念化、构造、管理和演化。

argument（**参量**） 对应于一个参数的特定值。

artifact（**制品**） 由软件开发过程或者已有系统使用或者产生的量化信息块。

association（**关联**） 一种结构关系，它描述了一组链，其中链是对象之间的连接；两个或多个类目之间关于其实例之间连接的语义关系。

association class（**关联类**） 一种既有关联特性又有类的特性的建模元素。关联类既可以被看作是具有类的特性的关联，也可以被看作是具有关联特性的类。

association end（**关联端点**） 关联的端点，它把这个关联连接到一个类目上。

asynchronous action（**异步动作**） 一种请求，其中进行发送的对象不需要停下来等待返回结果。

attribute（**属性**） 类目的一个具名的特性，描述了该特性的实例可以取的值的范围。

behavior（**行为**） 一个可执行的计算的规约。

behavioral feature（**行为特征**） 建模元素的动态特征，例如一个操作。

binary association（**二元关联**） 两个类之间的关联。

binding（**绑定**） 通过给模板参数提供参量而从模板创建元素的过程。

Boolean（**布尔型**） 一个枚举类型，其值为真或假。

Boolean expression（**布尔表达式**） 结果为布尔值的表达式。

cardinality（**基数**） 集合中元素的个数。

452

child（**子、儿子**） 子类或其他特化元素。

class（**类**） 对一组共享相同属性、操作、关系和语义的对象的描述。

class diagram（**类图**） 显示一组类、接口和协作以及它们之间关系的图。类图侧重于系统的静态视图，是一种显示所声明的（静态）元素的集合的图。

classfier（**类目**） 描述结构和行为特征的一种机制。类目包括类、接口、数据类型、信号、构件、结点、用况和子系统。

client（**客户**） 向其他类目请求服务的类目。

collaboration（**协作**） 一些协同工作的角色和其他元素的群体，它们所提供的合作行为大于各部分行为的总和。它是对一个元素（如用况或者操作）如何由一组扮演特定角色的类目和关联以一定的方式来实现的规约。

comment（**注释**） 附加于一个或一组元素之上的注解。

communication diagram（**通信图**） 一种强调收发消息的对象的结构组织的交互图；一种展示围绕着实例和彼此之间的链而组织的交互的图。

component（**构件**） 系统的一个物理的可替换的部分，它遵从一组接口的要求，并提供对这些接口的实现。

component diagram（**构件图**） 显示一组构件的组织以及它们之间依赖关系的图，它主要关注系统的静态实现视图。

composite（组合类） 通过组合关系与其他一个或多个类相关联的类。

composite state（组合状态） 由若干并发子状态或不相交子状态组成的状态。

compostion（组合） 聚合的一种形式，其整体对于部分具有很强的所有权和一致的生存期。具有非固定多重性的部分可以在组合类自身创建之后被创建，但是一旦被创建，就和整体共存亡；像这样的部分也可以在组合类消亡之前被显式地删除。

concrete class（具体类） 可以被直接实例化的类。

concurrency（并发） 在同一时间间隔内发生两个或两个以上执行轨迹。并发可以通过交替地或者同时执行两个或两个以上的线程来实现。

453

constraint（约束） UML元素的一种语义扩展机制，它允许用户增加新规则或修改现有规则。

container（容器） 一个可以包容其他对象的对象，它提供存取或迭代其内容的操作。

containment hierarchy（包容层次） 由一些元素以及它们之间的聚合关系所构成的命名空间的层次。

context（语境） 用于某一特定的用途（如描述一个操作）的相关元素的集合。

construction（构造） 软件开发生命周期的第三个阶段，在这个阶段，软件要从一个可执行的体系结构基线进展到准备好移交到用户团体手中的程度。

datatype（数据类型） 一种类型，其值没有标识。数据类型包括简单内置类型（如数和串）和枚举类型（如布尔型）。

delegation（委派） 对象响应一个消息而向另一个对象发布消息的能力。

dependency（依赖） 两个事物之间的语义关系，其中对一个事物（独立事物）的改变将影响到另一个事物（依赖事物）。

deployment diagram(部署图） 显示运行时的处理结点以及生存于其上的构件的配置的图。它强调系统的静态部署视图。

deployment view（部署视图） 系统的体系结构视图，其中包含系统在其上执行的、形成系统硬件拓扑结构的结点。它侧重于描述构成物理系统的各个部件的分布、交付和安装。

derived element（导出元素） 可以从其他元素计算出来的模型元素，尽管这样的元素不增加语义信息，但是它表达得更为清晰，或者为了设计的意图而引入它。

design view（设计视图） 系统的体系结构视图，它包括构成问题空间和解空间词汇表的类、接口和协作。它侧重于系统的功能需求。

diagram（图） 一组模型元素的图形化表示，通常描绘为由顶点（事物）和弧（关系）组成的连通图。

454

domain（领域） 知识或者活动的范围，由该范围内的从业者可理解的概念和术语来刻画。

dynamic classification（动态分类） 泛化的语义变体，其中的对象可以改变类型或角色。

dynamic view（动态视图） 系统的一个侧面，强调系统的行为。

elaboration（**细化**） 软件开发生命周期的第二个阶段，在这个阶段中要定义产品的外观和体系结构。

element（**元素**） 模型的原子成分。

elision（**省略**） 在对一个元素建模时隐藏它的某些部分以简化视图。

enumeration（**枚举**） 一组被命名的值，用来作为特定属性类型的值域。

event（**事件**） 对在特定时间和空间发生的重要事情的规约。在状态机的语境中，事件的发生可以触发状态的转移。

execution（**执行**） 动态模型的运行。

export（**引出**） 在包的语境中，使一个元素在其封闭的命名空间的外部成为可见的。

expression（**表达式**） 一个串，它可以计算出一个具有特定类型的值。

extensibility mechanism（**扩展机制**） 允许以受控的方式扩展 UML 的 3 种机制（衍型、标记值和约束）之一。

feature（**特征**） 一种封装于另一种实体（如接口、类或数据类型）中的特性（如操作和属性）。

fire（**激活**） 执行一个状态转移。

focus of control（**控制焦点**） 顺序图中的一个符号，表示一个时间段，在此期间一个对象直接地或者通过下一级的操作来执行动作。

formal parameter（**形参，形式参数**） 一种参数。

forward engineering（**正向工程**） 通过映射到特定的实现语言而把模型转化为程序代码的过程。

framework（**框架**） 一种体系结构模式，它为特定领域中的应用提供了可扩充模板。

generalization（**泛化**） 一般/特殊关系，其中特殊元素（子类）的对象可以代替一般元素（父类）的对象。

455

guard condition（**监护条件**） 激活一个相关转移前必须满足的条件。

implementation（**实现**） 对由接口声明的合约的具体实现；关于事物如何被构造或计算的定义。

implementation inheritance（**实现继承**） 继承较一般元素的实现，也包括对接口的继承。

implementation view（**实现视图**） 系统的体系结构视图，其中包括用来组装和发布实际系统的制品。实现视图侧重于描述系统发布版本的配置管理，由能够以不同的方式组装成可运行系统的独立的部件组成。

import（**引入**） 在包的语境中，引入是一种依赖，表示一个包中的类可以在指定包（包括递归嵌套在该包内部的包）中被引用，而无须给出限定名称。

inception（**初始**） 软件开发生命周期的第一个阶段，在这个阶段应建立进入细化阶段前所必需的关于开发的基本想法。

incomplete（**不完整**） 在元素的某些部分缺乏的情况下对这个元素建模。

inconsistent（**不一致**） 对元素建模，但不保证模型的完整性。

incremental（**增量式**） 在软件开发生命周期的语境中，持续地将系统体系结构集成为产品发布的过程，每个新的发布都比上一个版本有增量式的改进。

inheritance（**继承**） 一种机制，通过这种机制，较特殊元素合并了较一般元素的结构和行为。

instance（**实例**） 抽象的具体表现；它是一个实体，可对之施加一组操作，并且具有可储存操作结果的状态。

integrity（**完整性**） 事物之间关系的合理性和一致性。

interaction（**交互**） 一种行为，它由一组为达到某一目的而在特定语境下的一组对象之间进行交换的消息构成。

interaction diagram（**交互图**） 一种展示交互的图，由一组对象以及它们之间的关系组成，其中包括对象之间发送的消息，侧重于系统的动态视图。交互图是几种强调对象交互的图的一般性术语，包括通信图和顺序图。活动图虽与交互图有关，但是语义截然不同。

456

interaction view（**交互视图**） 系统的体系结构视图，包括用来形成系统并发和同步机制的对象、线程和进程，一组活动以及它们之间的消息流、控制流和数据流。交互视图也可以描绘系统的性能、可伸缩性和吞吐能力。

iteration（**迭代**） 一组具有基线计划和评估准则的独特的活动，其结果是产生内部或外部的发布。

iterative（**迭代**） 在软件开发生命周期的语境中的一个过程，包括管理一系列可执行的发布。

interface（**接口**） 一组操作的集合，其中的每个操作用于描述类或构件的一个服务。

interface inheritance（**接口继承**） 对一个较特殊的元素的接口的继承①，不包括对实现的继承。

level of abstraction（**抽象层次**） 抽象层次结构中的某一位置，其范围从高层抽象（很抽象）到低层抽象（**很具体**）。

link（**链**） 对象之间的语义连接，关联的一个实例。

link end（**链端点**） 关联端点的实例。

---

① 原文如此，有误。UML1 术语表对这个术语的定义是“对一个较一般的元素的接口的继承”。实际上，无论是 UML1 还是本书的原文，其正文部分的任何地方都没有说明或者使用过这个术语。在 UML2 中这个术语彻底消失了。——译者注

location（位置） 制品所放置的结点。

mechanism（机制） 适应于类群体的设计模式。

message（消息） 对象之间的通信规约，其通信传达了带有对随后发生的活动的期望的信息。对消息实例的接收通常被看作是一个事件的实例。

metaclass（元类） 其实例是类的类。

method（方法） 操作的实现。

model（模型） 为了更好地理解将要建造的系统而创建的对现实的简化，系统的一个语义闭合的抽象。

multiple classification（多重分类） 泛化的一种语义变体，其中的一个对象可以直接地属于多个类。

multiple inheritance（多继承） 泛化的一种语义变体，其中一个子类可以有多个父类。

multiplicity（多重性） 对集合可采取的基数许可范围的规约。

n-ary association（n 元关联） 3 个或更多的类之间的关联。

457

name（名、名字、名称） 对事物、关系或图的称谓，一个用于标识元素的串。

namespace（命名空间） 可在其中定义和使用名称的范围。在一个命名空间中，每个名称都指定唯一的一个元素。

node（结点） 在运行时存在的物理元素，它表示一个计算资源，一般至少具有一些内存，通常也拥有处理能力。

nonorthogonal substate（非正交子状态） 在同一个组合状态中不能与其他子状态同时保持的子状态。

note（注解） 用来表示附加在元素或元素集合上的约束或注释的图形符号。

object（对象） 抽象的一个具体表现；一个具有定义良好的边界并封装了状态和行为的实体；类的一个实例。

Object Constraint Language, OCL（对象约束语言） 一种形式语言，用来描述无副作用的约束。

object diagram（对象图） 显示在某一时刻一组对象及其关系的图，对象图侧重于描述系统的静态设计视图或静态过程视图。

object lifeline（对象生命线） 顺序图中的一条线，表示对象在一段时间内存在。

occurrence（发生） 事件的一个实例，包括时空位置和语境。发生可以触发状态机的转移。

operation（操作） 服务的实现，可以由类的任何对象请求以影响行为。

orthogonal substate（正交子状态） 能够在同一个组合状态中与其他子状态同时保持的子状态。

package（**包**） 对元素进行分组的通用容器。

parameter（**参数**） 对能被改变、传送或返回的变量的说明。

parameterized element（**参数化元素**） 带有一个或多个未绑定参数的元素描述符。

parent（**父类**） 超类或其他较一般的元素。

persistent object（**持久对象**） 在创建它的进程或线程已经不存在时仍然存在的对象。

pattern（**模式**） 在给定语境中对于共性问题的通用解决方案。

phase（**阶段**） 开发过程中两个主要里程碑之间的时间段，在此期间达到了一组定义良好的目标、完成了一组制品、做出了是否进入下一阶段的决策。 458

postcondition（**后置条件**） 在操作执行结束时必须为真的约束条件。

precondition（**前置条件**） 在操作被调用时必须为真的约束条件。

primitive type（**简单类型**） 诸如整数或串那样的基本类型。

process（**进程**） 一种可与其他进程并发执行的重量级控制流。

product（**产品**） 开发的制品，如模型、代码、文档和工作计划等。

projection（**投影**） 从一个集合到它的一个子集的映射。

property（**特性，性质**） 表示元素特性的有名称的值。

pseudostate（**伪状态**） 状态机中的一个结点，具有状态的形式但其行为与状态不同；伪状态包括初始、最终和历史结点。

qualifier（**限定符**） 关联的一个属性，它的值对跨过关联与一个对象发生关系的对象集合进行了划分。

realization（**实现**） 类目之间的一种语义关系，其中一个类目给出了合约，另一个类目要保证实现这一合约。

receive（**接收**） 对发送者对象传送来的消息实例进行的处理。

receiver（**接收者**） 消息发送到的对象。

refinement（**精化**） 一种关系，它表示对已在某个细节层次上说明过的事物做更完整的说明。

relationship（**关系**） 元素之间的语义连接。

release（**发布**） 交付给内部或外部用户的相对完整和一致的制品集合，对这样一个制品集合的交付。

requirement（**需求**） 系统所要求的特征、性质或行为。

responsibility（**职责**） 类型或类的合约或责任。

reverse engineering（**逆向工程**） 通过从一种特定实现语言的映射，将程序代码转化为模型的过程。

risk-driven（风险驱动） 在软件开发生命周期的语境中的一种过程，其中每一个新版本都注重于解决和减少事关项目成败的重大的风险。

role（角色） 特定语境中的结构性参与者。

459

scenario（脚本） 用来说明行为的详细的动作序列。

scope（作用域） 为名称赋予含义的语境。

send（发送） 消息实例从发送者对象到接收者对象的传送。

sender（发送者） 从它发出消息的对象。

sequence diagram（顺序图） 一种强调消息的时间顺序的交互图。

signal（信号） 对于在实例之间传送的异步激励的规约。

signature（特征标记） 操作的名称和参数。

single inheritance（单继承） 泛化的一种语义变体，其中每个子类只能有一个父类。

specification（规约） 对特定构造块的语法和语义的文本说明；对某事物是什么或做什么的声明性描述。

state（状态） 对象生命期中的一个状况或情况，在此期间对象满足某些条件、执行某些活动或等待某些事件。

state diagram（状态图） 表示状态机的图。状态图注重于系统的动态视图。

state machine（状态机） 一种行为，它说明对象在其生命期内因响应事件而经历的一系列状态，以及对这些事件做出的反应。

static classification（静态分类） 泛化的一种语义变体，其中的对象不能改变类型，也不能改变角色。

static view（静态视图） 系统的一个侧面，强调系统结构。

stereotype（衍型） UML 词汇的一个扩展机制，它允许用户基于现有的构造块创造针对用户特定问题的新构造块。

stimulus（激励） 一个操作或信号。

string（串） 文本字符的一个序列。

structural feature（结构特征） 元素的静态特征。

subclass（子类） 泛化关系中的儿子，是对另一个类的特化。

substate（子状态） 作为组合状态一部分的状态。

subsystem（子系统） 一组元素，其中一些元素构成对另一些被包含的元素所提供的行为的规约。

460

superclass（超类） 泛化关系中的父亲，是对另一个类的泛化。

supplier（提供者） 提供服务的类型、类或构件，这些服务可以被其他元素调用。

swimlane（泳道） 顺序图上的一个分区，用来组织动作的职责[1]。

synchronous call（同步调用） 一种请求，其中对象发送请求之后暂停以等待回复。

system（系统） 为达到某一特定目的而组织起来的一组元素，由一组模型（可能从不同的视点）来描述。一个系统常常被分解为一组子系统，

tagged value（标记值） 对 UML 衍型的性质的扩展，它允许在具有该衍型的元素的规约中增加新的信息。

template（模板） 一种参数化元素。

task（任务） 一个单一的执行路径，贯穿于程序、动态模型或其他控制流表示中；一个线程或进程。

thread（线程） 一种轻量级控制流，它能与同一个进程中的其他线程并发执行。

time（时间） 表示一个绝对或者相对时刻的值。

time event（时间事件） 一种事件，表示进入当前状态以来所度过的时间。

time expression（时间表达式） 对一个绝对或相对时间求值的表达式。

timing constraint（定时约束） 关于时间或时间段的绝对或相对值的语义描述。

timing mark（定时标记） 对事件发生时刻的标志。

trace（跟踪） 一种依赖关系，它指出两个表示同一概念的元素之间的历史或过程关系，而这两个元素之间没有从一个导出另一个的规则。

transient object（暂时对象） 只在创建该对象的进程或线程的执行期间才存在的对象。

transition（移交、转移） 软件开发生命周期的第四个阶段，在这个阶段，软件将交付给用户团体使用；两个状态之间的关系，表示当一个特定的事件发生而且一些条件满足时，处于第一个状态的对象将执行某些动作并进入第二个状态。

461

type（类型） 元素和它的分类之间的关系[2]。

type expression（类型表达式） 一种表达式，计算对一个或多个类目进行引用的值。

UML（统一建模语言） 一种语言，用于对软件密集型系统的制品进行可视化、详述、构造和文档化。

usage（使用） 一种依赖关系，其中一个元素（客户）为了正确地运行或实现，需要另一个元素（提供者）出现。

use case（用况） 对一组动作序列（包括它的变体）的描述，系统对它的执行将产生参与者可观察的结果值。

---

① 原文如此，有误。UML 的泳道是在活动图中所划分的区域，与顺序图无关。——译者注

② 这种说法与 UML（以及计算机软件领域大部分文献）对类型概念的解释不同，但是作者确实是这么说的。原文为“type The relationship between an element and its classification.”。——译者注

use case diagram（用况图） 显示一组用况、参与者以及它们之间关系的图。用况图注重于系统的静态用况视图。

use case-driven（用况驱动） 软件开发生命周期的语境中的一种过程，其中以用况作为确定系统所期望的行为、验证和确认系统的体系结构、测试、并在项目有关人员之间进行交流的主要制品。

use case view（用况视图） 系统的体系结构视图，其中包括用来描述从最终用户、分析人员和测试人员的角度所看到的系统行为的用况。

value（值） 类型域中的一个元素。

view（视图） 到模型的一个投影，即从一个特定的视角或合适的点（忽略与之无关的实体）对模型所进行的观察。

462

visibility（可见性） 一个名字能够被其他元素看到和使用的程度。

索引

索引中的页码为英文原书的页码，与书中边栏的页码一致。

A

B

C

F

G

H

I

J

L

M

N

O

P

Q

R

S

T

U

V

W

X

浅论科技术语翻译中的字面含义和技术含义

（摘自《中国计算机学会通讯》第 6 卷 第 1 期 2010 年 1 月 作者：邵维忠）

关键字：统一建模语言 UML

在科技术语翻译中，既要考虑术语的字面含义，更要考虑它的技术含义。前者为表，后者为里。表里一致，名实相符，这是最理想的效果。但是有些术语的翻译却往往难以做到二者兼顾。常常见到以下两种情况：一是与普通工具书上所提供的译法相符，但却不能反映该术语的技术含义，甚至误导读者将其理解成另外一种东西；二是采用的中文词虽能反映术语的技术含义，但是与原文所用的词毫无关系。这两种情况都应该努力避免。若实在找不到一种两全其美的译法，则应以技术含义为主，并尽可能兼顾其字面意义。下面以统一建模语言（UML）中几个术语的不同译法为例进行讨论。

Use Case

按照 UML 规范的解释，use case 的技术含义是："对系统（或其他实体）与它的参与者进行交互时所能执行的一个动作序列的详细说明。" 将 use 译为 "用"，这一点没有异议，问题出现在对 case 如何理解。从词典上可以看到 case 有以下几种含义：①情况，状况；②事实，实情；③事例，实例；④病症，病例，患者；⑤诉讼，案件，判例，论辩；……。国内曾有一些著作和文章将 use case 译为 "用例"。"用例" 读起来很顺口，而且与软件测试领域 testing case（测试用例）的译法很相像，因此广为流传。但是对 UML 中的 use case 而言，"例" 字却很不恰当。在汉语中，"例" 是从若干事物中列举出来以说明某种情况的个别事物，但是 use case 却不是这个意思。它是对一项系统功能的使用情况所进行的一般描述，它所描述的动作序列普遍适应于对这项功能的任何一次使用，而不是举例说明，更不是应用实例。因此，较准确的译法是取 case 的第①种含义，将 use case 译为使用情况，简称用况。

Classifier

这是 UML 在定义自身的抽象语法时使用的一个术语，是从 class（类）、interface（接口）、datatype（数据类型）、component（构件）等建模元素抽象出来的概念。由它所概括的这组建模元素的共同特点是，都可以描述事物的结构特征和行为特征。在英文中，classifier 是由 classify 加词尾-er 得到的，而 classify 又源于 class。Classify 既可以作为动词（把…分类，把…分等级，把…归入一类），也可以作为形容词（分成类的，被归入一类的）。如果把 classify 理解为动词，则 classifier 最常见的译法是 "分类者"。据此，一些著作和文章把 UML 的 classifier 译为 "分类器"。

这种译法虽然从字面上说得通，但是很容易使读者产生误解——以为它是一个负责对其他事物进行分类的器件或机制。实际上 UML 中的 classifier 全然没有这种意思，它只是对 class 以及与其特点相近的一组建模元素的概括称呼。

无论从字面上看还是从技术意义上看，classifier 都与 class 具有密切的关系。这种关系犹如生物学中将猫、虎、狮、豹等物种统称为“猫科”，又如化学中将金、银、铜、铁、锡等物质统称为“金属”。在 classifier 所概括的这组建模元素中，class 是特点最鲜明而且是人们最熟悉的概念，因此笔者认为，classifier 的中文译名应该包含一个“类”字，后面加一个表示对类进行泛化而得到更高层概念的字。照这个思路，“类属”应该是较为理想的选择，可惜被 generic 占用了。需要寻找另外一个字来代替“属”字，诸如“纲”、“科”、“目”、“种”、“宗”、“族”等，都可以起到这种作用。在讨论《信息技术 软件工程术语》国家标准（GB/T 11457）时，参加讨论的专家们采纳了上述意见，并从以上几个候选的字中选择了“目”字，将 classifier 译为类目。

Sequence Diagram 和 Timing Diagram

这是 UML 中两种图的名称。其中 sequence diagram 在 UML1 已经出现，UML 规范对它的解释是：“一种图，它通过在生命线上所交换的消息以及相应的事件发生的次序来描述一个交互。”timing diagram 是 UML2 新增加的一种图，UML 规范对它的解释是：“一种交互图，它展示了一个生命线随着时间推移所发生的状态或条件变化。最常见的用途是展示一个对象因响应所接收的事件或激发，随着时间欢会推移而发生的状态变化。”根据这两种图的英文名称以及它们的技术含义，可分别译为**顺序图**和**定时图**。

但是在前几年，由于人们脱离原文而过度地引申其技术含义，致使这两种图的中文译名出现了冲突。在 UML2.0 颁布之前，有人把 sequence diagram 译为“时序图”。在 UML2.0 颁布之后，又有人把新出现的 timing diagram 译为“时序图”。于是，在国内的计算机著作和论文中出现了不该发生的混乱——说到“时序图”，有人指的是 sequence diagram，有人指的是 timing diagram。

实际上，“时序图”作为上述两种图的译名都不太准确。从字面上看，sequence 并没有“时”的含义，timing 也没有“序”的含义。从技术内容看，sequence diagram 主要是表现一组对象（或其他实体）在一次交互中所传送的消息以及所执行的操作的先后次序，虽然也可以标注时间，但那只是比较次要的信息。Timing diagram 主要表现对象发生状态变化（以及彼此传送消息）的时刻和在各种状态下所持续的时间，虽然根据时间也可以排出次序，但那只是引申的含义。一个科技术语只是一个单词或者一个词组，而它所包含的技术内容往往需要很长的一篇文字才能说清楚。所以在翻译时，能找到一个与原文相符，并且能体现其主要技术内容的中文词就够了，不要把相对次要的或者经过引申的技术内容添加到译名中。术语的提出者原本也不能指望由一个单词或词组承载太多的技术信息。倘若译者根据自己的理解随意在译名上增加其内容，则将导致译文与原文不符，并且可能与其他术语发生冲突。

对于 timing diagram，另有“时间图”和“计时图”等不同的译法，也基本可用。相比之下“时间图”体现不出 timing 作为动名词的含义，而“计时图”可能被误解为进行某种计算。“定时图”似乎略优于以上两种译法，其中的“定”字应理解为标定、确定，而非固定。